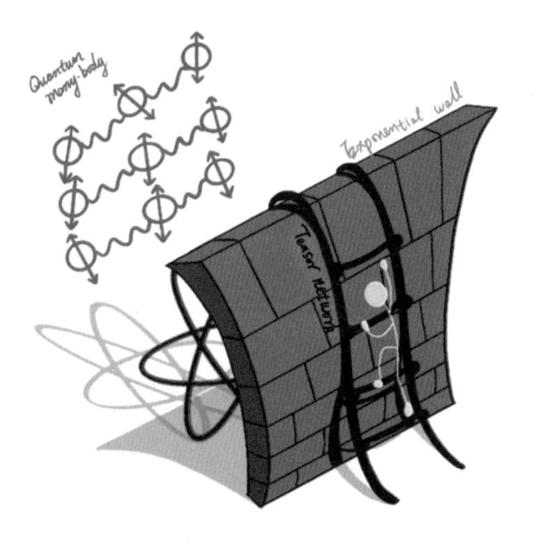
Quantum many-body
Exponential wall
Tensor network

张量网络

Tensor Network

冉仕举　编著

图书在版编目(CIP)数据

张量网络/冉仕举编著. —北京：首都师范大学出版社，2022.9(2023.12 重印)

ISBN 978-7-5656-7150-0

Ⅰ.①张… Ⅱ.①冉… Ⅲ.①张量 Ⅳ.①O183.2

中国版本图书馆 CIP 数据核字(2022)第 155177 号

ZHANGLIANG WANGLUO

张量网络

冉仕举 编著

责任编辑 来晓宇

首都师范大学出版社出版发行

地 址 北京西三环北路 105 号

邮 编 100048

电 话 68418523(总编室) 68982468(发行部)

网 址 http://cnupn.cnu.edu.cn

印 刷 北京建宏印刷有限公司

经 销 全国新华书店

版 次 2022 年 9 月第 1 版

印 次 2023 年 12 月第 2 次印刷

开 本 710mm×1000mm 1/16

印 张 16

字 数 272 千

定 价 85.00 元

致 谢

感谢王顶族、卢迎、周鹏飞、李玥旻、赵家琦、杨畅、张辰晨在“计算物理”课程讲解转录文字及校稿等方面的贡献. 特别地，王顶族参与并组织了转录工作，感谢白生辰在校稿方面的突出贡献，感谢曹雨晗、林昊为本书提供了多张精彩的手绘图. 本书受到国家自然科学基金青年项目 No. 12004266 与重点项目 No. 11834014，北京市自然科学基金面上项目 No. 1192005 与重点项目 No. Z180013，北京市教育委员会基金项目 No. KM202010028013，以及首都师范大学交叉科学研究院重点项目的支持.

序

量子物理是物理学重要的前沿研究领域. 量子力学自 19 世纪末 20 世纪初被提出以来，经历了蓬勃的大发展，在极大地促进人类文明进步的同时，也在很大程度上促进了微积分理论、算子代数等数学理论的发展. 至 20 世纪末，随着计算机科学在理论与硬件上的成熟，计算物理应运而生，最著名的当属密度泛函理论及其相关算法，已被广泛应用于物理、化学、材料、生物等众多领域. 我们熟知的光电、热电、催化等大分子或固体材料，都可以利用计算机对其物理与化学性质等进行模拟和仿真研究. 如今，实验、理论和计算已被称为自然科学研究的三驾马车.

然而，即使有了越来越强大的计算机帮助，量子物理的研究也存在巨大的挑战. 特别是对于量子多体系统，当粒子间的关联效应较强时，传统的量子多体方法如平均场、微扰论等不再奏效，需要发展全新的非微扰量子多体理论方法，建立超越传统朗道范式的物态相变理论. 对计算机模拟而言，计算的复杂度会随量子多体系统尺寸的增加而指数上升. 铜氧化物高温超导便被认为是量子关联效应导致的一种新奇物态，目前尚没有被普遍接受的统一理论或有效的数值方法来解释这一复杂物理现象. 发展新的量子多体理论和高效、可靠、精确的数值计算方法，是目前凝聚态物理研究的重要国际前沿.

从科学发展的历史进程来看，张量网络的出现具有一定的必然性. 在对量子单体或少体问题的研究中，矩阵代数扮演了基础性角色. 当考虑多体系统的问题时，高阶张量及其相关数学的引入是十分自然的. 物理学对于与张量相关的数学理论并不陌生，例如张量场作为基本的数学语言在弹性力学、流体力学、相对论等多个领域都有重要应用. 张量网络是基于张量的更加宽泛的数学模型，衍生出多线性代数，这里人们主要关心的是如何将高复杂度的张量简化为多个低复杂度张量的运算，即实现张量分解. 在量子多体物理领域，我们面临类似的问题，即多体系统随尺寸的增加涉及到指数级的复杂度. 因此，自 20 世纪末，人们提出将张量网络作为量子多体态的表示形式，并发展出了多种高效、精确的数值方法，在量子多体动力学、热力学等方面取得了令人兴奋的重要进展.

目前，张量网络的应用已经远远超出多线性代数与量子多体物理领域，相关研究涉及高能物理、统计物理、量子信息与量子计算等. 在物理领域之外，张量网络在信息科学与机器学习等领域也取得了许多重要进展. 但是，张量网络具有极强的多学科交叉特性，导致其具有较高的学习壁垒. 虽然在已有文献中能够找到许多关于张量网络的优秀综述文章与学术专著(例如我们在 Springer 出版的英文专著)，但这些文献主要针对专业读者群体，对于初学者，特别是不熟悉量子理论的初学者而言，并不容易阅读和掌握. 为此，本书作者冉仕举博士在相关课程讲稿的基础上，撰写了这本难得的深入浅出的教科书. 冉仕举是我以前指导的优秀博士生之一，一直在张量网络领域开展科研工作，提出了多个基于张量网络的量子多体计算方法，取得了一系列重要研究进展，是一名极具发展潜力的优秀青年科学工作者.

本书从最基础的线性代数出发，逐步介绍多线性代数、量子理论、量子信息、机器学习与张量网络的相关基础，为具备基本微积分及线性代数知识的读者提供一本了解和入门张量网络的书籍，可作为物理专业本科高年级或研究生教材使用，也可为数学、计算机等专业的研究生及研究人员提供参考.

苏　刚

2021 年 12 月 21 日

目　录

前 言

比起线性代数、量子力学，甚至量子信息等学科，张量网络是一门非常年轻的学科，从“张量网络”这个数学概念正式步入学术界至今，严格来说，仅有不到二十年的时间，如果从密度矩阵重正化群算法的提出作为时间节点算起，最多也就三十多年．与场论等传统物理学科不同，要学习张量网络，其实并不需要太多艰深的数学或物理知识．相反，只需在线性代数等少数几门基础数学学科上具备必要的知识，即可开始学习张量网络．但事实上，学习张量网络并不是一件容易的事情，原因有很多，其中一个重要的原因是，张量网络起源于量子物理学，文献中大部分关于张量网络算法的介绍，都是以量子多体问题为例．在没有一定量子力学基础的情况下，并不容易读懂这些文献．可见，张量网络的难点与其说在于其本身，不如说在于其具体的应用上．

另一个较为重要的原因是，与张量网络相交叉的领域太多、太广，除量子物理外，还包括例如张量分解、数据挖掘、机器学习等．这些领域之间本身就存在着巨大的鸿沟，各个领域对张量网络的阐述方式与习惯、符号定义等存在显著的差异．就算在量子物理领域内部，例如，在量子多体物理、统计物理、高能物理、量子信息与量子计算科学中，以及在张量网络算法本身的研究中，不同研究小组使用的符号并不完全统一．加之，目前并没有一本专门关于张量网络的教材，特别是中文教材．张量网络相关知识的“碎片化”特点，对于初学者的学习造成了很大的障碍和困扰．

在2020年初，我与合作者在Springer出版社共同出版了一部关于张量网络算法的英文专著 *Tensor Network Contractions*[①]．在入职首都师范大学物理系后，我尝试使用该书作为教材，指导研究生甚至本科生学习张量网络．但撰写该书的目的更多地在于为专业研究人员提供包含了必要文献与技术细节的综述，并不在于教学与研究生培养．在阅读时，读者需要查阅大量其它书籍或文献，来理解该

① Shi-Ju Ran，Emanuele Tirrito，Cheng Peng，Xi Chen，Gang Su，and Maciej Lewenstein，*Tensor Network Contractions*，Lecture Notes in Physics，Cham，Springer，2020.（DOI：https：//doi.org/10.1007/978-3-030-34489-4）

书中的内容，这并不利于读者在某个固定的时间内(如一学期或一学年)进行张量网络的学习. 同时，由于不同的读者进行扩展阅读的程度也有很大差异，这不利于把控学习的质量.

为了更好地为学生讲述张量网络，我于 2020 年暑期前后，作为“计算物理”的一部分开设了张量网络课程. 与英文专著不同，课程的内容主要以基础定义与算法为主. 课程结束后，王顶族、卢迎等几位同学(详见致谢)将课程讲述的内容记录成了文字的形式. 随后，我进一步根据授课所得的经验，以及与本科生、研究生的交流，对内容进行了大幅扩充与调整，例如，在课程内容的基础上增加了介绍量子力学基础的章节，扩充了量子多体物理基础的相关内容，增加了张量网络算法的许多细节与推导，包括密度矩阵重正化群及有效算符、量子纠缠模拟方法、二维投影纠缠对态等，最终形成了本书.

本书的初衷是将其用于对研究生的指导，希望研究生在完整学习本书的内容后，能够有相应的知识储备以及初步的能力，进行张量网络相关的研究工作. 因此，本书将涉及大量的公式与图形化的公式计算，而非科普性地介绍张量网络. 这或许(应该说必然)会大大提高本书的阅读难度，但经历、克服这些困难是获得研究能力的一个不可避免的过程.

目前，张量网络被应用于多个研究方向及其交叉领域，相关的理论方法与应用发展十分迅速. 本书的主要目的是构建出适合教学的张量网络知识体系，并不是一部学术专著. 因此，本书并没有试图介绍所有张量网络相关的工作，也没有试图引用所有张量网络相关的文献. 同时，为了学习的整体性，本书尝试使用统一的符号体系与专业术语，这使得本书中少部分的符号或与一些文献并不完全一致. 同时，得益于张量网络算法在细节上的开放性，为了更好地说明算法间的内在联系，部分算法在细节上也会与原始文献有稍许差别. “体现张量网络这门新兴学科的整体性”，是本书的重要特点之一.

本书的阅读需具备一定的数学基础. 张量网络的基本构成单元为张量，而张量又可看作矩阵的高阶推广. 因此，线性代数是学习张量网络的必备基础. 由于大部分张量网络算法源于经典或量子物理学中的相关研究工作，例如张量网络重正化群算法、时间演化块消减算法等，因此，量子物理基础对于理解张量网络至关重要. 但是，如果要求读者首先掌握量子力学再学习张量网络，那就违背本书的初衷了，这也会对非物理专业背景的读者造成巨大的困难. 量子力学本身涵盖的知识范围是非常广的，但并不意味着要完全学习所有内容后才能理解、学习张量网络. 考虑到这点，本书将在第二章和第三章重点介绍与张量网络密切相关的量子力学少部分内容(及其它少量的相关物理知识，如经典统计理论)，力求做到即使非物理专业背景的读者，也只需专注于本书即可学习张量网络. 当然，读者如果已经较为熟悉量子力学，那无疑将有助于更好地理解张量网络. 而对于非物理专业背景的读者，希望本书在介绍张量网络之余，能通过张量网络提供一种较为“数学化”的途径，窥见量子力学及其它相关物理学科的奥妙与魅力. 综上，本书可适用于物理专业本科二年级(已学习过高等数学、线性代数、普通物理)学生，及具备同等或更好基础的物理/非物理专业的学生与研究工作者.

关于本书的阅读及使用，有如下几点小的建议：

(1)熟悉数学表示与约定规则，例如，张量及其分量、狄拉克符号及其与张量的关系、张量的矩阵化、指标切片与缩并等. 这些表示在其它学科中出现较少，如果能够尽快适应并熟悉，将有效地降低本书的阅读难度.

(2)熟悉张量网络图形表示. 图形表示是张量网络领域的一大特点，许多较为复杂的张量计算并不适合用公式写出，而图形则可提供一种简洁、直观、相对易读的表示.

(3)注意不同理论与算法间的内在联系. 例如，张量网络中的时间演化块消减算法，其计算量子基态的原理是虚时间演化理论，而虚时间演化理论的数学基础是矩阵最大本征问题的幂算法. 又如，不同张量网络算法的指标维数裁剪，最终都是基于矩阵奇异值分解进行的.

(4)注意算法在细节上的开放性. 本书的目的在于系统性地介绍张量网络算法，因此会以自己的逻辑进行叙述. 在一些细节上，本书的内容可能会与原始文献相异，但书中内容与文献内容“通其一则两通”，不同之处在于本书更加注重不同算法之间的联系与异同，希望能减弱张量网络领域知识较为碎片化的现象. 张量网络算法本身在细节上也是十分灵活的，建议在阅读的时候稍加留意这点.

(5)注重程序练习. 对于希望使用张量网络进行相关研究或应用的读者，建议进行必要的程序练习.

(6)本领域的专业术语相当多，建议读者善用索引.

毫无疑问，本书还有许许多多可以进一步改进的地方，特别是前沿研究内容的融入、算法与代码介绍、更多与更科学的习题等方面. 就内容而言，张量网络整个领域正处于快速发展之中. 在理论方法方面，张量网络与蒙特卡洛、动力学平均场以及量子信息与计算中的方法有着许多创造性的结合；在量子多体物理领域，张量网络在研究自旋液体、量子场以及相互作用费米子等问题上有着重要的应用；在机器学习方面，张量网络与传统神经网络(全连接网络、玻尔兹曼机等)、变分量子线路、量子神经网络等方面的交叉研究，也带来了不少振奋人心的成果. 这些研究都属于重要的前沿课题，本书并没有太多涉及，而是将重点放在了利于教学的基础问题上. 我们将持续地累积经验与吸纳意见建议, 为最终将张量网络发展成为一门成熟的学科而尽微薄之力.

2021 年 6 月 23 日星期三
于首都师范大学实验楼

符号约定

- 使用粗体字母代表张量，默认使用同一个非粗体且带有下标的字母代表该张量的某一个元素，例如 $\boldsymbol{M}$ 代表某矩阵，M_{ij} 代表该矩阵第 i 行第 j 列的元素；张量的多个指标可用逗号隔开，在不引起误解的情况下逗号可省略，如 φ_{s_0,s_1,s_2} 与 $\varphi_{s_0s_1s_2}$.
- 使用狄拉克符号表示量子态时，左矢或右矢括号中所用字母的粗体，默认表示该量子态在给定基底下展开系数构成的张量，例如 $|\varphi\rangle=\sum_s\varphi_s|s\rangle$，即 $|\varphi\rangle$ 的系数向量为 $\boldsymbol{\varphi}$.
- 使用带有“尖帽”的字母代表算符，默认使用同一个字母的粗体代表算符在给定基底(默认为直积基底)下展开系数构成的张量，例如算符 $\hat{O}=\sum_{ss'}O_{ss'}|s\rangle\langle s'|$，其展开系数为矩阵 $\boldsymbol{O}$.
- 遵循 Python 规则，指标从 0 开始计数，例如，三维向量 $\boldsymbol{v}=[v_0,v_1,v_2]$，而非$[v_1,v_2,v_3]$，因此，对一个 D 维指标的求和范围为从 0 到 $D-1$，而非从 1 到 D.
- 使用花括号表示一系列张量或指标构成的集合，例如，对于张量 $\boldsymbol{A}^{(0)},\boldsymbol{A}^{(1)},\boldsymbol{A}^{(2)}$ 构成的集合，可简写为$\{\boldsymbol{A}^{(*)}\}$或$\{\boldsymbol{A}^{(n)}\}(n=0,1,2)$(自行选择上标所用字母)，在不引起误解的情况下，可省略“$(n=0,1,2)$”而直接写为$\{\boldsymbol{A}\}$.
- 切片、矩阵化、狄拉克符号等规则见正文.
- 由于本书中{}、[]均定义了特别的含义，因此一般情况下只使用()，并且接受()的嵌套.

第 1 章　张量及其基本运算

1.1　什么是张量

张量(tensor)是一个基本的数学概念，在不同的学科中有着广泛的应用. 例如，在相对论中，时空中不同的属性或物质的运动状态可由张量描述，其中，构成张量的各个元素可以是时空坐标的函数，不同坐标对应的张量可由相应的变换联系起来. 在这种情况下，人们既研究张量本身，又研究张量之间的变换关系，这与数学及物理学中“场”(field)的概念一致. 因此，在这种情况下，张量往往被称为“张量场”(tensor field).

在许多时候，构成张量的元素并不是坐标的函数，因此，我们也不需要关心各种坐标之间的变换等. 在这种更加“简单”“直观”的情况下，我们可以给张量一个很直接的定义，即为被多个指标(index)标记的一系列数. 这种情况下，张量也被称为数列(array)，指标的个数被称为该张量的阶数(order)，每个指标可取值的个数，被称为指标的维数，N 阶张量又称为 N 维数列. 构成张量的数称为张量元(tensor element).

为了更好地理解什么是张量，让我们从最常见的张量——标量、向量、矩阵说起(表 1-1). 对于一个数而言，我们并不需要任何指标去标记它，因此，标量是 0 阶张量. 例如，一辆汽车的速度大小、一个人的身高、物理系统能量值等，都可以用标量表示.

表 1-1　标量、向量、矩阵及高阶张量的几个例子

	张量阶数	例子
标量	0	能量、温度、一门课的成绩
向量	1	速度、多门课的总成绩构成的数列
矩阵	2	黑白图片
高阶张量	N	彩色图片(3 阶张量)

对于一些事物或现象，我们很难只用一个数来刻画. 例如，物体运动的速度，它既有方向又有大小，因此我们可以使用三个量$[v_x, v_y, v_z]$来表示不同方

向上速度的大小，这三个量(元素)构成速度向量或矢量．对于向量，在不同的文献或书籍上有不同的记法，可使用粗体 $\boldsymbol{v}$ 表示，也可在字母上面加一个箭头，即 $\vec{v}$．在本书中，我们统一用粗体的字母表示张量(包括向量)．显然，在速度的这个例子中，$\boldsymbol{v}$ 有三个分量，可记为 $v_a(a=0,1,2)$，a 为向量的指标，维数 $\dim(a)=3$．为了满足 Python 的默认习惯，在本书中指标从 0 开始计数．在上文中，x、y、z 方向的速度大小分别放在了向量中的第一、第二和第三个位置，有 $v_0=v_x$，$v_1=v_y$，$v_2=v_z$．

一个向量不一定描述一个既有大小又有方向的量，它的定义或应用可以更加灵活．例如，我们可以用一个 4 维向量代表四名同学在某次考试中的物理成绩 $\boldsymbol{g}=[g_0,g_1,g_2,g_3]$，各个分量 g_a 表示第 a 个同学的物理成绩($a=0,1,2,3$)．此时，向量的"方向"并没有太大的意义，一个向量仅仅可被看作由四个数组成的 1 维数列．换言之，向量可被看作由单个指标标记的多个标量．

在很多时候，仅使用一个指标并不能很好地对相关的数进行标记．例如，一张分辨率为 $L\times W$ 的灰度图片由 $N=L\times W$ 个数构成，每个数的大小表示对应位置像素的灰度值．我们当然可以使用一个 N 维向量来储存这张图片，但这样做并不利于我们同时记录每一个像素在图片中所处的位置信息．一个自然的做法是使用两个指标来标记像素，即 p_{mn} 代表第 m 行第 n 列像素值的大小．显然，$\boldsymbol{p}$ 为一个 $L\times W$ 的矩阵．

关于张量的符号约定

对于任意张量，使用粗体的字母指代张量本身，例如 $\boldsymbol{T}$；使用同一个字母的非粗体形式并加上下标，代表该张量中的某个具体元素，如 T_{abc}．根据实际需要与美观考虑，可在下标间加上逗号，如 $T_{a,b,c}$．

在许多例子中，我们需要用到更多的指标对其进行描述．例如，一张 RGB 彩图，它的像素构成一个 3 阶张量 $\boldsymbol{T}$，其中 T_{kmn} 代表第 k 个颜色通道中第 m 行第 n 列的像素值，该张量的维数为 $3\times L\times W$，其中指标 k 的三个取值代表三个颜色通道．

1.2 张量的基本操作及图形表示

在张量的计算中，我们往往会遇到大量的指标，对应的公式可能十分复杂，这将不利于实际的阅读与计算．因此，我们将在本节介绍张量的图形表示．在本书后面介绍张量网络算法时，将大量采用图形表示．具体而言，我们用一个连着 N 条线的块表示一个N 阶张量，所有线条(leg/bond)与张量的指标一一对应．图 1-1 展示了标量、向量、矩阵以及 N 阶张量的图形表示．一般而言，线的弯曲长短、块的形状大小并无实质性的意义.

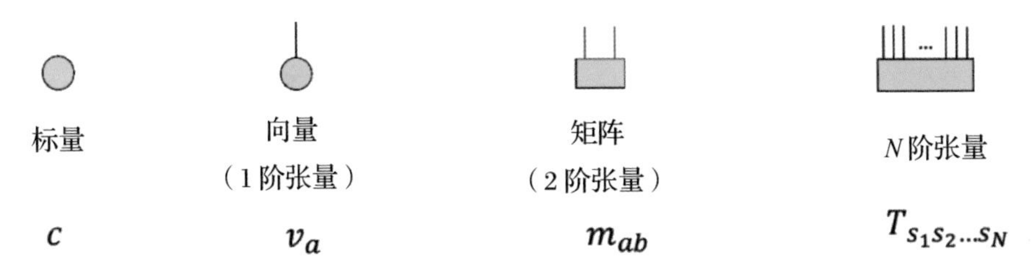

图 1-1　张量的图形表示

张量可进行切片(slice)操作，提取相关元素. 例如，对于一个(3×2)维的矩阵 $\boldsymbol{M}$，很显然该矩阵可看作由 3 个 2 维行向量构成(见图 1-2)，具体分别记为 $M_{0,:}$，$M_{1,:}$ 及 $M_{2,:}$，其中，第二个指标由冒号“:”代替，代表遍历该指标所有取值. 因此，这三个符号分别代表矩阵 $\boldsymbol{M}$ 的第 0、1、2 行. 该矩阵也可看作由 2 个 3 维列向量构成，记为 $M_{:,j}(j=0,1)$，代表 $\boldsymbol{M}$ 的第 j 列. 这里冒号的使用同 Python 或 Matlab 语言是一致的. 在不引起歧义的情况下，下标之间的逗号可以省略.

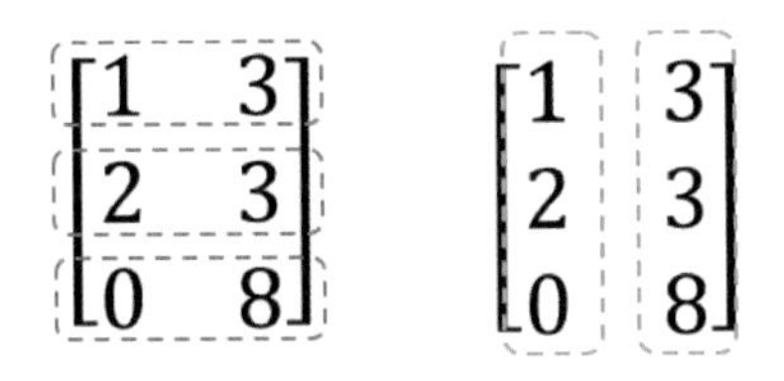

图 1-2　一个(3×2)维的矩阵可以看作由 3 个 2 维行向量或 2 个 3 维列向量构成

同理，对于一个(2×3×4)维的 3 阶张量 $\boldsymbol{T}$ 而言，其可以看成是由 2 个(3×4)的矩阵($T_{i,:,:}$)构成，或是由 3 个(2×4)的矩阵($T_{:,j,:}$)构成，或是由 4 个(2×3)的矩阵($T_{:,:,k}$)构成，这三种情况分别代表不同指标的切片操作. 从张量中切出的矩阵可进一步切片为向量，或可以直接将张量切片为向量，例如 $T_{i,j,:}$，$T_{i,:,k}$ 等. 切片操作也可以从张量中切出同阶的张量，例如，对于一个(2×3×4)维的 3 阶张量 $\boldsymbol{T}$，可以切出(2×2×2)的 3 阶张量 $T_{:,0:2,0:2}$，冒号前后的数字代表对对应指标取值范围的限制，这里我们采取 Python 的默认规则，例如，“0:2”代表该指标只能取 0 和 1 两个取值.

张量的阶数可通过变形(reshape)操作进行改变，需要注意的是，变形操作既不会改变张量元的总个数，也不会改变张量元的数值，改变的仅仅是指标标记张量元的方式. 例如，对于一个(2×3×4)维的 3 阶张量 $\boldsymbol{T}$，我们可以通过将前两个指标合并，将其变形为一个(6×4)的 2 阶矩阵 $\boldsymbol{M}$. $\boldsymbol{M}$ 中合并所得的 6 维指标的取值一一对应于 $\boldsymbol{T}$ 中前两个指标的所有可能取值．具体而言，对于 T_{ijk}，前两个指标取值的 6 种组合为$(i=0,j=0)$，$(i=0,j=1)$，$(i=0,j=2)$，$(i=1,j=0)$，$(i=1,j=1)$，$(i=1,j=2)$，对应于 M_{pk} 中首个指标 p 取 0 到 5．同样地，我们也可以将(6×4)的矩阵变形成为$(2\times3\times4)$维的 3 阶张量．我们一般不会去记忆变形操作具体的对应关系．在同一种编程语言的计算中，这种对应关系只要不被人为改变，即变形方式前后自洽，变形操作就是"可逆"的(见本章习题 1)．

一种最常用的张量变形操作为矩阵化(matrization)，对于 N 阶张量 $T_{i_0 i_1 \cdots i_{N-1}}$，我们可以将部分指标合并成一个大指标，剩余的指标合并成另外一个大指标，以此将该张量变形称为一个矩阵．在很多文献中，采用如下记法来标记张量的矩阵化．如果将某几个指标(例如 i_a, i_b, i_c)合并作为左指标，其余合并作为右指标，该矩阵简记为$\boldsymbol{T}_{[i_a i_b i_c]}$，在不引起误解的情况下，剩余的指标可以不写出来，也可以写在第二个方括号中，记为$\boldsymbol{T}_{[i_a i_b i_c][\cdots]}$．若不希望指定代表各个指标的名字(字母)，可以写成$\boldsymbol{T}_{[0,2,\cdots]}$，方括号中的数字代表张量的第几个指标．如果将某一个指标 i_m 作为矩阵左指标，并合并其余指标作为矩阵右指标，该矩阵简记为$\boldsymbol{T}_{[i_m]}$；如果将前 m 个指标合并作为左指标，剩下的指标合并作为右指标，该矩阵简记为$\boldsymbol{T}_{[i_0 \cdots i_{m-1}][i_m \cdots i_{N-1}]}$或$\boldsymbol{T}_{[i_0 \cdots i_{m-1}]}$或$\boldsymbol{T}_{[0 \cdots m-1]}$．如果需要将一个张量的所有指标合并成一个指标，则以此获得的向量可简记为$\boldsymbol{T}_{[:]}$，其也被称为 $\boldsymbol{T}$ 的向量化(vectorization)．这里强烈建议读者尽可能地适应这种表示方式，因为在后文中，很多复杂的张量公式在这些符号定义下，可被大幅简化．

矩阵变形与指标交换的几个例子

变形与指标交换仅仅改变的是指标，而非元素本身．例如，考虑如下矩阵

$$\boldsymbol{M}=\begin{bmatrix}11 & 12 & 13\\ 21 & 22 & 23\end{bmatrix}$$

将 $\boldsymbol{M}$ 变形为 6 维向量 $\boldsymbol{v}$，得

$$\boldsymbol{v}=[11 \quad 12 \quad 13 \quad 21 \quad 22 \quad 23]$$

变形前后，元素的总个数不变，各个元素的取值也不变，变化的仅仅是元素所在的位置，或者更准确地说，变化的是标记各个元素的规则，即指标．例如，"11"这个元素在变形之前对应的两个指标分别是 0 和 0(矩阵的第 0 行 0 列)，在变形之后对应的一个指标是 0(向量中第 0 个元素)；又如，"23"这个元素在变形之前对应指标为 1 和 2，变形之后对应指标 5．注意，本书默认使用 PyTorch 中 reshape 命令的规则进行变形操作，具体可参考 PyTorch 的官方文档．

通过交换 $\boldsymbol{M}$ 的左右指标，我们定义矩阵 $P_{ba}=M_{ab}$，即 $\boldsymbol{P}=\boldsymbol{M}^{\mathrm{T}}$ 为 $\boldsymbol{M}$ 的转置. 此时有

$$\boldsymbol{P}=\begin{bmatrix}11 & 21\\ 12 & 22\\ 13 & 23\end{bmatrix}$$

显然，指标交换操作仍然没有改变元素个数及其具体的取值，例如，“12”这个元素的指标由变形前的 0 和 1，变成了变形后的 1 和 0.

对于矩阵，我们经常会用到转置操作，用上标“T”表示，例如，令 $\boldsymbol{P}=\boldsymbol{Q}^{\mathrm{T}}$，则有 $P_{ij}=Q_{ji}$. 本书使用上标“$*$”表示对所有张量元取复共轭，用上标“†”(读作 dagger)表示既取复共轭又取转置，有 $(\boldsymbol{M}^{*})^{\mathrm{T}}=(\boldsymbol{M}^{\mathrm{T}})^{*}=\boldsymbol{M}^{\dagger}$. 对于张量，我们也有指标交换的操作，读者可参考附录中给出的一些例子. 有时候我们需要同时进行指标交换与矩阵化操作，在数学表达式上，可以通过调整指标顺序来表示，例如，对于 3 阶张量 $\boldsymbol{T}$，$\boldsymbol{T}_{[2,1][0]}$ 表示将三个指标的顺序交换为[2,1,0]后，再将前两个指标合成一个指标，从而将 $\boldsymbol{T}$ 变形为矩阵.

1.3　张量的收缩

张量最基本的运算就是指标收缩(contraction)与分解(decomposition)，在本节中，我们将介绍张量的收缩及其图形表示. 收缩定义为对张量间的共有指标进行求和运算. 下面，我们给出几个简单的指标收缩的例子(见图 1-3).

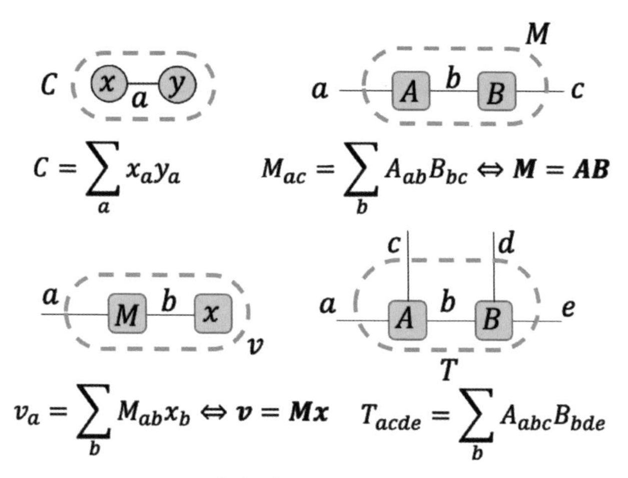

图 1-3　指标收缩及其图形表示示例

首先，我们以向量与向量的内积(inner product)为例. 内积又称点积，定义

为$\langle \boldsymbol{x}, \boldsymbol{y} \rangle = \sum_a x_a y_a = C$，即对应元素相乘后对指标进行求和，运算结果为一个标量(0 阶张量)．在图形表示中，我们可以首先画出代表两个向量的块，而指标a既属于向量$\boldsymbol{x}$，又属于向量$\boldsymbol{y}$，因此按照上文介绍的规则，代表a的这条线需要既连接到$\boldsymbol{x}$对应的块，又连接到$\boldsymbol{y}$对应的块，故内积运算的图形表示为一条线连接两个块．向量与矩阵点乘的图形表示也可类似获得，由公式$v_a = \sum_b M_{ab} x_b$出发，矩阵的右指标b与向量的指标由一条线表示．图 1-3 也同时展示了矩阵乘积与张量收缩对应的图形表示．两个张量收缩的一般形式可写为：

$$T_{a_0 a_1 \cdots b_0 b_1 \cdots} = \sum_{g_0 g_1 \cdots} A_{a_0 a_1 \cdots g_0 g_1 \cdots} B_{b_0 b_1 \cdots g_0 g_1 \cdots} = \mathrm{tTr}(\boldsymbol{AB}) \tag{1-1}$$

其中，指标$\{g_i\}$代表两个张量的所有共有指标，可用 tTr (total trace)代表对所有共有指标的求和．

这里，我们引入几个张量网络领域中的默认规定．首先，收缩式中出现的所有指标需属于某一个或某两个张量．如果某指标仅属于某一个张量，那么，该指标不会被求和，这种指标被称为开放指标(open index)，例如，上式中的$\{a_i\}$和$\{b_i\}$．如果某指标属于两个张量，即为两个张量的共有指标，那么默认对该指标进行求和，这种指标被称为哑指标或闭合指标(closed index)．原则上不允许出现不属于任何张量的指标，或是属于超过两个张量的共有指标．前者没有数学或物理意义，而后者虽然有明显的数学意义，但是与我们的图形表示规则不相容，我们无法画出一条连接着三个块的线段．另外我们规定，在求和号中不写求和上下限时，我们默认对指标的全部范围(所有可能取值)进行求和．

给初学者的建议：不用太纠结于用来表示指标的字母的意义

例如，考虑如下 2×3 的矩阵

$$\begin{bmatrix} 91 & 86 & 65 \\ 88 & 74 & 99 \end{bmatrix}$$

该矩阵可以记为M_{mn}或M_{rc}，只要指明这些标记代表的是上述矩阵，就有$M_{mn}=86$，当$m=0$，$n=1$；$M_{rc}=99$，当$r=1$，$c=2$．无论用什么字母来表示指标，都有$M_{01}=86$与$M_{12}=99$．

当出现多个张量且存在哑指标的时候，无论选择什么字母代表共有指标，需保持相同的指标使用相同的字母，例如，$y_b = \sum_a x_a M_{ab} = \sum_\mu x_\mu M_{\mu b}$（注：默认求和范围为哑指标的所有取值），无论用什么样的字母代表这个哑指标，上式都表示所得向量的各个分量满足

$$y_0 = x_0 M_{00} + x_1 M_{10} + x_2 M_{20} + \cdots$$
$$y_1 = x_0 M_{01} + x_1 M_{11} + x_2 M_{21} + \cdots$$

$$y_2 = x_0 M_{02} + x_1 M_{12} + x_2 M_{22} + \cdots$$

$$\cdots\cdots$$

即有

$$y_b = x_0 M_{0b} + x_1 M_{1b} + x_2 M_{2b} + \cdots$$

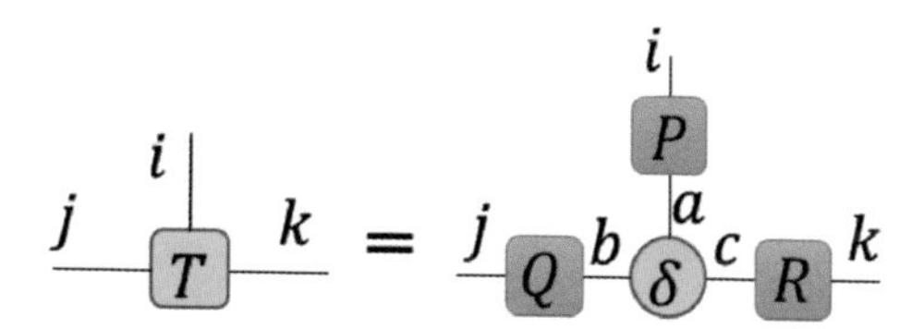

图 1-4　带有高阶单位张量 $\boldsymbol{\delta}$ 的张量收缩图形表示

但是在许多情况下，我们会遇到被多个张量所共有的指标，为了与图形规则相容，我们引入高阶单位张量(higher-order identical tensor). 一个 N 阶单位张量 $\delta_{i_0 i_1 \cdots i_{N-1}}$ 满足：

$$\delta_{i_0 i_1 \cdots i_{N-1}} = \begin{cases} 1 & \text{if} \quad i_0 = i_1 = \cdots = i_{N-1} \\ 0 & \text{otherwise} \end{cases} \tag{1-2}$$

显然，单位矩阵(一般用符号 $\boldsymbol{I}$ 表示)为一个 2 阶单位张量. 有了高阶单位张量，我们可以将 $T_{ijk} = \sum_a P_{ai} Q_{aj} R_{ak}$ 等价地写为 $T_{ijk} = \sum_{abc} \delta_{abc} P_{ai} Q_{bj} R_{ck}$，这样就避免了同一个指标出现在三个不同的张量上，其图形表示也有了良好定义(见图 1-4). 但是在实际的编程计算过程中，我们不需要显式地写出 δ 张量，而是直接通过实现爱因斯坦求和函数来进行计算.

当两个张量相乘但无共有指标(即不进行指标收缩)，该运算被称为直积(direct product)，用符号“$\otimes$”表示. 直积运算有许多其它的称呼，如克罗内克积(Kronecker product)、张量积、并矢等，但很多运算仅是针对向量或矩阵而定义的. 考虑到本书主要处理的是高阶张量，我们约定如下直积规则：对于 M 阶张量 $A_{a_0 a_1 \cdots a_{M-1}}$ 与 N 阶张量 $B_{b_0 b_1 \cdots b_{N-1}}$，设张量 $\boldsymbol{T}$ 满足

$$\boldsymbol{T} = \boldsymbol{A} \otimes \boldsymbol{B} \tag{1-3}$$

则 $\boldsymbol{T}$ 的各个元素满足

$$T_{a_0 a_1 \cdots a_{M-1} b_0 b_1 \cdots b_{N-1}} = A_{a_0 a_1 \cdots a_{M-1}} B_{b_0 b_1 \cdots b_{N-1}} \tag{1-4}$$

也就是说，$\boldsymbol{T}$ 的前 M 个指标为 $\boldsymbol{A}$ 的指标，后 N 个指标为 $\boldsymbol{B}$ 的指标. 当 $M=2$，$N=3$ 时，直积的图形表示如图 1-5 所示.

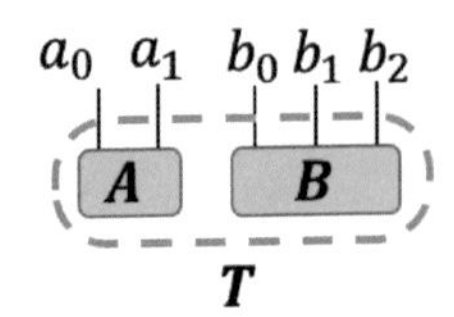

图 1-5　$T_{a_0 a_1 b_0 b_1 b_2} = A_{a_0 a_1} B_{b_0 b_1 b_2}$ 的图形表示

1.4　本征值分解与最大本征值问题

在张量的相关计算中，除了指标收缩外，最常见的就是分解运算，在接下来的两节中，我们将简要介绍矩阵的本征值分解(eigenvalue decomposition，简称 EVD)和奇异值分解(singular value decomposition，简称 SVD)这两种线性代数中的基本方法，很多张量的分解也是这两种矩阵分解的组合与推广.

对于方阵 $\boldsymbol{M}$(方阵指两个指标维数相等的矩阵)，若存在非零向量 $\boldsymbol{v}$ 与标量 γ，使得

$$\boldsymbol{M}\boldsymbol{v} = \gamma \boldsymbol{v} \tag{1-5}$$

则 $\boldsymbol{v}$ 被称为 $\boldsymbol{M}$ 的本征向量(eigenvector)或特征向量，γ 为对应的本征值(eigenvalue)或特征值. 上式被称为 $\boldsymbol{M}$ 的本征方程(eigenvalue equation).

本征值分解(eigenvalue decomposition)又称为特征值分解，其数学表达式为

$$\boldsymbol{M} = \boldsymbol{U}\boldsymbol{\Gamma}\boldsymbol{U}^{-1} \tag{1-6}$$

$\boldsymbol{U}^{-1}$ 为 $\boldsymbol{U}$ 的逆矩阵，其中 $\boldsymbol{U}$ 被称为变换矩阵，该矩阵的每一列都为矩阵 $\boldsymbol{M}$ 的本征向量；$\boldsymbol{\Gamma}$ 为对角矩阵，满足 $\Gamma_{kk'} = \delta_{kk'} \Gamma_k^{(\mathrm{D})}$，对角元素构成的向量 $\Gamma^{(\mathrm{D})}$ 被称为本征谱(eigenvalue spectrum)，各个对角元素为 $\boldsymbol{U}$ 中各个本征向量对应的本征值. 在后文中，我们主要考虑厄米矩阵(Hermitian matrix)的本征值分解，即 $\boldsymbol{M} = \boldsymbol{M}^{\dagger}$. 此时，本征谱由实数构成，且 $\boldsymbol{U}$ 为幺正矩阵(unitary matrix)，满足 $\boldsymbol{U}^{\dagger}\boldsymbol{U} = \boldsymbol{U}\boldsymbol{U}^{\dagger} = \boldsymbol{I}$. 此时，本征值分解写为 $\boldsymbol{M} = \boldsymbol{U}\boldsymbol{\Gamma}\boldsymbol{U}^{\dagger}$，$\boldsymbol{U}$ 每一列给出的本征向量为归一向量. 物理学中很多时候考虑的都是厄米矩阵，为简要起见，我们在后文主要考虑 $\boldsymbol{U}$ 为幺正矩阵的情况，即本征向量满足归一性. 本征方程与本征值分解对应的图形表示见图 1-6.

图 1-6　本征方程(左)与本征值分解(右)的图形表示

对于很多物理问题，我们可能仅关心厄米矩阵的最大本征值及其对应的本征向量. 如果从优化的角度出发考虑这一问题，其对应于如下极大化问题：对于厄

米矩阵 $\boldsymbol{M}$，求归一化向量 $\boldsymbol{v}$，满足

$$\boldsymbol{v}=\operatorname{argmax}_{|\tilde{v}|=1} \sum_{ab} \tilde{v}_a M_{ab} \tilde{v}_b \tag{1-7}$$

其中，argmax 代表求右侧函数取极大时对应变量 $\tilde{\boldsymbol{v}}$ 的取值，可理解为极值点的位置．该最大优化问题的解为给定矩阵的最大本征态，对应的值 $f=\sum_{ab} \tilde{v}_a M_{ab} \tilde{v}_b$ 为最大本征值．为了不引入过多的复杂性，我们这里仅考虑实数本征值与本征向量的情况．

假设 $\boldsymbol{M}$ 具有唯一最大本征值（记为 $\Gamma_0^{(\mathrm{D})}$），即最大本征值不简并（non-degenerate），我们来尝试证明上式．

由于矩阵所有的本征向量构成正交完备基矢（orthogonal and complete basis vector，证明可参考其它矩阵分析书籍），任意归一化向量 $\tilde{\boldsymbol{v}}$ 可展开为

$$\tilde{v}_a=\sum_k C_k U_{ak} \quad \text{或} \quad \tilde{\boldsymbol{v}}=\sum_k C_k U_{:,k} \tag{1-8}$$

公式(1-8)中的第二个式子利用了切片，即 $\boldsymbol{U}$ 的每一个列向量为 $\boldsymbol{M}$ 的本征向量．代入 $f=\sum_{ab} \tilde{v}_a M_{ab} \tilde{v}_b$ 得

$$f=\sum_{kk'ab} C_k U_{ak} M_{ab} U_{k'b} C_{k'} \tag{1-9}$$

由于 $U_{ak} M_{ab} U_{k'b}=\delta_{kk'} \Gamma_k^{(\mathrm{D})}$（这里利用了 $\boldsymbol{U}$ 的幺正性），有

$$f=\sum_{kk'} C_k \delta_{kk'} \Gamma_k^{(\mathrm{D})} C_{k'}=\sum_k C_k \Gamma_k^{(\mathrm{D})} C_k \tag{1-10}$$

利用本征向量 $\{U_{:,k}\}$ 的正交归一性以及 $\tilde{\boldsymbol{v}}$ 的归一性，有 $\sum_k C_k C_k=1$（当向量 $\tilde{\boldsymbol{v}}$ 为正交归一向量组 $\{U_{:,k}\}$ 的叠加时，则 $\tilde{\boldsymbol{v}}$ 的模等于叠加系数 C_k 构成的向量的模，见本章习题 4）．因此，当且仅当

$$C_k=\begin{cases}1 & \text{if } k=0 \\ 0 & \text{otherwise}\end{cases} \tag{1-11}$$

$f=\Gamma_k^{(\mathrm{D})}$ 达到极大，此时有 $\tilde{\boldsymbol{v}}=\sum_k C_k U_{:,k}=U_{:,0}$，为最大本征值对应的本征向量．证毕．上述原理被用于量子基态的变分求解算法，我们将在后文介绍相关的内容．

在线性代数相关的书籍中很容易找到已有成熟的算法来求解最大本征值与本征向量，下面我们着重介绍幂级数算法（power method），其核心思想由下式给出

$$\frac{1}{Z} \lim_{K \rightarrow \infty} \boldsymbol{M}^K \tilde{\boldsymbol{v}} \rightarrow U_{:,0} \tag{1-12}$$

其中，$\tilde{\boldsymbol{v}}$ 代表任一不与最大本征态正交的向量，Z 为归一化系数．上式的证明如下：以实对称矩阵 $\boldsymbol{M}$ 为例，且设其最大本征值为 $\Gamma_0^{(\mathrm{D})}$，由 $\boldsymbol{M}$ 的本征值分解及 $\boldsymbol{U}$

的幺正性可得

$$\boldsymbol{M}^K=\underbrace{\boldsymbol{U\Gamma U}^{\mathrm{T}}\boldsymbol{U\Gamma U}^{\mathrm{T}}\cdots\boldsymbol{U\Gamma U}^{\mathrm{T}}}_{K\text{个}\boldsymbol{U\Gamma U}^{\mathrm{T}}}=\boldsymbol{U\Gamma}^K\boldsymbol{U}^{\mathrm{T}} \tag{1-13}$$

在上式右边提取常数$(\Gamma_0^{(\mathrm{D})})^K$得，$\boldsymbol{M}^K=(\Gamma_0^{(\mathrm{D})})^K\boldsymbol{U}\left(\dfrac{\boldsymbol{\Gamma}}{\Gamma_0^{(\mathrm{D})}}\right)^K\boldsymbol{U}^{\mathrm{T}}$，其中有

$$\lim_{K\to\infty}\left(\frac{\boldsymbol{\Gamma}}{\Gamma_0^{(\mathrm{D})}}\right)^K=\lim_{K\to\infty}\begin{bmatrix}\dfrac{\Gamma_0^{(\mathrm{D})}}{\Gamma_0^{(\mathrm{D})}} & \cdots & 0\\ \vdots & \ddots & \vdots\\ 0 & \cdots & \dfrac{\Gamma_{D-1}^{(\mathrm{D})}}{\Gamma_0^{(\mathrm{D})}}\end{bmatrix}^K$$

$$=\begin{bmatrix}1 & \cdots & 0\\ \vdots & \ddots & \vdots\\ 0 & \cdots & 0\end{bmatrix} \tag{1-14}$$

可得$\lim\limits_{K\to\infty}(\boldsymbol{M}^K)_{ab}=(\Gamma_0^{(\mathrm{D})})^K U_{a,0}U_{b,0}$，即$\lim\limits_{K\to\infty}\boldsymbol{M}^K=(\Gamma_0^{(\mathrm{D})})^K\boldsymbol{U}_{:,0}\otimes\boldsymbol{U}_{:,0}^{\mathrm{T}}$，有

$$\lim_{K\to\infty}\boldsymbol{M}^K\tilde{\boldsymbol{v}}=(\Gamma_0^{(\mathrm{D})})^K\sum_a U_{a,0}\tilde{v}_a\boldsymbol{U}_{:,0}=Z\boldsymbol{U}_{:,0} \tag{1-15}$$

其中，$Z=(\Gamma_0^{(\mathrm{D})})^K\sum\limits_a U_{a,0}\tilde{v}_a$. 证毕.

需要提示读者的是，在实际计算矩阵的最大本征值时，一般不使用幂级数算法，而是使用更加高效的算法，如 Lanczos 算法.

1.5 奇异值分解与最优低秩近似问题

奇异值分解定义式为

$$\boldsymbol{M}=\boldsymbol{U\Lambda V}^{\dagger} \tag{1-16}$$

其中，$\boldsymbol{U}$与$\boldsymbol{V}$每一列分别被称为$\boldsymbol{M}$的左、右奇异向量(singular vector)，且满足幺正性$\boldsymbol{UU}^{\dagger}=\boldsymbol{I}$，$\boldsymbol{VV}^{\dagger}=\boldsymbol{I}$；$\boldsymbol{\Lambda}$为对角矩阵，其对角元素(记为$\Lambda_n^{(\mathrm{D})}$)称为奇异值(singular values)，为非负实数，按非升序排列，所有奇异值构成奇异谱(singular value spectrum). 任何矩阵都存在奇异值分解，包括非方阵(即左右指标维数不相同的矩阵)及复数矩阵.

一般认为，任意一个矩阵的奇异值分解是唯一的. 但是对于复数的情况，我们需要引入额外的条件来确保分解的唯一性. 例如，当矩阵存在奇异值分解$\boldsymbol{M}=\boldsymbol{U\Lambda V}^{\dagger}$时，我们可以定义$\tilde{\boldsymbol{U}}=\mathrm{i}\boldsymbol{U}$，$\tilde{\boldsymbol{V}}=-\mathrm{i}\boldsymbol{V}$，于是有$\boldsymbol{M}=\tilde{\boldsymbol{U}}\boldsymbol{\Lambda}\tilde{\boldsymbol{V}}^{\dagger}$且同样满足奇异值分解的全部条件，即$\tilde{\boldsymbol{U}}\tilde{\boldsymbol{U}}^{\dagger}=\boldsymbol{I}$，$\tilde{\boldsymbol{V}}\tilde{\boldsymbol{V}}^{\dagger}=\boldsymbol{I}$(注意：$\tilde{\boldsymbol{V}}^{\dagger}=(-\mathrm{i}\boldsymbol{V})^{\dagger}=\mathrm{i}\boldsymbol{V}^{\dagger}$). 可见，在复数域中，至少存在两套奇异值分解. 但是我们在实际运算过程中，可以默认地添加一些附加条件来保证奇异值分解的唯一性，例如，可以要求$\boldsymbol{U}$的实部极大

化. 在后文中，我们按此规则默认奇异值分解唯一，该唯一性将会被用来论证张量网络态正则形式的唯一性.

基于奇异值，我们定义矩阵的秩(rank)为矩阵的非零奇异值个数[①]. 秩是矩阵非常重要的数学性质，例如，所有奇异值大于零的矩阵被称为满秩矩阵，幺正矩阵一定为满秩矩阵，两个满秩矩阵相乘也一定满秩；又如，具有零奇异值的矩阵被称为亏秩矩阵，考虑两个相同维数的亏秩方阵相乘，所得的矩阵一定亏秩，且秩为两个矩阵秩较小的那个(见本章习题 5).

下面我们考虑线性代数中的一个非常重要的问题，即矩阵的最优低秩近似(optimal lower-rank approximation)，该优化问题是贯穿张量网络最优化裁剪算法的核心. 考虑秩为 R 的矩阵 $\boldsymbol{M}$，求解秩为 $R'<R=\mathrm{rank}(\boldsymbol{M})$ 的同维数矩阵 $\boldsymbol{M}'$，使得二者之间的 L2 范数极小

$$\min_{\mathrm{rank}(\boldsymbol{M}')=R'} |\boldsymbol{M}-\boldsymbol{M}'| \tag{1-17}$$

其中，$\varepsilon=|\boldsymbol{M}-\boldsymbol{M}'|$ 称为低秩近似误差或裁剪误差(truncation error).

张量的 Lp 范数(p-norm)

对于 N 阶张量 $T_{i_0 i_1 \cdots i_{N-1}}$，我们采用并扩展向量的 L$p$ 范数定义，即

$$|\boldsymbol{T}|_p=\Big(\sum_{i_0 i_1 \cdots i_{N-1}} |T_{i_0 i_1 \cdots i_{N-1}}|^p\Big)^{\frac{1}{p}}$$

当 $p=2$ 时，本书将 $|\boldsymbol{T}|_p$ 简写为 $|\boldsymbol{T}|$. 显然，向量的模长即为其 L2 范数. 此外，当 $p=1$ 时，$|\boldsymbol{T}|_p$ 代表所有张量元绝对值之和；当 $p\to\infty$ 时，$|\boldsymbol{T}|_p$ 给出绝对值最大的元素；当 $p=0$ 时，$|\boldsymbol{T}|_p$ 给出非零张量元的个数.

矩阵的最优低秩近似可由奇异值分解获得. 设 $\boldsymbol{M}$ 的奇异值分解为 $\boldsymbol{M}=\boldsymbol{U}\boldsymbol{\Lambda}\boldsymbol{V}^\dagger$，当 $\boldsymbol{M}'$满足

$$M'_{ab}=\sum_{\alpha\alpha'=0}^{R'-1} U_{a\alpha}\Lambda_{\alpha\alpha'}V^*_{b\alpha'} \tag{1-18}$$

此时 $\varepsilon=|\boldsymbol{M}-\boldsymbol{M}'|$ 极小，即矩阵的最优低秩近似由前 R'奇异值及其对应的左、右奇异向量给出，该定理被称为 Eckart-Young-Mirsky 定理，这里就不再给出具体的证明过程了. 换言之，我们可以对 $\boldsymbol{M}$ 进行奇异值分解，得到所有奇异值与奇异向量后，将从 $\Lambda_{R'R'}$ 到 $\Lambda_{R-1,R-1}$ 的奇异值设为零，得到置零后的奇异谱对角矩阵 $\boldsymbol{\Lambda}$，则有 $\boldsymbol{M}'=\boldsymbol{U}\boldsymbol{\Lambda}'\boldsymbol{V}^\dagger$. 裁剪误差的大小可由被置零的奇异值给出

$$\varepsilon\sim\sqrt{\sum_{\alpha=R'}^{R-1}\Lambda_{\alpha\alpha}^2} \tag{1-19}$$

① 非零奇异值个数是给出秩的一种方便的方法，关于秩的更加严谨的定义，可参考戴维・C. 雷等著，《线性代数及其应用》，刘深泉等译，北京，机械工业出版社，2005.

奇异值分解的低秩近似有许多应用，以图形压缩为例，考虑一个分辨率为(833×832)的灰度图，我们需要使用一个 $N=833\times832$ 的矩阵 $\boldsymbol{M}$ 来储存该图，该矩阵包含 693 056 个标量(矩阵元)．为了方便讨论，我们这里暂时不考虑不同数据类型带来的复杂度．

对 $\boldsymbol{M}$ 进行奇异值分解，按上文所述得到其最优低秩近似，将秩降低为 R'．如果我们存储奇异值及奇异向量($\boldsymbol{U}$、$\boldsymbol{\Lambda}$ 和 $\boldsymbol{V}$ 的部分行列)来代替 $\boldsymbol{M}$ 本身，那么我们需要储存 $N'=833\times R'+R'+832\times R'$ 个标量，其中第一项和第三项分别是 $\boldsymbol{U}$ 和 $\boldsymbol{V}$ 中矩阵元的个数．对于 $\boldsymbol{\Lambda}$，我们可以仅储存其对角元，甚至我们可以直接储存 $\widetilde{\boldsymbol{U}}=\boldsymbol{U}\boldsymbol{\Lambda}$，这样总标量的个数为 $N'=(833+832)\times R'$．我们可以通过储存的数据近似恢复原图形，满足 $M'_{ab}=\sum_{a\alpha'=0}^{R'-1}U_{a\alpha}\Lambda_{\alpha\alpha'}V_{b\alpha'}=\sum_{\alpha=0}^{R'-1}\widetilde{U}_{a\alpha}V_{b\alpha}$(由于 $\boldsymbol{V}$ 为实数矩阵，此处不用取其复共轭)．图 1-7 展示了 R' 取不同值时 $\boldsymbol{M}'$ 给出的图形，最后一张图为原始图片．显然，当我们保留越大的 R'，则 $\boldsymbol{M}'$ 给出的图形就越精确，与原图就越相近．N'/N 用来表示数据的压缩率．具体可参考附录 B 的代码示例．

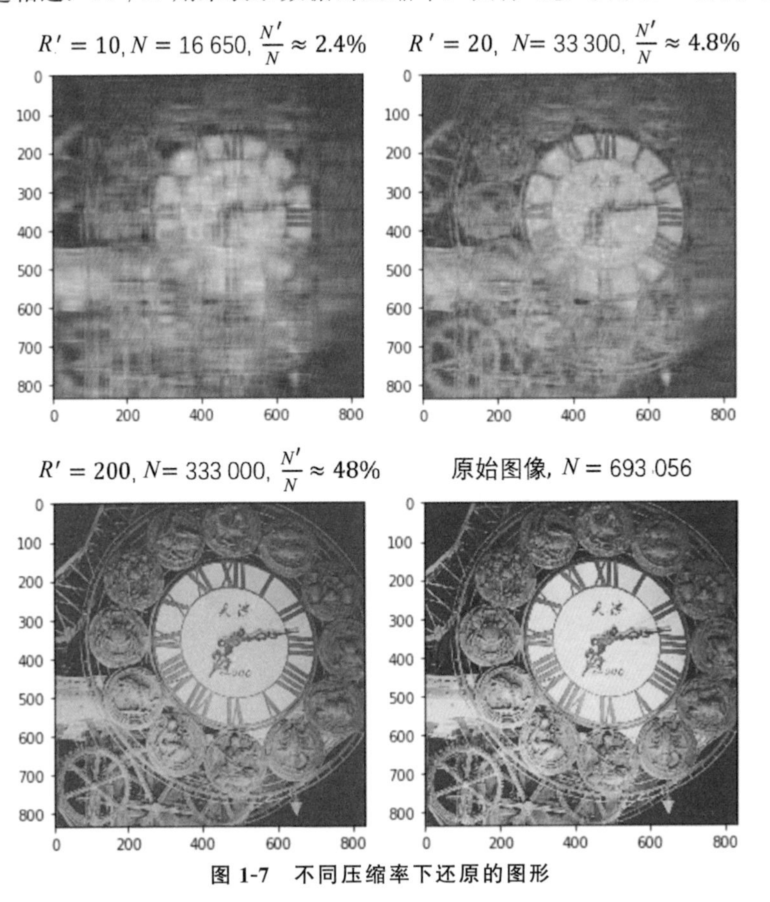

图 1-7　不同压缩率下还原的图形

上文给出的图形压缩仅是一个形象展示低秩近似的例子，在各种实用的图形压缩算法中，例如 JPG 算法，我们并不直接对整张图片进行奇异值分解，因为这样做的压缩效果并不好，效率也偏低. 实际的做法是，采样对分块后的图形进行局域的变换(例如离散余弦变换)，再加上熵编码等手段，从而在保证精度的前提下，减小储存、压缩及解压缩的成本.

此外，上述对压缩后参数个数的计算中，我们并没有考虑幺正性带来的额外约束条件，真正需要储存的参数个数还要小很多. 例如，考虑一个(2×2)的实幺正矩阵 $\boldsymbol{X}$，我们其实只需要储存 1 个数而非 4 个数，就可以知道所有 4 个矩阵元. 假设已知 $X_{0,0}=1$，那么根据归一性$|\boldsymbol{X}_{0,:}|=|\boldsymbol{X}_{:,0}|=1$，可以得到 $X_{0,1}=X_{1,0}=0$，又根据$|\boldsymbol{X}_{1,:}|=1$ 得到 $X_{1,1}=1$. 可以验证，对于一个$(d\times d)$的幺正矩阵，我们需要储存的参数个数①为

$$N=\frac{1}{2}d(d-1) \tag{1-20}$$

下面我们来验证，如果对满秩的矩阵进行严格的奇异值分解，则分解前后的参数个数不变. 为简要起见，我们考虑$(d\times d)$的方阵，其分解后得到两个幺正矩阵，需要储存的参数个数各为$\frac{1}{2}d(d-1)$，奇异谱的参数个数为 d. 因此，奇异值分解后总的参数个数为

$$N'=2\times\frac{1}{2}d(d-1)+d=d^2 \tag{1-21}$$

这个值刚好等于原矩阵中的参数个数.

本征值分解与奇异值分解可通过约化矩阵(reduced matrix)联系起来. 定义任意张量的约化矩阵：对于 N 阶张量 $T_{i_0i_1\cdots i_{N-1}}$，关于部分指标$(i_a,i_b,\cdots)$的约化矩阵定义为

$$\boldsymbol{B}\overset{\text{def}}{=\!=}\boldsymbol{T}_{[i_ai_b\cdots]}\boldsymbol{T}^{\dagger}_{[i_ai_b\cdots]} \tag{1-22}$$

注意，这里用到了上文介绍的张量矩阵化表示，等式右边对矩阵化后的矩阵做矩阵乘运算. 以 4 阶张量 $T_{i_0i_1i_2i_3}$ 为例，关于指标的(i_0,i_3)的约化矩阵为 $\boldsymbol{B}=\widetilde{\boldsymbol{B}}_{[i_0i_3]}$，其中张量$\widetilde{\boldsymbol{B}}$ 满足

$$\widetilde{B}_{i_0i_3i_0'i_3'}\overset{\text{def}}{=\!=}\sum_{i_1i_2}T_{i_0i_1i_2i_3}T^{*}_{i_0'i_1i_2i_3'} \tag{1-23}$$

① 自由参数的个数等于总参数个数减去约束条件的个数. 对于一个 $d\times d$ 的幺正矩阵，要求每个向量归一，不同向量正交，因此约束条件的个数为 $d+C_d^2=d+\frac{1}{2}d(d-1)$(其中$C_d^2$ 为组合数)，因此自由参数个数为 $d^2-d-\frac{1}{2}d(d-1)=\frac{1}{2}d(d-1)$.

对于任意矩阵 $\boldsymbol{M}$，将其奇异值分解记为 $\boldsymbol{M}=\boldsymbol{U\Lambda V}^{\dagger}$，则其左约化矩阵 $\boldsymbol{M}^{\mathrm{L}} \stackrel{\mathrm{def}}{=\!=} \boldsymbol{MM}^{\dagger}$ 有本征值分解 $\boldsymbol{M}^{\mathrm{L}}=\boldsymbol{U\Lambda}^{2}\boldsymbol{U}^{\dagger}$，右约化矩阵 $\boldsymbol{M}^{\mathrm{R}} \stackrel{\mathrm{def}}{=\!=} \boldsymbol{M}^{\dagger}\boldsymbol{M}$ 有本征值分解 $\boldsymbol{M}^{\mathrm{R}}=\boldsymbol{V\Lambda}^{2}\boldsymbol{V}^{\dagger}$. 通过将奇异值分解式代入约化矩阵的定义即可证明上述二式，例如 $\boldsymbol{M}^{\mathrm{L}}=\boldsymbol{MM}^{\dagger}=\boldsymbol{U\Lambda V}^{\dagger}(\boldsymbol{U\Lambda V}^{\dagger})^{\dagger}=\boldsymbol{U\Lambda V}^{\dagger}\boldsymbol{V\Lambda U}^{\dagger}=\boldsymbol{U\Lambda}^{2}\boldsymbol{U}^{\dagger}$，这里用到了 $\boldsymbol{V}$ 的幺正性.

通过上述推导，我们可以得到几个有用的结论，首先，约化矩阵一定存在本征值分解. 这是显然的，因为约化矩阵是厄米矩阵，即$\boldsymbol{M}^{\mathrm{L}}=(\boldsymbol{M}^{\mathrm{L}})^{\dagger}$，$\boldsymbol{M}^{\mathrm{R}}=(\boldsymbol{M}^{\mathrm{R}})^{\dagger}$，且厄米矩阵一定存在本征值分解. 并且，约化矩阵的本征值一定是非负实数，可以通过计算约化矩阵的本征值分解来得到原矩阵的奇异谱和奇异向量.

1.6 张量单秩分解

下面我们将介绍几种常见的张量分解①，这些分解大部分是通过反复利用指标收缩运算与矩阵分解实现的. 因此可以说，矩阵计算是张量计算的基础.

给定 N 阶张量 $T_{i_0 i_1 \cdots i_{N-1}}$，其单秩分解(rank-1 decomposition)②定义为

$$\boldsymbol{T}=\gamma \boldsymbol{v}^{(0)} \otimes \boldsymbol{v}^{(1)} \otimes \cdots \otimes \boldsymbol{v}^{(N-1)}=\gamma \prod_{\otimes n=0}^{N-1} \boldsymbol{v}^{(n)} \tag{1-24}$$

其中，标量 $\gamma=\mathrm{tTr}(T_{i_0 i_1 \cdots i_{N-1}} \prod_{n=0}^{N-1} v_{i_n}^{(n)})$，向量$\boldsymbol{v}^{(n)}$的维数等于 $\dim(i_n)$，$\otimes$代表直积. 例如，若 $\boldsymbol{M}=\boldsymbol{v}^{(0)} \otimes \boldsymbol{v}^{(1)}$，则有

$$M_{ab}=v_a^{(0)} v_b^{(1)} \tag{1-25}$$

注意，也可以认为向量与向量直积的结果是一个向量 $\boldsymbol{v}=\boldsymbol{v}^{(0)} \otimes \boldsymbol{v}^{(1)}$，$\boldsymbol{v}$ 是 $\boldsymbol{M}$ 的向量化 $\boldsymbol{v}=\boldsymbol{M}_{[:]}$(回顾：$\boldsymbol{M}_{[:]}$ 指将 $\boldsymbol{M}$ 的所有指标合成一个指标，以此将 $\boldsymbol{M}$ 变形成为一个向量). 对于矩阵，若 $\boldsymbol{T}=\boldsymbol{M}^{(0)} \otimes \boldsymbol{M}^{(1)}$，除了公式(1-4)外，常用的指标顺序也可为

$$T_{abcd}=M_{ac}^{(0)} M_{bd}^{(1)} \tag{1-26}$$

对上式 $\boldsymbol{T}$ 进行矩阵化$\boldsymbol{M}=\boldsymbol{T}_{[ab][cd]}$，所得的矩阵即为文献中常用的克罗内克积的结果. 至于直积的结果到底是向量、矩阵还是张量，这可以由使用者在计算过程中(特别是程序编写中)自行决定.

一般而言，张量并不存在严格的单秩分解，有 $\boldsymbol{T} \approx \gamma \prod_{\otimes n=0}^{N-1} \boldsymbol{v}^{(n)}$，如果式中的 γ

① 关于张量的各种分解，可参考综述 T. G. Kolda and B. W. Bader，"Tensor Decompositions and Applications，" *SIAM Rev.* 51，455 (2009)，以及该篇综述提到的相关文献.

② L. De Lathauwer，B. De Moor，and J. Vandewalle，"A Multilinear Singular Value Decomposition，" *SIAM. J. Matrix Anal. Appl.* 21，1253-1278 (2000).

与 $\{\boldsymbol{v}^{(*)}\}$[①]满足如下极小化问题

$$f=\min\left|\boldsymbol{T}-\gamma\prod_{\otimes n=0}^{N-1}\boldsymbol{v}^{(n)}\right| \tag{1-27}$$

则上述分解被称为最优单秩近似(optimal rank-1 approximation). 如果一个张量的单秩分解严格存在，即 $f=0$，称该张量为单秩张量(rank-1 tensor).

我们可以通过最小化 f 计算给定张量的最优单秩近似，如使用梯度下降法. 下面，我们限制 $\{\boldsymbol{v}^{(n)}\}$ 为单位向量(如果不是单位向量，则进行归一化，并将归一化系数乘到 γ 中)，介绍一种自洽迭代求解的算法，自洽方程为

$$v_{i_n}^{(n)}=\frac{1}{\gamma}\mathrm{tTr}\left(T_{i_0 i_1\cdots i_{N-1}}\prod_{m\neq n}v_{i_m}^{(m)}\right)\quad \text{for}\quad n=0,\cdots,N-1 \tag{1-28}$$

$$\gamma=\mathrm{tTr}\left(T_{i_0 i_1\cdots i_{N-1}}\prod_{n=0}^{N-1}v_{i_n}^{(n)}\right) \tag{1-29}$$

图 1-8 展示了 3 阶张量计算过程中的收缩计算，自洽方程稳定不动点给出最优单秩近似. 计算流程参考附录 A 算法 1.

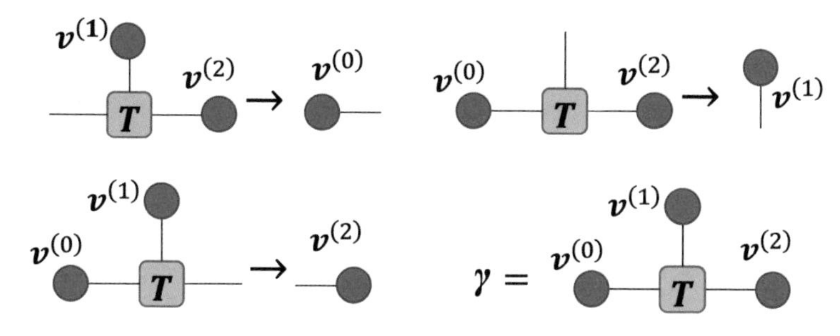

图 1-8　最优 rank-1 近似算法中收缩计算的图形表示

如果考虑矩阵(2 阶张量)的最优 rank-1 近似，对应的 $\{\boldsymbol{v}^{(*)}\}$ 就是最大左、右奇异向量，γ 则是最大奇异值，这刚好就退化为矩阵意义下的低秩近似. 下面我们来验证一下最大奇异值与奇异向量为单秩近似中自洽方程的不动点.

为简要起见，我们这里考虑实数矩阵. 设矩阵的 $\boldsymbol{M}$ 奇异值分解为 $\boldsymbol{M}=\boldsymbol{U}\boldsymbol{\Lambda}\boldsymbol{V}^{\mathrm{T}}$，则最大左奇异向量与矩阵的乘积可写为

$$\sum_a U_{a0}M_{ab}=\sum_{a\mu}U_{a0}U_{a\mu}\Lambda_{\mu\mu}V_{b\mu}=\sum_{\mu}\delta_{0\mu}\Lambda_{\mu\mu}V_{b\mu}=\Lambda_{00}V_{b0} \tag{1-30}$$

上述推导中，我们用到了 $\boldsymbol{U}$ 的幺正性 $\sum_a U_{a0}U_{a\mu}=\delta_{0\mu}$，因此有最大左奇异向量

① 我们用 $\{\boldsymbol{v}^{(*)}\}$ 代表一系列向量 $\boldsymbol{v}^{(0)},\cdots,\boldsymbol{v}^{(N-1)}$，在后文中，我们将类似地使用花括号与星号来简洁地表示一系列张量或指标构成的集合. 也可将星号代替为具体的字母，例如 $\{\boldsymbol{v}^{(n)}\}$，在需要的时候可指定 n 的范围，例如 $\{\boldsymbol{v}^{(n)}\}(n=0,\cdots,N-1)$.

$\boldsymbol{U}_{:,0}$ 左乘矩阵等于最大奇异值 Λ_{00} 乘以最大右奇异向量$\boldsymbol{V}_{:,0}$. 类似可证，最大右奇异向量右乘矩阵等于最大奇异值 Λ_{00} 乘以最大左奇异向量，即 $\sum_b M_{ab}V_{b0}=\Lambda_{00}U_{a0}$；矩阵与左、右最大奇异向量相乘等于最大奇异值，即 $\sum_b U_{a0}M_{ab}V_{b0}=\Lambda_{00}$. 对应方程的图形表示见图 1-9. 可见，张量的单秩为矩阵单秩在高阶情况时的推广.

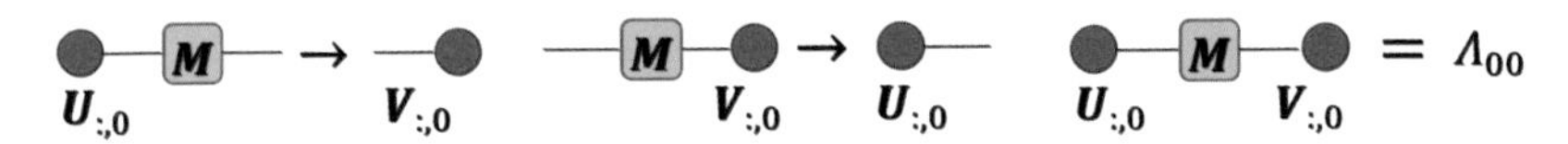

图 1-9　矩阵满足的最优单秩近似的自洽方程

值得注意的是，上述证明显示，任意第 n 个左、右奇异向量均满足单秩分解的自洽方程. 这就表示，一个张量可能存在多组满足单秩分解自洽方程的向量. 但是，最优单秩分解要求不动点是稳定的. 我们仍然考虑矩阵的情况，对于非最大奇异值对应的左、右奇异向量，我们对向量引入一个很小的扰动(例如施加一个无穷小的旋转)，再将扰动后的左、右奇异向量代入自洽方程进行迭代. 如果扰动后的向量没有恰好与最大左、右奇异向量正交的话，迭代过程会最终将这组向量映射到最大奇异值对应的左、右奇异向量(见本章习题 8). 这意味着，我们可以使用最优单秩分解算法计算矩阵的最大奇异值及对应的奇异向量，但无法获得其它奇异值与奇异向量.

1.7　CP 分解与秩

前面我们介绍了矩阵秩的概念，又将单秩的情况推广到了高阶张量. 但是，我们仍然没有给出高阶张量的秩的定义. 考虑到矩阵的秩可由非零奇异值个数给出，我们期望能定义张量版本的“奇异值分解”与“奇异值”，从而来定义张量的秩，但这并不是一件容易的事情. 下面，我们介绍CP 分解(CANDECOMP/PARAFAC decomposition)[①]，以及基于该分解定义的CP 秩(CANDECOMP/PARAFAC rank).

给定 N 阶张量 $\boldsymbol{T}$，其 CP 分解定义为

$$\boldsymbol{T}=\sum_{r=0}^{R_{\mathrm{cp}}-1}\tilde{\boldsymbol{T}}^{(r)} \tag{1-31}$$

其中，$\tilde{\boldsymbol{T}}^{(r)}$ 为单秩张量. 上式又被称为 CP 形式(CANDECOMP/PARAFAC form). 换言之，CP 分解将张量分解为多个单秩张量的求和. 可以进一步将单秩

① CP 分解的原始文献可参考 F. L. Hitchcock, “The Expression of a Tensor or a Polyadic as a Sum of Products,” *Stud. Appl. Math.* 6(1-4), 164-189 (1927).

张量写成多个向量的直积带入上式，则 CP 分解可写为

$$\boldsymbol{T}=\sum_{r=0}^{R_{\mathrm{cp}}-1}\eta_r\prod_{\otimes n=0}^{N-1}\boldsymbol{v}^{(r,n)} \tag{1-32}$$

我们可以限定所有向量$\{\boldsymbol{v}^{(*,*)}\}$为单位向量，此时 η_r 扮演权重的角色. 对比公式(1-31)有

$$\widetilde{\boldsymbol{T}}^{(r)}=\eta_r\prod_{\otimes n=0}^{N-1}\boldsymbol{v}^{(r,n)} \tag{1-33}$$

我们引入 $\dim(i_n)\times R_{\mathrm{cp}}$ 维矩阵$\boldsymbol{M}^{(n)}$，其中 $\dim(i_n)$代表 $\boldsymbol{T}$ 的第 n 个指标的维数，满足$\boldsymbol{M}_{:,r}^{(n)}=\boldsymbol{v}^{(r,n)}$. 也就是说，$\boldsymbol{M}^{(n)}$中的第 r 个列向量为$\boldsymbol{v}^{(r,n)}$，此时，CP 分解可以写成(这里写成指标求和的形式)

$$T_{i_0 i_1\cdots i_{N-1}}=\sum_{r=0}^{R_{\mathrm{cp}}-1}\eta_r\prod_{n=0}^{N-1}M_{i_n r}^{(n)} \tag{1-34}$$

如果要画出 CP 分解的图形表示，我们基于上式并引入高阶单位张量，得

$$T_{i_0 i_1\cdots i_{N-1}}=\sum_{r=0}^{R_{\mathrm{cp}}-1}\sum_{\{r_n\}=0}^{R_{\mathrm{cp}}-1}\delta_{r r_0 r_1\cdots r_{N-1}}\eta_r\prod_{n=0}^{N-1}M_{i_n r_n}^{(n)} \tag{1-35}$$

在上式中，我们将 $\boldsymbol{\eta}$ 看作 R_{cp} 维的向量. 以 3 阶张量 CP 分解为例，上式的图形表示见图 1-10. 当然，我们也可以通过直接将求和号写入图形表示中，来避免使用高阶单位张量.

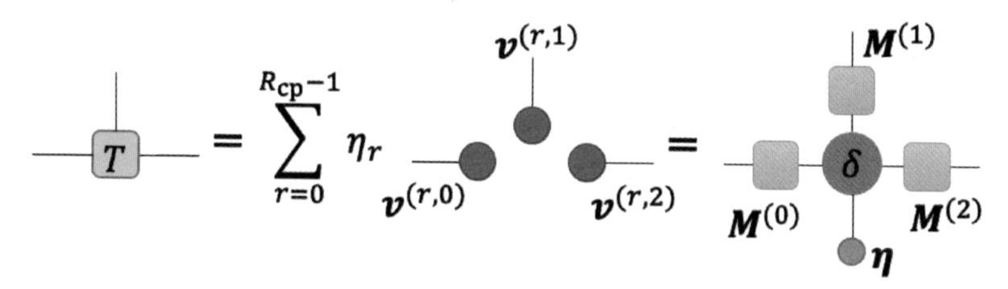

图 1-10　3 阶张量 CP **分解的两种图形表示**

张量 $\boldsymbol{T}$ 的CP 秩定义为当 CP 分解严格成立时 R_{cp} 能取的最小的值. 当上式不严格成立时，且

$$f=\left|\boldsymbol{T}-\sum_{r=0}^{R-1}\widetilde{\boldsymbol{T}}^{(r)}\right| \tag{1-36}$$

极小时，$\boldsymbol{T}\approx\sum_{r=0}^{R-1}\widetilde{\boldsymbol{T}}^{(r)}$被称为 $\boldsymbol{T}$ 的最优 R 秩近似(optimal rank-R approximation). 显然，当取 $R=1$ 时，上式变为最优单秩近似.

关于 CP 分解，目前尚存在一些未能很好解决的问题，例如，计算任意给定张量的 CP 秩是一个非多项式(NP)难问题. 目前存在多种 CP 低秩近似的算法，

但是都无法保证获得的近似是最优的．另外，当取 $R=1$ 时，CP 分解虽然退化成单秩分解，但 $R>1$ 时的 CP 分解中贡献最大的项(例如模最大的单秩张量)不一定对应于单秩分解所得的单秩张量．

1.8 高阶奇异值分解

从矩阵奇异值分解的意义可以看出，探索张量版本的奇异值分解是十分必要的．从已有的研究看来，CP 分解是定义张量奇异值分解的方案之一，而另一种方案被称为高阶奇异值分解(higher-order singular value decomposition，简称 HOSVD)，又称Tucker 分解(Tucker decomposition)．

对于 N 阶张量 $T_{i_0 i_1 \cdots i_{N-1}}$，其 Tucker 分解定义为

$$T_{i_0 i_1 \cdots i_{N-1}} = \sum_{j_0 j_1 \cdots j_{N-1}} G_{j_0 j_1 \cdots j_{N-1}} \prod_{n=0}^{N-1} U^{(n)}_{i_n j_n} \tag{1-37}$$

且需满足如下条件：(a)$\boldsymbol{G}$ 被称为核张量(core tensor)，与原张量 $\boldsymbol{T}$ 同阶，需满足其每个指标对应的约化矩阵

$$\overline{\boldsymbol{M}}^{(n)} \overset{\text{def}}{=\!=} \boldsymbol{G}_{[j_n]} \boldsymbol{G}^{\dagger}_{[j_n]} \tag{1-38}$$

为非负实数对角矩阵，对角元素按非升序排列；(b)$\boldsymbol{U}^{(n)}$(被称为变换矩阵)为幺正矩阵．3 阶张量的高阶奇异值分解图形表示如图 1-11 所示．

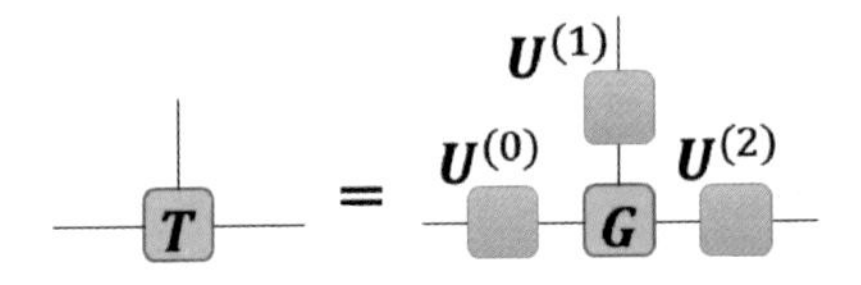

图 1-11　3 阶张量的 Tucker 分解

Tucker 分解可通过多次使用矩阵分解来实现，具体而言，我们计算每个指标对应的约化矩阵后，计算其本征值分解，可得对应的变换矩阵，具体有

$$\boldsymbol{M}^{(n)} \overset{\text{def}}{=\!=} \boldsymbol{T}_{[i_n]} \boldsymbol{T}^{\dagger}_{[i_n]} = \boldsymbol{U}^{(n)} \boldsymbol{\Gamma}^{(n)} \boldsymbol{U}^{(n)\dagger} \tag{1-39}$$

根据约化矩阵的本征值分解与原矩阵奇异值分解间的关系(见 1.5 节)，我们也可以通过$\boldsymbol{T}_{[j_n]}$的奇异值分解来获得$\boldsymbol{U}^{(n)}$

$$\boldsymbol{T}_{[i_n]} = \boldsymbol{U}^{(n)} \boldsymbol{\Lambda}^{(n)} \boldsymbol{V}^{(n)\dagger} \tag{1-40}$$

且有$(\boldsymbol{\Lambda}^{(n)})^2 = \boldsymbol{\Gamma}^{(n)}$．

得到所有$\boldsymbol{U}^{(n)}$后，根据其幺正性，核张量可通过下式计算获得

$$G_{j_0 j_1 \cdots j_{N-1}} = \sum_{i_0 i_1 \cdots i_{N-1}} T_{i_0 i_1 \cdots i_{N-1}} \prod_{n=0}^{N-1} U^{(n)*}_{i_n j_n} \tag{1-41}$$

显然，$\boldsymbol{U}^{(n)}$满足 Tucker 分解的幺正性要求，图 1-12 中给出的图形证明了上述算

法中得到的 $\boldsymbol{G}$ 也满足 Tucker 分解的性质要求.

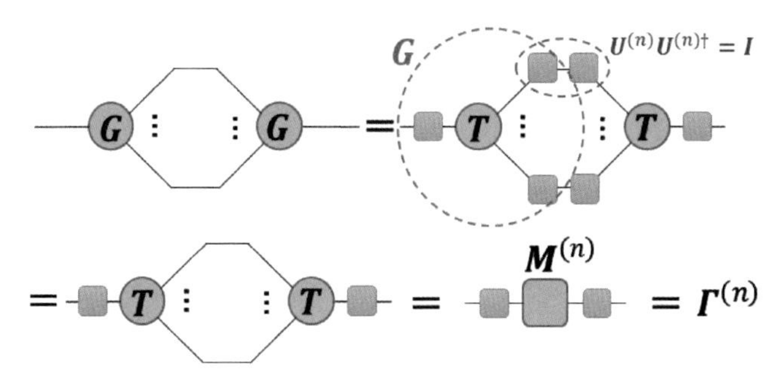

图 1-12　图形证明算法得到的核张量 $\boldsymbol{G}$ 满足 Tucker 分解的性质要求

根据 Tucker 分解的算法，我们可以看出其如下一些性质. 在任何情况下，如果要获得严格的 Tucker 分解，可以取$\boldsymbol{U}^{(n)}$为 $\dim(i_n)\times\dim(i_n)$的方阵. 此时，核张量$\boldsymbol{G}$ 与原张量 $\boldsymbol{T}$ 同阶同维(即指标个数相同、每个指标的维数对应相同). 当有约化矩阵 $\boldsymbol{M}^{(n)}$ 出现亏秩时，$\boldsymbol{U}^{(n)}$ 可以仅保留非零奇异值对应的奇异向量，这样，$\boldsymbol{G}$ 与 $\boldsymbol{T}$ 可以同阶不同维，且 $\boldsymbol{G}$ 指标的维数小于等于 $\boldsymbol{T}$ 指标的维数. 具体而言，$\boldsymbol{G}$ 的维数为 $\mathrm{rank}(\boldsymbol{M}^{(0)})\times\mathrm{rank}(\boldsymbol{M}^{(1)})\times\cdots\times\mathrm{rank}(\boldsymbol{M}^{(N-1)})$，这相当于是省去了零奇异值对应的空间(称为零空间或核空间)，在不引入误差的情况下，减小了储存 $\boldsymbol{G}$ 所需的空间大小. 我们将

$$\boldsymbol{R}^{\mathrm{tk}}=[\mathrm{rank}(\boldsymbol{M}^{(0)}),\mathrm{rank}(\boldsymbol{M}^{(1)}),\cdots,\mathrm{rank}(\boldsymbol{M}^{(N-1)})] \tag{1-42}$$

称为张量 $\boldsymbol{T}$ 的 Tucker 秩(Tucker rank)，即为去掉零空间后核张量的维数. 此时，$\boldsymbol{U}^{(n)}$ 的幺正性要求变为等距(isometry)要求，即对于可能为非方阵的$\boldsymbol{U}^{(n)}$(假设左指标维数大于等于右指标维数)，有$\boldsymbol{U}^{(n)\dagger}\boldsymbol{U}^{(n)}=\boldsymbol{I}$，但是$\boldsymbol{U}^{(n)}\boldsymbol{U}^{(n)\dagger}$ 不一定等于单位矩阵.

等距矩阵

对于$(d_1\times d_2)$维矩阵 $\boldsymbol{M}$，当左指标维数大于或等于右指标维数时，满足 $\boldsymbol{M}^{\dagger}\boldsymbol{M}=\boldsymbol{I}$，当右指标维数大于或等于左指标维数时，满足 $\boldsymbol{M}\boldsymbol{M}^{\dagger}=\boldsymbol{I}$，我们称 $\boldsymbol{M}$ 为等距矩阵(isometric matrix). 显然，等距方阵为幺正矩阵.

在前文中我们提到，矩阵的奇异值分解可以用于实现矩阵的低秩近似，从而对数据进行压缩. Tucker 分解作为奇异值分解的高阶张量版本之一，也可用于定义张量版本的低秩近似. 给定 N 阶张量 $\boldsymbol{T}$，限定$\boldsymbol{U}^{(n)}$为 $\dim(i_n)\times R_n$ 的等距矩阵时，即限定核张量维数为$(R_0,R_1,\cdots,R_n)$，当

$$f=\Big(\sum_{i_0 i_1\cdots i_{N-1}}\big(T_{i_0 i_1\cdots i_{N-1}}-\sum_{j_0 j_1\cdots j_{N-1}}G_{j_0 j_1\cdots j_{N-1}}\prod_{n=0}^{N-1}U^{(n)}_{i_n j_n}\big)^2\Big)^{1/2} \tag{1-43}$$

极小时，$T_{i_0 i_1 \cdots i_{N-1}} \approx \sum_{j_0 j_1 \cdots j_{N-1}} G_{j_0 j_1 \cdots j_{N-1}} \prod_{n=0}^{N-1} U_{i_n j_n}^{(n)}$ 被称为$\boldsymbol{T}$的最优 Tucker 低秩近似(optimal Tucker lower-rank approximation). 显然，约等号右边的张量的 Tucker 秩为$[R_0, R_1, \cdots, R_n]$.

基于标准 Tucker 分解算法可实现最优 Tucker 低秩近似，即在计算$\boldsymbol{U}^{(n)}$时，仅使用$\boldsymbol{T}_{[i_n]}$的前 R_n 个最大奇异值对应的左奇异向量，来获得低秩近似中的变换矩阵$\boldsymbol{U}^{(n)}$，该算法在文献中也被称为高阶奇异值分解(HOSVD). HOSVD 算法的程序实现见附录 B 代码 11. 但这样获得的 Tucker 低秩近似并不是最优的，简单地说，这是由于在变换矩阵的计算过程中，我们没有考虑不同变换之间的相互影响. 可采用实现 Tucker 低秩近似的高阶正交循环(higher-order orthogonal iteration，简称 HOOI)算法[①]，来考虑不同变换间的影响，其计算流程可参考附录 A 算法 2.

在不引入近似的 Tucker 分解中，我们要求核张量各个指标对应的约化矩阵需为非负对角矩阵. 但是，当我们尝试引入近似来降低 Tucker 秩的时候，无论是用 HOSVD 还是 HOOI 算法，我们无法保证所得核张量的所有约化矩阵同时为非负对角矩阵. 例如，当我们利用第 n 个约化矩阵的奇异值分解获得变换矩阵，并对张量进行变换后，该约化矩阵变为非负定对角矩阵. 但是，当进行下一个指标的变换后，例如用第$(n+1)$个约化矩阵对应的变换矩阵进行变换，那么第 n 个约化矩阵的非负对角形式就被破坏了！(见本章习题 9)因此，HOOI 中循环自洽求解各个变换矩阵的意义就在于，平衡各个指标上变换对其它指标约化矩阵非负对角形式的破坏，以达到最优，这也是 HOOI 算法的表现超过没有循环的 HOSVD 算法的原因. HOOI 算法中引入的循环自洽思想，在后文介绍的一些张量网络算法中也用到了，例如超对角化(super-orthogonalization)算法[②]等.

本章要点及关键概念

1. N 阶张量：由 N 个指标标记的数列；
2. 张量的图形表示；
3. 张量的基本操作：切片、指标交换、变形、矩阵化、向量化；

---

① 关于 HOSVD 及 HOOI 算法，可参考 L. De Lathauwer, B. De Moor, and J. Vandewalle, "On the Best Rank-1 and Rank-(R_1, R_2, . . . , R_N) Approximation of Higher-Order Tensors," *SIAM J. Matrix Anal. Appl.* 21, 1324 (2000).

② Shi-Ju Ran, Wei Li, Bin Xi, Zhe Zhang, and Gang Su, "Optimized Decimation of Tensor Networks with Super-Orthogonalization for Two-Dimensional Quantum Lattice Models," *Phys. Rev. B* 86, 134429 (2012).

4. 张量的指标收缩运算；
5. 张量收缩的图形表示；
6. 张量的直积；
7. 高阶单位张量；
8. 本征值分解；
9. 最大本征值求解及其对应的优化问题；
10. 奇异值分解；
11. 矩阵的秩；
12. 矩阵的最优低秩近似；
13. 张量的单秩分解及其对应的自洽方程组；
14. 最优单秩近似及其算法；
15. CP 分解、CP 秩、最优 CP 低秩近似；
16. Tucker 分解、Tucker 秩；
17. 最优 Tucker 低秩近似算法(HOSVD 与 HOOI).

习　题

1. 编程练习. 随机生成一个$(2\times6\times4\times3)$维的 4 阶张量，依次将其变形成$(12\times4\times3)$维，$(2\times24\times3)$维，(12×12)维，最后变形回$(2\times6\times4\times3)$维，验证最后所得的张量与原张量完全相等.
2. 编程练习. 建立所有张量元等于 2 的$(2\times2\times3)$维的 3 阶张量T_{abc}，进行如下计算：
   (a)获得其矩阵化$\boldsymbol{T}_{[a]}$与$\boldsymbol{T}_{[b]}$，并计算两个矩阵的相乘$\boldsymbol{A}=\boldsymbol{T}_{[a]}^{\mathrm{T}}\boldsymbol{T}_{[b]}$；
   (b)计算 $B_{bcde}=\sum_{a}T_{abc}T_{dae}$；
   (c)对(b)中所得的张量$\boldsymbol{B}$进行变形与指标交换，使得其与(a)中所得的$\boldsymbol{A}$同阶同维，验证$\boldsymbol{A}$是否与$\boldsymbol{B}$完全相等.
3. 编程练习. 随机生成一个$(2\times3\times3)$维的 3 阶张量 T_{abc}，并完成如下计算：
   (a)计算收缩 $\sum_{abcd}T_{abc}T_{acd}T_{adb}$；
   (b)引入高阶单位张量，画出上述收缩对应的图形表示.
4. 证明题. 给定一组 D 维的正交完备基矢 $\boldsymbol{v}^{(n)}$ $(n=0,1,\cdots,D-1)$，满足 $\sum_{a}v_a^{(n)}v_a^{(m)}=\delta_{mn}$，引入任意 D 维向量 $\boldsymbol{x}$，试证明当 $|\boldsymbol{x}|=1$ 时，向量 $\boldsymbol{y}=\sum_{n=0}^{D-1}x_n\boldsymbol{v}^{(n)}$ 模长为 1.
5. 证明题. 已知方阵 $\boldsymbol{A}$ 与 $\boldsymbol{B}$ 的秩分别为 R 与 R'，试证明 $\mathrm{rank}(\boldsymbol{AB})=\min(R,R')$.
6. 证明题. 对于单秩张量，试证明其任意矩阵化得到的矩阵的秩均为 1.
7. 以任意 3 阶张量为例，用公式写出图 1-12 给出的证明过程.
8. 考虑矩阵的奇异向量，尝试在数值上验证：
   (a)最大奇异值对应的左、右奇异向量是单秩分解自洽方程的稳定不动点；
   (b)非最大奇异值对应的左、右奇异向量不是单秩分解自洽方程的稳定不动点.

9. 考虑 3 阶张量，已知其 Tucker 秩为$[R_0, R_1, R_2]$，使用 HOOI 算法计算其 Tucker 低秩近似，将秩降低为$[R'_0, R'_1, R'_2]$，且 $R'_0 < R_0$，$R'_1 < R_1$，$R'_2 < R_2$．当在 HOOI 算法中利用 $\boldsymbol{U}^{(1)}$ 更新核张量后，试证明核张量有：

(a)$\boldsymbol{G}_{[1]}\boldsymbol{G}_{[1]}^{\dagger}$为非负定对角矩阵；

(b)$\boldsymbol{G}_{[0]}\boldsymbol{G}_{[0]}^{\dagger}$与$\boldsymbol{G}_{[2]}\boldsymbol{G}_{[2]}^{\dagger}$不为非负定对角矩阵.

第 2 章 量子物理基础

2.1 量子态的概率诠释

为了更好地解释量子系统，我们首先来设立一个简单的经典场景作为对比．设想一下，Alice 在家里抛掷一枚硬币，她需要将抛掷的结果告诉在很远处的 Bob，那么她可以给 Bob 打电话，并告诉他“硬币抛掷的结果为数字面朝上(或下)”，这是通过语音的方式传递信息，显然这并不高效，因为信息传递的方式是一整句话．假设 Alice 没有办法与 Bob 进行电话通信，而是仅能使用非常原始的网络连接进行沟通．通过这个网络，Alice 只能传输一个比特的数据给 Bob，也就是一个“0”或者“1”的数字．在这种情况下，她可以事先(例如两人在某次见面的时候)与 Bob 约定好，“0”代表硬币数字面朝上，“1”代表朝下．这样一来，Alice 可以只传输一个比特的数据就能告知 Bob 抛掷的结果．运用数学语言来讲，一个经典体系(例如硬币)的状态可记为标量 x，x 取不同值代表体系处于不同的状态，例如，$x=0$ 或 1 分别表示硬币数字面朝上或朝下，标量可能的取值个数对应于系统的状态数．

如果我们反复抛掷硬币并对结果进行统计，会发现硬币朝上的次数与朝下的次数相差无几．定义概率分布

$$p_s = \frac{N_s}{\sum_{s'=0,1} N_{s'}},\quad (s=0,1) \tag{2-1}$$

其中，N_s 表示获得状态为 s 的次数．显然，概率分布由一个 2 维向量 $\boldsymbol{p}$ 描述．对于硬币这个例子，我们有 $p_0 \approx p_1 \approx 0.5$．可见，经典系统的概率分布可用一个非负向量表示，向量的维数等于系统的状态数，向量满足 L1 范数归一

$$|\boldsymbol{p}|_1 = \sum_s |p_s| = 1 \tag{2-2}$$

经典系统的特点是，系统总是处于某个特定的状态，对状态的多次统计给出概率分布．那么，什么是量子态呢？这显然是一个很难回答的问题，但是本书希望不具备量子物理基础的读者能够部分理解“量子”这个概念，这也主要是为了便于介绍张量网络与量子物理相关的算法，便于更好地介绍张量网络本身．

“量子”与“经典”的最大区别之一，是量子系统可以处在多个不同状态的叠加

态(superposition state)上. 现在我们考虑一枚“量子硬币”, 抛掷后, 它会处于一种“奇怪”的状态. 此时, Alice 需要获取这个状态的信息, 并用恰当的描述方式告诉 Bob. 于是, Alice 请教了量子物理专家 Dirac 应该如何来做. Dirac 告诉 Alice, 量子硬币可能处于朝上或朝下的叠加态上, 若要告诉 Bob 这个叠加态在朝上及朝下状态的概率, 需要引入一个 2 维向量

$$\boldsymbol{\varphi}=\begin{bmatrix}\varphi_0\\ \varphi_1\end{bmatrix}=[\varphi_0 \quad \varphi_1]^{\mathrm{T}} \tag{2-3}$$

其中, 向量的各个元素的平方代表处于对应状态的概率, 该向量被称为量子波函数(quantum wave-function)或量子态(quantum state), 向量中的各个元素被称为波函数或量子态的系数(coefficient), 其取值可以为正数、负数甚至复数. 具体而言, 该量子硬币处于朝上($s=0$)的概率为 $p_0=|\varphi_0|^2$, 处于朝下($s=1$)的概率为 $p_1=|\varphi_1|^2$. 注意, 复数 $c=x+\mathrm{i}y$ 的模满足 $|c|^2=cc^*=(x+\mathrm{i}y)(x-\mathrm{i}y)=x^2+y^2$. 显然, 概率分布应满足归一性, 即量子态满足 L2 范数归一性

$$|\boldsymbol{\varphi}|=\sum_s|\varphi_s|^2=\sum_s p_s=1 \tag{2-4}$$

一种看待“经典”与“量子”间区别的角度是, 单个量子态本身就构成一种概率分布, 而单个经典态总是处于特定的状态, 对经典态的多体统计才构成概率分布.

想要获取一枚量子硬币的概率分布或波函数系数, Alice 就需要对量子态进行多次测量(measure)并对测量结果进行统计分析. 我们这里再次强调, 对于量子系统, 并不是多次统计的结果构成(或定义)了概率, 而是通过统计结果获取(或推导出)量子概率分布(即波函数). 在统计行为与概率分布的因果关系上, 经典态与量子态是有本质区别的.

量子力学基本假设以及大量的实验告诉我们, 测量这个行为会改变量子态, 使得量子态坍缩(collapse)到被观测到的那个状态上. 例如, 当 Alice 去观察这个硬币是朝上还是朝下时, 根据上文的定义, 她将有 $p_0=|\varphi_0|^2$ 的概率观测到朝上的结果, 对于这种情况, 测量后的量子态变为 100% 朝上的状态 $\boldsymbol{\varphi}=[1 \quad 0]^{\mathrm{T}}$; 她也有 $p_1=|\varphi_1|^2$ 的概率观测到朝下的结果, 在这种情况下, 测量后的量子态变为 100% 朝下的状态 $\boldsymbol{\varphi}=[0 \quad 1]^{\mathrm{T}}$. 因此, Alice 只能对 $\boldsymbol{\varphi}=[\varphi_0 \quad \varphi_1]^{\mathrm{T}}$ 这一个量子态进行一次观测, 因为观测之后量子态就会坍缩, 而不再是$[\varphi_0 \quad \varphi_1]^{\mathrm{T}}$ 了.

敏锐的读者应该已经发现, 想要得知一个量子系统所处的量子态是一件十分困难的事情. 如果仅有单个量子态, 那么就仅能进行一次测量, 也就无法通过统计获得量子态的系数了. 因此, 如果 Ailce 需要获得对 $\boldsymbol{\varphi}=[\varphi_0 \quad \varphi_1]^{\mathrm{T}}$ 这个量子态多次的测量结果, 则需要准备很多个量子态 $\boldsymbol{\varphi}=[\varphi_0 \quad \varphi_1]^{\mathrm{T}}$ 的复制(copy). 她可以对每个量子态进行一次观测, 然后对所有的观测结果进行统计, 计算公式

(2-1)中的概率 $\boldsymbol{p}$，于是有 $p_s=|\varphi_s|^2$. 但是需要说明的是，通过类似于上述的简单测量策略，我们并不能完全确定波函数系数，例如，即使已知 $p_s=|\varphi_s|^2$，也仅有 $\varphi_s=e^{i\alpha}\sqrt{p_s}$，而不能确定相位(phase)$\alpha$ 的取值. 解决这一问题的方法是选择不同的测量方式，来获得量子态系数，该类方法被称为量子态层析(quantum state tomography)，这属于量子信息领域的基本研究课题之一，与张量网络也有重要的交叉[①]，我们就不在本书赘述了.

量子态的复制与克隆

相信很多读者听说过量子态的“不可克隆定理”(no-cloning theorem)，而在文献中，我们也经常遇到量子态的复制. 那么，“克隆”与“复制”的区别是什么呢？克隆，可以理解为在目标量子态系数未知的情况下，制备出和该量子态系数完全相同的态，这点是无法做到的. 而一个量子态的复制可理解为获得与该量子态系数相等的态. 获取一个量子态复制的方式是多种多样的，例如，我们已知需要被复制的目标态的所有系数，或知晓该态的完整制备过程，就可以复制出和目标态一模一样的态来.

在很多影视作品中，我们看到某一方的谍报人员在打开保险箱并获得其中的文件后，会对文件进行拍照，之后会将文件放回原处，以免被人知晓信息已被窃取. 量子加密通信具有极高的安全性，主要原因可归于“量子态坍缩假设”与“不可克隆定理”. 但与经典加密通信类似，实际的量子加密通信并不是百分之百安全的. 例如，如果制备该量子态的完整过程被泄露了，量子态中储存的信息也就被泄露了. 同时，量子态中携带的信息也可能被窃取，只不过窃取者很难在不让信息的所有者发觉的前提下盗走信息. 这里推荐读者阅读最基础的量子密钥分发协议之一“BB84 协议”，来进一步理解相关的概念和方法.

考虑一个 d 维(又称 d-level)的量子系统，其量子态由一个 d 维向量 $\boldsymbol{\varphi}$ 描述，且满足 $|\boldsymbol{\varphi}|=1$. 上面所说的量子硬币显然是一个 2 维系统. 在量子物理中，自旋(spin)就是一个 2 维系统，可以处于自旋朝上或朝下、或二者的叠加态上. 在量子信息与量子计算领域，自旋又被称为量子比特(qubit)或量子位，可理解为比特的量子对应.

需要注意的是，上面我们主要介绍的是具有离散自由度的量子态，也是量子信息与量子计算主要考虑的情况. 而量子力学主要考虑在连续空间中分布的波函

---

① 例如，可参考 M. Cramer，M. B. Plenio，S. T. Flammia，R. Somma，D. Gross，S. D. Bartlett，O. Landon-Cardinal，D. Poulin，and Y. -K. Liu，“Efficient Quantum State Tomography，” *Nat. Commun.* 149 (2010).

数，其为空间变量的函数．以 1 维空间为例，将波函数记为 $\varphi(x)$，概率密度函数满足 $p(x)=|\varphi(x)|^2$，在全空间中满足概率归一条件，即 $\int|\varphi(x)|^2\mathrm{d}x=1$．本书将主要考虑离散自由度的情况．

2.2 量子算符

在定义好量子态及其概率诠释之后，我们亟须解决两个问题：(a)如何定义量子态的操作；(b)如何将量子态与实验上的可观测量联系起来．为此，我们引入量子算符(quantum operator)这一基本概念．

笼统地讲，量子算符可表示为矩阵．首先，考虑对应于量子态操作的算符，其定义为从一个量子态到另一个量子态的映射，映射的方式是进行矩阵与向量的乘法．例如，对一个自旋态 $\boldsymbol{\varphi}=[\varphi_0 \quad \varphi_1]^{\mathrm{T}}$ 的操作可以写成一个(2×2)的矩阵，记为 $\boldsymbol{O}$，操作之后的量子态设为$\boldsymbol{\varphi}'$，则有 $\boldsymbol{\varphi}'=\boldsymbol{O}\boldsymbol{\varphi}$，即

$$\varphi'_s=\sum_{s'}O_{ss'}\varphi_{s'} \tag{2-5}$$

操作之后的量子态也需满足概率的归一性$|\boldsymbol{\varphi}'|=1$，因此，矩阵 $\boldsymbol{O}$ 需是幺正方阵①，满足 $\boldsymbol{O}\boldsymbol{O}^\dagger=\boldsymbol{O}^\dagger\boldsymbol{O}=\boldsymbol{I}$，这是由于幺正操作不改变向量的模长 $|\boldsymbol{\varphi}'|=\sqrt{\boldsymbol{\varphi}^\dagger\boldsymbol{O}^\dagger\boldsymbol{O}\boldsymbol{\varphi}}=\sqrt{\boldsymbol{\varphi}^\dagger\boldsymbol{\varphi}}=|\boldsymbol{\varphi}|$．当然，算符并不一定都是幺正的，如跃迁算符、上升/下降算符等．

例：自旋的翻转(flip)操作

自旋的翻转算符(flip operator)定义为

$$\boldsymbol{S}^{\mathrm{flip}}=\begin{bmatrix}0 & 1\\1 & 0\end{bmatrix}$$

通过计算容易验证，$\boldsymbol{S}^{\mathrm{flip}}$ 为幺正矩阵，对于任一自旋态 $\boldsymbol{\varphi}=[\varphi_0 \quad \varphi_1]^{\mathrm{T}}$，有

$$\boldsymbol{\varphi}'=\boldsymbol{S}^{\mathrm{flip}}\boldsymbol{\varphi}=[\varphi_1 \quad \varphi_0]^{\mathrm{T}}$$

显然，$\boldsymbol{S}^{\mathrm{flip}}$ 将自旋向上翻转为自旋向下，将自旋向下翻转为自旋向上，并同时保留其概率分布，例如，对于非叠加的情况有

$$\begin{bmatrix}1\\0\end{bmatrix}=\boldsymbol{S}^{\mathrm{flip}}\begin{bmatrix}0\\1\end{bmatrix},\quad \begin{bmatrix}0\\1\end{bmatrix}=\boldsymbol{S}^{\mathrm{flip}}\begin{bmatrix}1\\0\end{bmatrix}$$

① 注意，对量子态的操作不一定是幺正的．如果要求操作前后量子总概率不变(即量子态模长不变)，则要求算符为幺正的，此时往往对应于一个封闭系统．我们也允许操作前后总概率发生变化，例如出现粒子数的丢失(耗散)或发生增益，此时算符非幺正，也称其为非厄米(non-Hermitian)演化(非厄米的哈密顿量对应非幺正的演化)．非厄米问题属于量子物理的前沿课题之一，不在本书的讨论范围．

对于量子态性质的描述，除了不同状态对应的概率分布外，我们还希望能将其与实验可观测到的物理性质联系起来，方法是计算对应厄米算符(Hermitian operator)的期望值(或称算符平均值，quantum average)，又称观测量(observable)．给定量子态 $\boldsymbol{\varphi}$，算符 $\boldsymbol{A}$ 的期望值定义为

$$\langle \boldsymbol{A} \rangle = \boldsymbol{\varphi}^{\dagger} \boldsymbol{A} \boldsymbol{\varphi} \tag{2-6}$$

例如，自旋可用于描述量子磁性系统，下面我们能引入泡利矩阵(Pauli matrix)，其定义为

$$\boldsymbol{\sigma}^{(x)} = \begin{bmatrix} 0 & 1 \\ 1 & 0 \end{bmatrix}, \boldsymbol{\sigma}^{(y)} = \begin{bmatrix} 0 & \mathrm{i} \\ -\mathrm{i} & 0 \end{bmatrix}, \boldsymbol{\sigma}^{(z)} = \begin{bmatrix} 1 & 0 \\ 0 & -1 \end{bmatrix} \tag{2-7}$$

自旋态在不同方向展现出来的磁化强度(magnetization)由泡利矩阵的平均值给出

$$M^{(\alpha)} = \frac{1}{2} \langle \boldsymbol{\sigma}^{(\alpha)} \rangle, \quad \alpha = x, y, z \tag{2-8}$$

注意，本书将采取自然单位制，设普朗克常数(Planck constant)$\hbar=1$.

经典期望值与量子期望值

已知系统所处的可能状态及某个量(记为 $\boldsymbol{A}$)是一一对应的关系时，我们可以计算该量的期望值，满足

$$\langle \boldsymbol{A} \rangle = \sum_s A_s p_s$$

其中，A_s 代表系统处于状态 s 时该量的取值，p_s 为系统处于状态 s 的概率．例如，已知北京下雨天的相对空气湿度大致为 $A_0=75\%$，不下雨时的相对空气湿度约为 $A_1=20\%$，而明天下雨的概率约为 $p_0=0.1$(则不下雨的概率 $p_1=1-p_0=0.9$)，那么，明天北京空气湿度的期望值为

$$\langle \boldsymbol{A} \rangle = 75\% \times 0.1 + 20\% \times 0.9 = 25.5\%$$

量子算符的期望值满足 $\langle \boldsymbol{A} \rangle = \boldsymbol{\varphi}^{\dagger} \boldsymbol{A} \boldsymbol{\varphi}$，显然并不是概率乘以观测量取值后对所有状态的求和，但量子期望值与经典期望值之间并非毫无关系．设算符 $\boldsymbol{A}$ 的本征值分解为

$$\boldsymbol{A} = \boldsymbol{U} \boldsymbol{\Gamma} \boldsymbol{U}^{\dagger}$$

其中，$\boldsymbol{U}$ 的所有列向量构成 $\boldsymbol{A}$ 的本征向量，这些向量构成一组正交完备基矢，因此我们可以在该基矢下对 $\boldsymbol{\varphi}$ 进行展开，有 $\boldsymbol{\varphi} = \sum_m C_m \boldsymbol{U}_{:,m}$．于是有

$$\langle \boldsymbol{A} \rangle = \sum_{absk} C_s^* C_k U_{as}^* A_{ab} U_{bk} = \sum_{sk} C_s^* C_k \Gamma_{sk} = \sum_s |C_s|^2 \Gamma_{ss}$$

上式推导过程中用到了 $\boldsymbol{U}$ 的幺正性，以及 $\boldsymbol{\Gamma}$ 为对角矩阵这一事实．由于展开系数满足归一性 $\sum_s |C_s|^2 = 1$(见第 1 章习题 4)，我们可以将 $|C_s|^2$ 对应于概率 p_s，Γ_{ss} 对应于状态 s 下观测量的值 A_s，于是，量子期望值也可表示为

与经典期望值一模一样的公式 $\langle \mathbf{A} \rangle = \sum_s A_s p_s$，前提是将算符的本征向量作为基矢，对量子态进行展开，而 A_s（也就是本征值 Γ_{ss}）正是第 s 个本征向量作为量子态给出的算符 $\mathbf{A}$ 的期望值.

但需要注意的是，磁化强度是一个宏观效应，而自旋态属于微观量子态，在实验上也很难测得单个自旋的磁矩. 单自旋磁矩相当于"微观态的宏观量子统计性质"，其意义在于描述与单自旋物理性质一致的宏观体系. 例如，自旋气体可近似由大量互不影响且处于同一状态的自旋描述，那么该宏观系统的磁化强度显然正比于每个自旋的磁矩. 此外，我们这里并没有解释为什么泡利算符的期望值对应于磁化强度这个物理性质，这并不能用简短的语言来回答清楚，请对该问题感兴趣的读者参考量子力学相关书籍①. 此外，一个观测量往往对应的是一个厄米算符的期望值，描述厄米算符的矩阵是一个厄米矩阵，满足 $\mathbf{A} = \mathbf{A}^{\dagger}$，这是由于我们认为物理上的观察量应该为实数(见本章习题 2). 读者可以将"观测量为实数"看作一个假设，例如，人的体重仅需要实数来描述，一个复数的体重值既没必要也无意义. 又如，光场由复数函数描述，以刻画衍射、干涉等物理现象，但是光强为光场的模，总是为实数. 除非明确需要，我们在大部分情况下没有必要使用复数来描述某一种量的强弱.

在 2.1 节解释量子态的概率时，我们提到了对波函数的测量. 我们可以对多次测量的结果进行统计，并根据统计结果来获得量子态的信息. 自然而然，测量值也应该是某个算符的期望值，以保持量子理论的自洽性，事实上也确实如此. 仍然以 2 维系统为例，可以定义到第 s 个状态的投影算符(projective operator) $P^{(s)}$ 为②

$$\boldsymbol{P}^{(0)} = \begin{bmatrix} 1 & 0 \\ 0 & 0 \end{bmatrix} = \begin{bmatrix} 1 \\ 0 \end{bmatrix} \begin{bmatrix} 1 & 0 \end{bmatrix} \tag{2-9}$$

$$\boldsymbol{P}^{(1)} = \begin{bmatrix} 0 & 0 \\ 0 & 1 \end{bmatrix} = \begin{bmatrix} 0 \\ 1 \end{bmatrix} \begin{bmatrix} 0 & 1 \end{bmatrix} \tag{2-10}$$

显然有，测量到第 s 个状态的概率有 $|\varphi_s|^2 = \langle \boldsymbol{P}^{(s)} \rangle$(见本章习题 3).

① 例如，程檀生编著，《现代量子力学基础》，北京，北京大学出版社，2013；L. M. Sander, *Advanced Condensed Matter Physics*, New York, Cambridge University Press, 2009；等.

② 本书使用小写字母 p 代指概率的相关量，例如概率分布向量或其分量；用大写字母 P 代指投影算符的相关量.

2.3 狄拉克符号与希尔伯特空间

直接使用向量与矩阵来表示量子态与算符会带来非常多的不便，因此，著名物理学家狄拉克(P. A. M. Dirac)提出了一套描述量子物理的符号系统，称为狄拉克符号. 我们在本书后面提到量子物理相关的问题时，会大量使用狄拉克符号.

在狄拉克符号体系中，我们使用竖线“｜”加“字符”(或“数字”)加右尖括号“〉”表示一个量子态，如 $|\varphi\rangle$. 对于自旋态，我们用 $|0\rangle$ 或 $|\uparrow\rangle$ 表示自旋朝上的状态，用 $|1\rangle$ 或 $|\downarrow\rangle$ 表示自旋朝下的状态. 任意一个二能级自旋态可写为这二者的叠加

$$|\varphi\rangle=\varphi_0|0\rangle+\varphi_1|1\rangle \tag{2-11}$$

显然，$\boldsymbol{\varphi}=[\varphi_0,\varphi_1]$为 2 维向量，满足$|\boldsymbol{\varphi}|=1$.

任意量子态 $|\varphi\rangle$ 的转置共轭表示为 $\langle\varphi|$，如果满足 $|\varphi\rangle=\varphi_0|0\rangle+\varphi_1|1\rangle$，则有

$$\langle\varphi|=\varphi_0^*\langle 0|+\varphi_1^*\langle 1| \tag{2-12}$$

将像 $|\varphi\rangle$ 这样括号朝右的量子态称为右矢或 ket 态，将像 $\langle\varphi|$ 这样括号朝左的量子态称为左矢或 bra 态(这里将“括号”对应的英文单词“braket”拆成了两半来命名左矢“bra”和右矢“ket”). 左矢与右矢对应于两个相互对偶(dual)的空间，而对偶性(duality)是高等数学(例如微分几何)以及物理学(例如相对论、场论等)中的一个常用概念，我们在本书中并不会太多地用到这个性质，读者将注意力放在左、右矢及其运算法则上即可.

左矢与右矢可做内积运算，记为 $\langle\psi|\varphi\rangle$. 在进一步解释内积之前，我们可以先来定义基矢(basis). 基矢又称基底，在线性代数中我们知道，向量空间的基矢定义为一组向量，使得在该空间中的任意向量都可以写成这些向量的线性组合. 对于一个 d 维的向量空间，可选择 d 个相互正交的单位向量构成一组正交完备基矢，空间中任意一个向量均可被唯一地展开成基矢的线性组合. 在上文 2 维系统的例子中，显然$\{|s\rangle\}(s=0,1)$构成一组正交完备基矢.

对于一个 d 维系统，一组正交完备基矢记为$\{|s\rangle\}(s=0,1,\cdots,d-1)$，满足正交归一(orthonormal)条件，即基矢之间的内积满足

$$\langle s|s'\rangle=\delta_{ss'} \tag{2-13}$$

$$\sum_s |s\rangle\langle s|=\hat{I} \tag{2-14}$$

其中，$\hat{I}$ 代表单位算符，即任何量子态被作用单位算符后等于它自身，其系数矩阵为单位矩阵. 任何一个 d 维量子态 $|\varphi\rangle$ 可展开为基矢的线性叠加

$$|\varphi\rangle=\sum_{s}\varphi_{s}|s\rangle \tag{2-15}$$

其中，系数向量满足归一性$|\boldsymbol{\varphi}|=\sqrt{\sum_{s}|\varphi_{s}|^{2}}=1$. 显然，每个基矢自身也是量子态. 在量子物理中，由一组量子态展开的空间，被称为希尔伯特空间(Hilbert space)[①]. 在2.1节中，我们提到了量子态的向量表示. 当我们选定基矢后，任意量子态的向量表示等于在该组基矢下该量子态的展开系数. 当令$\{|s\rangle\}$为一组正交归一向量时，整套狄拉克符号系统就会回归到量子态的向量/矩阵表示，我们在下文会给出更多的例子来体现这点. 但有趣的是，$\{|s\rangle\}$可以选为向量以外的数学对象，例如，满足积分归一化的函数基(如进行傅里叶展开的函数集合)，甚至我们不必指明$\{|s\rangle\}$到底指什么样的数学对象，而在研究计算过程中保持它的抽象性，这为物理的理论研究带来了极大的便利.

定义好基矢及其运算法则后，我们再回过头来计算两个量子态的内积，若$|\varphi\rangle=\sum_{s}\varphi_{s}|s\rangle$，$|\psi\rangle=\sum_{s}\psi_{s}|s\rangle$，则

$$\begin{aligned}\langle\psi|\varphi\rangle&=\Big(\sum_{s'}\psi_{s'}^{*}\langle s'|\Big)\Big(\sum_{s}\varphi_{s}|s\rangle\Big)\\&=\sum_{s's}\psi_{s'}^{*}\varphi_{s}\langle s'|s\rangle\\&=\sum_{s's}\psi_{s'}^{*}\varphi_{s}\delta_{s's}\\&=\sum_{s}\psi_{s}^{*}\varphi_{s}\end{aligned} \tag{2-16}$$

可见，狄拉克符号下两个量子态的内积$\langle\psi|\varphi\rangle$“恰好”等于两个量子态对应展开系数的内积！

量子态的算符由带有“尖帽”的字符表示，例如$\hat{O}$. 当选择$\{|s\rangle\}$为希尔伯特空间基矢后，可对定义在该空间中的算符进行展开，有

$$\hat{O}=\sum_{ss'}O_{ss'}|s\rangle\langle s'| \tag{2-17}$$

其中，$|s\rangle\langle s'|$代表$|s\rangle$与$\langle s'|$的直积，有时候将$\hat{P}^{ss'}=|s\rangle\langle s'|$称为从$|s'\rangle$到$|s\rangle$的跃迁算符(transition operator). 例如，我们使用在2.2节中介绍的泡利矩阵$\boldsymbol{\sigma}^{(\alpha)}$定义泡利算符(Pauli operator)，有

$$\hat{\sigma}^{(\alpha)}=\sum_{ss'}\sigma_{ss'}^{(\alpha)}|s\rangle\langle s'| \tag{2-18}$$

又如在2.2节提到的翻转算符，有

$$\hat{S}^{\text{flip}}=|1\rangle\langle 0|+|0\rangle\langle 1|=\hat{P}^{10}+\hat{P}^{01} \tag{2-19}$$

这显然是从$|0\rangle$到$|1\rangle$的跃迁与从$|1\rangle$到$|0\rangle$的跃迁的叠加.

① 注意，这并不是希尔伯特空间严谨的数学定义，但读者可以基于这个定义来理解本书及相关文献.

给出算符在基矢下的展开后，我们来利用基矢的正交归一性计算算符期望值，有

$$
\begin{aligned}
\langle\hat{O}\rangle & \stackrel{\text{def}}{=\!=} \langle\varphi|\hat{O}|\varphi\rangle \\
&=\left(\sum_{s_0} \varphi_{s_0}^* \langle s_0|\right)\left(\sum_{s_1 s_2} O_{s_1 s_2} |s_1\rangle\langle s_2|\right)\left(\sum_{s_3} \varphi_{s_3} |s_3\rangle\right) \\
&=\sum_{s_0 s_1 s_2 s_3} \varphi_{s_0}^* O_{s_1 s_2} \varphi_{s_3} \langle s_0|s_1\rangle\langle s_2|s_3\rangle \\
&=\sum_{s_0 s_1 s_2 s_3} \varphi_{s_0}^* O_{s_1 s_2} \varphi_{s_3} \delta_{s_0 s_1} \delta_{s_2 s_3} \\
&=\sum_{s_0 s_2} \varphi_{s_0}^* O_{s_0 s_2} \varphi_{s_2} \\
&=\boldsymbol{\varphi}^{\dagger} \boldsymbol{O} \boldsymbol{\varphi}
\end{aligned} \tag{2-20}
$$

上式中第二、三个等号处的推导，使用到了结合律 $\langle s_0|(|s_1\rangle\langle s_2|)|s_3\rangle=(\langle s_0|s_1\rangle)(\langle s_2|s_3\rangle)$. 可以看到，在选定基矢后，我们用狄拉克符号得到的期望值计算公式，即 2.2 节使用向量/矩阵表示得到的公式.

类似地，我们可以计算算符与算符的乘法. 已知 $\hat{A}=\sum_{ss'} A_{ss'} |s\rangle\langle s'|$，$\hat{B}=\sum_{ss'} B_{ss'} |s\rangle\langle s'|$，定义 $\hat{O}=\hat{A}\hat{B}$，则有

$$
\hat{O}=\sum_{s_0 s_2} \sum_{s_1} A_{s_0 s_1} B_{s_1 s_2} |s_0\rangle\langle s_2| \tag{2-21}
$$

设 $\hat{O}$ 的展开系数由矩阵 $\boldsymbol{O}$ 表示，则有 $\boldsymbol{O}=\boldsymbol{AB}$(见本章习题 5).

定义投影到给定基底对应的第 s 个分量的投影算符为

$$
\hat{P}^{(s)}=|s\rangle\langle s| \tag{2-22}
$$

易得，投影算符满足如下性质(见本章习题 6)

$$
(\hat{P}^{(s)})^2=\hat{P}^{(s)} \tag{2-23}
$$

$$
\operatorname{Tr}(\hat{P}^{(s)})=1 \tag{2-24}
$$

$$
\operatorname{Tr}(\hat{P}^{(s)} \hat{P}^{(s')})=\delta_{ss'} \tag{2-25}
$$

上述性质可作为投影算符的定义. 可以验证，该定义下的投影算符与 2.2 节使用矩阵定义的投影算符自洽.

正定算符估值测量(POVM)

对于量子态 $|\varphi\rangle$，我们可以定义一组正定厄米算符，记为 $\{\hat{M}^{(*)}\}$，来定义一系列“状态”，且规定，对该量子态测量得到第 s 个状态的概率满足

$$
p_s=\langle\hat{M}^{(s)}\rangle=\langle\varphi|\hat{M}^{(s)}|\varphi\rangle
$$

即处于第 s 个状态的概率由 $\hat{M}^{(s)}$ 关于 $|\varphi\rangle$ 的期望值给出. 由概率 $p_s>0$ 可得，

$\hat{M}^{(s)}$需为正定算符(这里我们略去概率为 0 的状态)，且由概率的归一性 $\sum_s p_s=1$ 可得，$\sum_s \hat{M}^{(s)}=\hat{I}$，即 $\hat{M}^{(s)}$ 给出了单位算符的一种展开. 我们将 $\hat{M}^{(s)}$ 这一组算符称为正定算符估值测量(positive operator-valued measure，简称 POVM).

可见，对于量子态测量的描述是非常灵活的，满足上述两个条件的一组算符可定义一组测量. 在 2.2 节中我们提到，投影算符 $\hat{P}^{(s)}$ 的期望值 $\langle\hat{P}^{(s)}\rangle$ 给出得到第 s 个状态的概率. 易证，投影算符属于正定算符估值测量.

算符也可以定义本征方程，其本征向量被称为本征态(eigenstate)，记 $\hat{O}$ 的本征态为 $|\varphi\rangle$，则有

$$\hat{O}\,|\,\varphi\rangle=\gamma\,|\,\varphi\rangle \tag{2-26}$$

其中，标量 γ 被称为 $\hat{O}$ 的对应于 $|\varphi\rangle$ 的本征值. 下面我们证明，$|\varphi\rangle$ 的系数向量是 $\hat{O}$ 系数矩阵的本征向量. 在给定基矢下，上式变为

$$\begin{aligned}\hat{O}\,|\,\varphi\rangle&=\sum_{ss'}O_{ss'}\,|\,s\rangle\langle s'|\sum_{s''}\varphi_{s''}\,|s''\rangle\\&=\sum_{ss'}O_{ss'}\varphi_{s'}\,|\,s\rangle\\&=\gamma\sum_{s}\varphi_{s}\,|\,s\rangle\end{aligned} \tag{2-27}$$

上式中得到第二行时用到了基矢的正交归一性 $\langle s'\,|\,s''\rangle=\delta_{s's''}$. 且 $|s\rangle$ 的各个系数应对应相等，有

$$\sum_{s'}O_{ss'}\varphi_{s'}=\gamma\varphi_s \tag{2-28}$$

类似地，我们也可以对算符做本征值分解(设分解存在)

$$\hat{O}=\sum_{\alpha}\Gamma_{\alpha}\,|\,\varphi_{\alpha}\rangle\langle\varphi_{\alpha}\,| \tag{2-29}$$

其中，$|\varphi_{\alpha}\rangle$ 为 $\hat{O}$ 的第 α 个本征态，对应的本征值为 Γ_{α}，即有 $\hat{O}\,|\,\varphi_{\alpha}\rangle=\Gamma_{\alpha}\,|\,\varphi_{\alpha}\rangle$. 易得，$\hat{O}$ 系数矩阵的第 α 个本征值与本征向量分别是 Γ_{α} 与 $|\varphi_{\alpha}\rangle$ 的系数向量，即记 $\hat{O}$ 系数矩阵的本征值分解为 $\boldsymbol{O}=\boldsymbol{U\Gamma U}^{\dagger}$ 时，有 $|\,\varphi_{\alpha}\rangle=\sum_s U_{\alpha s}\,|\,s\rangle$. 由矩阵本征向量的正交归一性可得，$\hat{O}$ 的本征态也满足正交归一性

$$\langle\varphi_{\alpha'}\,|\,\varphi_{\alpha}\rangle=\delta_{\alpha'\alpha} \tag{2-30}$$

在本书中，我们将使用如下约定标记量子态、算符及其系数：对于任意量子态 $|\varphi\rangle$，在给定基矢下，唯一对应于一个表示展开系数的向量，我们约定使用同一个字母的粗体 $\boldsymbol{\varphi}$ 来表示该向量，用带有下标的非粗体 φ_s 代表该向量的第 s 个分量. 对于任意算符 $\hat{O}$，我们约定使用同一个字母的粗体 $\boldsymbol{O}$ 来表示该算符的展

开系数对应的矩阵，用带有下标的非粗体 $O_{ss'}$ 代表具体的矩阵元.

下面我们补充一个关于算符的极其重要的性质：对易性(commutation). 对于算符 $\hat{A}$ 与 $\hat{B}$，其对易子(commutator)定义为

$$[\hat{A},\hat{B}]\stackrel{\text{def}}{=\!=}\hat{A}\hat{B}-\hat{B}\hat{A} \tag{2-31}$$

如果两个算符对易(对易子$[\hat{A},\hat{B}]=0$)，则算符作用到态(或其它算符)的顺序可交换，即交换之后计算结果不变；如果算符不对易(对易子不为 0)，则交换顺序会改变计算结果. 从矩阵的角度来看，算符的不对易性即使在经典的世界也是一个很自然的结果：两个矩阵相乘，如果交换顺序，则可能改变计算结果. 或想象一下旋转操作：尝试(a)将一个骰子先向人脸的前方滚动旋转 90°，再朝右手方向旋转 90°，或(b)先向右手方向旋转 90°，再向前方旋转 90°. 假定骰子的初始状态相同，两种操作(向前转与向右转)由于顺序不同，所得的结果是不一样的.

此外，在狄拉克符号系统中，我们可以规定左矢的系数为行向量，右矢的系数为列向量，这样，狄拉克符号下的运算就与线性代数向量、矩阵间的运算完全一致了. 但是为简要起见，以及为了照顾后文更加复杂的张量运算，我们将不区分行、列向量，相关运算以指标缩并关系(公式或图形表示)为准.

2.4　多体系统的量子态

在上文的例子中，我们主要介绍了单个自旋或 d 维空间的量子态与算符，其希尔伯特空间的基矢可记为$\{|s\rangle\}(s=0,1,\cdots,d-1)$. 考虑两个 d 维系统构成的复合系统，对应的复合希尔伯特空间$\mathcal{H}$可记为$\mathcal{H}=\mathcal{H}_0\otimes\mathcal{H}_1$，其中$\mathcal{H}_0$ 与$\mathcal{H}_1$ 分别代表两个 d 维系统的希尔伯特空间，$\mathcal{H}$的基矢可定义为

$$\{|s_0\rangle\otimes|s_1\rangle\}(s_0,s_1=0,1,\cdots,d-1) \tag{2-32}$$

上式中$\otimes$代表直积运算. 在上文中，我们在算符基矢的展开式中使用了右矢与左矢的直积，而这里是右矢与右矢的直积，二者在本质上是一样的，类似于行、列向量之间的直积运算. 简而言之，左矢与左矢的直积给出一个维数更大的左矢，右矢同理；左矢与右矢的直积给出一个算符. 直积符号可以省略，可直接将$|s_0\rangle\otimes|s_1\rangle$写成$|s_0\rangle|s_1\rangle$或$|s_0s_1\rangle$. 其共轭转置记为$\langle s_0s_1|$.

当量子态由直积运算所得时，其内积运算满足如下规则

$$\langle s_0's_1'|s_0s_1\rangle=\langle s_0'|s_0\rangle\langle s_1'|s_1\rangle \tag{2-33}$$

该运算规则与向量是一致的，即$(\boldsymbol{u}\otimes\boldsymbol{v})^\dagger(\boldsymbol{u}'\otimes\boldsymbol{v}')=(\boldsymbol{u}^\dagger\boldsymbol{u}')(\boldsymbol{v}^\dagger\boldsymbol{v}')$. 这里需要强调的是，$\langle s_0's_1'|s_0s_1\rangle$的计算结果究竟是$\langle s_0'|s_0\rangle\langle s_1'|s_1\rangle$还是$\langle s_0'|s_1\rangle\langle s_1'|s_0\rangle$，本质上并不由$|s_0s_1\rangle$或$\langle s_0's_1'|$中字母的顺序决定，而是需要在写出$|s_0s_1\rangle$及$\langle s_0's_1'|$时就指明每一个字母代表的是$\mathcal{H}_0$ 与$\mathcal{H}_1$ 中哪个希尔伯特空间中的量子态，内积仅能在处于同一希尔伯特空间中的左、右矢之间进行. 为方便起见，本书做

如下约定：对于复合希尔伯特空间$\mathcal{H}=\prod_{\otimes n}\mathcal{H}_n=\mathcal{H}_0\otimes\mathcal{H}_1\otimes\cdots$，其量子态若记为$|s_0s_1\cdots\rangle$，则按字符顺序有，$s_0$ 代表$\mathcal{H}_0$ 中的量子态，s_1 代表$\mathcal{H}_1$ 中的量子态，依此类推，有

$$\left(\prod_{\otimes n'=0}^{N-1}\langle s'_{n'}|\right)\left(\prod_{\otimes n=0}^{N-1}|s_n\rangle\right)=\prod_{\otimes n=0}^{N-1}\langle s'_n|s_n\rangle \tag{2-34}$$

考虑由 N 个子体系构成的多体希尔伯特空间$\mathcal{H}=\prod_{\otimes n=0}^{N-1}\mathcal{H}_n$，显然，其维数满足

$$\dim(\mathcal{H})=\prod_{n=0}^{N-1}\dim(\mathcal{H}_n) \tag{2-35}$$

也就是说，多体希尔伯特空间的维数随着子系统个数N 指数上升．当$\{|s_n\rangle\}$代表$\mathcal{H}_n$ 的基矢时，$\mathcal{H}$的基矢可选择为$\left\{\prod_{\otimes n=0}^{N-1}|s_n\rangle\right\}$，称由各个子空间基矢的直积构造出的复合空间基矢为直积基矢(product basis)或局域基矢．由线性代数我们知道，d 维空间中的 d 个正交归一向量构成一组正交完备基矢．直积基矢中的向量归一且相互正交，空间$\mathcal{H}$的维数刚好与基矢的个数相等，因此直积基矢为$\mathcal{H}$中的一组正交完备基矢．基矢的选择不唯一，我们也可将$\mathcal{H}$看成单个维数为 $\dim(\mathcal{H})$ 的系统并选择基矢．在本书中，我们将默认选择直积基矢来作为多体希尔伯特空间的基矢．

在由 N 个子系统构成的多体希尔伯特空间$\mathcal{H}$中，任意一个 N 体(N-body)量子态可写成基矢的展开

$$|\varphi\rangle=\sum_{s_0s_1\cdots s_{N-1}}\varphi_{s_0s_1\cdots s_{N-1}}|s_0s_1\cdots s_{N-1}\rangle \tag{2-36}$$

对应的展开系数可由一个N 阶张量$\boldsymbol{\varphi}$ 表示，第 n 个指标的维数等于第 n 个子希尔伯特空间的维数，即 $\dim(s_n)=\dim(\mathcal{H}_n)$．

下面我们考虑一种特殊的情况，即 $|\varphi\rangle$ 为各个子空间量子态 $|\varphi^{(n)}\rangle=\sum_{s_n}\varphi_{s_n}^{(n)}|s_n\rangle$ 的直积，即

$$|\varphi\rangle=\prod_{\otimes n=0}^{N-1}|\varphi^{(n)}\rangle \tag{2-37}$$

这类态被称为直积态(product state)，此时，系数张量 $\boldsymbol{\varphi}$ 为单秩张量，可写为各个向量$\boldsymbol{\varphi}^{(n)}$的直积，即

$$\varphi_{s_0s_1\cdots s_{N-1}}=\prod_{n=0}^{N-1}\varphi_{s_n}^{(n)} \tag{2-38}$$

或

$$\boldsymbol{\varphi}=\prod_{\otimes n=0}^{N-1}\boldsymbol{\varphi}^{(n)} \tag{2-39}$$

例：贝尔态(Bell state)

贝尔态是量子物理中最简单但最常用的一组量子多体态，具有重要的理论意义. 贝尔态定义在两个 2 维希尔伯特空间构成的复合空间中，即为由两个自旋构成的态. 贝尔态包含四个量子态，分别有

$$|\psi^0\rangle=\frac{1}{\sqrt{2}}(|01\rangle-|10\rangle)$$

$$|\psi^+\rangle=\frac{1}{\sqrt{2}}(|00\rangle+|11\rangle)$$

$$|\psi^1\rangle=\frac{1}{\sqrt{2}}(|01\rangle+|10\rangle)$$

$$|\psi^-\rangle=\frac{1}{\sqrt{2}}(|00\rangle-|11\rangle)$$

易证，贝尔态构成一组正交完备基矢. 其中，$|\psi^0\rangle$有很多名字，在量子信息与量子计算中被称为(二体)最大纠缠态(maximally entangled state)；在凝聚态与量子多体物理中被称为单重态(singlet state)、价键态(valence bond state)；其余三个态又被称为三重态(triplet state).

选择基底为直积基底时，量子态(及算符)与系数为一一对应的关系，因此，我们可以使用张量的图形表示来表示量子态及算符，见图 2-1. 任意 N 体量子态的图形表示与 N 阶张量相同，即为连接着 N 条线段的块. 一个 N 体直积态的图形表示可以用 N 个向量$\{\boldsymbol{\varphi}^{(*)}\}$直积的图形表示来给出. 第 n 个向量$\boldsymbol{\varphi}^{(n)}$为连接着一条线段的方块，位于第 n 位；不同向量之间没有共有指标，因此不同块之间没有线段相连接.

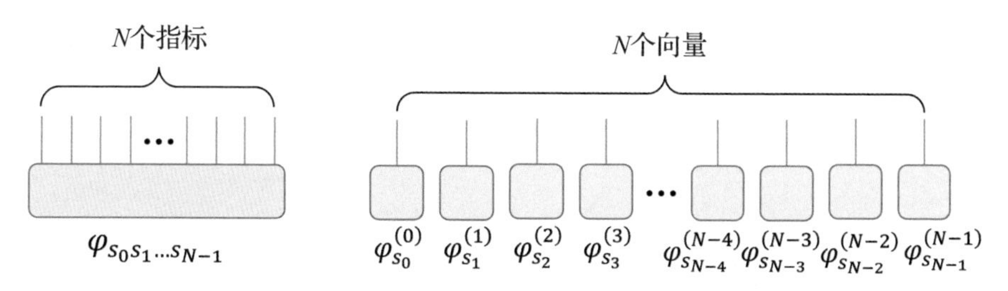

图 2-1　任意 N 体量子态(左)与 N 体直积态(右)的图形表示

2.5　多体量子算符

在 N 体希尔伯特空间中，任意算符 $\hat{O}$ 可写成如下展开形式

$$\hat{O}=\sum_{s_0\cdots s_{N-1}}\sum_{s'_0\cdots s'_{N-1}} O_{s_0\cdots s_{N-1}s'_0\cdots s'_{N-1}}\ |s_0\cdots s_{N-1}\rangle\langle s'_0\cdots s'_{N-1}| \tag{2-40}$$

其系数可由一个 $2N$ 阶张量表示(见图 2-2). 其中，指标$\{s_*\}$对应于右矢，被称为右矢指标. 类似地，$\{s'_*\}$被称为左矢指标.

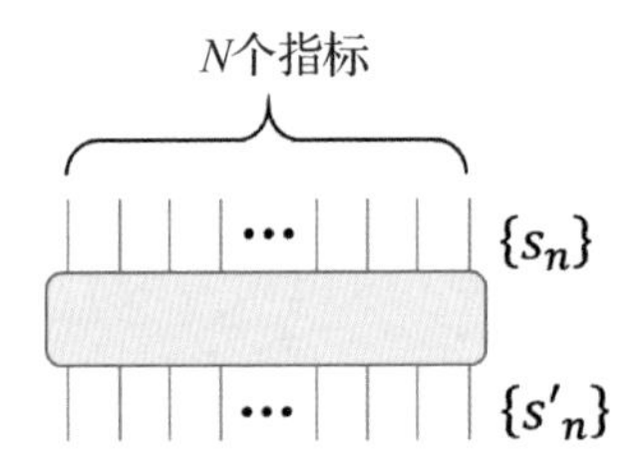

图 2-2　N 体量子算符的图形表示

在实际处理量子多体问题时，我们遇到的大部分是局域操作. 例如，对于定义在某个子希尔伯特空间$\mathcal{H}_n$ 中的算符 $\hat{O}^{(n)}$(称为单体算符，one-body operator)，将其作用在多体态上得到 $|\varphi'\rangle$，有

$$\begin{aligned}|\varphi'\rangle&=\hat{O}^{(n)}|\varphi\rangle\\&=\sum_{aa'}O^{(n)}_{aa'}\ |a\rangle\langle a'|\sum_{s_0s_1\cdots s_{N-1}}\varphi_{s_0s_1\cdots s_{N-1}}\ |s_0s_1\cdots s_{N-1}\rangle\\&=\sum_{aa'}\sum_{s_0s_1\cdots s_{N-1}}O^{(n)}_{aa'}\varphi_{s_0s_1\cdots s_{N-1}}\ |a\rangle\langle a'|s_0s_1\cdots s_{N-1}\rangle\end{aligned} \tag{2-41}$$

在上面的计算中出现了$\langle a'|s_0s_1\cdots s_{N-1}\rangle$这样的内积运算，从维数的角度而言，显然 $\dim(|a'\rangle)\neq\dim(|s_0s_1\cdots s_{N-1}\rangle)$，两个维数不同的态无法进行内积. 为了解决这一模糊性，我们在上文 2.4 节中做了如下约定：当左、右基矢进行内积时，仅对处在同一子空间中的基矢进行内积. 由于 $|a'\rangle$处于$\mathcal{H}_n$，有

$$\begin{aligned}\langle a'|s_0s_1\cdots s_{N-1}\rangle&=\langle a'|s_n\rangle\ |s_0\cdots s_{n-1}s_{n+1}\cdots s_{N-1}\rangle\\&=\delta_{a's_n}\ |s_0\cdots s_{n-1}s_{n+1}\cdots s_{N-1}\rangle\end{aligned} \tag{2-42}$$

代入得

$$\begin{aligned}|\varphi'\rangle&=\sum_{aa'}\sum_{s_0s_1\cdots s_{N-1}}\delta_{a's_n}O^{(n)}_{aa'}\varphi_{s_0s_1\cdots s_{N-1}}\ |s_0\cdots s_{n-1}as_{n+1}\cdots s_{N-1}\rangle\\&=\sum_{s_0\cdots s_{n-1}as_{n+1}\cdots s_{N-1}}\ \sum_{s_n}O^{(n)}_{as_n}\varphi_{s_0s_1\cdots s_{N-1}}\ |s_0\cdots s_{n-1}as_{n+1}\cdots s_{N-1}\rangle\end{aligned} \tag{2-43}$$

在第一行等号右端，我们遵循了字符顺序上的约定，即考虑到 $|a\rangle$处于$\mathcal{H}_n$，有

$$|a\rangle|s_0\cdots s_{n-1}s_{n+1}\cdots s_{N-1}\rangle=|s_0\cdots s_{n-1}as_{n+1}\cdots s_{N-1}\rangle \tag{2-44}$$

将 a 放在了第 n 个字符的位置. $|\varphi'\rangle$的系数张量满足

$$\varphi'_{s_0\cdots s_{n-1}as_{n+1}\cdots s_{N-1}}=\sum_{s_n}O^{(n)}_{as_n}\varphi_{s_0s_1\cdots s_{N-1}} \tag{2-45}$$

对应的图形表示(也就是 $\hat{O}^{(n)}|\varphi\rangle$的图形表示)见图 2-3.

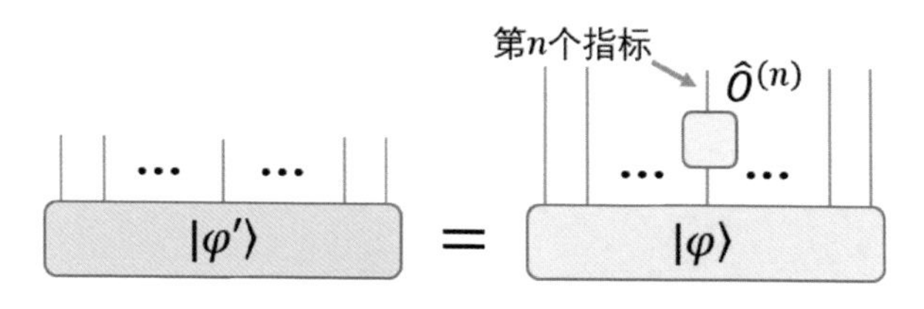

图 2-3　$|\varphi'\rangle=\hat{O}^{(n)}|\varphi\rangle$的图形表示

下面我们考虑多体算符 $\hat{O}$，但是限定其为多个单体算符的直积

$$\hat{O}=\prod_{\otimes i=0}^{M-1}\hat{O}^{(n_i)} \tag{2-46}$$

M 为算符个数．这里假设 $n_0\neq n_1\neq\cdots\neq n_{M-1}$，即各个算符定义在不同的子空间中．将各个算符的系数矩阵的右指标，与量子态系数张量对应的指标进行收缩，就能得到算符作用后量子态的系数张量．以由四个子系统构成的多体态 $|\varphi\rangle$ 为例，图 2-4 展示了 $|\varphi'\rangle=\hat{O}^{(0)}\hat{O}^{(1)}\hat{O}^{(3)}|\varphi\rangle$的图形表示(注：直积符号"⊗"已省略)．由于各个算符处于不同的子空间，因此，各个算符作用到量子态的先后顺序不会影响到最终的结果，即 $\hat{O}^{(0)}\hat{O}^{(1)}\hat{O}^{(3)}|\varphi\rangle=\hat{O}^{(1)}\hat{O}^{(3)}\hat{O}^{(0)}|\varphi\rangle$．需要注意的是，算符的直积对应于其系数矩阵的直积，往往采用的是克罗内克积，其指标顺序见公式(1-26)，与 1.4 节定义的张量直积的指标顺序有所不同．例如，考虑 $\hat{O}=\hat{O}^{(0)}\hat{O}^{(1)}$，其展开系数满足指标 $\hat{O}=\sum_{aba'b'}O_{aba'b'}|ab\rangle\langle a'b'|$，有

$$O_{aba'b'}=O^{(0)}_{aa'}O^{(1)}_{bb'}\neq O^{(0)}_{ab}O^{(1)}_{a'b'} \tag{2-47}$$

注意，克罗内克积仅定义了矩阵间的运算，原则上不能将其用于高阶张量．为了同时照顾直积运算的通用性与同文献的一致性，我们在本书规定，两个算符间的直积运算使用克罗内克积，两个多体态间的直积运算使用 1.4 节定义的直积规则．

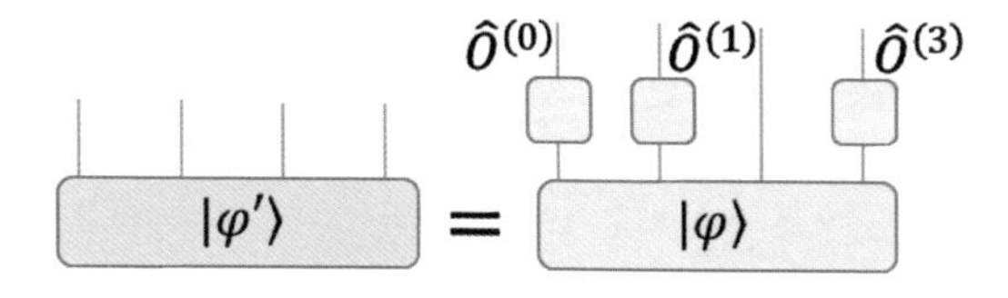

图 2-4　$|\varphi'\rangle=\hat{O}^{(0)}\hat{O}^{(1)}\hat{O}^{(3)}|\varphi\rangle$的图形表示

当多体算符 $\hat{O}$ 不能分解成多个单体算符的直积时，多体算符与量子态的运算类似于张量与张量的收缩．以四体态 $|\varphi\rangle=\sum_{s_0s_1s_2s_3}\varphi_{s_0s_1s_2s_3}|s_0s_1s_2s_3\rangle$ 为例，设算符$\hat{O}=\sum_{aba'b'}O_{aba'b'}|ab\rangle\langle a'b'|$ 为定义在第 0 个与第 1 个子空间的复合空间$\mathcal{H}_0\otimes\mathcal{H}_1$，

于是有

$$|\varphi'\rangle = \hat{O}|\varphi\rangle = \sum_{abs_2s_3}\sum_{s_0s_1} O_{abs_0s_1}\varphi_{s_0s_1s_2s_3}|abs_2s_3\rangle \tag{2-48}$$

也就是说，$|\varphi'\rangle$的系数张量满足

$$\varphi'_{abs_2s_3} = \sum_{s_0s_1} O_{abs_0s_1}\varphi_{s_0s_1s_2s_3} \tag{2-49}$$

如果有多个定义在不同子空间或其复合空间的算符作用到量子态上，则不仅需要指明各个算符所属的空间，还需指明作用顺序. 仍然以四体态为例，依次向其作用 $\hat{A}$、$\hat{B}$、$\hat{C}$ 三个二体算符，其中，$\hat{A}$ 定义在$\mathcal{H}_0\otimes\mathcal{H}_1$，$\hat{B}$ 定义在$\mathcal{H}_1\otimes\mathcal{H}_2$，$\hat{C}$ 定义在$\mathcal{H}_2\otimes\mathcal{H}_3$，有

$$|\varphi'\rangle = \hat{C}\hat{B}\hat{A}|\varphi\rangle \tag{2-50}$$

其中，先作用的算符写在右边更靠近$|\varphi\rangle$的位置. 但是相信读者已经发现，上式几乎没有给出太多有用的信息，关于各个算符为几体，分别定义在什么空间，这些信息都没有反映在上式中. 我们也可以选择写出$|\varphi'\rangle$的系数张量满足的张量收缩式(见本章习题 8)，但这是一件十分烦琐的事情，且十分不利于读者阅读公式. 一个更好的选择则是给出图形表示，见图 2-5. 在图形表示中，我们可以轻易地看出各个算符的作用空间以及作用的顺序.

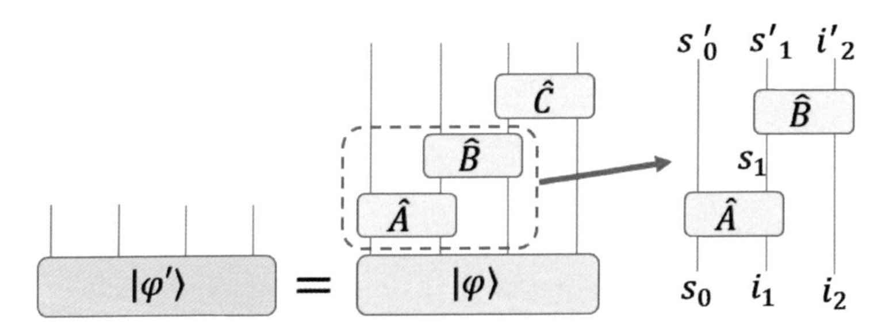

图 2-5 $|\varphi'\rangle=\hat{C}\hat{B}\hat{A}|\varphi\rangle$(左)与$\hat{B}\hat{A}$(右)的图形表示

如果改变算符作用次序，如交换 $\hat{A}$ 与 $\hat{B}$ 定义 $|\varphi''\rangle=\hat{C}\hat{A}\hat{B}|\varphi\rangle$，显然可以看出，二者的图形表示并不相同，应有 $|\varphi''\rangle\neq|\varphi'\rangle$，除非 $\hat{A}$ 与 $\hat{B}$ 之间满足对易性. 但是这里会有另一个问题：$\hat{A}$ 与 $\hat{B}$ 并不定义在同一个空间，如何定义二者的对易子呢？这里的关键问题是定义处于不同空间算符的乘法. 其实，我们只要遵循上文关于不同空间基矢内积的约定，即自然地获得不同空间算符乘法的定义. 以 $\hat{B}$ 与 $\hat{A}$ 的乘法为例，有

$$\begin{aligned}\hat{B}\hat{A} &= \sum_{i_1i_2i'_1i'_2} B_{i_1i_2i'_1i'_2}|i_1i_2\rangle\langle i'_1i'_2| \sum_{s_0s_1s'_0s'_1} A_{s_0s_1s'_0s'_1}|s_0s_1\rangle\langle s'_0s'_1| \\ &= \sum_{s_0s_1s'_0s'_1}\sum_{i_1i_2i'_1i'_2} \delta_{s_1i'_1} B_{i_1i_2i'_1i'_2} A_{s_0s_1s'_0s'_1}|s_0i_1i_2\rangle\langle s'_0s'_1i'_2|\end{aligned}$$

$$= \sum_{s_0 i_1 i_2 s'_0 s'_1 i'_2} \sum_{s_1} B_{i_1 i_2 s_1 i'_2} A_{s_0 s_1 s'_0 s'_1} \ |s_0 i_1 i_2\rangle\langle s'_0 s'_1 i'_2| \tag{2-51}$$

上式的图形表示就是图 2-5 中红色虚线内所示，为了能够更清楚地展示这点，我们将这部分单独摘出并将各个指标的字母标注了出来．可见，定义在 $\mathcal{H}_0 \otimes \mathcal{H}_1$ 的 $\hat{A}$ 与定义在 $\mathcal{H}_1 \otimes \mathcal{H}_2$ 的 $\hat{B}$ 相乘，所得的算符定义在 $\mathcal{H}_0 \otimes \mathcal{H}_1 \otimes \mathcal{H}_2$．一般地有：设算符 $\hat{A}$ 与 $\hat{B}$ 分别处于空间 $\mathcal{H}_A$ 与 $\mathcal{H}_B$，则 $\hat{B}\hat{A}$ 处于空间 $\mathcal{H}_A \cup \mathcal{H}_B$，$\cup$ 表示取并集.

关于对易性，有如下性质(见本章习题 9)：定义在不同空间的算符对易，即当 $\mathcal{H}_A \cap \mathcal{H}_B = \varnothing$（$\cap$ 代表取交集，$\varnothing$ 代表空集）时，有 $[\hat{A},\hat{B}]=0$．需要特别注意的是，要在不改变结果的前提下交换算符，并不是两个算符只要满足 $\mathcal{H}_A \cap \mathcal{H}_B = \varnothing$ 就可以随便交换．可以交换的前提是 $\hat{A}$ 与 $\hat{B}$ 之间没有作用其它算符，否则即使 $\mathcal{H}_A \cap \mathcal{H}_B = \varnothing$ 时 $[\hat{A},\hat{B}]=0$，也不能随便进行算符交换．例如，在 $|\varphi'\rangle = \hat{C}\hat{B}\hat{A}|\varphi\rangle$ 中交换 $\hat{A}$ 与 $\hat{C}$ 定义 $|\varphi'''\rangle = \hat{A}\hat{B}\hat{C}|\varphi\rangle$，即使 $\mathcal{H}_A \cap \mathcal{H}_C = \varnothing$，也并不意味着 $|\varphi'\rangle = |\varphi'''\rangle$．一方面，从图 2-6 中的图形表示可以轻易看出，二者在一般情况下并不相等，$|\varphi'\rangle$ 与 $|\varphi'''\rangle$ 对应不同的张量收缩．另一方面，从代数上讲，$|\varphi'\rangle$ 与 $|\varphi'''\rangle$ 是否相等并不取决于 $[\hat{A},\hat{C}]=\hat{A}\hat{C}-\hat{C}\hat{A}$（当 $\mathcal{H}_A \cap \mathcal{H}_B = \varnothing$ 时，我们一直有 $[\hat{A},\hat{C}]=0$），而是 $\hat{A}\hat{B}\hat{C}-\hat{C}\hat{B}\hat{A}$．我们可以进行如下推导

$$\begin{aligned}
|\varphi'\rangle &= \hat{C}\hat{B}\hat{A}|\varphi\rangle \\
&= \hat{C}(\hat{A}\hat{B} + \hat{B}\hat{A} - \hat{A}\hat{B})|\varphi\rangle \\
&= \hat{C}(\hat{A}\hat{B} + [\hat{B},\hat{A}])|\varphi\rangle \\
&= (\hat{A}\hat{C} + [\hat{C},\hat{A}])\hat{B}|\varphi\rangle + \hat{C}[\hat{B},\hat{A}]|\varphi\rangle \\
&= \hat{A}\hat{C}\hat{B}|\varphi\rangle + [\hat{C},\hat{A}]\hat{B}|\varphi\rangle + \hat{C}[\hat{B},\hat{A}]|\varphi\rangle \\
&= \hat{A}(\hat{B}\hat{C} + [\hat{C},\hat{B}])|\varphi\rangle + [\hat{C},\hat{A}]\hat{B}|\varphi\rangle + \hat{C}[\hat{B},\hat{A}]|\varphi\rangle \\
&= \hat{A}\hat{B}\hat{C}|\varphi\rangle + \hat{A}[\hat{C},\hat{B}]|\varphi\rangle + [\hat{C},\hat{A}]\hat{B}|\varphi\rangle + \hat{C}[\hat{B},\hat{A}]|\varphi\rangle \\
&= |\varphi'''\rangle + (\hat{A}[\hat{C},\hat{B}] + \hat{C}[\hat{B},\hat{A}])|\varphi\rangle
\end{aligned} \tag{2-52}$$

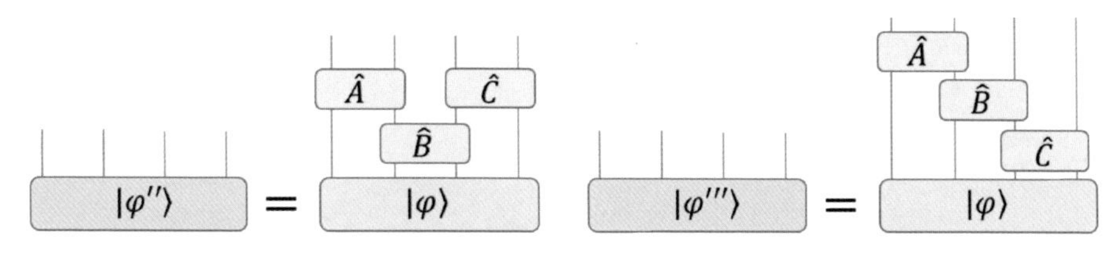

图 2-6　$|\varphi''\rangle = \hat{C}\hat{A}\hat{B}|\varphi\rangle$(左)与 $|\varphi'''\rangle = \hat{A}\hat{B}\hat{C}|\varphi\rangle$(右)的图形表示

可以看见，$|\varphi'\rangle$ 与 $|\varphi'''\rangle$ 并不相等，二者之差为三个算符相互之间的对易子，而非简单地由 $[\hat{A},\hat{C}]$ 决定．在得到最终的式子前，我们使用了 $[\hat{A},\hat{C}]=0$，可以发

现，在需要计算$[\hat{A},\hat{C}]$之前，我们进行了其它交换操作，使得 $\hat{A}$ 与 $\hat{C}$ 变为近邻的算符(二者之间没有其它算符)，该操作会产生其它对易子.

2.6 二体系统中的量子纠缠与纠缠熵

在许多读物或资料中，读者可以轻易找到许多关于量子纠缠(quantum entanglement)的解释：它起源于何处、它会引起什么神奇的现象、它与我们熟知的经典世界如何“格格不入”，等等. 在这里，我们将跳过这些讨论，而是尝试直接从我们在上文已经定义好的相关知识来介绍、解释量子纠缠.

考虑二体系统$\mathcal{H}=\mathcal{H}_0\otimes\mathcal{H}_1$，设各个子空间维数为 $d=\dim(\mathcal{H}_0)=\dim(\mathcal{H}_1)$，其量子态记为 $|\varphi\rangle=\sum_{s_0,s_1=0}^{d-1}\varphi_{s_0s_1}|s_0s_1\rangle$. 现在我们提出下列问题：$|\varphi\rangle$能否写为 R 个直积态的求和呢？求和项个数 R 最小值取多少呢？显然在直积基底下，$|\varphi\rangle$写成了 d^2 个直积态的求和，但这显然并不是求和项个数最小的写法.

下面，我们对系数矩阵进行奇异值分解(见 1.5 节)

$$\varphi_{s_0s_1}=\sum_{r_0,r_1=0}^{R-1}U_{s_0r_0}\Lambda_{r_0r_1}V^*_{s_1r_1} \tag{2-53}$$

显然，如果上述分解是严格的，R 最小取系数矩阵的秩，即$R=\mathrm{rank}(\varphi)\leqslant d$. 将奇异值分解代入 $|\varphi\rangle$可得

$$|\varphi\rangle=\sum_{s_0,s_1=0}^{d-1}\sum_{r_0,r_1=0}^{R-1}U_{s_0r_0}\Lambda_{r_0r_1}V^*_{s_1r_1}|s_0s_1\rangle \tag{2-54}$$

重新定义基矢为

$$|r_0\rangle\xlongequal{\text{def}}\sum_{s_0=0}^{d-1}U_{s_0r_0}|s_0\rangle \tag{2-55}$$

$$|r_1\rangle\xlongequal{\text{def}}\sum_{s_1=0}^{d-1}V^*_{s_1r_1}|s_1\rangle \tag{2-56}$$

通过变换矩阵 $\boldsymbol{U}$ 与 $\boldsymbol{V}$ 的幺正性，可以很容易证明，$\{|r_0\rangle\}(r_0=0,\cdots,d-1)$代指$\mathcal{H}_0$ 中的正交完备基矢，$\{|r_1\rangle\}(r_1=0,\cdots,d-1)$代指$\mathcal{H}_1$ 中的正交完备基矢(见本章习题 11).

在新的直积基矢$\{|r_0r_1\rangle\}$下，有

$$\begin{aligned}|\varphi\rangle&=\sum_{r_0,r_1=0}^{R-1}\Lambda_{r_0r_1}\Big(\sum_{s_0=0}^{d-1}U_{s_0r_0}|s_0\rangle\Big)\Big(\sum_{s_1=0}^{d-1}V^*_{s_1r_1}|s_1\rangle\Big)\\&=\sum_{r_0,r_1=0}^{R-1}\Lambda_{r_0r_1}|r_0r_1\rangle\\&=\sum_{r=0}^{R-1}\Lambda_{rr}|r_0=r\rangle|r_1=r\rangle\end{aligned}$$

$$=\sum_{r=0}^{R-1}\Lambda_{rr}\mid rr\rangle \tag{2-57}$$

后两个等号用到了 $\Lambda_{r_0r_1}$ 为对角矩阵这个性质，其对角项 Λ_{rr} 被称为 $|\varphi\rangle$的纠缠谱(entanglement spectrum). 为简单起见，我们将 $|r_0=r\rangle|r_1=r\rangle$简记为了 $|rr\rangle$. 可见，$|\varphi\rangle$被写成了由R 个直积态求和的形式，求和项前的系数由纠缠谱给出. 上述对量子态的分解被称为施密特分解(Schmidt decomposition).

让我们试图从量子概率诠释的角度来考虑 $|\varphi\rangle=\sum_{r=0}^{R-1}\Lambda_{rr}|rr\rangle$. 首先，$|\varphi\rangle$为归一向量，意味着其系数满足 $|\boldsymbol{\varphi}|=1$，由奇异值分解所得的奇异谱也满足归一化

$$|\boldsymbol{\Lambda}|=\sum_{r=0}^{R-1}|\Lambda_{rr}|^2=1 \tag{2-58}$$

因此，按照波函数的概率诠释，我们由$\{|rr\rangle\}(r_0=0,\cdots,R-1)$定义 R 个状态，经过测量，系统坍缩到某个特定的状态 $|rr\rangle$的概率为

$$p_r=|\Lambda_{rr}|^2 \tag{2-59}$$

基于上式给出的概率意义，定义量子态 $|\varphi\rangle$的纠缠熵(entanglement entropy) S 为

$$S=-\sum_{r=0}^{R-1}|\Lambda_{rr}|^2\ln|\Lambda_{rr}|^2 \tag{2-60}$$

纠缠熵度量该量子态两个子系统间的关联程度. 顾名思义，“纠缠熵”这个概念里有两个关键要素，其中一个是代表不确定性的“熵”. 熟悉概率统计的读者应该已经发现，量子态的纠缠熵实际上就是概率分布 $\boldsymbol{p}$ 对应的冯 · 诺依曼熵(von Neumann entropy)或信息熵(information entropy)

$$S=-\sum_{r=0}^{R-1}p_r\ln p_r \tag{2-61}$$

“纠缠熵”中的另一个要素是代表关联的“纠缠”，即“你影响我、我影响你”的一种关系. 下面，我们尝试从量子测量(波函数坍缩)的角度来进一步解释“纠缠”与“熵”的意义.

冯 · 诺依曼熵

我们以硬币为例，来尝试理解为什么冯 · 诺依曼熵可以刻画系统的无序度. 无序度可认为是信息的反面：无序度越大，信息量越少，熵越高；无序度越低，信息量越多，熵越小. 假设 Alice 抛掷硬币并猜测抛掷结果，如果正确则赢得一元，如果猜测错误则失去一元. 假设硬币抛掷后处于各个状态的概率满足 $p_0=p_1=0.5$. 显然在这种均匀的概率分布下，Alice 即使知晓其概率分布也很难赢得金钱，每次猜测的结果都是输赢面各占一半，没有任何信息

来帮助 Alice 进行准确的猜测．此时，我们认为 Alice 知晓的信息量极小，冯·诺依曼熵满足 $S=-\sum_{r=0}^{R-1} p_r \ln p_r = \ln 2$.

考虑另一个极端情况，若概率分布为 $p_0=1$，$p_1=0$，Alice 在经过多次尝试后统计出了该概率，那么后果则是 Alice 可以每次都赢得一元．此时，系统显然处于一个确定性的状态，无序度为 0，冯·诺依曼熵满足 $S=-\sum_{r=0}^{R-1} p_r \ln p_r = 0$（注：$0\ln 0 \overset{\text{def}}{=\!=\!=} \lim_{p\to 0^+} p\ln p = 0$）.

对于一般的情况（$0<p_0<1$，$p_1=1-p_0$），可以证明 $0\leqslant S\leqslant \ln 2$．如果 $p_0\neq p_1$ 且 Alice 知晓了概率分布，那么她可以依据这个信息押注概率较大的状态，在进行多次猜测后，她将大概率赢得金钱.

在子空间$\mathcal{H}_0$ 中定义正交完备基矢$\{|r_0\rangle\}$，并在这个基矢下进行测量，对应的投影测量(projective measurement)算符为

$$\hat{P}^{0(r_0)} = |r_0\rangle\langle r_0| \tag{2-62}$$

在 2.2 节中我们提到，测量结果为某一状态的概率，为相应投影测量算符的期望值$\langle \hat{P}^{0(r_0)}\rangle$，该关系对于多体态也是成立的．有

$$\begin{aligned}\langle \hat{P}^{0(r_0)}\rangle &= \Big(\sum_{r'=0}^{R-1} \Lambda^*_{r'r'} \langle r'r'|\Big)|r_0\rangle\langle r_0|\Big(\sum_{r=0}^{R-1}\Lambda_{rr}|rr\rangle\Big)\\ &= \sum_{rr'=0}^{R-1} \Lambda^*_{r'r'}\Lambda_{rr}\langle r'|r_0\rangle\langle r'|r\rangle\langle r_0|r\rangle\\ &= |\Lambda_{r_0r_0}|^2\\ &= p_{r_0}\end{aligned} \tag{2-63}$$

需要注意的是，在上式推导过程的第二行$\langle r'|r_0\rangle\langle r'|r\rangle\langle r_0|r\rangle$中有三个内积运算，第一个与第三个是发生在$\mathcal{H}_0$ 中的，第二个内积发生在$\mathcal{H}_1$ 中．上式表明，在基矢$\{|r_0\rangle\}$下进行测量，获得某个状态$|r_0\rangle$的概率为 p_{r_0}．换言之，第0个自旋的测量结果的不确定性由 p_r 的冯·诺依曼熵刻画，也就是纠缠熵．同理，在$\mathcal{H}_1$ 中定义基矢$\{|r_1\rangle\}$进行测量，其概率分布同样满足 $p_{r_1}=|\Lambda_{r_1r_1}|^2$，即刻画第 1 个自旋测量结果不确定性的冯·诺依曼熵也给出同一纠缠熵．因此，纠缠熵刻画了该二体系统测量结果的不确定性.

为什么要选择$\{|r_0\rangle\}$或$\{|r_1\rangle\}$作为基矢来进行测量呢？如果使用$\{|r_0\rangle\}$为基矢在$\mathcal{H}_0$ 进行测量，记测量的结果为$|r_0=r\rangle$，那么$\mathcal{H}_1$ 对应的子系统状态一定处于$|r_1=r\rangle$．为了证明这点，我们将测量算符作用在$|\varphi\rangle$上，有

$$\hat{P}^{0(r)}|\varphi\rangle = |r_0=r\rangle\langle r_0=r|\sum_{r'=0}^{R-1}\Lambda_{r'r'}|r_0=r'\rangle|r_1=r'\rangle$$

$$= \sum_{r'=0}^{R-1} \Lambda_{r'r'} \langle r_0 = r \mid r_0 = r' \rangle \mid r_0 = r \rangle \mid r_1 = r' \rangle$$
$$= \Lambda_{rr} \mid r_0 = r \rangle \mid r_1 = r \rangle \tag{2-64}$$

即 $\hat{P}^{0(r)} \mid \varphi \rangle \sim \mid r_0 = r \rangle \mid r_1 = r \rangle$ 为直积态，两个子系统分别处于 $\mid r_0 = r \rangle$ 与 $\mid r_1 = r \rangle$ 状态上．因此，以 $\{ \mid r_0 \rangle \}$ 或 $\{ \mid r_1 \rangle \}$ 作为基矢进行测量时，被测量的子系统波函数坍缩到确定状态时，另一个子系统也同时坍缩到确定状态，而非所选基矢下的叠加态．虽然仅对一个子系统进行了测量，但整个系统的不确定性在测量后消失．因此，测量结果本身的不确定性，即 $\boldsymbol{p}$ 对应的冯·诺依曼熵，被用于刻画整个复合系统的熵．读者可以自行验证，如果选择直积基底 $\{ \mid s_0 \rangle \}$ 或 $\{ \mid s_1 \rangle \}$ 或其它基矢进行测量，被测量的子系统波函数坍缩，但是另一个子系统仍处于基矢下的叠加态上，仍具备不确定性．

“纠缠”可体现在对一个子系统进行测量时，另一个子系统的状态(不确定性)也会改变，而纠缠熵可以衡量这种改变的程度大小．这里举一个特殊的例子来展示这点．当纠缠谱中仅有一个非零元(记为 Λ_{00})时，量子态为直积态，满足 $\mid \varphi \rangle = \mid r_0 = 0 \rangle \mid r_1 = 0 \rangle$，显然，该量子态的纠缠熵 $S=0$，即两个子系统间无纠缠(见本章习题 12)．此时在 $\mathcal{H}_0$ 中进行任意测量 $\hat{P}^0 = |k\rangle\langle k|$，有

$$\hat{P}^0 \mid \varphi \rangle = |k\rangle\langle k | r_0 = 0 \rangle \mid r_1 = 0 \rangle \propto |k\rangle \mid r_1 = 0 \rangle \tag{2-65}$$

显然，对于直积态，$\mathcal{H}_1$ 中的状态没有被 $\mathcal{H}_0$ 中的测量改变，仍处于 $\mid r_1 = 0 \rangle$．当量子态具备纠缠熵时，可以笼统地认为两个子系统均处于叠加态．正如上文分析所得，以 $\{ \mid r_0 \rangle \}$ 或 $\{ \mid r_1 \rangle \}$ 作为基矢对某一个子系统进行测量，会同时将两个子系统投影至非叠加态．显然，与直积态不同，对一个纠缠态子系统的测量会影响另一个子系统．因此，纠缠又被称为量子版本的“关联”(correlation)．

2.7　多体系统中的量子纠缠

上一节介绍的二体系统的纠缠，可以用于刻画多体量子态．考虑 N 体态

$$\mid \varphi \rangle = \sum_{s_0 \cdots s_{N-1}} \varphi_{s_0 \cdots s_{N-1}} \prod_{\otimes n=0}^{N-1} \mid s_n \rangle \tag{2-66}$$

其希尔伯特空间记为 $\mathcal{H} = \prod_{\otimes n=0}^{N-1} \mathcal{H}_n$．将系统二分为 A、B 两个子系统，设对应的指标有 $s_a \in \mathbb{A}$，$s_b \in \mathbb{B}$，且两类指标的集合满足 $\mathbb{A} \cup \mathbb{B} = \{ s_0, \cdots, s_{N-1} \}$ 及 $\mathbb{A} \cap \mathbb{B} = \varnothing$．对系数张量的矩阵化进行奇异值分解

$$\boldsymbol{\varphi}_{[\mathbb{A}][\mathbb{B}]} = \boldsymbol{U \Lambda V}^{\dagger} \tag{2-67}$$

$\boldsymbol{\Lambda}$ 的对角元素(即奇异谱)为 A、B 子系统间的纠缠谱．为了区别于文献中的多体纠缠(multipartite entanglement)，上述方法得到的纠缠谱一般称为二分纠缠谱

(bipartite entanglement spectrum)，对应的纠缠熵被称为二分纠缠熵.

我们也可以通过量子多体态的约化密度算符(reduced density operator)来获得二分纠缠. 定义子系统 A 的约化密度算符为

$$\hat{\rho}^{(A)}=\mathrm{Tr}_{B}|\varphi\rangle\langle\varphi| \tag{2-68}$$

其中Tr_{B}代表对 B 子系统的所有自由度进行求迹. 在直积基底中，$\hat{\rho}^{(A)}$可展开为

$$\hat{\rho}^{(A)}=\sum_{\mathbb{A}\mathbb{A}'}\rho_{\mathbb{A}\mathbb{A}'}^{(A)}\prod_{s_a\in\mathbb{A},\ s'_a\in\mathbb{A}}|s_a\rangle\langle s'_a| \tag{2-69}$$

其系数张量$\rho_{\mathbb{A}\mathbb{A}'}^{(A)}$被称为约化密度矩阵(reduced density matrix)[①]，满足

$$\rho_{\mathbb{A}\mathbb{A}'}^{(A)}=\sum_{\mathbb{B}\mathbb{B}'}\varphi_{s_0\cdots s_{N-1}}^{*}\varphi_{s'_0\cdots s'_{N-1}}\delta_{\mathbb{B}\mathbb{B}'} \tag{2-70}$$

由量子态的归一性可得，约化密度算符满足 $\mathrm{Tr}(\hat{\rho}^{(A)})=1$. 以四体态为例，将系统从中间二分成 A、B 两个子系统，图 2-7 展示了约化密度矩阵的图形表示.

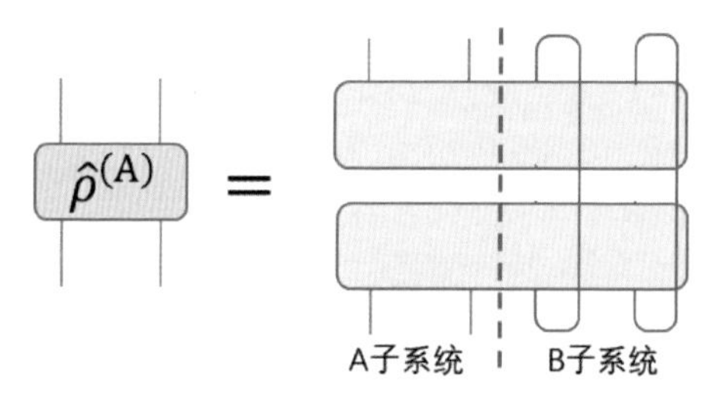

图 2-7 $\hat{\rho}^{(A)}=\mathrm{Tr}_{B}|\varphi\rangle\langle\varphi|$ **的图形表示**

对$\boldsymbol{\rho}^{(A)}$进行本征值分解

$$\boldsymbol{\rho}^{(A)}=\boldsymbol{U\Gamma U}^{\dagger} \tag{2-71}$$

该约化密度矩阵的本征谱等于二分纠缠谱的平方

$$\boldsymbol{\Gamma}=\boldsymbol{\Lambda}^{2} \tag{2-72}$$

相信不少读者从上面的推导可以看出，这里有两个概念与我们在第 1 章介绍的内容有着密切的关系. 首先，一个量子多体态的约化密度矩阵的系数矩阵(例如$\boldsymbol{\rho}^{(A)}$)，恰好为量子态系数张量($\boldsymbol{\varphi}$)对应的约化矩阵. 其次，约化密度矩阵的本征谱与二分纠缠谱的对应关系，恰好就是约化矩阵的本征谱与原矩阵奇异谱之间的对应关系，见 1.5 节. 该对应关系在张量网络相关的算法(包括后文将要介绍的密度矩阵重正化群)中有着重要的应用.

此外，约化密度算符也可用于计算纠缠熵，有

$$S=-\mathrm{Tr}(\hat{\rho}^{(A)}\ln\hat{\rho}^{(A)})=-\mathrm{Tr}(\hat{\rho}^{(B)}\ln\hat{\rho}^{(B)}) \tag{2-73}$$

注意，这里的对数函数“ln”是作用在算符上的，并不能简单地对给定基矢下算符

---

① 在不引起误解的情况下，可以不区分“约化密度矩阵”与“约化密度算符”这两个概念.

的每个系数取对数来计算．设 $\hat{\rho}^{(A)}$ 的本征态及对应的本征值分别为 $|\varphi_\alpha\rangle$ 与 Γ_α，即 $\hat{\rho}^{(A)}=\sum_\alpha \Gamma_\alpha |\varphi_\alpha\rangle\langle\varphi_\alpha|$（见 2.3 节中算符的本征值分解），可以证明

$$\ln\hat{\rho}^{(A)}=\sum_\alpha \ln\Gamma_\alpha |\varphi_\alpha\rangle\langle\varphi_\alpha| \tag{2-74}$$

厄米算符的函数

可通过泰勒级数(Taylor series)证明，对于解析函数 f 与厄米算符 $\hat{A}$，有

$$f(\hat{A})=\sum_\alpha f(\Gamma_\alpha)|\varphi_\alpha\rangle\langle\varphi_\alpha|$$

其中 $|\varphi_\alpha\rangle$ 是 $\hat{A}$ 的第 α 个本征态，对应的本征值为 Γ_α．证明过程如下：

设 $\hat{A}$ 的本征值分解为 $\hat{A}=\sum_\alpha \Gamma_\alpha|\varphi_\alpha\rangle\langle\varphi_\alpha|$，利用 $|\varphi_\alpha\rangle$ 的正交归一性有

$$\begin{aligned}
\hat{A}^n &= \Big(\sum_\alpha \Gamma_\alpha|\varphi_\alpha\rangle\langle\varphi_\alpha|\Big)^n \\
&= \Big(\sum_{\alpha_0}\Gamma_{\alpha_0}|\varphi_{\alpha_0}\rangle\langle\varphi_{\alpha_0}|\Big)\Big(\sum_{\alpha_1}\Gamma_{\alpha_1}|\varphi_{\alpha_1}\rangle\langle\varphi_{\alpha_1}|\Big)\cdots\Big(\sum_{\alpha_{n-1}}\Gamma_{\alpha_{n-1}}|\varphi_{\alpha_{n-1}}\rangle\langle\varphi_{\alpha_{n-1}}|\Big) \\
&= \sum_{\alpha_0\cdots\alpha_{n-1}}\Gamma_{\alpha_0}\cdots\Gamma_{\alpha_{n-1}}|\varphi_{\alpha_0}\rangle\langle\varphi_{\alpha_0}|\varphi_1\rangle\cdots\langle\varphi_{n-2}|\varphi_{n-1}\rangle\langle\varphi_{n-1}| \\
&= \sum_{\alpha_0\cdots\alpha_{n-1}}\Gamma_{\alpha_0}\cdots\Gamma_{\alpha_{n-1}}\delta_{\alpha_0\alpha_1}\cdots\delta_{\alpha_{n-2}\alpha_{n-1}}|\varphi_{\alpha_0}\rangle\langle\varphi_{\alpha_{n-1}}| \\
&= \sum_\alpha \Gamma_\alpha^n|\varphi_\alpha\rangle\langle\varphi_\alpha|
\end{aligned}$$

函数 f 在 $x=0$ 处的泰勒级数为

$$f(x)=\sum_n \frac{f^{[n]}(0)}{n!}x^n$$

将上式的 x 替换成 $\hat{A}$，并代入本征值分解，有

$$\begin{aligned}
f(\hat{A}) &= \sum_n \frac{f^{[n]}(0)}{n!}\hat{A}^n \\
&= \sum_n \frac{f^{[n]}(0)}{n!}\sum_\alpha \Gamma_\alpha^n|\varphi_\alpha\rangle\langle\varphi_\alpha| \\
&= \sum_\alpha\Big(\sum_n \frac{f^{[n]}(0)}{n!}\Gamma_\alpha^n\Big)|\varphi_\alpha\rangle\langle\varphi_\alpha|
\end{aligned}$$

括号中 $\sum_n \frac{f^{[n]}(0)}{n!}\Gamma_\alpha^n=f(\Gamma_\alpha)$，因此有 $f(\hat{A})=\sum_\alpha f(\Gamma_\alpha)|\varphi_\alpha\rangle\langle\varphi_\alpha|$．证毕．

将上式代入纠缠熵的公式(2-73)，有

$$S=-\mathrm{Tr}\Big(\sum_\alpha \Gamma_\alpha|\varphi_\alpha\rangle\langle\varphi_\alpha|\sum_{\alpha'}\ln\Gamma_{\alpha'}|\varphi_{\alpha'}\rangle\langle\varphi_{\alpha'}|\Big)$$

$$
\begin{aligned}
&= -\sum_{\alpha\alpha'} \Gamma_\alpha \ln \Gamma_{\alpha'} \operatorname{Tr} |\varphi_\alpha\rangle\langle\varphi_\alpha|\varphi_{\alpha'}\rangle\langle\varphi_{\alpha'}| \\
&= -\sum_{\alpha\alpha'} \Gamma_\alpha \ln \Gamma_{\alpha'} \delta_{\alpha\alpha'} \\
&= -\sum_{\alpha} \Gamma_\alpha \ln \Gamma_\alpha
\end{aligned} \tag{2-75}
$$

其中 $\boldsymbol{\Gamma}=\boldsymbol{\Lambda}^2$，即为通过纠缠谱定义的纠缠熵公式(2-60).

由于多体系统的二分方式不唯一，其二分纠缠的定义并不唯一. 同时，二分纠缠给出的纠缠性质有一定的局限性，例如，将系统分为 A、B 两部分后，二分纠缠能给出这两个子系统间的关联属性，但是 A 或 B 子系统内部又可能包含多个子系统，这些子系统间的纠缠性质并没有在 A、B 间的二分纠缠中体现，除非对系统进行多次不同的二分并计算相应的二分纠缠. 因此，二分纠缠是用于刻画多体系统量子纠缠性质的选择之一，但显然并不是一个“理想”的选择.

如何“优雅”地刻画多体系统的纠缠，是一个前沿学术问题，几何纠缠(geometrical entanglement)①就是其中的一种，其定义为

$$
E_{\mathrm{g}}(|\varphi\rangle) = \min(-\ln|\langle\varphi|\psi\rangle|^2) \quad \text{for} \quad \forall \ \text{直积态}\, |\psi\rangle \tag{2-76}
$$

换言之，$E_{\mathrm{g}}(|\varphi\rangle)$反映的是 $|\varphi\rangle$到任意直积态间最短的距离. 要得到给定量子态的几何纠缠，就需要计算$-\ln|\langle\varphi|\psi\rangle|^2$ 在所有直积态中的极小值，也就是计算保真度(fidelity)$f=|\langle\varphi|\psi\rangle|$ 的极大值. 我们设

$$
|\varphi\rangle = \sum_{s_0\cdots s_{N-1}} \varphi_{s_0\cdots s_{N-1}} \prod_{\otimes n=0}^{N-1} |s_n\rangle \tag{2-77}
$$

$$
|\varphi\rangle = \prod_{\otimes n=0}^{N-1} |\psi^{(n)}\rangle = \sum_{s_0\cdots s_{N-1}} \prod_{n=0}^{N-1} \psi^{(n)}_{s_n} \prod_{\otimes n=0}^{N-1} |s_n\rangle \tag{2-78}
$$

有

$$
f = |\langle\varphi|\psi\rangle| = \left| \sum_{s_0\cdots s_{N-1}} \varphi_{s_0\cdots s_{N-1}} \prod_{n=0}^{N-1} \psi^{(n)}_{s_n} \right| \tag{2-79}
$$

易见，保真度f 的极值点恰好由系数张量$\boldsymbol{\varphi}$ 的最优单秩近似给出(见 1.7 节)

$$
\boldsymbol{\varphi} \approx \gamma \prod_{n=0}^{N-1} \boldsymbol{\psi}^{(n)} \tag{2-80}
$$

其中，最优单秩近似的系数满足

$$
\gamma = \sum_{s_0\cdots s_{N-1}} \varphi_{s_0\cdots s_{N-1}} \prod_{n=0}^{N-1} \psi^{(n)}_{s_n} = f \tag{2-81}
$$

因此，我们可以对 $|\varphi\rangle$进行最优单秩近似来计算几何纠缠，有

$$
E_{\mathrm{g}}(|\varphi\rangle) = -\ln|\gamma|^2 \tag{2-82}
$$

① 可参考 A. Shimony, “Degree of Entanglement,” *Ann. NY. Acad. Sci.* 755, 675 (1995).

不同于二分纠缠，对多体系统不同的二分方法会给出不同的二分纠缠谱与纠缠熵，量子多体态的几何纠缠是唯一的，也具有明确的物理意义. 因此，它属于一种常用的多体纠缠熵(multipartite entanglement entropy)的度量.

本章要点及关键概念

1. 狄拉克符号系统；
2. 量子态、量子算符及其在基矢下的展开系数；
3. 量子态、量子算符之间的运算、算符期望值(观测量)、对易子；
4. 多体态的定义、直积态；
5. 多体空间中基矢的内积运算约定；
6. 多体态、多体算符之间的运算；
7. 多体算符间的对易性；
8. 量子态、量子算符及其运算的图形表示；
9. 量子纠缠、纠缠熵；
10. 二分纠缠及其奇异值分解算法、施密特分解；
11. 约化密度矩阵；
12. 量子态间的保真度；
13. 几何纠缠、最优单秩近似.

习　题

1. 开放思考. 如果使用标量来表示量子态，而非向量，会造成什么后果? 例如，用标量 $x=0$ 代表自旋朝上，$x=1$ 代表自旋朝下.
2. 证明题. 对于任意厄米矩阵 $\boldsymbol{A}$ 与(列)向量 $\boldsymbol{v}$，试证明 $\boldsymbol{v}^{\dagger}\boldsymbol{A}\boldsymbol{v}$ 为实数.
3. 对于任意 d 维的量子态 $\boldsymbol{\varphi}$(为 d 维向量)，试构造出一组 $d\times d$ 的矩阵作为投影算符$\boldsymbol{P}^{(s)}$，使其满足 $|\varphi_s|^2=\langle \boldsymbol{P}^{(s)}\rangle$.
4. 推导题. 已知 $|\varphi\rangle=\sum_s \varphi_s|s\rangle$，$|\psi\rangle=\sum_s \psi_s|s\rangle$，$\hat{O}=\sum_{ss'} O_{ss'}|s\rangle\langle s'|$，试用量子态的系数向量 $\boldsymbol{\varphi}$、$\boldsymbol{\psi}$ 与算符的系数矩阵 $\boldsymbol{O}$ 表示 $\langle\psi|\hat{O}|\varphi\rangle$.
5. 证明题. 试证明算符与算符相乘，所得算符的系数矩阵与相乘二算符系数矩阵之间的关系式(2-21).
6. 证明题. 试证明：

   (a)对于任意量子态 $|\varphi\rangle=\sum_s \varphi_s|s\rangle$，投影算符的期望值满足$\langle\hat{P}^{(s)}\rangle=|\varphi_s|^2$；

   (b)投影算符满足$(\hat{P}^{(s)})^2=\hat{P}^{(s)}$，$\mathrm{Tr}(\hat{P}^{(s)})=1$，$\mathrm{Tr}(\hat{P}^{(s)}\hat{P}^{(s')})=\delta_{ss'}$.
7. 推导题. 计算泡利算符的对易子$[\hat{\sigma}^{(x)},\hat{\sigma}^{(y)}]$，$[\hat{\sigma}^{(x)},\hat{\sigma}^{(z)}]$，$[\hat{\sigma}^{(z)},\hat{\sigma}^{(y)}]$.
8. 推导题. 已知四体态 $|\varphi\rangle$，依次向其作用 $\hat{A}$、$\hat{B}$、$\hat{C}$ 三个二体算符，其中，$\hat{A}$ 定义在$\mathcal{H}_0\otimes\mathcal{H}_1$，$\hat{B}$ 定义在$\mathcal{H}_1\otimes\mathcal{H}_2$，$\hat{C}$ 定义在$\mathcal{H}_2\otimes\mathcal{H}_3$，用三个算符的系数矩阵与 $|\varphi\rangle$的系数张量，写出作用后量子态系数张量满足的张量收缩式.

9. 证明题. 设希尔伯特空间$\mathcal{H}_A$与$\mathcal{H}_B$满足$\mathcal{H}_A\cap\mathcal{H}_B=\varnothing$，$\hat{A}$与$\hat{B}$分别为定义在$\mathcal{H}_A$与$\mathcal{H}_B$中的任意算符，试证明$[\hat{A},\hat{B}]=0$.
10. 写出下图对应的张量收缩表达式.

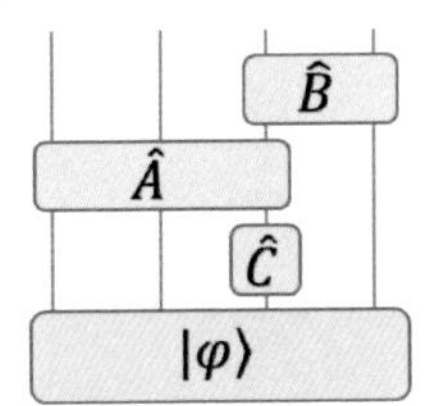

11. 证明题. 已知$\{|s\rangle\}$为d维空间中一组正交完备基矢，对于任意$d\times d$维幺正矩阵$\boldsymbol{U}$，定义另一组向量$\{|r\rangle\}$，满足$|r\rangle=\sum_{s=0}^{d-1}U_{sr}|s\rangle$，试证明$\{|r\rangle\}$也为该空间中一组正交完备基矢.
12. 证明题. 设二体量子态为直积态，试证明该量子态的纠缠熵$S=0$.
13. 证明题. 已知多体希尔伯特空间$\mathcal{H}=\prod_{\otimes n}\mathcal{H}_n$中，给定量子态$|\varphi\rangle$关于第$m$个子空间$\mathcal{H}_m$的约化密度矩阵记为$\hat{\rho}^{(m)}$，设$\hat{O}^{(m)}$为$\mathcal{H}_m$中的算符，试证明其期望值满足$\langle\hat{O}^{(m)}\rangle=\mathrm{Tr}(\hat{\rho}^{(m)}\hat{O}^{(m)})$.
14. 推导题. 对于二体系统，推导出几何纠缠与二分纠缠谱之间的关系.

第 3 章　格点模型基础

3.1　经典热力学系综与伊辛模型

在第 2 章，我们介绍了一部分量子物理的基础内容，包括量子态和算符的代数性质等，这也可以说是量子信息和量子力学共同的基础. 从本节开始，我们将介绍一些力学(mechanics)的相关基础知识. 什么是力学[①]? 非物理专业背景的读者可以笼统地将其看成“研究现实世界物质状态及其演化规律的学科”. 牛顿力学属于力学，它研究的是包括力、位移、速度、加速度等之间的关系，建模了经典世界的运动规律. 相对论也属于力学，它也用于描述经典物体的运动，它基于新的时空观，可以认为是牛顿力学的推广. 但是描述相对论时空数学性质的微分几何不宜被称为力学，因为它不涉及具体物理客体演化规律的描述. 在量子物理中，量子信息不宜被称为力学，因为它研究的是量子态、量子算符本身的数学或物理性质，但并不涉及量子系统在物理环境下是如何演化的、量子系统与量子系统是如何相互作用的等等问题，而这些问题都属于量子力学的探究范围.

在与人交流的过程中，笔者经常被问到：什么是量子? 特别是在量子机器学习的相关问题上，会有人提出疑问：量子机器学习算法都不涉及哈密顿量(Hamiltonian)，而哈密顿量是量子力学的基础，怎么能称没有哈密顿量的机器学习为量子机器学习呢? 实际上，目前的量子机器学习算法大多是研究数学模型的构造、参数的优化方法、计算复杂度等，确实不能称之为量子力学机器学习，而更适合被称为量子信息或量子计算机器学习. 而研究如何在量子系统(如超导体、超冷原子等)中实现机器学习过程，就必定会涉及基本的量子物理过程，例如演化、耗散、相互作用等，因此这属于量子力学的应用，可以被称为量子力学机器学习. 目前，量子机器学习领域还远未发展成熟，我们也期待在该领域看到更多突破性、创新性的研究成果，能够打破一些固有的概念与印象.

在本章剩余的几节中，我们将介绍一些简单的、基础的“力学”知识，但是由于“力学”涵盖面太广，我们将集中于最为相关的要点进行介绍，好为后文介绍张

① 注意，这里所描述的“力学”与工学中的一级学科“力学”是存在联系但却截然不同的两个概念，本书也不会介绍“力学”这门学科.

量网络在量子物理中的应用做准备．首先，我们从经典热力学的系综理论(ensemble theory)①开始．

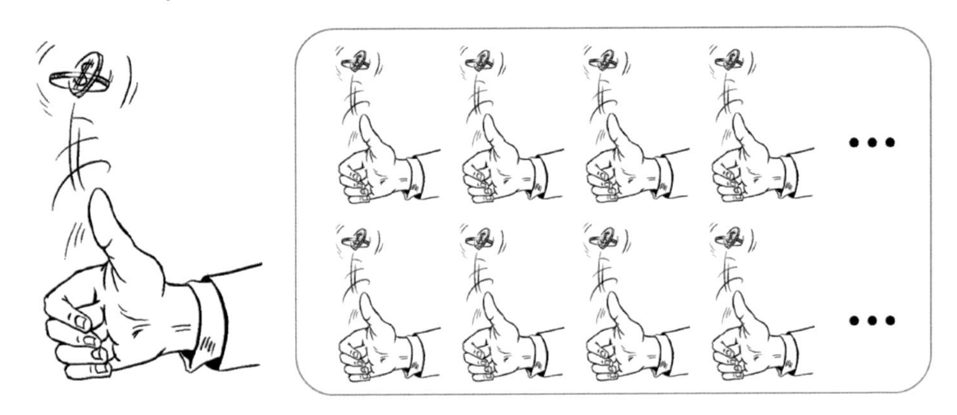

图 3-1　一枚硬币构成的系统与大量全同硬币构成的系综

在 2.1 节中我们提到，在抛掷一枚硬币后，硬币所处的状态是确定的．如果想要获得包含更多信息的关于各个状态的概率分布，可以对大量一模一样的硬币进行抛掷并统计结果．在这个例子中，硬币就是物理系统，而被抛掷的大量的硬币则构成系综(图 3-1)．在热力学(thermodynamics)中，研究对象可以是分子、自旋等粒子，此时我们说系综由大量的全同粒子构成．对于硬币这样一个简单的系统，我们可以直接对状态的概率进行建模．由于两个状态(正反面)近似等同，即两个状态是“对称”的，因此处于两个状态的概率近似相等，有 $p_0=p_1=0.5$．在热力学(或统计力学)中，我们一般并不直接建模概率分布，而是建模系统各个状态的能量(energy)，通过能量确定状态对应的概率．将系统的各个状态记为 $\{s\}=(s_0,s_1,\cdots)$，对应的能量记为 $E_{\{s\}}$，当系统达到热平衡(thermal equilibrium)状态时，处于状态 $\{s\}$ 的概率满足②

$$p_{\{s\}}=\frac{1}{Z}\mathrm{e}^{-\frac{E_{\{s\}}}{T}} \tag{3-1}$$

其中 T 代表系统的温度，常数 Z 为配分函数(partition function)，满足

$$Z=\sum_{\{s\}}\mathrm{e}^{-\frac{E_{\{s\}}}{T}} \tag{3-2}$$

$\sum_{\{s\}}$ 代表对系统所有可能的状态进行求和．该分布被称为玻尔兹曼分布(Boltzmann distribution)．玻尔兹曼分布可由更基本的假设推导出来，在这里为了简要起见，

① 本书仅讨论正则系综．

② 本书采用自然单位制，取玻尔兹曼常数 $k_B=1$．

我们不妨直接默认玻尔兹曼分布是成立的，并由该分布来定义能量与温度.

综上所述，当我们使用玻尔兹曼分布来描述一个经典系统时，一个核心问题是建立状态与能量之间的关系式. 为了更好地理解这一点，下面我们介绍统计物理中的一种重要的模型：伊辛模型(Ising model). 考虑由 N 个伊辛自旋(Ising spin)构成的系统，每个伊辛自旋只能取 $s_n=-1$(朝下)或 $s_n=1$(朝上)两种状态，系统能量满足

$$H=E_{\{s\}}=\sum_{ij}J_{ij}s_is_j \tag{3-3}$$

其中，$\{s\}=(s_0,s_1,\cdots)$代表所有伊辛自旋所处的状态，具体的某个状态又被称为一个构型(configuration)；$\sum\limits_{ij}$ 代表对所有相互作用(interact)的自旋对 s_i、s_j 进行求和，J_{ij} 代表该项相互作用的强度. 相互作用项又称耦合(coupling)项，其强度 J_{ij} 又被称为耦合强度(coupling strength). 简单地说，伊辛模型可被认为是由相互作用的经典硬币构成的系统，伊辛自旋可认为是量子自旋的经典对应. 能量关于状态(或构型)$\{s_*\}$的函数，又被称为经典哈密顿量(classical Hamiltonian)，可用字母 H 表示①，后文使用“能量”(energy)一词代表一定温度下经典哈密顿量的期望值.

除了伊辛自旋间的相互作用，经典哈密顿量还可以引入磁场(magnetic field)项，例如

$$H=\sum_{ij}J_{ij}s_is_j-\sum_i h_is_i \tag{3-4}$$

其中，h_i 为作用在第 i 个伊辛自旋上的磁场大小. 我们可以通过对能量进行简单的分析来理解磁场项的作用. 当作用在第 i' 个伊辛自旋的 $h_{i'}$ 增大到 $h_{i'}+\delta$ 时($\delta>0$)，系统能量就会被改变，该变量为 $-\delta s_{i'}$. 显然，对于 $s_{i'}=1$ 的构型(或状态)而言，该构型的能量会减小. 由于给定构型的概率满足 $p_{\{s_*\}}=\frac{1}{Z}\mathrm{e}^{-\frac{E_{\{s_*\}}}{T}}$，也就是说，$s_{i'}=1$ 的构型对应的概率会增大. 类似地，对于 $s_{i'}=-1$ 的构型，其能量会增大，概率会减小. 因此，系统更加倾向于处于 $s_{i'}=1$ 对应的状态上. 换言之，磁场倾向于使伊辛自旋处于与自己同向(即同号)的状态上，这与真实磁场对小磁针的作用效果是一致的. 当磁场足够大时，对应的伊辛自旋会完全处于与磁场同向的状态上(同向状态对应的概率接近 100%)，该现象称为极化(polarization).

我们也可以通过能量来分析 J_{ij} 符号的意义. 当 $J_{ij}>0$ 时，s_i 与 s_j 倾向于

① 在热力学中，H 代表焓(enthalpy)，在电磁学中，H 代表磁场强度. 本书中不会涉及焓，并用 h 代表磁场强度，以保持与大部分张量网络文献中用法的一致性，请读者在阅读其它资料时注意区分.

处于不同的状态，即一个取+1一个取-1，此时 $J_{ij}s_is_j$ 对整体能量的贡献为负数，两个自旋处于反向排列的能量较低，概率较大．同理，当 $J_{ij}<0$ 时，s_i 与 s_j 倾向于处于同一个状态，即同时取+1或-1，此时 $J_{ij}s_is_j$ 对整体能量的贡献为负数，两个自旋处于同向排列的能量较低，概率较大．因此，$J_{ij}>0$ 的耦合项被称为反铁磁耦合(antiferromagnetic coupling)，$J_{ij}<0$ 的耦合项被称为铁磁耦合(ferromagnetic coupling)．

伊辛模型：从博士毕业论文到诺贝尔奖

恩斯特·伊辛

(1900—1998)

恩斯特·伊辛(Ernst Ising)，于1924年在汉堡大学获得物理学博士学位，他在他的导师威廉·楞次(Wilhelm Lenz)的建议与指导下，研究了一种极为简化的1维磁矩模型，也就是后来大家所熟知的伊辛模型．在伊辛正式发表他关于该模型的成果后，并没有立刻获得科学界的关注，这主要是由于1维伊辛模型没有办法描述真实物质中发生的磁现象．直到近20年之后，诺贝尔奖得主拉斯·昂萨格(Lars Onsager)注意到了该模型，并于1944年提出了2维正方格子上伊辛模型的严格解法，给出了铁磁相变与临界温度等重要物理现象的描述，获得了巨大的成功．值得一提的是，伊辛与他的导师楞次在20年前就猜测2维或3维格子上的伊辛模型可能可以用于描述真实系统的磁性，但是受限于数学方法，他们并没有证实这一猜想．

在很长的一段时间内，物理学界对伊辛模型仍持有怀疑的态度，主要原因是该模型太简单了，它摒弃了大部分真实体系可能存在的复杂因素，例如，粒子的碰撞、位移，甚至连磁矩的倾角都被略去，只剩下被"钉"在格点上的只能取向上、向下两种状态的简化版本．一个如此"失真"的模型怎么能够成功描述复杂的真实体系呢？直到人们获得了对临界系统"普适性"的进一步认识，特别是肯尼斯·威尔逊(Kenneth Wilson)在重正化群变换理论上做出了重要贡献后，人们认识到，伊辛模型确实抓住了相变问题的本质，而威尔逊本人也于1982年获得了诺贝尔物理学奖．

如今，伊辛模型的应用与影响已远远超越了物理学．在复杂系统科学中，伊辛模型属于最重要的简化模型之一，还被用于建模疾病的传播，在计算科学、认知理论、社会学等领域也有着重要的应用．虽然伊辛与楞次并没有因最早提出伊辛模型而被授予诺贝尔奖，但是他们的工作直接或间接地引出了多个诺贝尔奖级别的成果，这种"返璞归真"式的建模思想对整个学术界造成了深远的影响．

在存在反铁磁耦合时，有一种特殊情况，无论如何对伊辛自旋的方向进行排列，都无法满足反铁磁耦合自旋对反向、铁磁耦合自旋对同向的排列方式，例如图 3-2 中定义在一个三角形上的三个反铁磁耦合的伊辛自旋，当其中两个自旋反向排列时，无论第三个自旋如何取值，都无法使它同时与其余两个自旋反向排列. 这种情况被称为几何阻挫(geometrical frustration). 几何阻挫模型可能会导致许多新奇的物理现象，如部分有序相、拓扑相等，感兴趣的读者可参考相关文献[①].

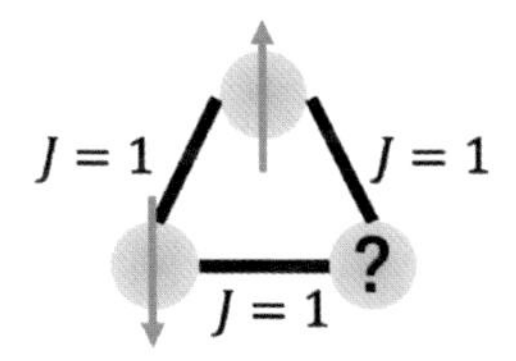

图 3-2　定义在三角形上的三个反铁磁耦合的伊辛模型

3.2　1 维伊辛模型及其热力学量的计算

下面我们考虑定义在格子(lattice)上的、只包含最近邻(nearest-neighboring)相互作用的伊辛模型，经典哈密顿量满足

$$H=\sum_{\langle i,j\rangle}J_{ij}s_is_j \tag{3-5}$$

其中，$\langle i,j\rangle$表示一对最近邻伊辛自旋. 图 3-3 展示了定义在1 维链(one-dimensional chain)上的伊辛模型，其中，黑色线段连接的两个相邻伊辛自旋间存在相互作用. 我们也可以定义 1 维链上的 k -近邻(k -nearest-neighboring)伊辛模型，其经典哈密顿量满足 $H=\sum_{\langle i,j\rangle_k}J_{ij}s_is_j$，其中$\langle i,j\rangle_k$ 表示距离为k 的一对伊辛自旋

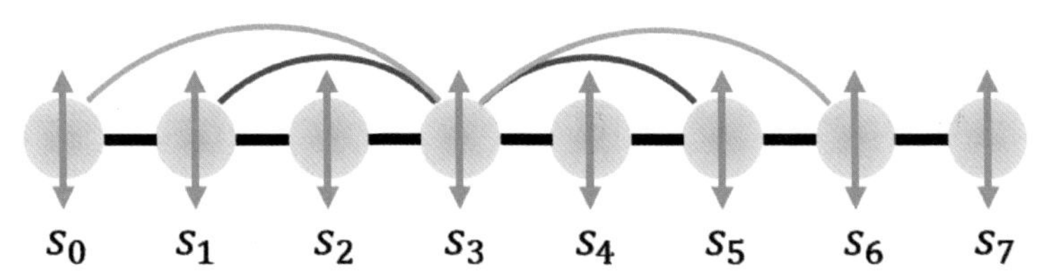

图 3-3　定义在 1 维链上长度 $N=8$ 的伊辛模型示意图. 带有上下双箭头的圆圈代表一个伊辛自旋，黑色线段代表最近邻相互作用，浅蓝色与红色的弧线分别代表伊辛自旋 s_3 的次近邻与次次近邻相互作用，其它非最近邻相互作用未画出

① R. Moessner and A. Ramirez, “Geometrical Frustration,” *Physics Today* 59, 2, 24 (2006).

的编号，图 3-3 中展示了 s_3 与其它自旋的 2-近邻（又称次近邻，next-nearest-neighboring，红线所示）与 3-近邻（又称次次近邻，next-next-nearest-neighboring，浅蓝线所示）相互作用，其它非最近邻相互作用未画出.

下面，我们来尝试求解 1 维链上的最近邻伊辛模型的配分函数，其经典哈密顿量满足

$$H = J\sum_{n=0}^{N-2} s_n s_{n+1} \tag{3-6}$$

其中，N 为伊辛自旋总个数（或称链长）. 我们假设模型的耦合强度相同，即对于任意耦合有 $J_{n,n+1} = J$. 在温度为 T 时，配分函数满足

$$Z = \sum_{\{s_*\}} e^{-\frac{H}{T}} = \sum_{\{s_*\}} e^{-\frac{J\sum_{n=0}^{N-2} s_n s_{n+1}}{T}} = \sum_{\{s_*\}} \prod_{n=0}^{N-2} e^{-\frac{J s_n s_{n+1}}{T}} \tag{3-7}$$

我们将 Z 写成矩阵与向量乘积的形式，其图形表示见图 3-4，引入(2×2)矩阵 $\boldsymbol{M}$ 与 2 维向量 $\boldsymbol{v}$，满足

$$\boldsymbol{M} = \begin{bmatrix} e^{-\frac{J}{T}} & e^{\frac{J}{T}} \\ e^{\frac{J}{T}} & e^{-\frac{J}{T}} \end{bmatrix} \tag{3-8}$$

$$\boldsymbol{v} = \begin{bmatrix} 1 \\ 1 \end{bmatrix} \tag{3-9}$$

其中 $\boldsymbol{M}$ 被称为转移矩阵(transfer matrix)，上式中 $\boldsymbol{v}$ 的取值代表取开放边界条件(open boundary condition)，周期边界条件(periodic boundary condition)的情况可见本章习题 1. 于是有[①]

$$Z = \sum_{\{i_*\}=0}^{1} \prod_{n=0}^{N-2} M_{i_n i_{n+1}} = \boldsymbol{v}^{\mathrm{T}} \boldsymbol{M}^{N-1} \boldsymbol{v} \tag{3-10}$$

我们可以很容易地通过编程计算或手算获得 Z（见本章习题 1).

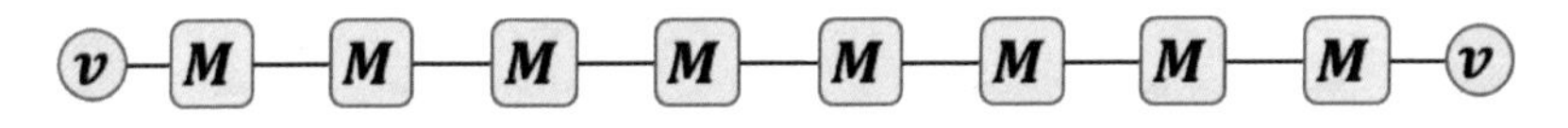

图 3-4　1 维最近邻伊辛链配分函数的图形表示

当链长（系统中伊辛自旋的个数）趋于无穷时，即在热力学极限(thermodynamic limit)下，我们可以利用本征值分解来简化配分函数的计算. 根据 1.5 节

① 下式的求和号中，$\sum_{\{i_*\}=0}^{1}$ 代表对集合 $\{i_*\}$ 中的每一个指标进行求和，求和项的取值为 0 与 1.

中的推导，设 $\boldsymbol{M}$ 的本征值分解为 $\boldsymbol{M}=\boldsymbol{U\Gamma U}^{\dagger}$，我们有

$$\begin{aligned}\lim_{N\to\infty} Z &= \lim_{N\to\infty} \boldsymbol{v}^{\mathrm{T}}\boldsymbol{M}^{N-1}\boldsymbol{v} \\ &= \lim_{N\to\infty} \boldsymbol{v}^{\mathrm{T}}\boldsymbol{U\Gamma}^{N-1}\boldsymbol{U}^{\dagger}\boldsymbol{v} \\ &= c\lim_{N\to\infty}\Gamma_{00}^{N}\end{aligned} \tag{3-11}$$

其中，c 为常数，为 $\boldsymbol{v}$ 与最大本征向量内积的模方

$$c=|\boldsymbol{v}^{\mathrm{T}}\boldsymbol{U}_{0,:}|^{2} \tag{3-12}$$

可以证明，在任意温度下，$\boldsymbol{v}$ 与最大本征向量不垂直，因此 c 为一个有限大小的正实数.

可见，配分函数正比于最大本征值 Γ_{00} 的无穷次方，当 $\Gamma_{00}\neq 1$ 时，配分函数会发散到无穷大或衰减到 0. 因此，我们一般不直接使用配分函数刻画物理系统，而是定义平均自由能(free energy)

$$f=-\frac{T}{N}\ln Z \tag{3-13}$$

自由能是热力学中重要的物理量，它衡量的是“系统中可以转化为对外界做的功的能量”. 对于伊辛模型，我们不太好定义对外界的做功，但是所有热力学公式在该模型都是成立的. 例如，通过自由能关于温度的导数，我们可以计算能量、熵、比热等热力学量. 自由能与配分函数之间的关系，以及自由能导数与其它热力学量之间的关系，可参考其它热力学教材，这里就不赘述了.

将热力学极限下伊辛模型的配分函数代入平均自由能，得

$$\begin{aligned}\lim_{N\to\infty} f &= -\lim_{N\to\infty}\frac{T}{N}\ln(c\Gamma_{00}^{N}) \\ &= -\lim_{N\to\infty}\frac{T\ln c}{N} - T\ln\Gamma_{00} \\ &= -T\ln\Gamma_{00}\end{aligned} \tag{3-14}$$

在第二行中，由于 c 为有限大小，且假设温度不为无穷大，有 $\lim\limits_{N\to\infty}\dfrac{T\ln c}{N}=0$. 可见，模型自由能正比于转移矩阵最大本征值的对数.

热力学极限

在热力学研究的对象中，一个系综包含的粒子数量往往是十分庞大的. 例如，在日常生活中我们见到的气体或液体分子个数的数量级为阿伏

伽德罗常数($\sim O(10^{23})$)①. 因此，我们一般近似地认为，系统具有无穷大的粒子数. 那么在这种近似下，如何假定系统的体积呢？如果体积为有限值，那么密度就无穷大了，这显然是不合理的. 因此，"热力学极限"可认为是粒子数为无穷大但密度为常数时的极限.

格点模型(例如1维伊辛链或后文将要介绍的量子自旋格点模型)是对真实世界模型的一个近似，它自身不存在体积、距离或密度的概念，但是如果将耦合强度看作密度的类比（这是合理的，因为一般情况下粒子间距离越近，耦合越强），那么格点模型的密度天然就是有限的. 因此，对于格点系统，取其热力学极限就相当于取尺寸为无穷大或格点数无穷多.

对于热力学平均值的计算，除了可以通过自由能的微分求解之外，也可以直接通过定义来计算. 我们仍以有限尺寸的最近邻伊辛链为例，假设我们希望计算第 i 个与第 j 个伊辛自旋间的关联函数(correlation function)，其定义为 $s_i s_j$ 的期望值，有

$$\begin{aligned}\langle s_i s_j \rangle &= \sum_{s_i,\ s_j} p(s_i, s_j) s_i s_j \\ &= \frac{1}{Z} \sum_{\{s\}} s_i s_j \mathrm{e}^{-\frac{H}{T}} \\ &= \frac{1}{Z} \sum_{\{s\}} s_i s_j \prod_{n=0}^{N-2} \mathrm{e}^{-\frac{J s_n s_{n+1}}{T}}\end{aligned} \tag{3-15}$$

其中，s_i 与 s_j 的概率分布满足 $p(s_i, s_j) = \frac{1}{Z} \sum_{/s_i, s_j} \mathrm{e}^{-\frac{H}{T}}$，符号 $\sum_{/s_i, s_j}$ 代表对除 s_i, s_j 以外的所有指标进行求和. 引入(2×2)对角矩阵(实际上就是泡利算符 $\hat{\sigma}^z$ 的系数矩阵)

$$\boldsymbol{S} = \begin{bmatrix} 1 & 0 \\ 0 & -1 \end{bmatrix} \tag{3-16}$$

借助于转移矩阵，$\langle s_i s_j \rangle$可以被写成

$$\langle s_i s_j \rangle = \frac{1}{Z} \boldsymbol{v}^{\mathrm{T}} \boldsymbol{M}^i \boldsymbol{S} \boldsymbol{M}^{j-i-1} \boldsymbol{S} \boldsymbol{M}^{N-j} \boldsymbol{v} \tag{3-17}$$

$N=8$ 时$\langle s_0 s_4 \rangle$的图形表示见图 3-5.

---

① 字母"O"为数量级(order of magnitude)的简称，$O(N)$代表所指量的领头项与 N 的一次方大致为同一数量级，二者为线性关系. 换言之，如果将所指的量写成 N 的展开形式，其领头项(dominant term)为 N 的一次项. 例如，$O(10)$代表取值大致为两位数. 一般认为，一个($d_1 \times d_2$)的矩阵乘以一个($d_2 \times d_3$)的矩阵，其计算复杂度为 $O(d_1 d_2 d_3)$，代表计算复杂度随各个指标维数的增加而线性增加. 近似地，可以认为将一个($d_1 \times d_3$)的矩阵分解成为($d_1 \times d_2$)与($d_2 \times d_3$)矩阵的乘积，其复杂度也满足 $O(d_1 d_2 d_3)$. 不同的分解算法复杂度领头项相同.

图 3-5　$N=8$ 最近邻伊辛链关联函数$\langle s_0 s_4 \rangle$的图形表示

通过简单的向量、矩阵运算，我们可以轻松地计算 1 维伊辛模型的各个热力学量．对于定义在 2 维格子上的伊辛模型，我们可以通过类似的思路给出各个热力学量对应的计算式及其图形表示，但相关的计算会变得十分困难．我们将在下一章介绍 2 维伊辛模型及相关的张量网络算法．

此外，基于伊辛模型有许多衍生及推广的模型．每个伊辛自旋有朝上、朝下两个可取的状态，如果将可能的状态数扩展到 k 个，就成了 k 态波茨模型(Potts model)，其经典哈密顿量的形式与伊辛模型是完全一样的

$$H=\sum_{\langle i,j\rangle} J_{ij} s_i s_j \tag{3-18}$$

以三态波茨模型为例，每个波茨自旋 s_n 可以取－1、0、1 三种值．当 $k\to\infty$时，模型变为经典海森伯模型(classical Heisenberg model)，此时每个经典自旋代表放置在 3 维空间中的单位向量，对应地，s_n 可以取连续值，其经典哈密顿量中每个求和项可写为相互作用的经典自旋间夹角的余弦，有

$$H=\sum_{s_i s_j} J_{ij}\cos\left(\frac{\pi}{2}(s_i - s_j)\right) \tag{3-19}$$

在玻尔兹曼分布下，我们建立其热力学模型的基本步骤是建立系统的经典哈密顿量．有了哈密顿量，其热力学量的定义以及计算公式与伊辛模型是完全类似的．

3.3　热态

量子系统也可定义系综，并使用玻尔兹曼分布来描述能量与概率分布之间的关系，从而进一步得到相关的热力学理论．考虑一个 d 维量子系统，其基矢记为 $\{|s\rangle\}(s=0,1,\cdots,d-1)$．当该量子系统处于热平衡状态时，我们期望它不但有概率处于某一个特定的状态，而且也有概率在不同状态之间进行变化，只不过这些变化整体处于一种平衡的状态．例如，对于任意状态 s，当系统从该状态变为其它状态的总概率，等于其它状态变为该状态的总概率时，虽然系统在微观下还在不停地转换状态，但从统计的角度，系统的整体状态是不变的，我们说系统达到了热平衡或统计平衡．

考虑一组 d 维量子态$\{|\varphi_*\rangle\}$，每一个量子态满足归一性$\langle\varphi_\alpha|\varphi_\alpha\rangle=1$，为方便起见，我们假设这些量子态相互正交①．定义该组量子态的经典概率叠加 $\hat{\rho}$，

① 我们实际上允许使用不相互正交的$\{|\varphi_\alpha\rangle\}$来定义热态．

设系统处于状态 $|\varphi_\alpha\rangle$ 的概率为 p_α，该系统的状态可表示为

$$\hat{\rho}=\sum_\alpha p_\alpha |\varphi_\alpha\rangle\langle\varphi_\alpha| \tag{3-20}$$

根据我们之前介绍的内容，$\hat{\rho}$ 显然是一个厄米量子算符，满足 $\hat{\rho}=\hat{\rho}^\dagger$(见本章习题 4)，但在量子物理特别是量子信息的文献中，$\hat{\rho}$ 被称为热态(thermal state)、密度算符，或被统称为量子态，这是因为 $\hat{\rho}$ 比 $|\varphi\rangle$ 这样的表示更具一般性. 具体而言，当系统状态为 $|\varphi\rangle$ 时，该状态可以被等效地写为热态

$$\hat{\rho}=|\varphi\rangle\langle\varphi| \tag{3-21}$$

该热态满足

$$\mathrm{Tr}\,\hat{\rho}=1 \tag{3-22}$$

$$\mathrm{Tr}\,\hat{\rho}^2=1 \tag{3-23}$$

我们将满足上述两个条件的热态称为纯态(pure state)，纯态也一定可以写成某个量子态左右矢直积的形式. 可以看出，之前使用狄拉克符号 $|\varphi\rangle$ 表示的都是纯态. 换言之，纯态是热态的一种特殊情况.

对于一般热态而言，我们有

$$\mathrm{Tr}\,\hat{\rho}=1 \tag{3-24}$$

$$\mathrm{Tr}\,\hat{\rho}^2\leqslant 1 \tag{3-25}$$

也就是说，任意热态满足 $\mathrm{Tr}\hat{\rho}=1$. 当 $\mathrm{Tr}\,\hat{\rho}^2<1$ 时，我们将 $\hat{\rho}$ 称之为混合态(mixed state)(见本章习题 4).

给定混合态 $\hat{\rho}$，我们可以求任意算符 $\hat{O}$ 的期望值，有

$$\langle\hat{O}\rangle=\mathrm{Tr}(\hat{\rho}\,\hat{O}) \tag{3-26}$$

对于纯态而言，该公式很容易被理解，有

$$\langle\hat{O}\rangle=\mathrm{Tr}(|\varphi\rangle\langle\varphi|\hat{O})=\langle\varphi|\hat{O}|\varphi\rangle \tag{3-27}$$

显然，这与之前介绍的 $\hat{O}$ 关于 $|\varphi\rangle$ 的期望值是完全一致的.

关于混合态的情况，我们可以利用热态的概率定义来理解该式. 将 $\hat{\rho}=\sum_\alpha p_\alpha |\varphi_\alpha\rangle\langle\varphi_\alpha|$ 代入期望值公式，有

$$\begin{aligned}\langle\hat{O}\rangle&=\mathrm{Tr}\left(\sum_\alpha p_\alpha |\varphi_\alpha\rangle\langle\varphi_\alpha|\hat{O}\right)\\&=\sum_\alpha p_\alpha\langle\varphi_\alpha|\hat{O}|\varphi_\alpha\rangle\\&=\sum_\alpha p_\alpha\langle\hat{O}\rangle_\alpha\end{aligned} \tag{3-28}$$

其中，$\langle\hat{O}\rangle_\alpha=\langle\varphi_\alpha|\hat{O}|\varphi_\alpha\rangle$ 代表 $\hat{O}$ 关于 $|\varphi_\alpha\rangle$ 的量子期望值. $\sum_\alpha p_\alpha\langle\hat{O}\rangle_\alpha$ 恰好就代表了与不同的 $|\varphi_\alpha\rangle$ 对应的 $\langle\hat{O}\rangle_\alpha$，在概率分布 $\boldsymbol{p}$ 下的经典期望值. 在这里，读者可以清晰地看到混合态和第 2 章介绍的叠加态之间的区别：纯态 $|\psi\rangle=$

$\sum_{\alpha} C_{\alpha} \mid \varphi_{\alpha}\rangle$ 是指不同的 $\mid \varphi_{\alpha}\rangle$ 态以 C_{α} 为系数做量子概率叠加；而混合态 $\hat{\rho}=\sum_{\alpha} p_{\alpha} \mid \varphi_{\alpha}\rangle\langle\varphi_{\alpha} \mid$ 是指不同的 $\mid\varphi_{\alpha}\rangle$ 态以 p_{α} 为概率做经典概率叠加.

在给定基矢下，$\hat{\rho}$ 的一般形式与算符一致，可写为

$$\hat{\rho}=\sum_{ss'} \rho_{ss'} \mid s\rangle\langle s' \mid \tag{3-29}$$

其系数矩阵一般不为对角矩阵，即存在不同(基矢)态间发生跃迁的概率. 从定义式可以看出，$\mid s\rangle\langle s' \mid$ 为跃迁算符，见公式(2-17)，而 $\hat{\rho}$ 为非负定厄米算符，即 $\boldsymbol{\rho}$ 为非负定厄米矩阵. 厄米性要求其给出的跃迁概率满足平衡条件，这与"$\hat{\rho}$ 描述热力学平衡态"这一事实一致. 非负定性要求混合态中对应的概率为非负数.

3.4　量子哈密顿量、有限温密度算符与基态问题

要使用热态来建模量子系统的热力学性质，一个直接的问题是：如何定义 p_{α} 与量子状态 $\mid\varphi_{\alpha}\rangle$ 及二者之间的关系？在经典系统中，我们的方法是定义不同状态下的能量，即经典哈密顿量，再利用玻尔兹曼分布，通过能量确定给定温度下不同状态的概率.

对于量子系统，我们的方法是类似的：定义量子哈密顿量，并借助玻尔兹曼分布，来确定不同状态对应的概率. 在经典情况下，经典哈密顿量即为能量关于状态的函数. 与之不同的是，量子情况下的哈密顿量①是一个算符，记为 $\hat{H}$，其期望值给出对应状态的能量

$$E=\langle\hat{H}\rangle \tag{3-30}$$

在有了量子态与能量的关系后，给定温度 T 下，不同状态的概率分布由有限温密度算符(finite-temperature density operator)给出，其定义为

$$\hat{\rho}=\frac{1}{Z}\mathrm{e}^{-\frac{\hat{H}}{T}} \tag{3-31}$$

其中 Z 为配分函数，满足

$$Z=\mathrm{Tr}(\hat{\rho}) \tag{3-32}$$

利用哈密顿量的本征态，有限温密度算符满足

$$\hat{\rho}=\frac{1}{Z}\sum_{\alpha}\mathrm{e}^{-\frac{E_{\alpha}}{T}} \mid\varphi_{\alpha}\rangle\langle\varphi_{\alpha}\mid \tag{3-33}$$

其中 $\mid\varphi_{\alpha}\rangle$ 是 $\hat{H}$ 的第 α 个本征态，对应的本征值为 E_{α}(又称本征能量)，上式的获得用到了如下公式

$$f(\hat{A})=\sum_{\alpha} f(\Gamma_{\alpha}) \mid\varphi_{\alpha}\rangle\langle\varphi_{\alpha}\mid \tag{3-34}$$

① 在不引起误解的情况下，"哈密顿量"特指量子哈密顿量.

其中 $|\varphi_\alpha\rangle$ 为 $\hat{A}$ 的本征态，Γ_α 为对应的本征向量(见 2.6 节)．将上式与热态的定义式(3-20)作对比，可得处于状态 $|\varphi_\alpha\rangle$ 的概率 $p_\alpha=\frac{1}{Z}\mathrm{e}^{-\frac{E_\alpha}{T}}$，满足玻尔兹曼分布．同时，给定有限温密度算符后，处于某一个量子态 $|\psi\rangle$ 的概率可由有限温密度算符给出，满足

$$p(|\psi\rangle)=\langle\psi|\hat{\rho}|\psi\rangle \tag{3-35}$$

显然，当 $|\psi\rangle$ 为 $\hat{\rho}$ 的本征值且本征值为 E 时，有 $p(|\psi\rangle)=\frac{1}{Z}\mathrm{e}^{-\frac{E}{T}}$，该结果与上文关于有限温密度算符的物理解释与概率计算一致．

综上所述，量子热力学的关键一步在于定义哈密顿量，定义好哈密顿量之后，我们可以计算系统配分函数，并通过热力学的相关公式计算自由能、能量、关联函数、比热等热力学量．我们也可以计算算符期望值来获得热力学量，比如能量

$$E=\langle\hat{H}\rangle=\mathrm{Tr}(\hat{H}\hat{\rho}) \tag{3-36}$$

从 $p_\alpha=\frac{1}{Z}\mathrm{e}^{-\frac{E_\alpha}{T}}$ 可以看出，当温度较低时($T\ll 1$)，系统大概率处在能量较低的态上，因此，系统的物理性质也主要由低能本征态的物理性质主导(可参考 3.3 节关于算符期望值的推导)．凝聚态物理(condensed matter physics)的研究对象就是温度较低时物质的性质，因此凝聚态物理属于低能物理(low-energy physics)的范畴．

我们下面考虑温度 $T\to 0$ 的特殊情况，密度算符满足

$$\begin{aligned}\hat{\rho}&=\lim_{T\to 0}\frac{1}{Z}\sum_\alpha \mathrm{e}^{-\frac{E_\alpha}{T}}|\varphi_\alpha\rangle\langle\varphi_\alpha|\\&=\lim_{T\to 0}\sum_\alpha\frac{\mathrm{e}^{-\frac{E_\alpha}{T}}}{\sum_{\alpha'}\mathrm{e}^{-\frac{E_{\alpha'}}{T}}}|\varphi_\alpha\rangle\langle\varphi_\alpha|\\&=\lim_{T\to 0}\sum_\alpha\left(\sum_{\alpha'}\exp\left(-\frac{E_{\alpha'}-E_\alpha}{T}\right)\right)^{-1}|\varphi_\alpha\rangle\langle\varphi_\alpha|\\&=|\varphi_0\rangle\langle\varphi_0|\end{aligned} \tag{3-37}$$

其中，$|\varphi_0\rangle$ 是哈密顿量能量最低的本征态，该态又被称为基态(ground state)．当 $\alpha'>\alpha$ 时，有 $E_{\alpha'}>E_\alpha$，即在 $T\to 0$ 时 $\exp\left(-\frac{E_{\alpha'}-E_\alpha}{T}\right)\to 0$；当 $\alpha'=\alpha$ 时，$\exp\left(-\frac{E_{\alpha'}-E_\alpha}{T}\right)=1$；当 $\alpha'<\alpha$ 时，有 $E_{\alpha'}<E_\alpha$，即在 $T\to 0$ 时，$\exp\left(-\frac{E_{\alpha'}-E_\alpha}{T}\right)\to\infty$．综上，当 $\sum_{\alpha'}\exp\left(-\frac{E_{\alpha'}-E_\alpha}{T}\right)$ 的各个求和项中存在 $\alpha'<\alpha$

的项时，求和结果发散，此时有 $P_\alpha \to 0$. 仅当 $\alpha=0$ 时，不存在 $\alpha'<\alpha$ 的项，此时有 $\left(\sum_{\alpha'}\exp\left(-\frac{E_{\alpha'}-E_0}{T}\right)\right)^{-1}=(1)^{-1}=1$，上式得证. 需要说明的是，我们这里假设哈密顿量具有唯一基态，即最大的两个本征能量取不同值，这种情况又称哈密顿量基态能不简并(non-degenerate). 求解给定哈密顿量的基态性质，也属于凝聚态物理的重要问题. 对比于 1.4 节关于矩阵本征态的内容，基态的计算即为求解能量最低的量子态，其对应于一个带约束的最优化问题

$$|\varphi_0\rangle=\underset{\langle\varphi|\varphi\rangle=1}{\operatorname{argmin}}\langle\varphi|\hat{H}|\varphi\rangle \tag{3-38}$$

3.5　量子态的时间演化

从 3.4 节我们知道，当一个量子系统的哈密顿量被建立好之后，该系统在平衡状态下的热力学性质也就确定了. 不仅如此，在量子力学中，哈密顿量还确定了量子系统的演化，即动力学(dynamics).

为简要起见，我们暂时退回到纯态的情况. 设一个量子系统由哈密顿量 $\hat{H}$ 描述，其在初始时刻($t=0$)处于量子态 $|\varphi(0)\rangle$，经历 t 时间的演化后，系统状态 $|\varphi(t)\rangle$满足的方程为著名的薛定谔方程(Schrödinger equation)

$$\hat{H}|\varphi(t)\rangle=\mathrm{i}\frac{\partial|\varphi(t)\rangle}{\partial t} \tag{3-39}$$

我们在 2.1 节提到，对于真实的物理体系，量子态一般是时间与空间的连续函数，记为 $\varphi(\boldsymbol{r},t)$，对应的希尔伯特空间维数为无穷. 在这种情况下，哈密顿量一般由动能(kinetic)项与势能(potential)项构成，记为

$$\hat{H}=-\frac{\nabla^2}{2}+V(\boldsymbol{r},t) \tag{3-40}$$

其中，∇为梯度算符，且我们使用了自然单位制，取普朗克常数$\hbar=1$. 对真实量子系统进行建模的关键一步为给出势能项 $V(\boldsymbol{r},t)$，这也是读者可以在大部分量子力学书籍的第 1 章学习到的内容. 注意，这里的哈密顿量由时空坐标$(\boldsymbol{r},t)$的微分算符与函数构成，这看起来与上文介绍的算符的矩阵表示完全不同，但二者实际上是等价的，可参考下文关于“连续波函数对应于无穷维希尔伯特空间”方框中的内容.

在本书中，我们主要考虑离散的情况，设希尔伯特空间为有限维，$\dim(|\varphi\rangle)=d$，如前文介绍的由量子自旋构成的系统. 在给定基矢下(基矢不含时)，可以得到态与哈密顿量对应的系数满足的方程为

$$\hat{H}\boldsymbol{\varphi}(t)=\mathrm{i}\frac{\partial\varphi(t)}{\partial t} \tag{3-41}$$

这本质上是 d 个方程构成的微分方程组. 当哈密顿量不随时间变化，且薛定谔方

程的时间、空间部分可以被分离时，例如量子态满足

$$|\varphi(t)\rangle = e^{-iEt}|\varphi\rangle \tag{3-42}$$

空间部分满足定态(static)薛定谔方程，有

$$\hat{H}|\varphi\rangle = E|\varphi\rangle \tag{3-43}$$

显然，此方程就是 $\hat{H}$ 的本征方程，E 和 $|\varphi\rangle$ 分别是 $\hat{H}$ 的本征值与对应的本征态.

连续波函数对应于无穷维希尔伯特空间

定义一组单变量基函数(basis function)$\{f^{(n)}(x)\}(n=0,1,\cdots,\infty)$，满足正交归一性条件

$$\int f^{(m)*}(x)f^{(n)}(x)\mathrm{d}x = \delta_{mn}$$

任何一个单变量函数 $\varphi(x)$ 皆可写成这组基函数的线性展开，有

$$\varphi(x) = \sum_{n=0}^{\infty}\varphi_n f^{(n)}(x)$$

且被展开函数与展开系数是一一对应的. 常用的基函数包括平面波函数(对应于傅里叶展开)、多项式函数(可对应于泰勒展开)等.

在给定基函数下，微分操作可写为无穷维的矩阵. 以 1 阶微分 $\frac{\mathrm{d}}{\mathrm{d}x}$ 为例，对于某一基函数 $f^{(n)}(x)$，$\frac{\mathrm{d}}{\mathrm{d}x}f^{(n)}(x)$ 的结果也是单变量函数，可以使用基函数进行展开，记展开为

$$\frac{\mathrm{d}}{\mathrm{d}x}f^{(n)}(x) = \sum_{m=0}^{\infty}D_{mn}f^{(m)}(x)$$

对上式等号两边同乘 $f^{(k)*}(x)$ 并作积分，有

$$\int f^{(k)*}(x)\frac{\mathrm{d}}{\mathrm{d}x}f^{(n)}(x)\mathrm{d}x = \sum_{m=0}^{\infty}D_{mn}\int f^{(k)*}(x)f^{(m)}(x)\mathrm{d}x = \sum_{m=0}^{\infty}D_{mn}\delta_{km} = D_{kn}$$

我们将上式定义的无穷维矩阵 $\boldsymbol{D}$ 作为微分 $\frac{\mathrm{d}}{\mathrm{d}x}$ 在 $\{f^{(n)}(x)\}$ 的展开系数，有 $D_{mn} = \int f^{(m)*}(x)\frac{\mathrm{d}}{\mathrm{d}x}f^{(n)}(x)\mathrm{d}x$. 对于任意解析函数 $\varphi(x) = \sum_{n=0}^{\infty}\varphi_n f^{(n)}(x)$，我们下面证明，其微分后的函数 $\varphi'(x) = \frac{\mathrm{d}}{\mathrm{d}x}\varphi(x) = \sum_{m=0}^{\infty}\varphi'_m f^{(m)}(x)$ 对应的展开系数满足

$$\varphi'_m = \sum_{n=0}^{\infty}D_{mn}\varphi_n$$

有

$$\frac{\mathrm{d}}{\mathrm{d}x}\varphi(x)=\frac{\mathrm{d}}{\mathrm{d}x}\sum_{n=0}^{\infty}\varphi_n f^{(n)}(x)=\sum_{n=0}^{\infty}\varphi_n\frac{\mathrm{d}}{\mathrm{d}x}f^{(n)}(x)=\sum_{n=0}^{\infty}\sum_{m=0}^{\infty}\varphi_n D_{mn} f^{(m)}(x)$$

将上式与 $\frac{\mathrm{d}}{\mathrm{d}x}\varphi(x)=\sum_{m=0}^{\infty}\varphi'_m f^{(m)}(x)$ 对比，由于基函数正交归一，需每一项系数对应相等，有

$$\varphi'_m=\sum_{n=0}^{\infty}D_{mn}\varphi_n$$

上式可视为微分方程 $\varphi'(x)=\frac{\mathrm{d}}{\mathrm{d}x}\varphi(x)$ 对应的矩阵方程，微分方程定义在单变量的连续函数空间，而其对应的矩阵方程定义在无穷维的向量空间，也成为无穷维希尔伯特空间.

在量子力学中，哈密顿量中的动能项为微分操作，也被称为微分算符(differential operator)，与上述过程类似，在给定基函数下，其对应于无穷维希尔伯特空间的矩阵，势能项可以看作无穷维对角矩阵，量子态对应于无穷维向量. 因此我们说，“连续波函数对应于无穷维希尔伯特空间”. 值得一提的是，狄拉克符号是一种通用的符号系统. 无论是离散系统的量子态与算符，还是连续时空的量子波函数与微分算符，都可以用狄拉克符号表示.

仍然考虑不随时间变化的哈密顿量，量子态的时间演化可以由时间演化算符(time evolution operator)$\hat{U}$ 表示，有

$$\hat{U}(t)=\mathrm{e}^{-\mathrm{i}t\hat{H}} \tag{3-44}$$

$$|\varphi(t)\rangle=\hat{U}(t)|\varphi(0)\rangle \tag{3-45}$$

首先，我们来证明 $|\varphi(t)\rangle=\mathrm{e}^{-\mathrm{i}t\hat{H}}|\varphi(0)\rangle$ 为薛定谔方程的解. 将该式代入薛定谔方程，有

$$\begin{aligned}\mathrm{i}\frac{\partial|\varphi(t)\rangle}{\partial t}&=\mathrm{i}\frac{\partial\mathrm{e}^{-\mathrm{i}t\hat{H}}}{\partial t}|\varphi(0)\rangle\\&=\hat{H}\mathrm{e}^{-\mathrm{i}t\hat{H}}|\varphi(0)\rangle\\&=\hat{H}|\varphi(t)\rangle\end{aligned} \tag{3-46}$$

在证明过程中，我们用到了 $\frac{\partial\mathrm{e}^{-\mathrm{i}t\hat{H}}}{\partial t}=-\mathrm{i}\hat{H}\mathrm{e}^{-\mathrm{i}t\hat{H}}$(见本章习题 7)，推导方法与 3.4 节算符函数的推导类似. 此外，$\hat{U}(t)$是一个幺正算符，满足 $\hat{U}(t)\hat{U}(t)^{\dagger}=\hat{I}$，这说明任意演化均存在逆演化，薛定谔方程描述的时间演化是一个可逆过程.

将时间演化算符 $\hat{U}(t)=\mathrm{e}^{-\mathrm{i}t\hat{H}}$ 与有限温密度算符 $\hat{\rho}=\frac{1}{Z}\mathrm{e}^{-\frac{\hat{H}}{T}}$ 对比，我们可以发现二者在数学形式上有着“惊人”的相似性：都可以写成哈密顿量e指数的形式!

引入温度倒数(inverse temperature)$\beta=\dfrac{1}{T}$，则 $\hat{\rho}=\dfrac{1}{Z}\mathrm{e}^{-\beta\hat{H}}$，与 $\hat{U}(t)$相比，指数上仅差一个虚数 i. 因此，温度倒数 β 又被称为虚时间(imaginary time)，零温极限下的基态对应于无穷长虚时间演化下的稳态. 在一些理论物理方法中(例如传播子、格林函数、路径积分等)，热力学与动力学的研究方法有非常多的相似之处，二者间的差别在于对时间在复平面上的转动(实数轴与虚数轴间的转动).

从薛定谔方程可以推导出热态满足的时间演化方程，给定哈密顿量 $\hat{H}$，热态可写为

$$\hat{\rho}(t)=\sum_{\alpha}p_{\alpha}\,|\varphi_{\alpha}(t)\rangle\langle\varphi_{\alpha}(t)| \tag{3-47}$$

在上式中，我们将一个含时的热态写成了不同纯态 $|\varphi_{\alpha}(t)\rangle\langle\varphi_{\alpha}(t)|$ 的叠加，其中纯态自身为含时的量子态，这相当于将 $\hat{\rho}(t)$对时间的依赖全部放到了量子态中，因此叠加概率 p_{α} 可以不含时. 这种假设量子态含时而算符不含时的方式，被称为薛定谔绘景(Schrödinger picture). 在薛定谔绘景中，含时量子态满足薛定谔方程.

对 $\hat{\rho}(t)$求关于时间的微分，有

$$\begin{aligned}\frac{\partial\hat{\rho}}{\partial t}&=\frac{\partial}{\partial t}\sum_{\alpha}p_{\alpha}\,|\varphi_{\alpha}(t)\rangle\langle\varphi_{\alpha}(t)|\\&=\sum_{\alpha}p_{\alpha}\Big(\big(\frac{\partial}{\partial t}|\varphi_{\alpha}(t)\rangle\big)\langle\varphi_{\alpha}(t)|+|\varphi_{\alpha}(t)\rangle\big(\frac{\partial}{\partial t}\langle\varphi_{\alpha}(t)|\big)\Big)\end{aligned} \tag{3-48}$$

其中，根据薛定谔方程，有$\dfrac{\partial}{\partial t}|\varphi_{\alpha}(t)\rangle=-\mathrm{i}\hat{H}|\varphi_{\alpha}(t)\rangle$，对等号两端取转置共轭有$\dfrac{\partial}{\partial t}\langle\varphi_{\alpha}(t)|=\mathrm{i}\langle\varphi_{\alpha}(t)|\hat{H}$，代入得

$$\begin{aligned}\frac{\partial\hat{\rho}}{\partial t}&=\sum_{\alpha}p_{\alpha}\Big(-\mathrm{i}\hat{H}\,|\varphi_{\alpha}(t)\rangle\langle\varphi_{\alpha}(t)|+\mathrm{i}\,|\varphi_{\alpha}(t)\rangle\langle\varphi_{\alpha}(t)|\hat{H}\Big)\\&=-\mathrm{i}\hat{H}\sum_{\alpha}p_{\alpha}\,|\varphi_{\alpha}(t)\rangle\langle\varphi_{\alpha}(t)|+\mathrm{i}\Big(\sum_{\alpha}p_{\alpha}\,|\varphi_{\alpha}(t)\rangle\langle\varphi_{\alpha}(t)|\Big)\hat{H}\\&=-\mathrm{i}[\hat{H},\hat{\rho}]\end{aligned} \tag{3-49}$$

等式两端同乘 i 得

$$\mathrm{i}\,\frac{\partial\hat{\rho}}{\partial t}=[\hat{H},\hat{\rho}] \tag{3-50}$$

上式被称为刘维尔方程(Liouville equation).

在上文中，我们提到了薛定谔绘景，这也是张量网络算法中最常用的绘景. 除此之外，还有海森伯绘景与相互作用绘景，对于不同的问题，我们会选择最方便求解的绘景进行计算. 在这里我们不再花篇幅介绍其余两个绘景了，但是强烈推荐对量子力学感兴趣的读者阅读相关的资料.

3.6 自旋与海森伯模型

在 3.1 与 3.2 节中，我们介绍了经典热力学的基础知识与经典格点模型伊辛模型. 在 3.3 与 3.4 节中，我们介绍了量子哈密顿量及对应的热力学与动力学基础. 在本章剩余部分，我们将介绍最基础也是最重要的量子格点模型之一：海森伯模型(Heisenberg model).

考虑由 N 个自旋构成的海森伯模型，其哈密顿量可写为

$$\hat{H}=\sum_{ij}\sum_{\alpha=x,y,z}J_{ij}^{\alpha}\hat{S}_i^{\alpha}\hat{S}_j^{\alpha}-\sum_{i}\sum_{\alpha=x,y,z}h_i^{\alpha}\hat{S}_i^{\alpha} \tag{3-51}$$

显然，$\hat{H}$ 是一个多体算符(见 2.5 节)，其中，$\hat{S}_i^{\alpha}$ 为定义在第 i 个自旋对应的局域希尔伯特空间$\mathcal{H}_i$ 中的自旋算符(spin operator)，它与我们在 2.3 节介绍的泡利算符只相差一个常数因子，有

$$\hat{S}_i^{\alpha}=\frac{1}{2}\hat{\sigma}_i^{\alpha} \tag{3-52}$$

每个耦合项中，$\hat{S}_i^{\alpha}\hat{S}_j^{\alpha}$ 代表定义在不同局域希尔伯特空间的算符的运算，因此需要进行直积运算，直积符号"$\otimes$"被省略(注：若两个算符处于同一局域空间，则需对其系数矩阵进行矩阵的乘积运算，见 2.5 节). J_{ij}^{α} 代表对应耦合项的耦合强度，$\alpha=x,y,z$ 代表三个自旋方向，h_i^{α} 代表施加在第 i 个自旋上的 α 方向上的磁场.

耦合强度被取不同的值对应不同的自旋模型. 例如，当 $J_{ij}^{x}=J_{ij}^{y}\neq J_{ij}^{z}$ 时，我们可称模型为XXZ 模型；当自旋 z 方向上的耦合强度为 0 时($J_{ij}^{z}=0$)，我们称其为XY 模型；当自旋 x 与 y 方向上的耦合强度为 0 时($J_{ij}^{x}=J_{ij}^{y}=0$)，我们称其为量子伊辛模型. 对于后者，当存在 x 方向的磁场时，我们也称其为横场伊辛模型(transverse-field Ising model). 由于自旋算符的对称性，当模型耦合项为 z 方向时，x 与 y 方向上的磁场具备一定的等价性，即 $\hat{H}=\sum_{ij}J_{ij}^{z}\hat{S}_i^{z}\hat{S}_j^{z}-\sum_{i}h_i^{z}\hat{S}_i^{z}-\sum_{i}h_i^{x}\hat{S}_i^{x}$ 与$\hat{H}=\sum_{ij}J_{ij}^{z}\hat{S}_i^{z}\hat{S}_j^{z}-\sum_{i}h_i^{z}\hat{S}_i^{z}-\sum_{i}h_i^{y}\hat{S}_i^{y}$ 等价. 在实际计算时，由于$\hat{S}_i^{y}$ 包含非零虚部，我们一般采用 x 方向的磁场. 类似地，$\hat{H}=\sum_{ij}J_{ij}^{z}\hat{S}_i^{z}\hat{S}_j^{z}-\sum_{i}h_i^{z}\hat{S}_i^{z}-\sum_{i}h_i^{x}\hat{S}_i^{x}$ 与$\hat{H}=\sum_{ij}J_{ij}^{x}\hat{S}_i^{x}\hat{S}_j^{x}-\sum_{i}h_i^{x}\hat{S}_i^{x}-\sum_{i}h_i^{z}\hat{S}_i^{z}$ 等价. 因此在文献中，横场伊辛模型有时被定义为 z-z 方向的耦合加 x 方向的磁场，也被定义为 x-x 方向的耦合加 z 方向的磁场.

为什么要使用自旋算符(或泡利算符)来建模量子磁性系统呢？要回答这个问题，需要用到一定的量子力学基础，并不是三言两语就能说清楚的. 对于不太熟悉量子力学的读者，我们尝试给出如下解释. 前面我们提到，真实量子系统的波

函数由时空的连续函数表示，但是随着相关研究的逐渐深入，例如在对电子性质的研究中，人们发现，电子波函数的自由度似乎除了3维实空间与时间外，还存在另一个离散的自由度，其波函数可记为$\varphi_s(\boldsymbol{r},t)$，其中$s$代表波函数一个新的离散自由度. 也就是说，电子波函数并不是由单个时空函数，而是由一组函数描述. 有读者可能会好奇，为什么一定要引入s这个自由度来描述电子的波函数呢?

可以回过头来思考一个类似但稍微“简单”一点的问题：为什么要使用2维向量描述一个自旋的状态，而非像描述经典硬币那样用一个标量来描述呢?（见本章习题1)一个十分笼统的答案是：使用标量描述状态的概率模型不能解释一些实验上观测到的物理现象，如单电子双缝干涉实验. 从本质上讲，这个关于自旋态的问题是在问：在量子概率模型背后是否存在经典概率模型，来给出量子概率模型的所有描述? 这就是历史上著名的关于“隐变量”(hidden variable)理论的大讨论，其答案是否定的.

回到电子波函数$\varphi_s(\boldsymbol{r},t)$. 从实验的角度讲，如果没有$s$这个新的自由度，就无法解释氢原子能级的精细结构等实验. 从理论上讲，如果没有s这个自由度，我们就不能建立与狭义相对论自洽的量子力学方程. 薛定谔方程给出的仍然是与牛顿力学时空观相容的量子力学运动方程. 1928年，狄拉克提出了与狭义相对论相容的量子力学运动方程，即狄拉克方程(Dirac equation)，从狄拉克方程可以推导出自旋算符及自由度s. 感兴趣的读者可以参阅高等量子力学的相关书籍. 从量子力学、相对论、相对论性量子力学等的建立与完善，我们可以感受到，物理学的进步有两大内在的推动力：已有理论对实验现象解释的不完备性，以及理论自身的不自洽/不完备性.

在这里，值得强调的一点是，并不是先有了泡利矩阵，再定义了泡利算符及自旋算符. 本质上，泡利算符可以通过一系列对易关系来定义. 有了对易关系后，我们规定$\hat{S}^z$的本征态记为$|0\rangle$与$|1\rangle$，以此作为基矢，可推出算符的矩阵表示. 推荐感兴趣的读者阅读群论(group theory)，特别是SU(2)群及其表示(representation)理论.

与伊辛模型相似，海森伯模型是对连续空间中模型的近似. 一个物理系统(例如各种材料)的很多物理性质是由电子决定的，如大家熟知的金属、绝缘体、半导体等. 在一些磁性绝缘系统中，原子自身的空间位置近似不变，形成一个格子. 原子被约束在格点附近，而各个电子被约束在原子周围，电子密度的空间分布近似地不随时间变化，也近似不受外界参数的影响(如磁场). 因此，电子的空间自由度近似地不影响系统能量，而上文提到的自旋自由度s则在外界的驱动下，可能成为影响系统能量的主要因素. 这种绝缘体被称为莫特绝缘体(Mott insulator). 与一般的绝缘体相比，在莫特绝缘体中，自旋的相互作用占主导地位并给出量子磁性，可由定义在格子上的海森伯模型来建模其哈密顿量，从而进一步通过理论计算海森伯模型预测系统的物理性质.

在海森伯模型哈密顿量的定义式中，我们遇到了不同空间中定义的多体算符的加法. 我们约定，当两个多体算符不在同一个希尔伯特空间时，先通过引入单位矩阵的方式，写出算符在复合空间的对应，再做加法运算. 例如 $\hat{S}_0^x\hat{S}_1^x+\hat{S}_1^x\hat{S}_2^x$，其中 $\hat{S}_0^x\hat{S}_1^x$ 定义在$\mathcal{H}_0\otimes\mathcal{H}_1$，$\hat{S}_1^x\hat{S}_2^x$ 定义在$\mathcal{H}_1\otimes\mathcal{H}_2$，显然，求和之后的算符 $\hat{S}_0^x\hat{S}_1^x+\hat{S}_1^x\hat{S}_2^x$ 定义在$\mathcal{H}=(\mathcal{H}_0\otimes\mathcal{H}_1)\cup(\mathcal{H}_1\otimes\mathcal{H}_2)=\mathcal{H}_0\otimes\mathcal{H}_1\otimes\mathcal{H}_2$. 因此，我们将 $\hat{S}_0^x\hat{S}_1^x$ 写为 $\hat{S}_0^x\hat{S}_1^x\hat{I}$，在$\mathcal{H}_2$ 对应的空间中直积上一个单位算符，直积后算符定义在$\mathcal{H}$中. 同时，我们将 $\hat{S}_1^x\hat{S}_2^x$ 写成 $\hat{I}\,\hat{S}_1^x\hat{S}_2^x$. 两个算符写在同一个希尔伯特空间后，就可以进行加法运算了(见本章习题 9). 从上述分析我们也可以看出，虽然海森伯模型中每一个求和项都仅是单体(磁场项)或二体(耦合项)算符，但哈密顿量自身是一个 N 体算符，N 为系统中自旋总个数.

而伊辛模型可被看作由多个只有两种状态的经典“小磁针”构成，并被用于描述经典磁性系统. 海森伯模型常被用于描述量子磁性系统，由多个量子自旋构成. 我们认为，量子模型可以看作经典模型的推广，经典模型可认为是量子模型的一种特殊情况. 对于海森伯模型哈密顿量，如果我们取 $J_{ij}^x=J_{ij}^y=0$，$h_i^x=h_i^y=0$，即仅允许自旋 z 方向存在耦合与磁场，可以证明，选择 $\hat{S}_i^z$ 的本征态构成的直积态$\{\prod_{\otimes i}|s_i\rangle\}$ 作为基矢时，海森伯哈密顿量给出伊辛模型的经典哈密顿量 H (见本章习题 8)，即

$$\begin{aligned}H&=\langle\hat{H}\rangle=\prod_{\otimes ii'}\langle s_i|\hat{H}|s_{i'}\rangle\\&=(\frac{1}{4}\sum_{ij}J_{ij}^z s_i s_j-\frac{1}{2}\sum_i h_i^z s_i)\prod_{ii'}\delta_{s_i s_i'}\end{aligned}\tag{3-53}$$

其中，由于 $\hat{S}_i^z$ 的本征态为 $|s_i\rangle$(直积基底的定义)，本征值为 ±0.5，而 s_i 可以看作伊辛自旋，取 1 或 -1 两个值，因此有 $\langle s_i|\hat{S}_i^z|s_i'\rangle=\frac{1}{2}s_i\delta_{s_i s_i'}$ 与 $\langle s_i s_j|\hat{S}_i^z\hat{S}_j^z|s_i's_j'\rangle=\frac{1}{4}s_i s_j\delta_{s_i s_i'}\delta_{s_j s_j'}$. 读者可以回顾公式(3-16)，从矩阵计算的角度来尝试理解上述关系.

物理理论的“对”与“错”

从本质上讲，物理理论是对自然界规律与现象的数学模型. 因此，我们经常会听到这么一句话，即“物理学的语言是数学”. 随着物理学的发展，新的更加完备的理论不断被提出. 在一些读物中，我们常常会看到“推翻”一词被用于描述新旧理论的更迭，这实际上是不准确的. 新旧理论并无绝对的对错，

仅是有不同的适用范围而已.

以大家耳熟能详的牛顿力学与相对论为例，牛顿力学在其自身的假设下是完全正确的，相对论并没有推翻牛顿力学. 例如，中学生在描述小球的运动时，无论是使用牛顿力学还是相对论，都将会得到非常准确的结果. 但是对于研究卫星发射而言，由于运动速度偏大，牛顿力学的预测会出现较大的偏差，此时需要使用相对论来进行相关的运算. 如果使用者在研究高速运动时选择使用牛顿力学而得到了不准确的结果，这并不能说是牛顿力学错了，而是使用者错用了牛顿力学. 可见，了解物理理论的适用范围是一件极为重要的事情.

一般而言，一个理论的适用范围，取决于其基本假设(例如牛顿力学与相对论的时空观)，或在推导过程中使用的近似手段(例如海森伯模型). 对于前者，新理论一般会“兼容”旧理论. 例如，在低速极限下，狭义相对论可推导出牛顿力学；在经典极限下，量子力学也可退回到经典力学；在本书中介绍的量子海森伯模型，也可在一定条件下退回到经典的伊辛模型. 对于后者，近似方法衍生出的理论，其适用范围可能会小于原理论. 但衍生的理论往往更容易求解计算，这对于实际研究极为重要. 有兴趣的读者可以尝试去了解多电子系统的计算，多电子薛定谔方程的直接求解几乎是做不到的，而密度泛函理论给出的是多电子情况下薛定谔方程的近似，可使用经典计算机高效求解，该方法成功预言了大量量子材料的物理性质，极大地推动了凝聚态物理、材料物理、量子化学的发展. 当然，如果在强关联体系中使用密度泛函理论却得到了与实验相悖的结果，这并不能说明密度泛函理论是错的，而只能说是使用者错用了密度泛函理论.

以两个自旋构成的海森伯模型为例，设耦合系数为 1，即取反铁磁耦合①，磁场为 0，其哈密顿量写为

$$\hat{H} = \hat{S}_0^x \hat{S}_1^x + \hat{S}_0^y \hat{S}_1^y + \hat{S}_0^z \hat{S}_1^z \tag{3-54}$$

该哈密顿量具有唯一基态(见本章习题 9)

$$|\varphi_0\rangle = \frac{\sqrt{2}}{2}(|01\rangle - |10\rangle) \tag{3-55}$$

请读者注意，这里采用了量子信息中的惯用表示，即 $|0\rangle$ 对应于 $\hat{S}^z$ 本征值为 -0.5 的本征态，$|1\rangle$ 对应于 $\hat{S}^z$ 本征值为 0.5 的本征态. 该态正是我们在 2.4 节

① 海森伯模型的铁磁耦合/反铁磁耦合与伊辛模型是类似的，它衡量的是自旋倾向于同向还是反向排列. 可参考 3.1 节中的讨论.

介绍过的二体最大纠缠态，或称价键态.

3.7　小尺寸模型基态的严格对角化法与梯度下降算法

对于两个自旋构成的海森伯模型，我们可以直接写出其在直积基矢下哈密顿量的系数矩阵，并直接计算这个(4×4)矩阵的本征值分解，获得系统所有本征能量及本征态，从而按照本章前几节介绍的方法计算系统的物理性质. 但是，随着自旋数量的上升，希尔伯特空间的维数指数增大. 对于一个 N 自旋体系，哈密顿量的系数构成一个$(2^N\times 2^N)$矩阵，其本征值分解的复杂度为 $O(2^{3N})$. 目前，一台普通的台式机大概能处理 2^{20} 这个量级的复数，因此，如果考虑直接求哈密顿量的本征值分解，我们大概能处理由 10 个左右的自旋构成的系统.

当我们只希望获得基态及基态能时，可以利用哈密顿量的特殊结构，即每一个求和项最多为二体算符，来减小计算代价. 以如下哈密顿量为例

$$\hat{H}=\sum_{ij}\hat{H}_{ij} \tag{3-56}$$

即哈密顿量为二体算符的求和. 定义将任意输入的量子态 $|\varphi\rangle$映射成 $\hat{H}|\varphi\rangle$的线性函数 f，其定义为

$$f(|\varphi\rangle)\overset{\text{def}}{=\!=}\hat{H}|\varphi\rangle=\sum_{ij}\hat{H}_{ij}|\varphi\rangle \tag{3-57}$$

定义 $|\varphi_{ij}\rangle=\hat{H}_{ij}|\varphi\rangle$，有 $f(|\varphi\rangle)=\sum\limits_{ij}|\varphi_{ij}\rangle$，其为多个量子态的求和. 以 6 个自旋构成的 1 维海森伯模型(开放边界条件[①])为例，哈密顿量可写为

$$\hat{H}=\sum_{n=0}^{4}\hat{H}_{n,n+1} \tag{3-58}$$

对应的 $f(|\varphi\rangle)$的图形表示如图 3-6 所示.

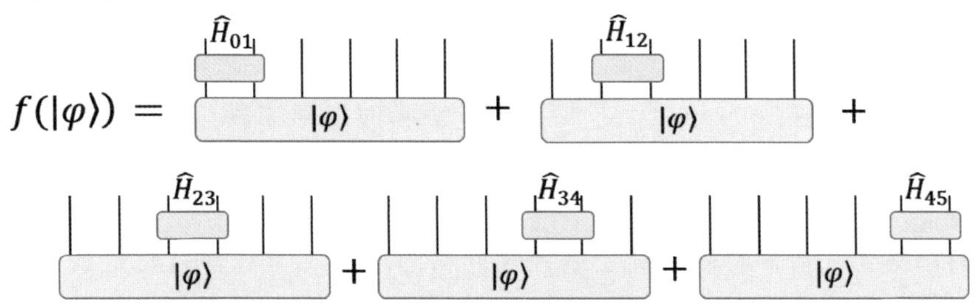

图 3-6　以 6 个自旋构成的海森伯模型为例，对应的线性映射 $f(|\varphi\rangle)$的图形表示

① 在由 N 个自旋构成的 1 维海森伯模型中，开放与周期边界条件的定义与 1 维伊辛模型类似(见 3.2 节). 哈密顿量$\hat{H}=\sum\limits_{n}\hat{H}_{n,n+1}$代表开放边界条件，若首尾自旋存在耦合，哈密顿量为$\hat{H}=\sum\limits_{n}\hat{H}_{n,n+1}+\hat{H}_{0,N-1}$，则代表周期边界条件.

$|\varphi\rangle$的系数可写为一个 N 阶张量，$\hat{H}_{ij}$ 的系数可写为一个$(2\times2\times2\times2)$的4 阶张量(这里以海森伯模型为例，张量每个指标的维数等于 2). 对于不同的 i 与 j，$\hat{H}_{ij}$ 的系数是相同的，有

$$H_{s'_i s'_j s_i s_j}=\langle s'_i s'_j|\hat{H}_{ij}|s_i s_j\rangle \tag{3-59}$$

以 $\hat{H}_{12}|\varphi\rangle$为例，设所得态的系数为 $\boldsymbol{\varphi}'$，有

$$\varphi'_{s_0 s'_1 s'_2 s_3\cdots}=\sum_{s_1 s_2} H_{s'_1 s'_2 s_1 s_2}\varphi_{s_0 s_1 s_2 s_3\cdots}=\boldsymbol{H}_{[01]}\boldsymbol{\varphi}_{[12]} \tag{3-60}$$

等号最右端用到了张量的矩阵化表示(见 1.2 节)，此时需对计算所得矩阵进行变形与指标转置操作，以保证指标顺序的一致性. 可见，$f(|\varphi\rangle)$中每一项的计算可等效为一个$(2^{N-2}\times4)$的矩阵与一个(4×4)矩阵的乘积，计算复杂度为 $O(2^{N+2})$. 我们一共需要进行 M 次这样的计算，M 为 $\hat{H}_{ij}$ 的项数，因此，计算 $f(|\varphi\rangle)$的复杂度为 $O(M2^{N+2})$，该计算复杂度远远小于本节开头处提到的 $O(2^{3N})$.

作为对比，我们来分析先计算 $\hat{H}=\sum_{ij}\hat{H}_{ij}$，再计算 $\hat{H}|\varphi\rangle$的复杂度. $\hat{H}$ 的系数可写为一个 $2N$ 阶的张量，我们暂且忽略从 $\hat{H}_{ij}$ 计算 $\hat{H}$ 的复杂度，显然，$\hat{H}|\varphi\rangle$可等效为一个 $2^N\times2^N$ 的矩阵与一个 2^N 维向量的乘积，其计算复杂度为 $O(2^{2N})$. 当 N 不是特别小的时候，这部分复杂度已经远超计算 $f(|\varphi\rangle)$的复杂度了. 在实际的程序实现中，我们可以先定义好函数 f，将其转换成本征值分解函数能够识别的格式(在 Python 中，可以调用 scipy 模块中的 LinearOperator；在 Matlab 中，可以使用“@”定义函数句柄)，然后直接通过本征值分解函数给出基态及基态能.

上述通过定义 $f(|\varphi\rangle)$并利用本征值分解函数计算基态及基态能的方法，并没有直接引入近似，因此可以被认为是一种严格对角化(exact diagonalization)算法①. 该方法还可用于计算最大或最小的 k 个本征态与本征值，但是由于算法利用了矩阵的稀疏性(sparsity)，需要 k 小于矩阵的指标维数. 如果需要计算的本征值/本征态个数接近矩阵指标的维数，该方法与直接通过 $\hat{H}$ 计算相比，就不具备优势了.

前面提到，基态求解对应于最优化问题的求解，即基态为能量极小的量子态. 因此，我们可以使用变分的方法来求解基态及基态能，如梯度下降(gradient descent)法. 以单变量解析函数 $f(x)$为例，我们来使用梯度法寻找其极小值，以及极小值处 x 的取值. 在机器学习中，被极小化的函数又称损失函数(loss

① 文献中所使用的严格对角化算法，还涉及许多其它的技巧，来尽可能地减小计算复杂度，例如利用系统的对称性等.

function)，被变分的变量 x 被称为变分参数(variational parameter). 当迭代次数 $t=0$ 时，随机选择 x 的初始值 $x=x_0$，并在此处计算梯度

$$g(x_t)=\left.\frac{\mathrm{d}f(x)}{\mathrm{d}x}\right|_{x=x_t} \tag{3-61}$$

更新 x 为

$$x_{t+1}=x_t-\eta g(x_t) \tag{3-62}$$

其中，η 为一个小的正实数，被称为梯度步长(gradient step)，在机器学习中也被称为学习率(learning rate). 当 η 取值合适时，有 $f(x_{t+1})\leqslant f(x_t)$，因此，$f(x)$的取值会随着迭代的进行而减小，最终达到极小值点.

读者在使用梯度下降法时，需要注意如下几个问题，一是步长大小的选择. 不是在所有步长下都能使 $f(x)$的取值下降，只有在 η 足够小时，才能保证 $f(x_{t+1})\leqslant f(x_t)$. 下面我们利用梯度的定义来进行证明，设 $x_{t+1}=x_t+\Delta$ 有

$$g(x_t)=\lim_{\Delta\to 0}\frac{f(x_{t+1})-f(x_t)}{\Delta} \tag{3-63}$$

当 Δ 为有限大时，有

$$f(x_{t+1})-f(x_t)\approx \Delta g(x_t) \tag{3-64}$$

当取 $\Delta=-\eta g(x_t)$时，Δ 与梯度反号或同为 0，因此有 $f(x_{t+1})-f(x_t)\leqslant 0$.

这里会出现一个“悖论”：仅当 $\Delta\to 0$ 时，才能严格保证 Δ 与梯度反号或同为 0，但是当 $\Delta\to 0_+$ 时，有 $x_{t+1}\to x_t$，意味着 x 不会被更新. 当 Δ 为有限大小时，$f(x_{t+1})-f(x_t)$与 $\Delta g(x_t)$不严格相等，可能会出现 $f(x_{t+1})-f(x_t)$与 $g(x_t)$反号的情况. 因此，选择步长的策略，是基于梯度的优化算法中重要的一部分. 在机器学习中，为了对神经网络(neural network)的变分参数进行高效的梯度优化，人们提出了许多学习率的控制策略，这些策略被封装成优化器(optimizer)以方便人们使用，比较常见的优化器包括随机梯度下降(stochastic gradient descent，简称 SGD)、Adagrad 等. 对于不同的问题，不同的优化器往往给出不同的效率与稳定性，因此，如何发展一个有效的、通用的优化器，是机器学习以及数值优化领域的基本问题之一.

梯度下降法的另一个问题是局域极小值(local minimum)问题. 如果 $f(x)$存在多个极小值，例如高阶多项式函数，则最终的收敛结果可能是其中一个极小值，而无法保证是 $f(x)$整体的全局极小值(global minimum). 不同的极小值对应于不同的收敛域，具体收敛到哪个极小值，将严重依赖于 x 的初始取值. 如何尽可能地避免收敛到局域极小值，也属于数值优化领域的基本问题之一，其中一个方法就是选择一个合理的初值，这个思想也被用到张量网络算法中.

回到哈密顿量基态问题，我们将损失函数定义为量子态的能量

$$f(|\varphi\rangle)=E(|\varphi\rangle)=\langle\varphi|\hat{H}|\varphi\rangle \tag{3-65}$$

而变分参数为量子态 $|\varphi\rangle$本身. 但是，这里有一个隐含的约束条件，就是量子态的归一性$\langle\varphi|\varphi\rangle=1$. 对于一个带约束的优化问题，我们可以选择使用拉格朗日乘子(Lagrange multiplier)法，损失函数定义为

$$f'(|\varphi\rangle)=\langle\varphi|\hat{H}|\varphi\rangle+\frac{\lambda}{2}(1-\langle\varphi|\varphi\rangle)^2 \tag{3-66}$$

其中，λ 为正的常数，即拉格朗日乘子. 在理想的情况下，要想 f'达到极小，需要$\langle\varphi|\hat{H}|\varphi\rangle$与新加的拉格朗日乘子项$(1-\langle\varphi|\varphi\rangle)^2$ 同时达到极小值. 对于拉格朗日项，当该项达到极小时，约束条件$\langle\varphi|\varphi\rangle=1$被满足. 常数$\lambda$ 的大小代表约束条件在优化过程中所占的权重，也就是说，在梯度优化过程中，λ 较大时，梯度下降的方向主要为$(1-\langle\varphi|\varphi\rangle)^2$ 下降最快的方向，当λ 较小时，梯度下降的方向主要为能量$\langle\varphi|\hat{H}|\varphi\rangle$下降最快的方向.

也可以绕过拉格朗日乘子来满足约束条件，定义不含约束的损失函数为

$$f''(|\tilde{\varphi}\rangle)=\frac{\langle\tilde{\varphi}|\hat{H}|\tilde{\varphi}\rangle}{\langle\tilde{\varphi}|\tilde{\varphi}\rangle} \tag{3-67}$$

其中，$|\tilde{\varphi}\rangle$为未归一态，满足归一条件的量子态为$|\varphi\rangle=\frac{|\tilde{\varphi}\rangle}{\sqrt{\langle\tilde{\varphi}|\tilde{\varphi}\rangle}}$，有$f''(|\tilde{\varphi}\rangle)=\langle\varphi|\hat{H}|\varphi\rangle$. 该方法的好处是不用在损失函数中引入额外的项，因此，更新过程中，梯度下降的方向总是能量下降最快的方向. 可能的弊端是，损失函数中引入了$\langle\tilde{\varphi}|\tilde{\varphi}\rangle^{-1}$，使得函数在$\langle\tilde{\varphi}|\tilde{\varphi}\rangle=0$处出现奇异性. 但是，对于我们考虑的基态问题，这个弊端是不存在的，因为我们的约束条件是$\langle\varphi|\varphi\rangle=1$，因此可以通过合理选择初值，来很容易地避开$\langle\tilde{\varphi}|\tilde{\varphi}\rangle=0$这个奇异点.

梯度下降法与本征值分解是自洽的，梯度下降的收敛点(也称不动点)满足本征方程. 收敛点处的梯度为0，即

$$\frac{\mathrm{d}f''(|\tilde{\varphi}\rangle)}{\mathrm{d}|\tilde{\varphi}\rangle}=0 \tag{3-68}$$

代入损失函数定义式，有

$$\begin{aligned}\frac{\mathrm{d}f''(|\tilde{\varphi}\rangle)}{\mathrm{d}|\tilde{\varphi}\rangle}&=\frac{\mathrm{d}\dfrac{\langle\tilde{\varphi}|\hat{H}|\tilde{\varphi}\rangle}{\langle\tilde{\varphi}|\tilde{\varphi}\rangle}}{\mathrm{d}|\tilde{\varphi}\rangle}\\&=\frac{1}{\langle\tilde{\varphi}|\tilde{\varphi}\rangle}\frac{\mathrm{d}(\langle\tilde{\varphi}|\hat{H}|\tilde{\varphi}\rangle)}{\mathrm{d}|\tilde{\varphi}\rangle}+\langle\tilde{\varphi}|\hat{H}|\tilde{\varphi}\rangle\frac{\mathrm{d}(\langle\tilde{\varphi}|\tilde{\varphi}\rangle^{-1})}{\mathrm{d}|\tilde{\varphi}\rangle}\\&=\frac{\langle\tilde{\varphi}|\hat{H}}{\langle\tilde{\varphi}|\tilde{\varphi}\rangle}-\langle\tilde{\varphi}|\hat{H}|\tilde{\varphi}\rangle\frac{\langle\tilde{\varphi}|}{\langle\tilde{\varphi}|\tilde{\varphi}\rangle^2}=0\end{aligned} \tag{3-69}$$

将第二项移至等号右边，得

$$\frac{\langle\tilde{\varphi}|\hat{H}}{\langle\tilde{\varphi}|\tilde{\varphi}\rangle}=\langle\tilde{\varphi}|\hat{H}|\tilde{\varphi}\rangle\frac{\langle\tilde{\varphi}|}{\langle\tilde{\varphi}|\tilde{\varphi}\rangle^2} \tag{3-70}$$

等号两端同时乘以$\sqrt{\langle\tilde{\varphi}\mid\tilde{\varphi}\rangle}$，等式变为

$$\frac{\langle\tilde{\varphi}|}{\sqrt{\langle\tilde{\varphi}|\tilde{\varphi}\rangle}}\hat{H}=\frac{\langle\tilde{\varphi}|\hat{H}|\tilde{\varphi}\rangle}{\langle\tilde{\varphi}|\tilde{\varphi}\rangle}\frac{\langle\tilde{\varphi}|}{\sqrt{\langle\tilde{\varphi}|\tilde{\varphi}\rangle}} \tag{3-71}$$

等号两端同时取转置共轭，有

$$\hat{H}\mid\varphi\rangle=E\mid\varphi\rangle \tag{3-72}$$

其中

$$\mid\varphi\rangle=\frac{|\tilde{\varphi}\rangle}{\sqrt{\langle\tilde{\varphi}|\tilde{\varphi}\rangle}} \tag{3-73}$$

$$E=\frac{\langle\tilde{\varphi}|\hat{H}|\tilde{\varphi}\rangle}{\langle\tilde{\varphi}|\tilde{\varphi}\rangle}=\langle\varphi|\hat{H}\mid\varphi\rangle \tag{3-74}$$

可见，$\hat{H}$ 的本征方程、满足归一条件的量子态 $|\varphi\rangle$以及本征值(能量)的定义，全部自然地出现了.

在上面的推导过程中，我们用到了关于量子态的导数$\frac{\mathrm{d}}{\mathrm{d}\mid\varphi\rangle}$，由于态与算符之间的运算为线性运算，我们可以按照对普通变量的求导规则计算关于量子态的导数. 但是在这里，我们假设 $|\varphi\rangle$与其共轭转置$\langle\varphi\mid$为相互独立的变量，有

$$\frac{\mathrm{d}\langle\varphi\mid\varphi\rangle}{\mathrm{d}\mid\varphi\rangle}=\langle\varphi\mid \tag{3-75}$$

$$\frac{\mathrm{d}(\hat{H}\mid\varphi\rangle)}{\mathrm{d}\mid\varphi\rangle}=\hat{H} \tag{3-76}$$

读者可以考虑尝试推导向量与矩阵间的乘积关于向量的导数，来理解上述导数关系(见本章习题 10).

3.8　TS 分解与时间演化算法

在 3.4 节中我们介绍了，量子态时间演化满足 $\mid\varphi(t)\rangle=\hat{U}(t)\mid\varphi(0)\rangle$，其中 $|\varphi(0)\rangle$为已知初态，即 $t=0$ 时刻的量子态，$\hat{U}(t)=\mathrm{e}^{-\mathrm{i}t\hat{H}}$ 为时间演化算符，$\hat{H}$ 为系统哈密顿量，我们假设其不随时间变化. 下文仍然以海森伯模型$\hat{H}=\sum_{ij}\hat{H}_{ij}$为例.

一个最直接的计算 $|\varphi(t)\rangle$的方法是，首先计算 $\hat{H}$，获得其$(2^N\times2^N)$的系数矩阵，然后通过例如泰勒级数计算时间演化算符 $\hat{U}(t)=\mathrm{e}^{-\mathrm{i}t\hat{H}}$，其系数同样为一个$(2^N\times2^N)$的矩阵，最后计算 $\hat{U}(t)\mid\varphi(0)\rangle$，等效于计算一个$(2^N\times2^N)$的矩阵与一个 2^N 维向量的乘积. 该方法的复杂度至少是 $O(2^{2N})$. 那么，能否借鉴基态计算的思路，利用哈密顿量为二体算符求和这一性质，降低计算成本呢? 答案是肯定的，但需要引入一定的近似，那就是利用TS 分解(Trotter-Suzuki decomposition).

TS 分解的基本思想是将时间演化算符“切”成 K 个算符的连乘(见本章习题 11)

$$\hat{U}(t)=\prod_{k=0}^{K-1}\hat{U}(k\tau,k\tau+\tau) \tag{3-77}$$

其中，τ 被称为时间切片(time slice)长度，满足 $K\tau=t$，算符 $\hat{U}(k\tau,k\tau+\tau)$ 表示从 $k\tau$ 时刻到 $k\tau+\tau$ 时刻的时间演化算符(或称传播子，propagator)．由于 $\hat{H}$ 不含时，有

$$\hat{U}(\tau)\overset{\text{def}}{=\!=}\hat{U}(k\tau,k\tau+\tau)=\mathrm{e}^{-\mathrm{i}\tau\hat{H}} \tag{3-78}$$

该算符与始末时刻无关，仅与演化时长 τ 有关.

当 $K\to\infty$时，切片长度 $\tau\to 0$，此时时间演化算符满足

$$\begin{aligned}\lim_{\tau\to 0}\hat{U}(\tau)&=\lim_{\tau\to 0}\mathrm{e}^{-\mathrm{i}\tau\sum_{ij}\hat{H}_{ij}}\\&=\lim_{\tau\to 0}\prod_{ij}\mathrm{e}^{-\mathrm{i}\tau\hat{H}_{ij}}\\&=\lim_{\tau\to 0}\prod_{ij}\hat{U}^{(i,j)}(\tau)\end{aligned} \tag{3-79}$$

在上式中，我们将整个演化算符分解为了局域二体演化算符 $\hat{U}^{(i,j)}(\tau)=\mathrm{e}^{-\mathrm{i}\tau\hat{H}_{ij}}$ 的连乘，该分解被称为 TS 分解.

但在实际计算时，我们不可能将 τ 取为无穷小，否则 $K\to\infty$，将需要计算无穷多个 $\hat{U}^{(i,j)}(\tau)$的局域演化．当 τ 为有限值时，TS 分解会引入误差，称为TS 误差．TS 误差本质上缘于各个局域哈密顿量相互之间不对易．例如，我们考虑一个有限大小但取值远小于 1 的 τ，以及任意两个算符 $\hat{A}$ 与 $\hat{B}$，仅保留到泰勒级数中 τ 的 2 阶项，有

$$\mathrm{e}^{\tau(\hat{A}+\hat{B})}=\hat{I}+\tau(\hat{A}+\hat{B})+\frac{\tau^2}{2}(\hat{A}+\hat{B})^2+O(\tau^3) \tag{3-80}$$

同样，对$\mathrm{e}^{\tau\hat{A}}$ 与$\mathrm{e}^{\tau\hat{B}}$ 进行泰勒展开且保留到 τ 的 2 阶项，有

$$\mathrm{e}^{\tau\hat{A}}=\hat{I}+\tau\hat{A}+\frac{\tau^2}{2}\hat{A}^2+O(\tau^3) \tag{3-81}$$

$$\mathrm{e}^{\tau\hat{B}}=\hat{I}+\tau\hat{B}+\frac{\tau^2}{2}\hat{B}^2+O(\tau^3) \tag{3-82}$$

将以上两式相乘，且保留到 τ 的 2 阶项，得

$$\begin{aligned}\mathrm{e}^{\tau\hat{A}}\mathrm{e}^{\tau\hat{B}}&=\left(\hat{I}+\tau\hat{A}+\frac{\tau^2}{2}\hat{A}^2+O(\tau^3)\right)\left(\hat{I}+\tau\hat{B}+\frac{\tau^2}{2}\hat{B}^2+O(\tau^3)\right)\\&=\hat{I}+\tau(\hat{A}+\hat{B})+\tau^2(\hat{A}\hat{B}+\frac{1}{2}\hat{A}^2+\frac{1}{2}\hat{B}^2)+O(\tau^3)\end{aligned} \tag{3-83}$$

对比$\mathrm{e}^{\tau(\hat{A}+\hat{B})}$与$\mathrm{e}^{\tau\hat{A}}\ \mathrm{e}^{\tau\hat{B}}$ 可以发现，二者在 τ 的 0 阶与 1 阶项上是完全相等的，差别

出现在 2 阶项上，有

$$
\begin{aligned}
e^{\tau(\hat{A}+\hat{B})}-e^{\tau\hat{A}}e^{\tau\hat{B}} &= \tau^2\left(\frac{1}{2}\hat{A}\hat{B}+\frac{1}{2}\hat{B}\hat{A}-\hat{A}\hat{B}\right)+O(\tau^3) \\
&= \frac{\tau^2}{2}(\hat{B}\hat{A}-\hat{A}\hat{B})+O(\tau^3) \\
&\approx -\frac{\tau^2}{2}[\hat{A},\hat{B}] \\
&= O(\tau^2)
\end{aligned}
\tag{3-84}
$$

可见，当 $\hat{A}$ 与 $\hat{B}$ 不对易时，$e^{\tau\hat{A}}e^{\tau\hat{B}}$ 与 $e^{\tau(\hat{A}+\hat{B})}$ 间误差数的量级为 $O(\tau^2)$.

将上面推导所得的公式用于 TS 分解，由于演化算符指数上为多个局域哈密顿量的求和 $\sum_{ij}\hat{H}_{ij}$，对于 $\hat{H}_{ij}$ 与 $\hat{H}_{jk}$，显然有 $[\hat{H}_{ij},\hat{H}_{jk}]\neq 0$（见本章习题 12），因此有

$$
\hat{U}(\tau)=\prod_{ij}\hat{U}^{(i,j)}(\tau)+O(\tau^2) \tag{3-85}
$$

TS 误差的数量级约为 $O(\tau^2)$.

以 6 个自旋构成的 1 维模型为例，设其哈密顿量为

$$
\hat{H}=\sum_{n=0}^{4}\hat{H}_{n,n+1} \tag{3-86}
$$

图 3-7 给出了两种具体的演化方式. 在左图中，每个时间切片的局域演化算符为

$$
\hat{U}(\tau)\approx\prod_{n=0}^{4}\hat{U}^{(n,n+1)}(\tau) \tag{3-87}
$$

各个二体演化算符从编号较小的自旋依次作用到编号大的自旋，形成阶梯型(stair-like)的结构. 在右图中，局域演化算符排成另一个顺序

$$
\hat{U}'(\tau)\approx\prod_{n=\text{even}}\hat{U}^{(n,n+1)}(\tau)\prod_{n=\text{odd}}\hat{U}^{(n,n+1)}(\tau) \tag{3-88}
$$

形成砖墙型(brick-wall)结构. 在量子计算(quantum computation)中，演化算符属于量子门(quantum gate)，总的时间演化算符 $\hat{U}(t)$ 与局域演化算符 $\hat{U}^{(n,n+1)}(\tau)$ 都属于量子门. 这种由多个量子门构成的幺正算符(例如 $\hat{U}(t)$)被称为量子线路(quantum circuit). 阶梯型与砖墙型都是常见的量子线路结构. 对于时间演化问题，这两种形状的量子线路之间相差 $O(\tau^2)$.

使用 TS 分解获得量子线路后，可以从最接近初态的量子门开始依次将其作用到初态上. 设每个二体相互作用都相等，以海森伯模型为例，我们考虑 $\hat{H}_{ij}=\hat{S}_0^x\hat{S}_1^x+\hat{S}_0^y\hat{S}_1^y+\hat{S}_0^z\hat{S}_1^z$，因此每个局域二体演化算符也都相同，其系数为 4 阶张量，设

$$
U_{s'_i s'_j s_i s_j}=\langle s'_i s'_j|\hat{U}^{(i,j)}(\tau)|s_i s_j\rangle \tag{3-89}
$$

可以通过泰勒级数计算该 4 阶张量. 每个二体量子门作用到量子态上的计算复杂

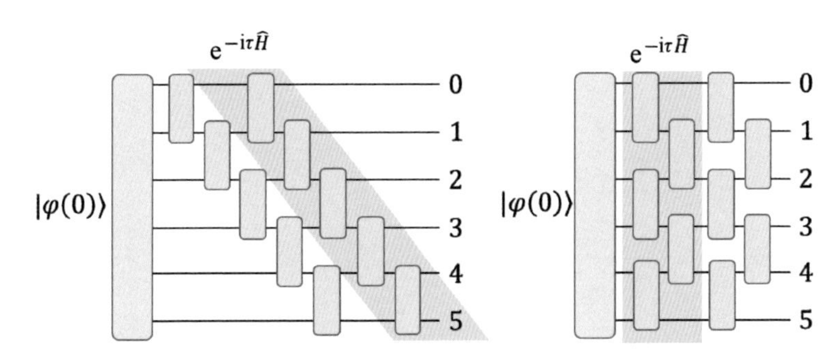

图 3-7 1维自旋模型时间演化的图形表示. 左边的绿色长块代表初始态 $|\varphi(0)\rangle$，每个蓝色长块代表作用在相应自旋上的局域演化算符 $\hat{U}^{(n,n+1)}(\tau)$，右边的数字代表自旋的编号，橙色阴影部分为一个时间切片的演化算符$\mathrm{e}^{-\mathrm{i}\tau\hat{H}}$. 左图和右图代表两种不同的演化顺序，分别是阶梯型与砖墙型，二者之间的差别为 $O(\tau^2)$

度为 $O(2^{N+2})$，以 $\hat{U}^{(1,2)}(\tau)\mid\varphi\rangle$为例，设所得量子态的展现系数为 $\boldsymbol{\varphi}'$，有

$$\varphi'_{s_0 s'_1 s'_2 s_3\cdots}=\sum_{s_1 s_2} U_{s'_1 s'_2 s_1 s_2}\varphi_{s_0 s_1 s_2 s_3\cdots}=\boldsymbol{U}_{[01]}\boldsymbol{\varphi}_{[12]} \tag{3-90}$$

这与 3.7 节中 $\hat{H}_{ij}\mid\varphi\rangle$的计算完全类似. 显然，利用 TS 分解计算时间演化的复杂度，要比直接计算出 $\hat{U}(t)$后再进行时间演化要高效得多.

在 3.5 节我们提到，当时间取为虚数的时候 $t=\mathrm{i}\beta$，演化算符$\mathrm{e}^{-\mathrm{i}t\hat{H}}$ 就成了温度 $T=\dfrac{1}{\beta}$的有限温密度算符$\mathrm{e}^{-\beta\hat{H}}$，当 $\beta\to\infty$时，密度算符给出哈密顿量的基态 $\mathrm{e}^{-\beta\hat{H}}\to\mid\varphi_0\rangle\langle\varphi_0\mid$，有

$$\lim_{\beta\to\infty}\mathrm{e}^{-\beta\hat{H}}\mid\varphi\rangle\to\frac{1}{Z}\mid\varphi_0\rangle \tag{3-91}$$

其中，$|\varphi\rangle$为不与基态正交的任意量子态，Z 为归一化系数. 上式又被称为量子态的虚时间演化(imaginary-time evolution)，当虚时间 β 足够长时，量子态被演化到哈密顿量基态，这种基态计算方法被称为基态的虚时间演化算法.

直接计算$\mathrm{e}^{-\beta\hat{H}}$ 来完成虚时间演化的计算，显然是不高效的，其计算复杂度为 $O(2^{2N})$，这和直接计算 $\hat{H}$ 本征值分解的复杂度是相似的. 因此，我们可以采用 TS 分解来计算虚时间演化，所有的计算过程与时间演化几乎是完全一样的，唯一不同的地方是构成“量子线路”的“量子门”①被取为

$$\hat{U}^{(i,j)}(\tau)=\mathrm{e}^{-\tau\hat{H}_{ij}} \tag{3-92}$$

在实际计算中，我们无法取 β 为无穷大，只需保证被演化态达到如下自洽方程

① 一般而言，量子线路整体构成幺正量子算符，而虚时间演化非幺正，因此加上引号.

(见本章习题 15)的不动点

$$|\varphi'\rangle = \frac{1}{Z}e^{-\tau\hat{H}}|\varphi\rangle \tag{3-93}$$

其中，Z 代表演化后量子态归一化系数. 也就是说，对于基态而言，虚时间演化前后态不变 $|\varphi'\rangle = |\varphi\rangle$. 可引入收敛因子

$$\zeta = ||\varphi\rangle - |\varphi'\rangle| \tag{3-94}$$

来刻画每个虚时间切片演化前后量子态的变化. 当 ζ 小于某一个预设好的阈值后，可认为被演化态已收敛到基态，从而停止演化计算.

与 3.7 节介绍的严格对角化方法相比，虚时间演化算法在效率上要更低一些①，而且会引入 TS 误差. 因此对于小尺寸系统的基态计算，我们并不会采用虚时间演化算法. 但是，在使用张量网络计算大尺寸系统基态时，虚时间演化算法有着重要的应用，我们将在后文进行详细的介绍.

本章要点及关键概念

1. 系综、经典概率分布；
2. 玻尔兹曼分布、能量、温度；
3. 经典哈密顿量；
4. 配分函数；
5. 伊辛模型；
6. 铁磁性与反铁磁性、几何阻挫；
7. 自由能、关联函数；
8. 热态、密度算符、纯态、混合态；
9. 哈密顿量、有限温密度算符；
10. 薛定谔方程、刘维尔方程；
11. 时间演化算符；
12. 温度倒数、虚时间；
13. 自旋、海森伯模型；
14. 严格对角化算法；
15. 梯度下降法、损失函数、学习率；
16. TS 分解；
17. 量子门、量子线路；
18. 基态的虚时间演化算法.

① 这是由于虚时间演化算法相当于是最大本征向量的幂级数算法(见 1.4 节)，而在严格对角化算法中，我们可以采用更高效的算法来求解线性映射函数的最大本征值与本征向量，例如 Lanczos 算法.

习　题

1. 计算题与编程练习．已知，由 4 个伊辛自旋构成的系统，每一项相互作用强度 $J=1$，系统温度为 T，下图给出两种相互作用(注：右图相当于是由 4 个伊辛自旋构成的周期边界条件下的 1 维链)，试对每一种情况，完成：

   (a)写出配分函数Z 的表达式，并手算出 $T=1$ 时配分函数的值；

   (b)编写程序计算 Z 并绘制不同温度下 Z 的曲线(可考虑在 $0.1<T<5$ 范围内取 15 个温度点)，验证在 $T=1$ 时所得结果是否与(a)的计算结果一致．

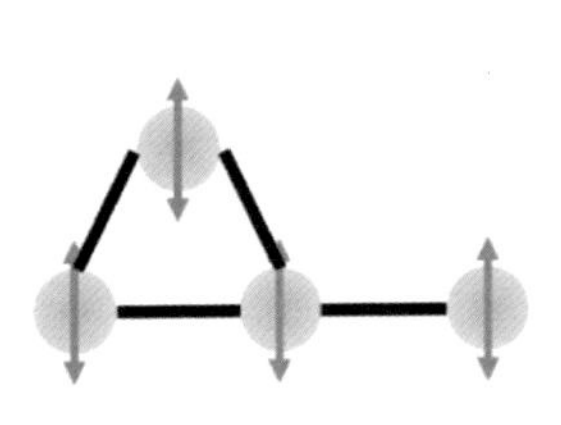
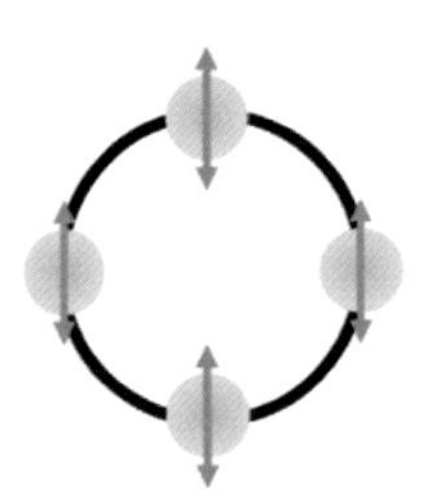

2. 证明题．在玻尔兹曼分布下，定义温度倒数$\beta=\dfrac{1}{T}$，定义内能为各个构形的能量的平均值 $U=\langle E\rangle$，试证明：$U=-\dfrac{\partial \ln Z}{\partial \beta}$.

3. 试写出 1 维链上的最近邻三态波茨模型的转移矩阵，写出配分函数与关联函数的表达式并画出图形表示．

4. 证明题．考虑一组相互正交的 d 维量子态 $\{|\varphi_\alpha\rangle\}$，以及对应的概率分布 $\boldsymbol{p}$，满足 $p_\alpha\geqslant 0$，$\sum_\alpha p_\alpha=1$，定义热态$\hat{\rho}=\sum_\alpha p_\alpha|\varphi_\alpha\rangle\langle\varphi_\alpha|=\sum_{mn}\rho_{mn}|m\rangle\langle n|$，其中 $\boldsymbol{\rho}$ 为正交完备基矢下的系数矩阵，试证明：

   (a)$\hat{\rho}=\hat{\rho}^\dagger$；

   (b)$\mathrm{Tr}\,\hat{\rho}=1$；

   (c)当系数矩阵 $\boldsymbol{\rho}$ 的秩为 1 时，$\mathrm{Tr}\,\hat{\rho}^2=1$(纯态)；

   (d)当系数矩阵 $\boldsymbol{\rho}$ 的秩大于 1 时，$\mathrm{Tr}\,\hat{\rho}^2<1$(混合态)．

5. 证明题．温度趋向于 0 时，试证明如下密度算符的极限成立(注意消去系数)：

$$\lim_{T\to 0}\frac{1}{Z}\sum_\alpha \mathrm{e}^{-\frac{E_\alpha}{T}}|\varphi_\alpha\rangle\langle\varphi_\alpha|=|\varphi_0\rangle\langle\varphi_0|$$

6. 推导题．已知 $\hat{H}$ 不含时，且量子态可写为 $|\varphi(t)\rangle=\mathrm{e}^{-\mathrm{i}Et}|\varphi\rangle$，其中 $|\varphi\rangle$不含时，试从薛定谔方程 $\hat{H}|\varphi(t)\rangle=\mathrm{i}\dfrac{\partial|\varphi(t)\rangle}{\partial t}$出发，推导出定态薛定谔方程 $\hat{H}|\varphi\rangle=E|\varphi\rangle$.

7. 证明题．对于不随时间变换的哈密顿量 $\hat{H}$，定义时间演化算符 $\hat{U}=\mathrm{e}^{-\mathrm{i}t\hat{H}}$，利用泰勒级数试证明：

   (a)$\hat{U}$ 为幺正算符；

   (b)$\hat{U}$ 满足方程$\dfrac{\partial\hat{U}}{\partial t}=-\mathrm{i}\hat{H}\hat{U}$.

8. 证明题. 已知系统哈密顿量为 $\hat{H}=\sum_{ij}J_{ij}^{z}\hat{S}_i^z\hat{S}_j^z-\sum_i h_i^z\hat{S}_i^z$，其中 $\hat{S}_i^z$ 为定义在第 i 个格点上的 z 方向自旋算符，记 $\hat{S}_i^z$ 算符的本征态为 $|s_i\rangle(s_i=-1$ 或 $1)$，试证明：

$$\prod_{\otimes ij}\langle s_j|\hat{H}|s_i\rangle=\frac{1}{4}\sum_{ij}J_{ij}^{z}s_is_j-\frac{1}{2}\sum_i h_i^z s_i$$

其中，s_i 可代表一个伊辛自旋，取－1 或 1.

9. 计算题. 在 $\hat{S}^z$ 本征态构成的直积基矢下

(a)写出二体哈密顿量 $\hat{H}=\hat{S}_0^z\hat{S}_1^x+0.5\hat{S}_0^y$ 的系数矩阵；

(b)写出 $\hat{H}=\hat{S}_0^x\hat{S}_1^x+\hat{S}_0^y\hat{S}_1^y+\hat{S}_0^z\hat{S}_1^z$ 的系数矩阵，并求出该哈密顿量所有的本征值及对应的本征态.

10. 计算证明题. 已知矩阵 $\boldsymbol{M}=\begin{bmatrix}a & b\\ c & d\end{bmatrix}$，引入由变量构成的向量 $\boldsymbol{x}=\begin{bmatrix}x_0\\ x_1\end{bmatrix}$，$\boldsymbol{y}=\begin{bmatrix}y_0\\ y_1\end{bmatrix}$，定义标量 $z=\boldsymbol{x}^{\mathrm{T}}\boldsymbol{My}$ 与向量 $\boldsymbol{u}=\begin{bmatrix}u_0\\ u_1\end{bmatrix}=\frac{\mathrm{d}(\boldsymbol{x}^{\mathrm{T}}\boldsymbol{My})}{\mathrm{d}\boldsymbol{y}}$，

(a)试使用矩阵乘法定义，给出标量 z 关于 x_0、x_1、y_0 与 y_1 的表达式；

(b)通过计算 $u_0=\frac{\mathrm{d}z}{\mathrm{d}y_0}$ 与 $u_1=\frac{\mathrm{d}z}{\mathrm{d}y_1}$，证明 $\boldsymbol{u}=\boldsymbol{x}^{\mathrm{T}}\boldsymbol{M}$.

11. 证明题. 对于不含时的哈密顿量 $\hat{H}$，演化时长为 t_1 与 t_2 的时间演化算符分别为 $\hat{U}(t_1)=\mathrm{e}^{-\mathrm{i}t_1\hat{H}}$ 与 $\hat{U}(t_2)=\mathrm{e}^{-\mathrm{i}t_2\hat{H}}$，试利用泰勒级数证明 $\hat{U}(t_1+t_2)=\mathrm{e}^{-\mathrm{i}(t_1+t_2)\hat{H}}=\hat{U}(t_1)\hat{U}(t_2)$.

12. 推导题. 考虑由三个自旋构成的哈密顿量 $\hat{H}=\hat{H}_{01}+\hat{H}_{12}$，其中 $\hat{H}_{ij}=\hat{S}_i^x\hat{S}_j^x+\hat{S}_i^y\hat{S}_j^y+\hat{S}_i^z\hat{S}_j^z$ 为海森伯相互作用，试求对易子 $[\hat{H}_{01},\hat{H}_{12}]$.

13. 编程练习. 使用 Python 实现 12 题中哈密顿量的时间演化，要求将其封装成 Python 函数，可用于实现任意时间长度 t、任意初态的演化.

14. 编程练习. 使用 Python 实现 12 题中哈密顿量的基态虚时间演化算法，并将获得的基态、基态能与使用 eigs 函数获得的结果进行对比.

15. 证明题. 设 $\hat{H}$ 本征态为 $|\varphi_k\rangle$，试证明：

(a)基态 $|\varphi_0\rangle$ 为自洽方程 $|\varphi'\rangle=\frac{1}{Z}\mathrm{e}^{-\tau\hat{H}}|\varphi\rangle$ 的稳定不动点(Z 为归一化系数)；

(b)除基态外，其它本征态为自洽方程的不稳定不动点.

第 4 章　矩阵乘积态及其算法

4.1　矩阵乘积态

在第 3 章我们提到，对于 N 个自旋构成的量子态，其系数张量包含的张量元个数为 2^N. 当 N 较小时，如 $N=18$，我们可以使用一台普通的台式机储存该量子态. 但是，当 $N\approx50$ 时，普通的台式机就难以储存该态了，我们可能需要用到世界上最先进的超级计算机才能对其进行储存或处理. 当 $N\approx80$ 时，我们需要使用地球上所有的沙子来制作成储存器才能存下这个量子态. 当 $N\approx270$ 时，储存该量子态所需的比特数约为全宇宙所有原子的总数量(见图 4-1). 显然对于宏观系统而言，$N\approx270$ 是一个很小的数，我们真实需要处理的自旋或电子个数的数量级约为阿伏伽德罗常数 $O(10^{23})$，严格处理如此大数量的自旋构成的波函数，显然是一件无法完成也无太大意义的任务. 我们将这种计算复杂度随系统尺寸(或其所包含的粒子数)指数增大的现象，称为“指数墙”(exponential wall).

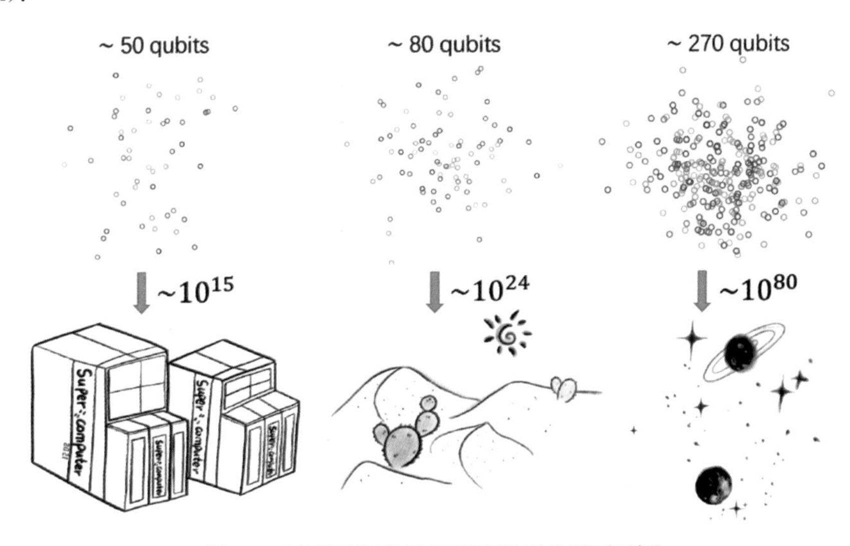

图 4-1　计算量子多体问题时遇到的“指数墙”

张量网络为翻过“指数墙”提供了一种有效的数值工具，在本章，我们将着重介绍一种最常用的张量网络，即矩阵乘积态(matrix product state，简称 MPS)．考虑一个 N 阶张量 $\boldsymbol{T}$，如果我们直接写出该张量，那么张量元的个数满足

$$\#(\boldsymbol{T})=\prod_{j=0}^{N-1}\dim(s_j) \tag{4-1}$$

其中，$\#(\boldsymbol{T})$代表 $\boldsymbol{T}$ 中所含的元素总个数，也可称之为参数复杂度(parameter complexity)，s_j 代表 $\boldsymbol{T}$ 的第 j 个指标．因此，张量元的个数会随着张量的阶数呈指数上升．矩阵乘积态的核心思想是将高阶张量写成多个低阶张量的缩并，这也是张量网络的核心思想．具体而言，矩阵乘积态可写为

$$\begin{aligned}T_{s_0 s_1\cdots s_{N-1}}&=\sum_{\alpha_0\alpha_1\cdots\alpha_{N-2}}A^{(0)}_{s_0\alpha_0}A^{(1)}_{\alpha_0 s_1\alpha_1}\cdots A^{(N-2)}_{\alpha_{N-3}s_{N-2}\alpha_{N-2}}A^{(N-1)}_{\alpha_{N-2}s_{N-1}}\\&=\boldsymbol{A}^{(0)}_{s_0,:}\boldsymbol{A}^{(1)}_{:,s_1,:}\cdots\boldsymbol{A}^{(N-2)}_{:,s_{N-2},:}\boldsymbol{A}^{(N-1)}_{:,s_{N-1}}\end{aligned} \tag{4-2}$$

上式又被称为TT 形式(tensor-train form)①，构成矩阵乘积态的各个低阶张量$\{\boldsymbol{A}^{(*)}\}$被称为局域张量(local tensors)，一个 N 阶张量写成了 N 个 2 阶或 3 阶局域张量的缩并．以 6 阶张量为例，其矩阵乘积态的图形表示见图 4-2.

在上式的最后一行，我们使用了切片．可见，矩阵乘积态可表示为切片后向量与矩阵的连乘，这也是“矩阵乘积”这个词的由来．矩阵乘积态中出现的指标被分为两类，一类是原高阶矩阵的指标$\{s_*\}$，这类指标不会被缩并(求和)掉，称为开放(open)指标或物理(physical)指标．另一类指标$\{\alpha_*\}$不在原张量中出现，在矩阵乘积态中会被缩并掉，我们称之为几何(geometrical)指标、虚拟(virtual)指标或辅助(ancillary)指标．在本书中我们约定，局域张量的指标顺序为：左虚拟指标、物理指标、右虚拟指标.

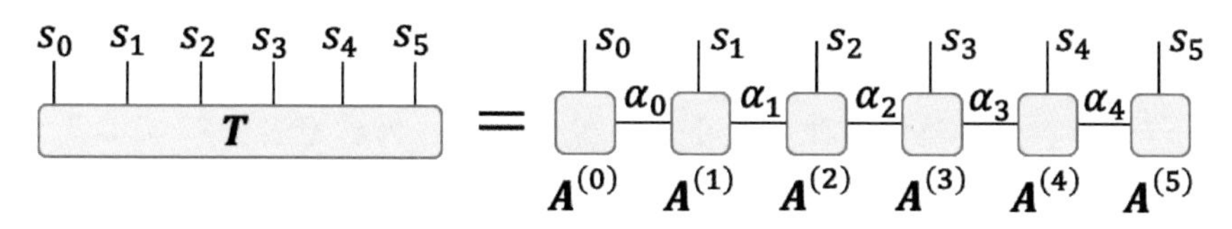

图 4-2　矩阵乘积态(TT 形式)的图形表示

为简要起见，我们设每个物理指标的维数相等，记为 d，设每个虚拟指标的维数相等，记为 χ，则位于矩阵乘积态两端的 2 阶张量的参数个数为 χd，位于中间的$(N-2)$个 3 阶张量的参数个数为 $\chi^2 d$，保留领头项，矩阵乘积态的参数复杂度满足

$$\#(MPS)=O(N\chi^2 d) \tag{4-3}$$

① 参考 I. V. Oseledets, “Tensor-Train Decomposition,” *SIAM J. Sci. Comput.* 33, 2295-2317 (2011).

从形式上看，矩阵乘积态的参数复杂度仅随着张量阶数 N 的增加而线性增加，这为我们在绕开指数复杂度的情况下来研究高阶张量(包括多体量子系统)提供了可能.

4.2 严格 TT 分解与最优 TT 低秩近似

将一个高阶张量分解成矩阵乘积态，被称为TT 分解(tensor-train decomposition). 下面，我们介绍严格 TT 分解算法，即通过$(N-1)$次的矩阵分解，将任意给定高阶张量分解成 TT 形式，具体过程如下(见图 4-3). 首先，我们对高阶张量进行矩阵化并做矩阵分解运算

$$\boldsymbol{T}_{[0]}=\boldsymbol{A}^{(0)}\boldsymbol{Q}^{(1)} \tag{4-4}$$

这里可以选择任意不引入近似的矩阵分解，例如奇异值分解或 QR 分解(QR decomposition). 以奇异值分解为例，$\boldsymbol{A}^{(0)}$为左奇异向量构成的变换矩阵，$\boldsymbol{Q}^{(1)}=\boldsymbol{\Lambda V}^{\dagger}$ 为奇异值构成的对角矩阵与右奇异向量构成的变换矩阵相乘所得. 显然，虚拟指标 α_0(也就是$\boldsymbol{A}^{(0)}$的右指标，$\boldsymbol{Q}^{(1)}$的左指标)的维数可取为非零奇异值的个数，也就是 $\boldsymbol{T}_{[0]}$的秩，即 $\dim(\alpha_0)=\mathrm{rank}(\boldsymbol{T}_{[0]})$. 矩阵$\boldsymbol{Q}^{(1)}$右指标的维数为 d^{N-1}.

QR 分解

QR 分解是一种常见的矩阵分解，给定 $d_1\times d_2$ 的矩阵 $\boldsymbol{M}$，其 QR 分解可记为

$$\boldsymbol{M}=\boldsymbol{QR}$$

其中，$\boldsymbol{Q}$ 为 $d_1\times d_1$ 的幺正矩阵，$\boldsymbol{R}$ 为 $d_1\times d_2$ 的上三角矩阵. 如果不需要$\boldsymbol{Q}$的幺正性，可采用一种经济的(economic)QR 分解(eco-QR)，其中，$\boldsymbol{Q}$ 为 $d_1\times\min(d_1, d_2)$维的等距矩阵，当左指标维数大于或等于右指标维数时，满足$\boldsymbol{Q}^{\dagger}\boldsymbol{Q}=\boldsymbol{I}$，当右指标维数大于或等于左指标维数时，满足$\boldsymbol{QQ}^{\dagger}=\boldsymbol{I}$(见 1.8 节). 显然，等距的方阵为幺正矩阵. $\boldsymbol{R}$ 为 $\min(d_1, d_2)\times d_2$ 维的上三角矩阵.

由于 QR 分解的计算复杂度要远低于奇异值分解，因此，在许多张量网络算法中，包括严格 TT 分解算法，如果不涉及秩的计算或最优低秩近似，可采用 eco-QR 分解代替奇异值分解.

接下来，我们对$\boldsymbol{Q}^{(1)}$进行变形，将其右指标还原为$(N-1)$个 d 维的物理指标，对其矩阵化并作如下矩阵分解

$$\boldsymbol{Q}^{(1)}_{[0,1]}=\boldsymbol{A}^{(1)}\boldsymbol{Q}^{(2)} \tag{4-5}$$

其中，$\boldsymbol{A}^{(1)}$的左、右指标维数分别为 $\dim(\alpha_0)d$ 与 $\mathrm{rank}(\boldsymbol{Q}^{(2)})$. 容易证明，$\mathrm{rank}(\boldsymbol{Q}^{(2)})=\mathrm{rank}(\boldsymbol{T}_{[0,1]})$(见本章习题 1). 将$\boldsymbol{A}^{(1)}$变形成为$(\dim(\alpha_0)\times d\times$

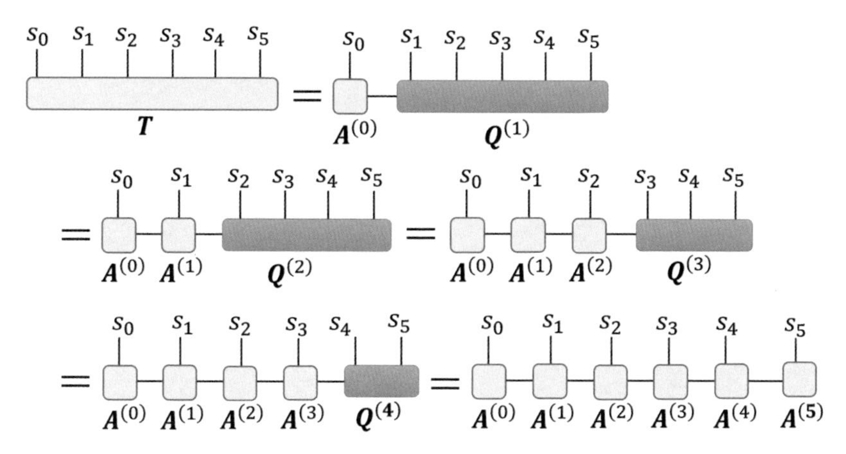

图 4-3　严格 TT 分解算法的图形表示

$\mathrm{rank}(T_{[0,1]})$)的 3 阶张量，就得到了 TT 形式中的$\boldsymbol{A}^{(1)}$. 重复上述步骤，我们可以获得 TT 形式中所有张量$\{\boldsymbol{A}\}$. 特别地，在最后得到$\boldsymbol{Q}^{(N-2)}$后，对其进行矩阵分解直接获得$\boldsymbol{A}^{(N-2)}$与$\boldsymbol{A}^{(N-1)}$，有

$$\boldsymbol{Q}_{[0,1]}^{(N-2)} = \boldsymbol{A}^{(N-2)}\boldsymbol{A}^{(N-1)} \tag{4-6}$$

由于对于任意矩阵均存在 QR 分解或奇异值分解，因此，对于任意张量也一定存在 TT 分解.

从上文的分析可以看出，要严格地获得给定张量的 TT 分解，各个虚拟指标的维数至少需要取为对应矩阵化的秩. 具体而言，第 n 个虚拟指标的维数至少需取为$\mathrm{rank}(\boldsymbol{T}_{[0,\cdots,n]})$，也就是将张量的前 n 个指标合并为一个左指标，剩余指标合并成一个右指标后，所得矩阵的非零奇异值个数. 定义TT 秩(tensor-train rank)为使 TT 分解严格成立的最小的虚拟指标的维数，记为$\boldsymbol{R}^{\mathrm{TT}}$. 显然，与矩阵的秩不同，而与 Tucker 秩(见 1.8 节)类似，TT 秩$\boldsymbol{R}^{\mathrm{TT}}$ 为一个向量，有

$$\boldsymbol{R}^{\mathrm{TT}} = [\mathrm{rank}(\boldsymbol{T}_{[0]}), \mathrm{rank}(\boldsymbol{T}_{[0,1]}), \cdots, \mathrm{rank}(\boldsymbol{T}_{[0,\cdots,N-2]})] \tag{4-7}$$

作为对比，Tucker 秩满足$\boldsymbol{R}^{\mathrm{tk}} = [\mathrm{rank}(\boldsymbol{T}_{[0]}), \mathrm{rank}(\boldsymbol{T}_{[1]}), \cdots, \mathrm{rank}(\boldsymbol{T}_{[N-2]})]$.

假设对于任意 n，张量 $\boldsymbol{T}$ 的矩阵化$\boldsymbol{T}_{[0,\cdots,n]}$为满秩，可采用 QR 分解代替奇异值分解，以减小计算复杂度，具体算法见附录 A 算法 3. 相信敏锐的读者已经发现，TT 分解并不直接将张量的指数复杂度降低为线性复杂度，这是由于在分解的过程中，第 n 个虚拟指标的维数 $\dim(\alpha_n)$会指数增加，即 TT 秩满足

$$R_n^{\mathrm{TT}} = \min\left(\prod_{k=0}^{n} \dim(s_k), \prod_{k=n+1}^{N-1} \dim(s_k)\right) \tag{4-8}$$

可以证明，分解后所得的所有局域张量$\{A^{(n)}\}$的总参数复杂度，刚好等于原张量的参数复杂度(见本章习题 2).

类似于基于奇异值分解的矩阵最优低秩近似(见 1.5 节)，我们定义最优 TT 低秩近似：给定 N 阶张量 $\boldsymbol{T}$，求解 TT 秩为R'^{TT} 的张量 $\boldsymbol{T}'$，满足其与 $\boldsymbol{T}$ 的 L2 范数极小

$$\min_{\text{TT-rank}(\boldsymbol{T}')=R'^{\mathrm{TT}}} |\boldsymbol{T}-\boldsymbol{T}'| \tag{4-9}$$

考虑到 $\boldsymbol{T}'$一定能严格分解成 TT 形式，且虚拟指标维数满足 $\dim(\alpha_n)=R_n'^{\mathrm{TT}}$，我们也可以不显式写出$\boldsymbol{T}'$，而直接利用 TT 形式定义最优 TT 低秩近似：给定 N 阶张量 $\boldsymbol{T}$，求解 TT 形式中的局域张量 $\{\boldsymbol{A}^{(*)}\}$，在虚拟指标维数满足 $\dim(\alpha_n)=R_n'^{\mathrm{TT}}$ 的前提下，满足如下 L2 范数(的平方)极小

$$\varepsilon=\min_{\dim(\alpha_n)=R_n'^{\mathrm{TT}}}\sum_{s_0 s_1\cdots s_{N-1}}\left|T_{s_0 s_1\cdots s_{N-1}}-\sum_{\alpha_0\cdots\alpha_{N-2}}A^{(0)}_{s_0\alpha_0}A^{(1)}_{\alpha_0 s_1\alpha_1}\cdots A^{(N-2)}_{\alpha_{N-3}s_{N-2}\alpha_{N-2}}A^{(N-1)}_{\alpha_{N-2}s_{N-1}}\right|^2 \tag{4-10}$$

获得最优 TT 低秩近似的算法不唯一，最简单的算法之一是在上述 TT 形式的获得过程中，每次对张量的矩阵化使用奇异值分解，如果分解得到的虚拟指标维数大于对应的 $R_n'^{\mathrm{TT}}$，则通过保留最大 $R_n'^{\mathrm{TT}}$ 个奇异值及对应的奇异向量，将该虚拟指标的维数裁剪为 $R_n'^{\mathrm{TT}}$. 在文献中，被裁减掉的奇异值的 L2 范数，定义为裁剪误差，有

$$\varepsilon_n=|\Lambda^{(n)}_{R_n'^{\mathrm{TT}}:}|=\sqrt{\sum_{a=R_n'^{\mathrm{TT}}}^{\dim(\alpha_n)-1}(\Lambda^{(n)}_a)^2} \tag{4-11}$$

其中，$\boldsymbol{\Lambda}^{(n)}_{R_n'^{\mathrm{TT}}:}$ 代表被裁剪掉的奇异值. TT 分解计算流程见附录 A 算法 3.

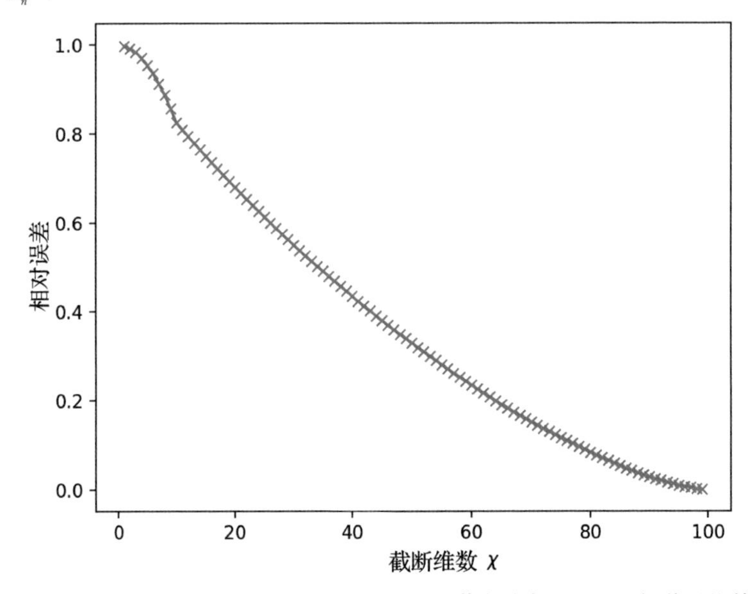

图 4-4 随机生成一个 10×10×10×10 的张量，不同截断维数χ 下 TT 低秩近似的相对误差

图 4-4 给出了一个具体的例子：随机生成一个$(10\times10\times10\times10)$的 4 阶张量，规定裁剪后的 TT 秩满足 $R_n^{'\mathrm{TT}}\leqslant\chi$，不同 χ 对应的 TT 低秩近似下，相对误差为

$$\varepsilon^{\text{relative}}=\frac{\varepsilon}{|\boldsymbol{T}|} \tag{4-12}$$

在文献中，χ 又被称为虚拟指标截断维数，简称为截断维数(dimension cut-off). 对于随机张量，我们往往需要较大的截断维数来获得较小的裁剪误差. 但对于物理学及机器学习中的具体问题而言，我们处理的张量往往是极为稀疏的，这使得我们可以在使用较小的截断维数时获得较高的精度，例如在 4.6 节中提到的纠缠熵与关联长度为有限值的量子态.

4.3　矩阵乘积态与规范自由度

考虑一个 N 体量子态，其在直积基底下可写为(见 2.4 节)

$$|\varphi\rangle=\sum_{s_0\cdots s_{N-1}}\varphi_{s_0\cdots s_{N-1}}\prod_{\otimes n=0}^{N-1}|s_n\rangle \tag{4-13}$$

设系数张量 $\boldsymbol{\varphi}$ 具有 TT 形式

$$\varphi_{s_0\cdots s_{N-1}}=\sum_{\alpha_0\cdots\alpha_{N-2}}A^{(0)}_{s_0\alpha_0}A^{(1)}_{\alpha_0s_1\alpha_1}\cdots A^{(N-2)}_{\alpha_{N-3}s_{N-2}\alpha_{N-2}}A^{(N-1)}_{\alpha_{N-2}s_{N-1}} \tag{4-14}$$

我们称 $|\varphi\rangle$为矩阵乘积态. TT 形式与矩阵乘积态意义相近，在本书及很多文献中，我们将具有 TT 形式的量子态称为矩阵乘积态. 可以看出，矩阵乘积态中的物理指标与定义物理希尔伯特空间的基底进行缩并，这也是“物理指标”这个名字的来源.

不是只有 TT 形式系数张量的量子态才被称为矩阵乘积态. 矩阵乘积态也可定义开放(open)与周期边界条件，TT 形式对应于开放边界条件，首尾两个张量之间没有共有指标. 周期边界条件的矩阵乘积态可写为

$$\varphi_{s_0\cdots s_{N-1}}=\sum_{\alpha_0\cdots\alpha_{N-1}}A^{(0)}_{\alpha_{N-1}s_0\alpha_0}A^{(1)}_{\alpha_0s_1\alpha_1}\cdots A^{(N-2)}_{\alpha_{N-3}s_{N-2}\alpha_{N-2}}A^{(N-1)}_{\alpha_{N-2}s_{N-1}\alpha_{N-1}} \tag{4-15}$$

首尾两个张量$\boldsymbol{A}^{(0)}$与 $\boldsymbol{A}^{(N-1)}$间存在共有指标 α_{N-1}，其图形表示见图 4-5. 所有局域张量$\{\boldsymbol{A}^{(*)}\}$的虚拟指标首尾相接，形成一个环，因此，周期边界条件的矩阵乘积态又被称为TR 形式(tensor-ring form)[①]，与 TT 形式类似，我们总可以将任意高阶张量通过 TR 分解(tensor-ring decomposition)写成 TR 形式.

① 参考 Qibin Zhao，Guoxu Zhou，Shengli Xie，Liqing Zhang，and Andrzej Cichocki，*Tensor Ring Decomposition*，arXiv：1606.05535.

规范自由度

“规范”是物理学中一个特别有意思的概念．物理学本质上是利用数学来对自然规律进行建模，既然是建模，那就可能会遇到模型与物理并不一一对应这种情况．如果这些模型都正确地描述了物理现象，那我们可以称该(类)模型具有规范自由度(gauge degrees of freedom)．这里，我们举一个最简单的例子，来尝试解释规范自由度的意义．设 $|\varphi\rangle$ 为薛定谔方程的解，$\langle x|\varphi\rangle^2$ 准确地给出了模型处于状态 $|x\rangle$ 的概率(密度)，所有观测量 $\langle\varphi|\hat{O}|\varphi\rangle$ 也都被准确给出．可以验证，对于任意标量 θ，量子态 $|\varphi(\theta)\rangle=e^{i\theta}|\varphi\rangle$ 也是薛定谔方程的解，$e^{i\theta}$ 被称为全局相位(global phase)．与此同时，$\langle x|\varphi(\theta)\rangle^2=|e^{i\theta}|^2\langle x|\varphi\rangle^2=\langle x|\varphi\rangle^2$ 也准确给出了模型处于状态 $|x\rangle$ 的概率(密度)(注：$|e^{i\theta}|^2=1$)，所有观测量 $\langle\varphi(\theta)|\hat{O}|\varphi(\theta)\rangle=|e^{i\theta}|^2\langle\varphi|\hat{O}|\varphi\rangle=\langle\varphi|\hat{O}|\varphi\rangle$ 也都被准确给出．在物理层面，即使 $\theta\neq\theta'$，我们也无法区分 $|\varphi(\theta)\rangle$ 与 $|\varphi(\theta')\rangle$．在群论中，由于 $e^{i\theta}$ 对应于 U(1)群，量子态的这种规范自由度被称为 U(1)规范．

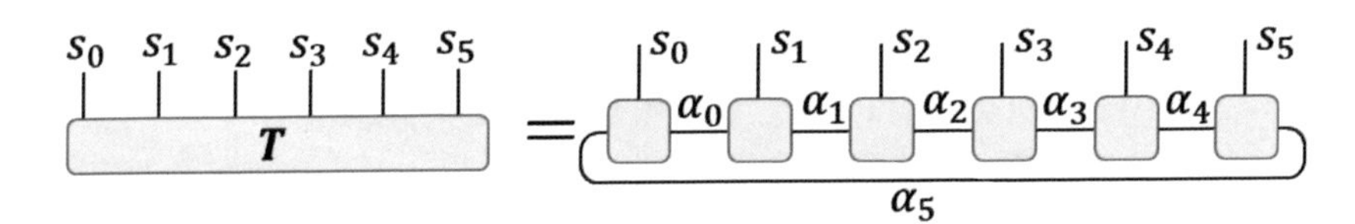

图 4-5　周期边界条件的矩阵乘积态(TR 形式)

对于同一个量子态，我们总可以通过 TT 分解或 TR 分解将其写成不同的矩阵乘积态．由此可以看出，一个给定量子态的矩阵乘积态表示不唯一．除了通过不同的分解方法外，我们还可以通过如下方式，在不改变系数张量 $\boldsymbol{\varphi}$ 的前提下，改变构成矩阵乘积态的局域张量 $\{\boldsymbol{A}^{(*)}\}$．引入任意 $\dim(\alpha_m)\times\dim(\alpha_m)$ 维的可逆矩阵 $\boldsymbol{V}$，其逆矩阵记为 $\tilde{\boldsymbol{V}}=\boldsymbol{V}^{-1}$，显然有 $\boldsymbol{V}\tilde{\boldsymbol{V}}=\boldsymbol{I}$．对张量 $\boldsymbol{A}^{(m)}$ 与 $\boldsymbol{A}^{(m+1)}$ 作如下变换

$$A'^{(m)}_{\alpha_{m-1}s_m\alpha_m}=\sum_{\alpha'_m}A^{(m)}_{\alpha_{m-1}s_m\alpha'_m}V_{\alpha'_m\alpha_m} \tag{4-16}$$

$$A'^{(m+1)}_{\alpha_m s_{m+1}\alpha_{m+1}}=\sum_{\alpha'_m}\tilde{V}_{\alpha_m\alpha'_m}A^{(m+1)}_{\alpha'_m s_{m+1}\alpha_{m+1}} \tag{4-17}$$

其余张量保持不变，即对于任意 $n\neq m$ 且 $n\neq m+1$，有 $\boldsymbol{A}'^{(n)}=\boldsymbol{A}^{(n)}$．只要 $\boldsymbol{V}$ 非单位矩阵，则构成矩阵乘积态的局域张量 $\{\boldsymbol{A}'^{(*)}\}$ 与 $\{\boldsymbol{A}^{(*)}\}$ 并不完全相同，因此可以认为 $\{\boldsymbol{A}'^{(*)}\}$ 与 $\{\boldsymbol{A}^{(*)}\}$ 为两个不同的矩阵乘积态．但是，这两个矩阵乘积态表示同一量子态 $|\varphi\rangle$．

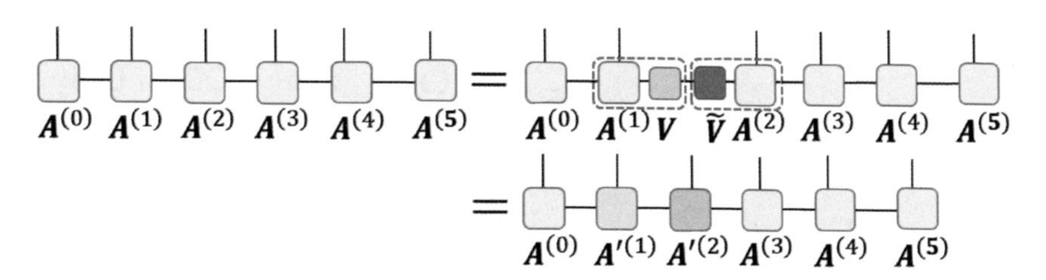

图 4-6　插入到虚拟指标α_1 上的矩阵乘积态规范变换示意图

图 4-6 展示了插入到虚拟指标 α_1 上的一种变换. 显然，这种变换可被放在任意一个或多个虚拟指标上，变换会改变与虚拟指标连接的张量，但是不会改变矩阵乘积态所表示的量子态 $|\varphi\rangle$. 我们将这种通过在虚拟指标上插入互逆矩阵来对局域张量 $\{\boldsymbol{A}^{(*)}\}$ 进行的变换，称为矩阵乘积态的规范变换(gauge transformation). 由规范变换产生的不同的矩阵乘积态表示同一个量子态，这些不同的表示构成矩阵乘积态的规范自由度.

矩阵乘积态的规范自由度会带来一些有意思的性质. 例如，我们假设 $|\varphi\rangle$ 为同一个张量 $\boldsymbol{A}$ 的 N 个复制构成的周期边界矩阵乘积态

$$\varphi_{s_0\cdots s_{N-1}} = \sum_{\alpha_0\cdots\alpha_{N-1}} A_{\alpha_{N-1}s_0\alpha_0} A_{\alpha_0 s_1\alpha_1} \cdots A_{\alpha_{N-3}s_{N-2}\alpha_{N-2}} A_{\alpha_{N-2}s_{N-1}\alpha_{N-1}} \tag{4-18}$$

设张量 $\boldsymbol{A}$ 满足如下公式

$$\sum_{s'} A_{\alpha s'\alpha'} U_{s's} = \sum_{\beta\beta'} u_{\alpha\beta} A_{\beta s\beta'} \tilde{u}_{\beta'\alpha'} \tag{4-19}$$

其中 $\boldsymbol{u}\tilde{\boldsymbol{u}}=\boldsymbol{I}$，定义位于第 n 个自旋空间的局域算符 $\hat{U}^{(n)} = \sum_{ss'} U_{ss'} \mid s\rangle\langle s' \mid$，则 $|\varphi\rangle$满足如下对称性

$$\mid \varphi\rangle = \prod_{\otimes n=0}^{N-1} \hat{U}^{(n)} \mid \varphi\rangle \tag{4-20}$$

换言之，$|\varphi\rangle$关于 $\prod_{\otimes n=0}^{N-1} \hat{U}^{(n)}$ 是变换不变的，证明过程见图 4-7. 该对称性又称矩阵乘积态的投影对称性(projective symmetry)，该对称性被用于描述量子多体态的拓扑性质[①].

① 参考 Zheng-Cheng Gu and Xiao-Gang Wen, "Tensor-Entanglement-Filtering Renormalization Approach and Symmetry-Protected Topological Order," *Phys. Rev. B* 80, 155131 (2009).

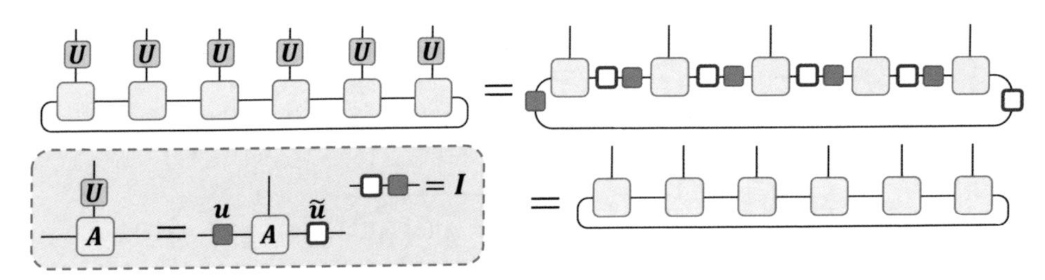

图 4-7 从局域张量的对称性到矩阵乘积态投影对称性的图形证明

4.4 中心正交形式与中心正交化

下面，我们介绍开放边界矩阵乘积态的一种特殊形式——中心正交形式(central-orthogonal form)，该形式在基于矩阵乘积态的算法中有着重要的应用. 在介绍该形式的意义之前，我们首先来给出其数学定义. 对于中心正交的矩阵乘积态 $\varphi_{s_0\cdots s_{N-1}}=\sum_{\alpha_0\cdots\alpha_{N-2}} A^{(0)}_{s_0\alpha_0}\cdots A^{(N-1)}_{\alpha_{N-2}s_{N-1}}$，则其局域张量满足如下约束条件：

a. $\sum_{s_0} A^{(0)}_{s_0\alpha_0} A^{(0)*}_{s_0\alpha_0'}=I_{\alpha_0\alpha_0'}$；

b. $\sum_{s_n\alpha_{n-1}} A^{(n)}_{\alpha_{n-1}s_n\alpha_n} A^{(n)*}_{\alpha_{n-1}s_n\alpha_n'}=I_{\alpha_n\alpha_n'}\ (1\leqslant n\leqslant n_c-1)$；

c. $|A^{(n_c)}|=1$；

d. $\sum_{s_n\alpha_n} A^{(n)}_{\alpha_{n-1}s_n\alpha_n} A^{(n)*}_{\alpha_{n-1}'s_n\alpha_n}=I_{\alpha_{n-1}\alpha_{n-1}'}\ (n_c+1\leqslant n\leqslant N-1)$；

e. $\sum_{s_{N-1}} A^{(N-1)}_{\alpha_{N-2}s_{N-1}} A^{(N-1)*}_{\alpha_{N-2}'s_{N-1}}=I_{\alpha_{N-2}\alpha_{N-2}'}$.

其中，n_c 被称为正交中心(orthogonal center)，处于正交中心的张量 $A^{(n_c)}$ 被称为中心张量(central tensor). 条件 a、b、d、e 规定了其余局域张量的正交性，即对应张量的矩阵化需要为等距矩阵(等距矩阵定义见 1.8 节). 例如，条件 b 可等价地写为$\boldsymbol{A}^{(n)\dagger}_{[2]}\boldsymbol{A}^{(n)}_{[2]}=I$. 其中，条件 a、b 被称为左正交条件(left-orthogonal condition)，条件 d、e 被称为右正交条件(right-orthogonal condition). 条件 c 规定了中心张量的归一性，由量子态的归一性可推导出中心张量的归一性(见本章习题 3).

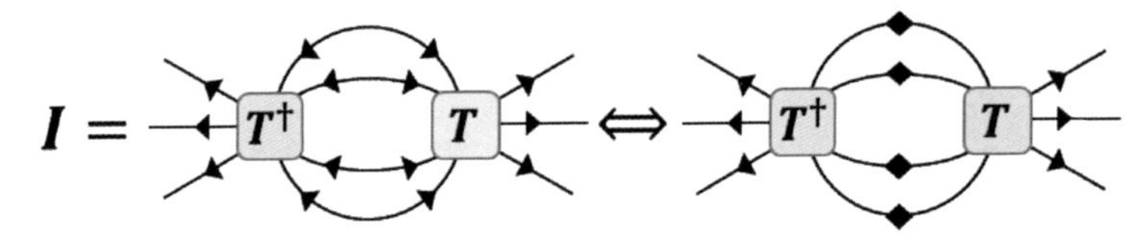

图 4-8 使用小三角形标注张量正交条件

在图形上，我们可以使用小三角形或箭头表示张量的正交性. 对于一个 N 阶张量 $\boldsymbol{T}$，当其某种矩阵化为等距矩阵时，即 $\boldsymbol{T}^{\dagger}_{[a_0a_1\cdots][b_0b_1\cdots]}\boldsymbol{T}_{[a_0a_1\cdots][b_0b_1\cdots]}=\boldsymbol{I}$，我们为指标 $[a_0a_1\cdots]$ 对应的线段上添加指向方块的内向箭头，为指标 $[b_0b_1\cdots]$ 对应的线段添加指离方块的外向箭头. 在这种规则下，如果被求和的指标在两个张量中的方向相反，对应的两个小三角可被简画成一个小的菱形，见图 4-8. 如果张量存在没有标记方向的指标，则表示该张量不具备正交性.

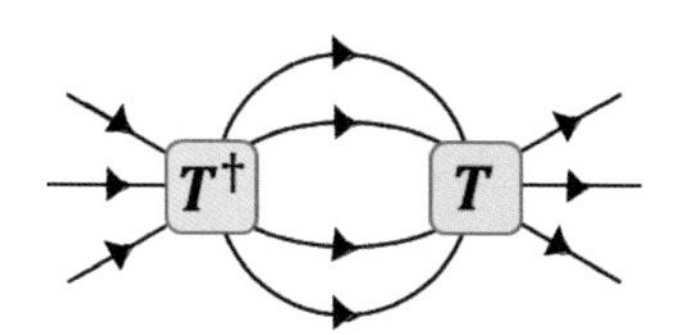

图 4-9　文献中另一种常用的标记张量正交性的方法

在文献(特别是量子物理的文献)中，也有另一种常用但稍微“复杂”一点的标注方法，如图 4-9 所示. 对于 $\boldsymbol{T}$，我们为指标 $[a_0a_1\cdots]$ 与 $[b_0b_1\cdots]$ 对应的线段分别添加内向或外向的箭头，但是对于其转置共轭 $\boldsymbol{T}^{\dagger}$，则采用相反的规则添加箭头. 规定，将 $\boldsymbol{T}$ 的内向指标与 $\boldsymbol{T}^{\dagger}$ 的外向指标收缩，获得单位矩阵. 这种标记方法的好处是，各个指标的箭头方向唯一，不会出现同一个指标对应两种不同方向的情况. 但该方法的“麻烦”之处在于，我们需要引入对偶空间的概念，来将张量分为两大类：属于原空间的张量使用与 $\boldsymbol{T}$ 一样的规则标记其正交性，属于对偶空间的张量使用与 $\boldsymbol{T}^{\dagger}$ 一样的规则标记其正交性. 其实，对偶空间对于量子态的描述是十分自然的，我们可以天然地认为，左矢态 $|\varphi\rangle$ 的系数张量属于原空间，而右矢态 $\langle\varphi|$ 的系数张量属于其对偶空间. 由于本书将不仅仅介绍张量网络在量子物理中的应用，因此并无必要引入对偶空间. 为简要起见，本书将采用第一种规则来标记张量的正交性. 图 4-10 的左侧给出了中心正交矩阵乘积态的图形表示，正交中心位置为 $n_c=3$. 其中，双三角代表该指标对于左右两端的张量具有相同的方向. 如果虚拟指标两端的张量仅有一边具有正交性，则仅在靠近具有正交性的张量一侧标上一个三角形.

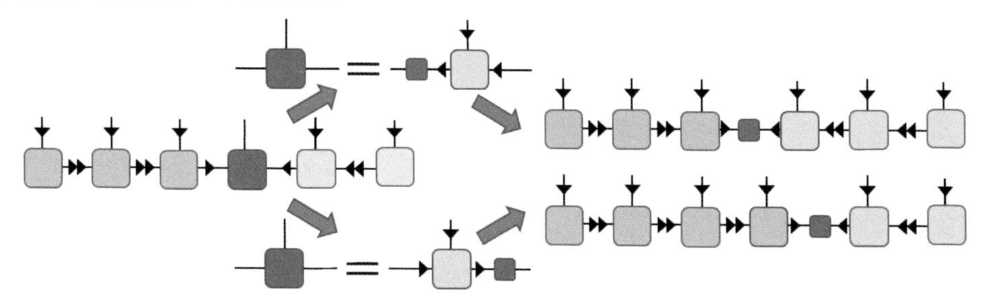

图 4-10　两种分解方式，将中心正交形式转换成键中心位置不同的中心正交形式

与中心正交形式类似的一种形式为键中心正交形式(bond-central orthogonal form)[①]. 将中心正交形式的中心张量分解成矩阵与满足正交条件的张量的收缩,即可获得键中心正交形式. 例如,如图 4-10 所示,可利用奇异值分解或 QR 分解计算

$$A^{(n_c)}_{\alpha_{n_c-1}s_{n_c}\alpha_{n_c}} = \sum_{\alpha} M_{\alpha_{n_c-1}\alpha} A'^{(n_c)}_{\alpha s_{n_c}\alpha_{n_c}} \tag{4-21}$$

其中,要求$\boldsymbol{A}'^{(n_c)}_{[0]}\boldsymbol{A}'^{(n_c)\dagger}_{[0]}=\boldsymbol{I}$,满足右正交条件,分解后所得的矩阵乘积态的正交中心处于$\boldsymbol{M}$,位于第(n_c-1)个虚拟指标,$\boldsymbol{M}$ 被称为中心矩阵(central matrix). 类似地,我们通过如下分解

$$A^{(n_c)}_{\alpha_{n_c-1}s_{n_c}\alpha_{n_c}} = \sum_{\alpha} A'^{(n_c)}_{\alpha_{n_c-1}s_{n_c}\alpha} M_{\alpha\alpha_{n_c}} \tag{4-22}$$

将正交中心放置于第 n_c 个虚拟指标上,其中$\boldsymbol{A}'^{(n_c)}_{[2]}\boldsymbol{A}'^{(n_c)\dagger}_{[2]}=\boldsymbol{I}$,满足左正交条件. 键中心正交形式也满足相应的正交约束与归一约束条件(见本章习题 4),且中心正交形式与键中心正交形式可相互转换.

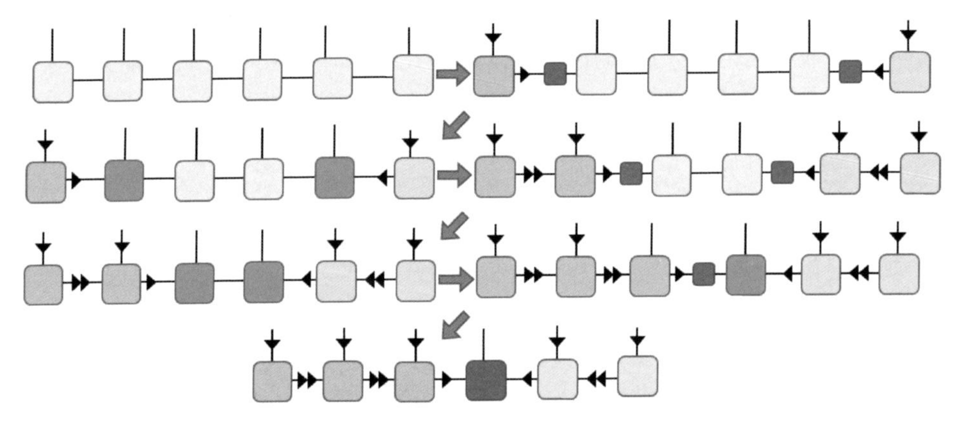

图 4-11 矩阵乘积态中心正交化示意图

将不满足中心正交形式的矩阵乘积态变换成中心正交形式,被称为中心正交化(central orthogonalization). 任意矩阵乘积态均可通过矩阵分解,实现中心正交化,具体过程如下(见图 4-11). 设正交化后的中心为 n_c,从 $n=0$ 的张量开始,从左至右依次对张量进行分解运算

$$A^{(n)}_{\alpha_{n-1}s_n\alpha_n} = \sum_{\alpha} A'^{(n)}_{\alpha_{n-1}s_n\alpha} M^{(n)}_{\alpha\alpha_n} \tag{4-23}$$

对于 $n=0$ 的张量,分解式为 $A^{(0)}_{s_0\alpha_0}=\sum_{\alpha} A'^{(0)}_{s_0\alpha}M^{(0)}_{\alpha\alpha_0}$. 可以用 QR 分解或奇异值分

① "键"一词来源于"bond",为"化学键"的英文,在张量网络文献中,指标的英语可写为"index"或"bond".

解，分解后所得的$\boldsymbol{A}'^{(n)}$满足左正交条件. 将所得的矩阵$\boldsymbol{M}^{(n)}$与其右边的张量$\boldsymbol{A}^{(n+1)}$进行收缩，更新$\boldsymbol{A}^{(n+1)}$为

$$A^{(n+1)}_{\alpha s_{n+1}\alpha_{n+1}} \leftarrow \sum_{\alpha_n} M^{(n)}_{\alpha\alpha_n} A^{(n+1)}_{\alpha_n s_{n+1}\alpha_{n+1}} \tag{4-24}$$

对所有 $n<n_c$ 的张量进行上述分解-收缩过程.

同时，从最右端 $n=N-1$ 的张量开始，依次进行分解运算

$$A^{(n)}_{\alpha_{n-1}s_n\alpha_n} = \sum_{\alpha} M^{(n-1)}_{\alpha_{n-1}\alpha} A'^{(n)}_{\alpha s_n\alpha_n} \tag{4-25}$$

分解后所得的$\boldsymbol{A}'^{(n)}$满足右正交条件. 将所得的矩阵$\boldsymbol{M}^{(n)}$与其左边的张量$\boldsymbol{A}^{(n-1)}$进行收缩，更新$\boldsymbol{A}^{(n-1)}$为

$$A^{(n-1)}_{\alpha_{n-2}s_{n-1}\alpha} \leftarrow \sum_{\alpha_{n-1}} A^{(n-1)}_{\alpha_{n-2}s_{n-1}\alpha_{n-1}} M^{(n-1)}_{\alpha_{n-1}\alpha} \tag{4-26}$$

对所有 $n>n_c$ 的张量进行上述分解-收缩过程. 进行完上述所有变换后，矩阵乘积态变为中心在 n_c 处的中心正交形式. 在上述过程中，每一次变换均不改变矩阵乘积态所表示的量子态，相当于在虚拟指标上插入了$\boldsymbol{M}^{(n)}(\boldsymbol{M}^{(n)})^{-1}$，属于规范变换.

4.5　矩阵乘积态的纠缠与虚拟维数最优裁剪

对于开放边界的矩阵乘积态，我们可以利用其键中心正交形式，获得二分纠缠谱. 设其正交中心处于第 n_c 个虚拟指标上，则第0 到第 n_c 个自旋$\{s_0,\cdots,s_{n_c}\}$与其余自旋间的二分纠缠谱为中心矩阵的奇异谱. 证明过程如下.

对中心矩阵进行奇异值分解

$$M^{(n_c)}_{\alpha_{n_c}\alpha'_{n_c}} = \sum_{\alpha\alpha'} U_{\alpha_{n_c}\alpha}\Lambda_{\alpha\alpha'}V^*_{\alpha'_{n_c}\alpha'} \tag{4-27}$$

更新第 n_c 个局域张量为

$$A^{(n_c)}_{\alpha_{n_c-1}s_{n_c}\alpha} \leftarrow \sum_{\alpha_{n_c}} A^{(n_c)}_{\alpha_{n_c-1}s_{n_c}\alpha_{n_c}} U_{\alpha_{n_c}\alpha} \tag{4-28}$$

更新第 n_c+1 个局域张量为

$$A^{(n_c+1)}_{\alpha s_{n_c}\alpha_{n_c+1}} \leftarrow \sum_{\alpha_{n_c}} V^*_{\alpha_{n_c}\alpha} A^{(n_c+1)}_{\alpha_{n_c}s_{n_c}\alpha_{n_c+1}} \tag{4-29}$$

上述计算的图形表示见图 4-12，更新后矩阵乘积态的中心张量变为对角矩阵 $\boldsymbol{\Lambda}$. 当中心矩阵$\boldsymbol{M}^{(n_c)}$满秩时，$\boldsymbol{U}$ 和 $\boldsymbol{V}^{\dagger}$ 为幺正方阵. 如果 $\boldsymbol{M}^{(n_c)}$亏秩，则 $\boldsymbol{U}$ 和 $\boldsymbol{V}^{\dagger}$ 取为非方等距矩阵，正交方向如图 4-12 中箭头所示. 因此，进行上述更新之后，$\boldsymbol{A}^{(n_c)}$与$\boldsymbol{A}^{(n_c+1)}$的正交性保持不变.

将前 n_c 个张量的共有虚拟指标进行缩并，所得张量为

$$\varphi^{\mathrm{L}}_{s_0\cdots s_{n_c}\alpha_{n_c}} = \sum_{\alpha_0\cdots\alpha_{n_c-1}} A^{(0)}_{s_0\alpha_0} A^{(1)}_{\alpha_0 s_1\alpha_1}\cdots A^{(n_c)}_{\alpha_{n_c-1}s_{n_c}\alpha_{n_c}} \tag{4-30}$$

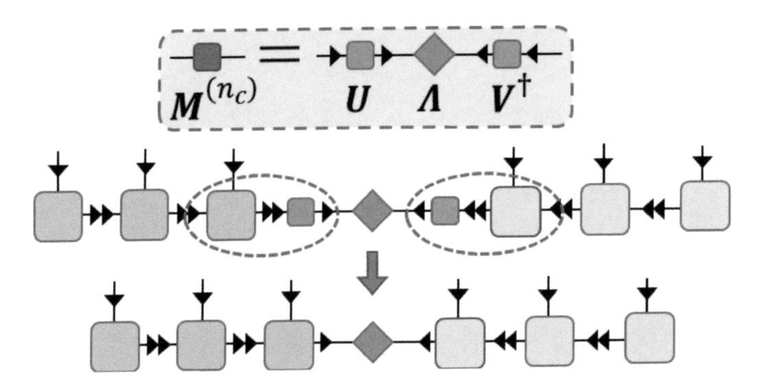

图 4-12　对中心矩阵$M^{(n_c)}$进行奇异值分解，并更新左右两个局域张量，使矩阵乘积态的中心矩阵为奇异值构成的对角矩阵 $\boldsymbol{\Lambda}$

根据键中心正交形式的约束条件，前 n_c 个局域张量满足左正交条件，易得$\boldsymbol{\varphi}^{\mathrm{L}}$ 满足正交条件

$$\boldsymbol{\varphi}_{[-1]}^{\mathrm{L}\dagger}\boldsymbol{\varphi}_{[-1]}^{\mathrm{L}}=\boldsymbol{I} \tag{4-31}$$

下标方括号中的"-1"代指最后一个指标，即虚拟指标 α_{n_c}，上式的图形证明见图 4-13.

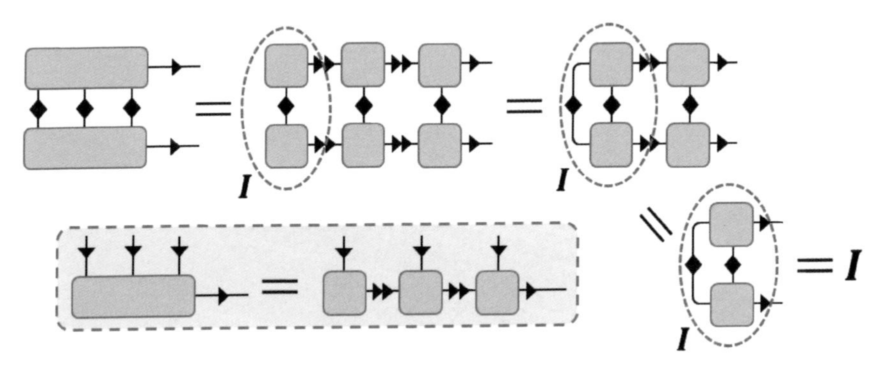

图 4-13　$\boldsymbol{\varphi}_{[-1]}^{\mathrm{L}\dagger}\boldsymbol{\varphi}_{[-1]}^{\mathrm{L}}=\boldsymbol{I}$ 的图形证明

类似地，我们定义

$$\varphi^{\mathrm{R}}_{\alpha_{n_c}s_{n_c+1}\cdots s_{N-1}}=\sum_{\alpha_{n_c+1}\cdots\alpha_{N-2}}A^{(n_c+1)}_{\alpha_{n_c}s_{n_c+1}\alpha_{n_c+1}}A^{(n_c+2)}_{\alpha_{n_c+1}s_{n_c+2}\alpha_{n_c+2}}\cdots A^{(N-1)}_{\alpha_{N-2}s_{N-1}} \tag{4-32}$$

根据各个局域张量所满足的右正交条件，易得

$$\boldsymbol{\varphi}_{[0]}^{\mathrm{R}}\boldsymbol{\varphi}_{[0]}^{\mathrm{R}\dagger}=\boldsymbol{I} \tag{4-33}$$

整个矩阵乘积态可写为$\boldsymbol{\varphi}^{\mathrm{L}}$、$\boldsymbol{\Lambda}$ 与 $\boldsymbol{\varphi}^{\mathrm{R}}$ 的缩并

$$\varphi_{s_0\cdots s_{N-1}}=\sum_{\alpha_{n_c}\alpha'_{n_c}}\varphi^{\mathrm{L}}_{s_0\cdots s_{n_c}\alpha_{n_c}}\Lambda_{\alpha_{n_c}\alpha'_{n_c}}\varphi^{\mathrm{R}}_{\alpha'_{n_c}s_{n_c+1}\cdots s_{N-1}} \tag{4-34}$$

利用矩阵化，上式可写为

$$\boldsymbol{\varphi}_{[0,\cdots,n_c]}=\boldsymbol{\varphi}^{\mathrm{L}}_{[-1]}\boldsymbol{\Lambda}\boldsymbol{\varphi}^{\mathrm{R}}_{[0]} \tag{4-35}$$

根据上文分析，$\boldsymbol{\varphi}^{\mathrm{L}}_{[-1]}$与$\boldsymbol{\varphi}^{\mathrm{R}}_{[0]}$满足正交条件，且$\boldsymbol{\Lambda}$为对角矩阵，对角元非负且降序排列. 根据奇异值分解的定义(见 1.5 节)，$\boldsymbol{\varphi}^{\mathrm{L}}_{[-1]}$与$\boldsymbol{\varphi}^{\mathrm{R}}_{[0]}$为$\boldsymbol{\varphi}_{[0,\cdots,n_c]}$的奇异值分解中的变换矩阵，$\boldsymbol{\Lambda}$的对角元为其奇异谱. 根据施密特分解与奇异值分解的关系(见 2.6 节)可得，$\boldsymbol{\Lambda}$为矩阵乘积态的二分纠缠熵. 证毕.

从上文的推导我们可以看出，在虚拟指标α_m处二分矩阵乘积态，对应的二分纠缠熵$S(\alpha_m)$满足

$$0\leqslant S(\alpha_m)\leqslant \ln(\dim(\alpha_m)) \tag{4-36}$$

可见，矩阵乘积态并不能表示任意量子态，例如，对于一个虚拟指标截断维数为χ的矩阵乘积态，它不能给出一个纠缠熵超过$\ln\chi$的量子态. 因此，我们可以得到关于矩阵乘积态的一个重要推论：在不考虑近似的情况下，当目标量子态的二分纠缠熵不随系统尺寸(也就是自旋个数)N变化而变化时，即满足所谓的 1 维纠缠面积定律(可参考 5.1 节)，我们认为矩阵乘积态可以有效地将参数复杂度从指数复杂度$O(2^N)$降为线性复杂度$O(N)$. 当二分纠缠熵随N增大而呈对数增大时，即$S\sim\ln N$，所需的虚拟维数至少需为尺寸的多项式函数$\chi\sim N^{\kappa}$，矩阵乘积态关于N也应至少为多项式复杂度$O(N\chi^2)\sim O(N^{\kappa'})$；当纠缠熵与系统尺寸线性相关，即$S\sim N$时，矩阵乘积态需要指数大的截断维数，故参数复杂度为指数复杂度$O(c^N)$(c为某常数)，此时可认为，矩阵乘积态无法有效地压缩目标量子态的参数复杂度. 在量子多体物理中，1 维非临界系统与 1 维临界系统的基态分别属于第一种与第二种情况.

上述奇异值分解同时给出了最优裁剪矩阵乘积态虚拟指标维数的方法. 对于给定矩阵乘积态，考虑将第m个虚拟指标维数降至一个较小的维数，如$\chi<\dim(s_m)$，并极小化维数降低前后矩阵乘积态的 L2 范数(即裁剪误差，见公式(4-11)). 方法是将矩阵乘积态变换成键中心正交形式，且正交中心放置在待裁剪的虚拟指标s_m上. 对中心矩阵作奇异值分解，并保留前χ个奇异值与对应的奇异向量，将所得的变化矩阵收缩至向量的局域张量中即可. 经过上述裁剪后，矩阵乘积态仍保持为键中心正交形式，且中心矩阵为由χ个奇异值作为对角元的对角矩阵.

4.6　无限长平移不变矩阵乘积态及其关联长度

在本节，我们介绍一类特殊但极为重要的矩阵乘积态，其由无穷多个局域张量构成，即长度无限但是局域张量中仅包含有限多个互不相等的张量，这类矩阵乘积态被称为无限长平移不变矩阵乘积态(infinite translational-invariant MPS). 例如，若所有局域张量都相等，即仅有一个不等价张量(inequivalent tensor)，记

为 $\boldsymbol{A}$，矩阵乘积态可写为

$$|\varphi\rangle=\mathrm{tTr}(\prod_{n=0}^{\infty}\boldsymbol{A}_{:,s_n,:}\prod_{\otimes m=0}^{\infty}|s_m\rangle) \tag{4-37}$$

由于仅存在一个不等价张量，我们称该类矩阵乘积态满足单张量平移不变性，也称其为均匀矩阵乘积态(uniform MPS，简称 uMPS)．显然，$\boldsymbol{A}$ 的左右虚拟指标维数应相等，这里记为 χ．一个 uMPS 对应的希尔伯特空间大小为 2^{∞}，但是其所含的参数个数却为有限个，即为 $\#(\boldsymbol{A})=d\chi^2$，其中 d 代表物理指标的维数．

在不引起误解的情况下，uMPS 可简记为 $|\varphi\rangle=\mathrm{tTr}(\boldsymbol{A})^{\infty}$．可将上式推广至 K 张量平移不变的矩阵乘积态，即存在 K 个不等价张量，所有不等价张量按一定的顺序排列成无穷长的矩阵乘积态，例如，对于 $K=2$，该态可记为

$$|\varphi\rangle=\mathrm{tTr}(\prod_{n=0}^{\infty}\boldsymbol{A}_{:,s_n,:}\boldsymbol{B}_{:,p_n,:}\prod_{\otimes m=0}^{\infty}|s_m p_m\rangle) \tag{4-38}$$

其中，两个不等价张量 $\boldsymbol{A}$ 与 $\boldsymbol{B}$ 循环出现在矩阵乘积态中．上式可简写为 $|\varphi\rangle=\mathrm{tTr}(\boldsymbol{AB})^{\infty}$．类似地，一个 K 张量平移不变的矩阵乘积态可被简记为 $|\varphi\rangle=\mathrm{tTr}(\prod_{k=0}^{K-1}\boldsymbol{A}^{[k]})^{\infty}$，其不等价张量为 $\{\boldsymbol{A}^{[k]}\}(k=0,\cdots,K-1)$．

显然，对于正整数 m，K 张量平移不变矩阵乘积态为 $K'=mK$ 张量平移不变矩阵乘积态的子集．在实际计算中，我们应考虑量子态可能具备的对称性来选择 K，特别是当系统可能出现自发对称性破缺(spantaneous symmetry breaking)时．例如，当我们在求解单格点平移不变的哈密顿量基态时，通过经验判断，基态自身的平移不变对称性可能会自发破缺成 2 格点平移不变．此时，我们选取 $K=2$ 的平移不变矩阵乘积态．即使最终的结果表明我们的经验判断错误了，其基态满足单格点平移不变，计算也能给出正确的结果．如果我们采用 $K=1$ 的 uMPS，则计算结果必定为单格点平移不变，此时，如果真正的基态为 2 格点平移不变的话，会得到错误的结果．当然，若我们确信量子态满足 K 格点平移不变性，则采用 K 张量平移不变的矩阵乘积态是最高效的．

自发对称性破缺

自发对称性破缺是朗道范式描述相变现象的重要概念．以本书重点考虑的量子哈密顿量体系及其基态问题为例，如果哈密顿量具备某种对称性，而其基态不具备，我们称基态自发破缺了该对称性．这里我们主要考虑空间的自发对称性破缺．例如，对于无穷大 1 维横场伊辛模型(见 3.6 节) $\hat{H}=J\sum_{n=0}^{\infty}\hat{S}_n^z\hat{S}_{n+1}^z+h\sum_{m=0}^{\infty}\hat{S}_m^x$，由于对于任意格点 n，哈密顿量中的耦合项及其强度 J、磁场 h 都是相等的，因此，哈密顿量具备单格点平移不变性．当磁场很小

时，考虑铁磁耦合($J<0$)下的基态，其为铁磁态，每个自旋同向排列，此时基态也具备单格点平移不变性．考虑反铁磁耦合($J>0$)下的基态，其为反铁磁态，自旋向上向下交错排列．此时，基态具备 2 格点平移不变性，单格点的平移不变自发性破缺了．因此，在计算具备反铁磁耦合的模型时，我们一般至少取 2 张量平移不变的矩阵乘积态．当然，能够发生自发性破缺的对称性不只有空间平移对称性，常见的还有自旋本身的对称性，如前文提到过的 SU(2)对称性等．

虚拟指标维数有限的 uMPS 一定给出有限大小的关联长度(correlation length)，该结论可推广至 K 张量平移不变的矩阵乘积态，甚至一般矩阵乘积态．设算符 $\hat{P}$ 与 $\hat{Q}$ 分别定义在第 n_0 与第 n_1 个物理指标对应的希尔伯特空间，对于 uMPS $|\varphi\rangle$，其对应的关联函数①定义为

$$\mathcal{C}(n_0,n_1)=\langle\hat{P}\hat{Q}\rangle-\langle\hat{P}\rangle\langle\hat{Q}\rangle=\langle\varphi|\hat{P}\hat{Q}|\varphi\rangle-\langle\varphi|\hat{P}|\varphi\rangle\langle\varphi|\hat{Q}|\varphi\rangle \tag{4-39}$$

考虑到 $|\varphi\rangle$ 的平移不变性，n_0 与 n_1 的绝对大小并无意义，定义距离 $l=n_1-n_0-1$(设 $n_1>n_0$)，在算符给定后，关联函数仅为距离的函数 $\mathcal{C}(l)$．以 $l=2$ 为例，其图形表示见图 4-14.

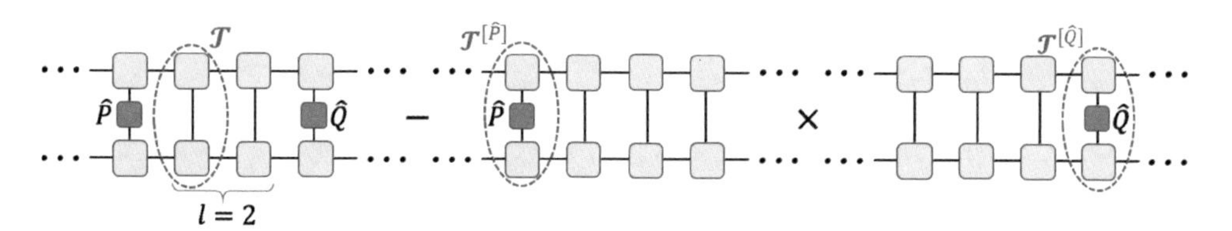

图 4-14　关联函数 $\mathcal{C}(l)$、转移矩阵 $\mathcal{T}$ 与算符转移矩阵 $\mathcal{T}^{[\hat{O}]}$ 的图形表示

定义关联长度为

$$\xi=-\lim_{l\to\infty}\frac{l}{\ln|\mathcal{C}(l)|} \tag{4-40}$$

若关联函数 $\mathcal{C}(l)$ 的绝对值在长程下关于距离 l 指数衰减，如 $|\mathcal{C}(l)|=\mathrm{e}^{-\eta l}$，其中 η 为一个正常数，意味着关联长度 ξ 为有限值，满足

$$\xi=-\lim_{l\to\infty}\frac{l}{\ln\mathrm{e}^{-\eta l}}=\frac{1}{\eta} \tag{4-41}$$

可见，关联长度可由指数衰减因子的倒数给出．若关联函数关于距离的衰减速度

① 在文献中，也称 $\langle\hat{P}^{(n_0)}\hat{Q}^{(n_1)}\rangle$ 为关联函数，称 $\mathcal{C}(n_0,n_1)$ 为涨落函数(fluctuation function).

慢于指数函数，如多项式函数 $|\mathcal{C}(l)|=|l|^{-\kappa}$，则 $\xi=-\lim\limits_{l\to\infty}\frac{l}{\ln|l|^{-\kappa}}=\frac{1}{\kappa}\lim\limits_{l\to\infty}\frac{l}{\ln|l|}=\infty$，此时称量子态具有无穷大关联长度. 因此，我们需要证明，对于任意有限虚拟维数的 uMPS，其关联函数的绝对值随 l 指数衰减

$$|\mathcal{C}(l)|=\mathrm{e}^{-\frac{l}{\xi}} \tag{4-42}$$

定义如下张量

$$\mathcal{T}_{\alpha_0\alpha_0'\alpha_1\alpha_1'}=\sum_s A_{\alpha_0 s\alpha_1}A_{\alpha_0' s\alpha_1'} \tag{4-43}$$

$$\mathcal{T}^{[\hat{O}]}_{\alpha_0\alpha_0'\alpha_1\alpha_1'}=\sum_{ss'} A_{\alpha_0 s\alpha_1}O_{ss'}A_{\alpha_0' s'\alpha_1'} \tag{4-44}$$

其中，$\boldsymbol{O}$ 为某算符 $\hat{O}$ 的系数矩阵，其图形表示如图 4-14 红圈处所示. 我们称 $\mathcal{T}$ 的矩阵化 $\mathcal{T}_{[0,1]}$ 为 uMPS 的转移矩阵，$\mathcal{T}^{[\hat{O}]}$ 的矩阵化 $\mathcal{T}^{[\hat{O}]}_{[0,1]}$ 为算符转移矩阵(operator-transfer matrix). 其中，uMPS 的模方可由转移矩阵表示，满足

$$\langle\varphi|\varphi\rangle=\mathrm{Tr}(\mathcal{T}^{\infty}_{[0,1]}) \tag{4-45}$$

这里以周期边界条件的 uMPS 为例，因此在 $\langle\varphi|\varphi\rangle$ 的计算中使用了求迹运算 Tr，但本节的推导对于开放边界条件的 uMPS 同样适用. 读者可以尝试思考，对于无穷长的 uMPS 而言，周期或开放边界条件在一般情况下并不会引起不同. 设 $\mathcal{T}_{[0,1]}$ 的本征值分解为

$$\mathcal{T}_{[0,1]}=\boldsymbol{U\Gamma U}^{\dagger} \tag{4-46}$$

为简要起见，设 $\mathcal{T}_{[0,1]}$ 的最大本征值非简并，于是，$\mathcal{T}_{[0,1]}$ 的无穷次方满足(见 1.4 节)

$$\mathcal{T}^{\infty}_{[0,1]}=\Gamma^{\infty}_{0,0}\boldsymbol{U}_{:,0}\boldsymbol{U}^{\mathrm{T}}_{:,0} \tag{4-47}$$

其中，$\Gamma_{0,0}$ 为最大的本征值，$\boldsymbol{U}_{:,0}$ 为切片操作获得的、由最大本征向量构成的 $(\chi^2\times 1)$ 维矩阵，上式所得的 $\mathcal{T}^{\infty}_{[0,1]}$ 为 $(\chi^2\times\chi^2)$ 的单秩矩阵. 代入式(4-45)有

$$\langle\varphi|\varphi\rangle=\Gamma^{\infty}_{0,0} \tag{4-48}$$

根据量子态归一条件 $\langle\varphi|\varphi\rangle=1$ 可得，uMPS 转移矩阵的最大本征值为 1，即[①]

$$\Gamma_{0,0}=1 \tag{4-49}$$

类似地，关联函数可表示为

$$\begin{aligned}\mathcal{C}(l)=&\mathrm{Tr}(\mathcal{T}^{\infty}_{[0,1]}\mathcal{T}^{[\hat{P}]}_{[0,1]}\mathcal{T}^{l}_{[0,1]}\mathcal{T}^{[\hat{Q}]}_{[0,1]}\mathcal{T}^{\infty}_{[0,1]})\\&-\mathrm{Tr}(\mathcal{T}^{\infty}_{[0,1]}\mathcal{T}^{[\hat{P}]}_{[0,1]}\mathcal{T}^{\infty}_{[0,1]})\mathrm{Tr}(\mathcal{T}^{\infty}_{[0,1]}\mathcal{T}^{[\hat{Q}]}_{[0,1]}\mathcal{T}^{\infty}_{[0,1]})\end{aligned} \tag{4-50}$$

将 $\mathcal{T}^{\infty}_{[0,1]}$ 与 $\Gamma_{0,0}$ 代入上式得

$$\mathcal{C}(l)=\boldsymbol{U}^{\mathrm{T}}_{:,0}\mathcal{T}^{[\hat{P}]}_{[0,1]}\mathcal{T}^{l}_{[0,1]}\mathcal{T}^{[\hat{Q}]}_{[0,1]}\boldsymbol{U}_{:,0}-(\boldsymbol{U}^{\mathrm{T}}_{:,0}\mathcal{T}^{[\hat{P}]}_{[0,1]}\boldsymbol{U}_{:,0})(\boldsymbol{U}^{\mathrm{T}}_{:,0}\mathcal{T}^{[\hat{Q}]}_{[0,1]}\boldsymbol{U}_{:,0}) \tag{4-51}$$

① 严格讲，这里仅能推出 $|\Gamma_{0,0}|=1$，为简要起见，我们考虑 $\Gamma_{0,0}=1$ 的情况.

又由本征值分解，得

$$\mathcal{T}^{l}_{[0,1]}=\boldsymbol{U}\boldsymbol{\Gamma}^{l}\boldsymbol{U}^{\dagger} \tag{4-52}$$

考虑关联函数的长程行为以确定关联长度，取 l 足够大，且保留前两项领头项，有

$$\mathcal{T}^{l}_{[0,1]}\approx\boldsymbol{U}_{:,0}\boldsymbol{U}^{\mathrm{T}}_{:,0}+\boldsymbol{U}_{:,1}\Gamma^{l}_{1,1}\boldsymbol{U}^{\mathrm{T}}_{:,1} \tag{4-53}$$

其中，$\Gamma_{1,1}$ 为次大本征值. 注意，上式利用了 $\Gamma_{0,0}=1$. 利用上式可得

$$\begin{aligned}\boldsymbol{U}^{\mathrm{T}}_{:,0}\mathcal{T}^{[\hat{P}]}_{[0,1]}\mathcal{T}^{l}_{[0,1]}\mathcal{T}^{[\hat{Q}]}_{[0,1]}\boldsymbol{U}_{:,0}&=\boldsymbol{U}^{\mathrm{T}}_{:,0}\mathcal{T}^{[\hat{P}]}_{[0,1]}\boldsymbol{U}_{:,0}\boldsymbol{U}^{\mathrm{T}}_{:,0}\mathcal{T}^{[\hat{Q}]}_{[0,1]}\boldsymbol{U}_{:,0}\\&\quad+\Gamma^{l}_{1,1}\boldsymbol{U}^{\mathrm{T}}_{:,0}\mathcal{T}^{[\hat{P}]}_{[0,1]}\boldsymbol{U}_{:,1}\boldsymbol{U}^{\mathrm{T}}_{:,1}\mathcal{T}^{[\hat{Q}]}_{[0,1]}\boldsymbol{U}_{:,0}\end{aligned} \tag{4-54}$$

上式的第一项刚好等于 $\langle\hat{P}\rangle\langle\hat{Q}\rangle$，在 $\mathcal{C}(l)$ 中被抵消掉，有

$$\mathcal{C}(l)=\Gamma^{l}_{1,1}\boldsymbol{U}^{\mathrm{T}}_{:,0}\mathcal{T}^{[\hat{P}]}_{[0,1]}\boldsymbol{U}_{:,1}\boldsymbol{U}^{\mathrm{T}}_{:,1}\mathcal{T}^{[\hat{Q}]}_{[0,1]}\boldsymbol{U}_{:,0}\propto\Gamma^{l}_{1,1} \tag{4-55}$$

将上式代入关联长度的定义式，有

$$\xi=-\frac{l}{\ln|\Gamma_{1,1}{}^{l}|}=-\frac{1}{\ln|\Gamma_{1,1}|} \tag{4-56}$$

即uMPS 的关联长度由其转移矩阵次大本征值的绝对值给出，为有限值. 证毕.

结合上一小节对纠缠熵上下限的讨论，可得，矩阵乘积态可有效地表示满足如下条件的量子态：

(a)任意虚拟指标处的二分纠缠熵满足 $0\leqslant S(s_m)\leqslant\ln(\dim(s_m))$；

(b)关联长度有限(即关联函数的大小在长程范围指数衰减).

4.7　矩阵乘积态的正则形式与正则化

对于无穷长矩阵乘积态，显然我们不可能简单地通过施密特分解来获得二分纠缠谱，而需借助正交形式. 以不等价张量为 $\boldsymbol{A}$ 的 uMPS 为例，可以通过迭代使用奇异值分解对 uMPS 进行中心正交化. 初始化 $\boldsymbol{A}^{\mathrm{L}'}=\boldsymbol{A}$ 与 $\boldsymbol{A}^{\mathrm{R}'}=\boldsymbol{A}$，首先，对 $\boldsymbol{A}^{\mathrm{L}'}$ 与 $\boldsymbol{A}^{\mathrm{R}'}$ 的矩阵化作如下奇异值分解

$$\boldsymbol{A}^{\mathrm{L}'}_{[0,1][2]}=\boldsymbol{A}^{\mathrm{L}}\boldsymbol{\Lambda}^{\mathrm{L}}\boldsymbol{V}^{\mathrm{L}\dagger} \tag{4-57}$$

$$\boldsymbol{A}^{\mathrm{R}'}_{[1,2][0]}=\boldsymbol{A}^{\mathrm{R}}\boldsymbol{\Lambda}^{\mathrm{R}}\boldsymbol{V}^{\mathrm{R}\dagger} \tag{4-58}$$

然后，更新 $\boldsymbol{A}^{\mathrm{L}'}$ 与 $\boldsymbol{A}^{\mathrm{R}'}$ 为

$$\boldsymbol{\Lambda}^{\mathrm{L}}\boldsymbol{V}^{\mathrm{L}\dagger}\boldsymbol{A}_{[0][1,2]}=\boldsymbol{A}^{\mathrm{L}'} \tag{4-59}$$

$$\boldsymbol{A}_{[0,1][2]}\boldsymbol{V}^{\mathrm{R}\dagger}\boldsymbol{\Lambda}^{\mathrm{R}}=\boldsymbol{A}^{\mathrm{R}'} \tag{4-60}$$

并将所得的 $\boldsymbol{A}^{\mathrm{L}'}$ 与 $\boldsymbol{A}^{\mathrm{R}'}$ 变形回 3 阶张量，见图 4-15(a)与(b). $\boldsymbol{A}^{\mathrm{L}'}$ 与 $\boldsymbol{A}^{\mathrm{R}'}$ 收敛后，更新中心张量为

$$A_{\alpha s\beta}\leftarrow\sum_{\alpha'\beta'}\Lambda^{\mathrm{L}}_{\alpha\alpha}V^{\mathrm{L}*}_{\alpha\alpha'}A_{\alpha's\beta'}V^{\mathrm{R}*}_{\beta\beta'}\Lambda^{\mathrm{R}}_{\beta\beta} \tag{4-61}$$

如图 4-15(c)所示.

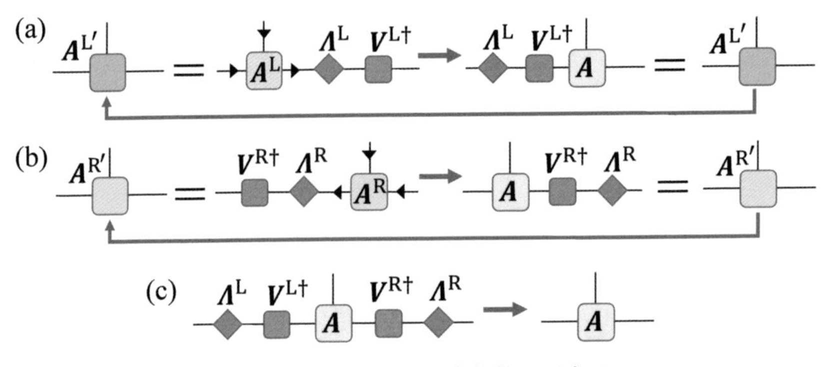

图 4-15 uMPS 中心正交化的图形表示

重复上述过程直至 $\boldsymbol{A}$ 收敛，收敛后的矩阵乘积态由$\boldsymbol{A}^{\mathrm{L}}$、$\boldsymbol{A}$、$\boldsymbol{A}^{\mathrm{R}}$这三个不等价张量构成，其中，$\boldsymbol{A}$ 为中心张量，$\boldsymbol{A}$ 左边的张量全部为$\boldsymbol{A}^{\mathrm{L}}$，满足左正交条件，$\boldsymbol{A}$ 右边的张量全部为$\boldsymbol{A}^{\mathrm{R}}$，满足右正交条件，见图 4-16. 由三个张量之间的关系可证，任意处的二分纠缠谱均为$\boldsymbol{\Lambda}^{\mathrm{L}}=\boldsymbol{\Lambda}^{\mathrm{R}}$(见本章习题 6)，这也与 uMPS 的平移对称性一致.

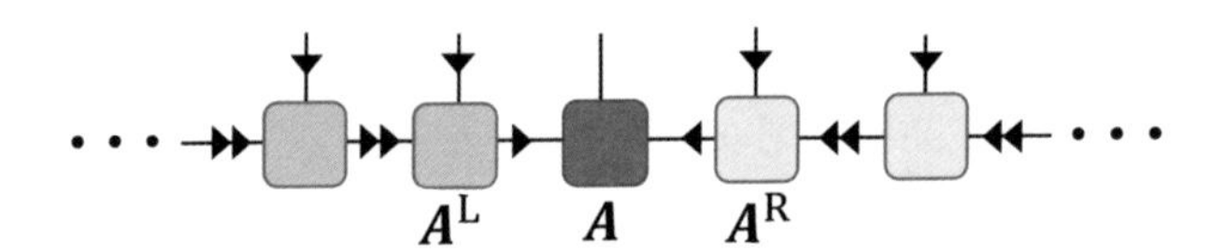

图 4-16 uMPS 变换为中心正交形式后的图形表示

由于中心正交形式中含有三个不等价张量，这使得 uMPS 的平移对称性变得不那么显然. 下面定义 uMPS 的正则形式(canonical form)，在该形式中，我们既可以显式地给出纠缠谱与相关的正交条件，又能保持 uMPS 的平移不变性. 正则形式包含两个不等价张量 $\boldsymbol{A}$ 与 $\boldsymbol{\Lambda}$，并满足如下正则条件(canonical condition)：

$$\sum_{\beta s}\Lambda_{\beta\beta}^{2}A_{\alpha s\beta}^{*}A_{\alpha' s\beta}=I_{\alpha\alpha'} \tag{4-62}$$

$$\sum_{\alpha s}\Lambda_{\alpha\alpha}^{2}A_{\alpha s\beta}^{*}A_{\alpha s\beta'}=I_{\beta\beta'} \tag{4-63}$$

$$\Lambda_0\geqslant\Lambda_1\geqslant\cdots\geqslant 0 \tag{4-64}$$

见图 4-17，式(4-62)与(4-63)又分别被称为左、右正则条件，$\boldsymbol{\Lambda}$ 被称为正则谱(canonical spectrum). 正则形式的 uMPS 可转换为中心正交形式，满足

$$A_{\alpha s\beta}^{\mathrm{L}}=\Lambda_{\alpha\alpha}A_{\alpha s\beta} \tag{4-65}$$

$$A_{\alpha s\beta}^{\mathrm{R}}=A_{\alpha s\beta}\Lambda_{\beta\beta} \tag{4-66}$$

且有$\boldsymbol{\Lambda}^{\mathrm{L}}=\boldsymbol{\Lambda}^{\mathrm{R}}=\boldsymbol{\Lambda}$. 注意，虽然构成正则 uMPS 的不等价张量有两个($\boldsymbol{A}$ 与 $\boldsymbol{\Lambda}$)，但

由于仅有 $\boldsymbol{A}$ 包含物理指标，$\boldsymbol{\Lambda}$ 为定义在虚拟指标上的对角矩阵，我们仍可称其为单张量平移不变.

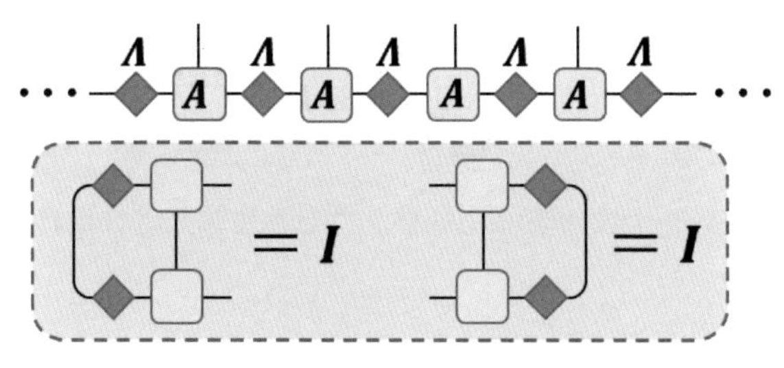

图 4-17　正则 uMPS 与正则条件

uMPS 的正则谱$\boldsymbol{\Lambda}$ 给出其二分纠缠谱. 引入张量$\boldsymbol{A}^{\mathrm{L}}$与$\boldsymbol{A}^{\mathrm{R}}$，满足式(4-65)与式(4-66). 易得，$\boldsymbol{A}^{\mathrm{L}}$与$\boldsymbol{A}^{\mathrm{R}}$分别满足左、右正交条件，uMPS 写成由 $\boldsymbol{\Lambda}$、$\boldsymbol{A}^{\mathrm{L}}$与$\boldsymbol{A}^{\mathrm{R}}$构成的键中心正交矩阵乘积态(见图 4-18). 类似于有限长矩阵乘积态的键中心正交形式(见 4.4 节、4.5 节)，$\boldsymbol{\Lambda}$ 为 uMPS 的二分纠缠谱.

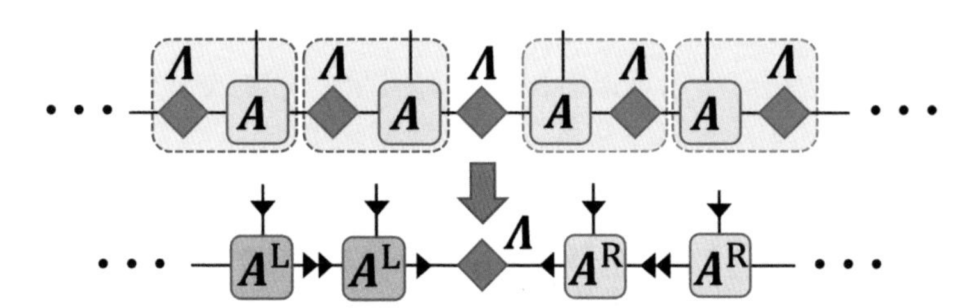

图 4-18　正则形式的 uMPS 可变换为键中心正交形式

将无穷大平移不变的矩阵乘积态变换为正则形式的过程，被称为正则化(canonicalization)[①]，具体算法如下. 设不等价张量为 $\boldsymbol{A}$，初始化 $\boldsymbol{\Lambda}$ 为单位矩阵 $\boldsymbol{I}$，迭代进行如下计算：首先，根据式(4-65)与式(4-66)计算张量$\boldsymbol{A}^{\mathrm{L}}$与$\boldsymbol{A}^{\mathrm{R}}$. 在 uMPS 未收敛到正则形式前，$\boldsymbol{A}^{\mathrm{L}}$与$\boldsymbol{A}^{\mathrm{R}}$并不为等距矩阵. 其次，计算奇异值分解

$$\boldsymbol{A}^{\mathrm{L}}_{[2]} = \boldsymbol{U}^{\mathrm{L}}\boldsymbol{\Lambda}^{\mathrm{L}}\boldsymbol{V}^{\mathrm{L}\dagger} \tag{4-67}$$

$$\boldsymbol{A}^{\mathrm{R}}_{[0]} = \boldsymbol{V}^{\mathrm{R}\dagger}\boldsymbol{\Lambda}^{\mathrm{R}}\boldsymbol{U}^{\mathrm{R}} \tag{4-68}$$

上述计算对应的图形表示见图 4-19.

---

① 参考 R. Orús and G. Vidal, “Infinite Time-Evolving Block Decimation Algorithm beyond Unitary Evolution,” *Phys. Rev. B* 78, 155117 (2008).

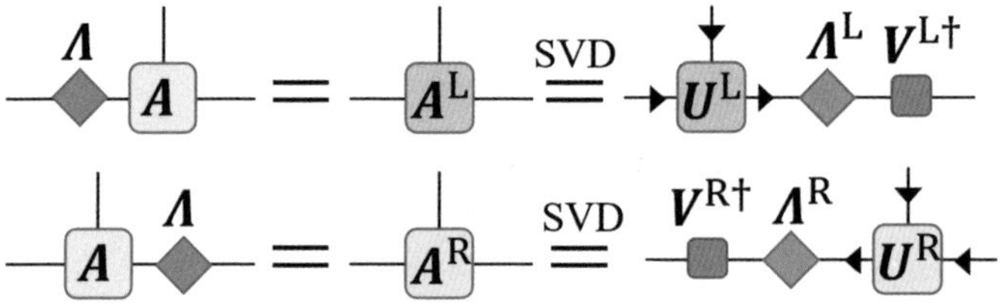

图 4-19 $\boldsymbol{A}$ 与 $\boldsymbol{\Lambda}$ 收缩获得 $\boldsymbol{A}^{\mathrm{L}}$ 与 $\boldsymbol{A}^{\mathrm{R}}$，并对其矩阵化进行奇异值分解

然后，计算矩阵

$$\boldsymbol{M}=\boldsymbol{\Lambda}^{\mathrm{L}}\boldsymbol{V}^{\mathrm{L}\dagger}\boldsymbol{\Lambda}\boldsymbol{V}^{\mathrm{R}\dagger}\boldsymbol{\Lambda}^{\mathrm{R}} \tag{4-69}$$

对 $\boldsymbol{M}$ 进行奇异值分解

$$\boldsymbol{M}=\boldsymbol{U}\boldsymbol{\Lambda}'\boldsymbol{V}^{\dagger} \tag{4-70}$$

计算 $\widetilde{\boldsymbol{U}}^{\mathrm{L}}=\boldsymbol{V}^{\mathrm{L}}(\boldsymbol{\Lambda}^{\mathrm{L}})^{-1}\boldsymbol{U}$， $\widetilde{\boldsymbol{U}}^{\mathrm{R}}=\boldsymbol{V}^{\dagger}(\boldsymbol{\Lambda}^{\mathrm{R}})^{-1}\boldsymbol{V}^{\mathrm{R}}$，将 $\boldsymbol{A}$ 与 $\boldsymbol{\Lambda}$ 分别更新为

$$A_{\alpha s\beta}\leftarrow\sum_{\alpha'\beta'}\widetilde{U}^{\mathrm{L}}_{\alpha\alpha'}A_{\alpha's\beta'}\widetilde{U}^{\mathrm{R}}_{\beta'\beta} \tag{4-71}$$

$$\boldsymbol{\Lambda}\leftarrow\boldsymbol{\Lambda}' \tag{4-72}$$

上述变换的图形表示见图 4-20. 重复上述过程直到 $\boldsymbol{A}$ 与 $\boldsymbol{\Lambda}$ 收敛，即可实现 uMPS 的正则化. 从图形表示可以看出，我们实际上是在 $\boldsymbol{\Lambda}$ 的两端各插入一对互逆的矩阵，因此，正则化也属于矩阵乘积态的规范变换.

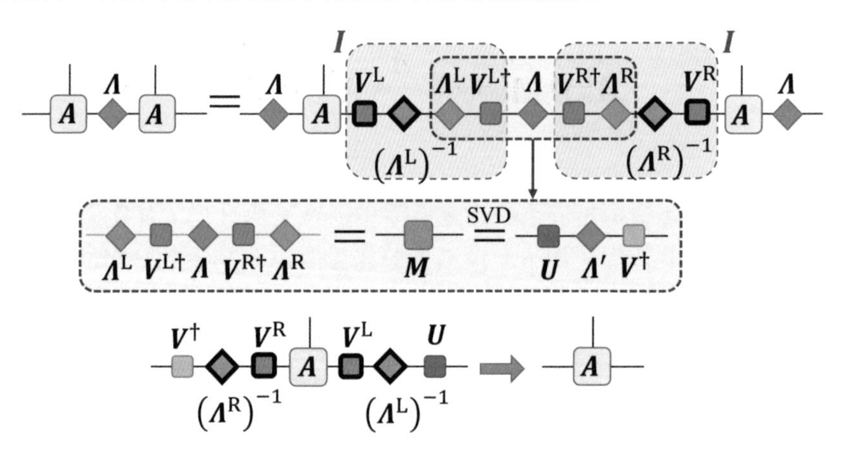

图 4-20 uMPS 正则化变换示意图

上述变换过程也可被用于实现 K 张量平移不变矩阵乘积态的正则化. 以 $K=2$ 为例，设不等价张量为 $\boldsymbol{A}$ 与 $\boldsymbol{B}$，此时，需引入两个不等价的对角矩阵 $\boldsymbol{\Lambda}^{AB}$ 与 $\boldsymbol{\Lambda}^{BA}$ 作为正则谱，分别位于 $\boldsymbol{A}$ 与 $\boldsymbol{B}$ 之间以及 $\boldsymbol{B}$ 与 $\boldsymbol{A}$ 之间. 在正则化开始之前，两个对角矩阵被初始化为单位矩阵.

与 uMPS 的正则化完全类似，我们依次针对 $\boldsymbol{\Lambda}^{AB}$ 与 $\boldsymbol{\Lambda}^{BA}$ 进行规范变换. 以 $\boldsymbol{\Lambda}^{AB}$

的变换为例，首先计算 $A^{\mathrm{L}}_{\alpha s\beta}=\Lambda^{BA}_{\alpha\alpha}A_{\alpha s\beta}$ 与 $A^{\mathrm{R}}_{\alpha s\beta}=B_{\alpha s\beta}\Lambda^{BA}_{\beta\beta}$，及其奇异值分解，然后将所得的奇异谱和变换矩阵与$\boldsymbol{\Lambda}^{AB}$三者进行矩阵乘，获得矩阵 $\boldsymbol{M}$，对 $\boldsymbol{M}$ 进行奇异值分解获得更新后的$\boldsymbol{\Lambda}^{AB}$，最后使用前面获得的变换矩阵与奇异谱更新张量 $\boldsymbol{A}$ 与 $\boldsymbol{B}$. 上述更新 $\boldsymbol{\Lambda}^{AB}$ 的各个步骤与 uMPS 正则化的各个步骤是一一对应的. 更新$\boldsymbol{\Lambda}^{BA}$的步骤也与之完全类似.

4.8　时间演化块消减算法

在本节，我们将介绍用于计算矩阵乘积态时间演化的时间演化块消减(time-evolving block decimation，简称 TEBD)算法①. 在 3.5 节中我们介绍了一般形式下的量子态时间演化，考虑不含时的哈密顿量 $\hat{H}$，初态 $|\varphi(0)\rangle$经历 t 时间演化后的态满足 $|\varphi(t)\rangle=\hat{U}(t)|\varphi(0)\rangle$，其中 $\hat{U}(t)=\mathrm{e}^{-\mathrm{i}t\hat{H}}$ 为时间演化算符. 当 $\hat{H}$ 为局域算符求和的形式时，如$\hat{H}=\sum_{ij}\hat{H}_{ij}$，我们在 3.8 节介绍了基于 TS 分解的时间演化算法，来避免直接计算 $\hat{U}(t)$. 设时间切片宽度为 τ，时间演化可近似写为局域演化算符的连乘，定义 $\hat{U}^{(i,j)}(\tau)=\mathrm{e}^{-\mathrm{i}\tau\hat{H}_{ij}}$，有

$$|\varphi(t)\rangle=\prod_{k=0}^{K-1}\prod_{ij}\hat{U}^{(i,j)}(\tau)|\varphi(0)\rangle \tag{4-73}$$

其中，K 为时间切片数，满足 $t=K\tau$. 在该算法中，我们虽然避免了 $\hat{U}(t)$的计算，但是仍需要处理 $O(2^N)$指数复杂度的量子态 $|\varphi(t)\rangle$. TEBD 的核心思想是将上述演化算法中的量子态写成矩阵乘积态的形式，从而避免指数大的复杂度. 考虑单个局域算符的演化 $|\varphi'\rangle=\hat{U}^{(i,j)}(\tau)|\varphi\rangle$，设演化算符对应的格点为最近邻，即 $j=i+1$，构成 $|\varphi\rangle$矩阵乘积态的张量记为$\{\boldsymbol{A}^{(*)}\}$，具体算法如下(见图 4-21).

第一步，利用中心正交化算法(见 4.4 节)，将矩阵乘积态变换为中心正交形式，正交中心放置在第 i 或 $j=i+1$ 个张量. 第二步，将 $\hat{U}^{(i,i+1)}$作用到张量$\boldsymbol{A}^{(i)}$与$\boldsymbol{A}^{(i+1)}$上，即计算如下缩并

$$B_{\alpha pp'\gamma}=\sum_{\beta ss'}U_{pp'ss'}A^{(i)}_{\alpha s\beta}A^{(i+1)}_{\beta s'\gamma} \tag{4-74}$$

其中，张量$\boldsymbol{U}$ 为 $\hat{U}^{(i,j)}$的展开系数，满足 $U_{pp'ss'}=\langle pp'|\hat{U}^{(i,i+1)}(\tau)|ss'\rangle$. 收缩后的矩阵乘积态仍处于中心正交形式，其中，收缩所得的张量 $\boldsymbol{B}$ 满足归一条件，即 $|\boldsymbol{B}|=1$，$\boldsymbol{B}$ 左侧的张量满足左正交条件，右侧的张量满足右正交条件.

第三步，对张量 $\boldsymbol{B}$ 的矩阵化进行奇异值分解

① 参考 Guifre Vidal, "Efficient Simulation of One-Dimensional Quantum Many-Body Systems," *Phys. Rev. Lett.* 93, 040502 (2004).

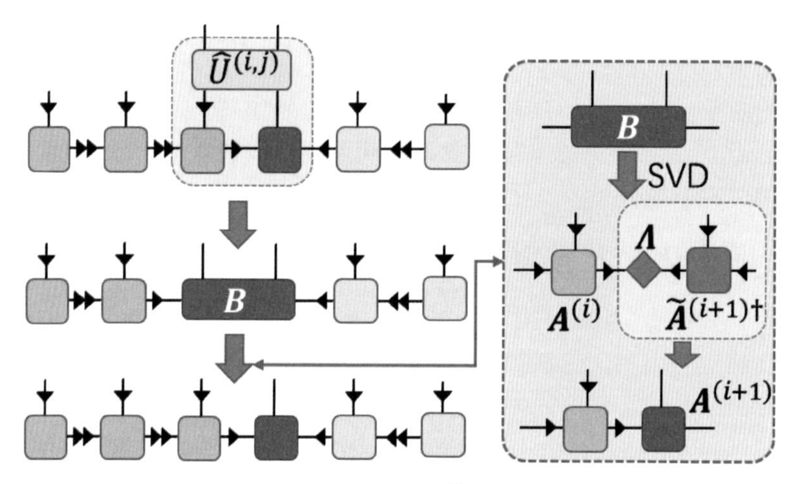

图 4-21 TEBD 算法中，$|\varphi'\rangle=\hat{U}^{(i,j)}(\tau)|\varphi\rangle$计算示意图

$$\boldsymbol{B}_{[0,1]}=\boldsymbol{A}^{(i)}\boldsymbol{\Lambda}\widetilde{\boldsymbol{A}}^{(i+1)\dagger} \tag{4-75}$$

由于$\boldsymbol{B}_{[0,1]}$为 dim (α)dim $(p)\times$dim (α)dim (p)维的矩阵，一般情况下，如果不进行任何近似，$\boldsymbol{\Lambda}$ 中的非零奇异值个数应为 dim (α)dim (p)，相对于原几何指标的维数 dim (α)而言，维数扩大了 dim (p)倍. 因此，这里需限制 $\boldsymbol{\Lambda}$ 的维数：引入截断维数χ，当 dim(α)dim$(p)>\chi$ 时，将指标维数裁剪至 χ，可在上述奇异值分解中，仅保留前 χ 个奇异值及对应的奇异向量. 由 4.5 节可知，奇异值分解后的矩阵乘积态处于键中心正交形式，正交中心为由奇异谱构成的对角矩阵$\boldsymbol{\Lambda}$. 因此，$\boldsymbol{\Lambda}$ 也为整个量子态的二分纠缠谱. 根据最优低秩近似理论(见 1.5 节)，上述基于 $\boldsymbol{\Lambda}$ 的虚拟指标维数裁剪是最优的. 换言之，裁剪前后矩阵乘积态的 L2 范数极小，即裁剪误差极小. 上述最优的虚拟指标维数裁剪方式，被称为矩阵乘积态的全局最优裁剪(global optimal truncation). 可以看出，我们选择将正交中心放置于被演化的两个张量中的一个，是希望在上述奇异值分解中实现全局最优裁剪.

将上式中的$\boldsymbol{A}^{(i)}$变形为 3 阶张量作为第 i 个张量，将 $\boldsymbol{\Lambda}\widetilde{\boldsymbol{A}}^{(i+1)\dagger}$ 变形成 3 阶张量作为第 $i+1$ 个张量，所得的矩阵乘积态仍为中心正交形式，正交中心位于$\boldsymbol{A}^{(i+1)}$，且$\boldsymbol{A}^{(i)}$与$\boldsymbol{A}^{(i+1)}$间虚拟指标的维数小于或等于截断维数χ.

在 TEBD 算法中，我们按照上述局域算符的演化方法，以一定的顺序将所有算符一一作用到量子态上. 以开放边界的 1 维海森伯模型为例，可采用“阶梯型”的演化顺序(见 3.8 节)，如图 4-22 所示. 首先，可将矩阵乘积态的正交中心变换至$\boldsymbol{A}^{(0)}$，按照上述方法，从 $i=0$ 开始演化 $\hat{U}^{(i,i+1)}$，演化后正则中心被移动至$\boldsymbol{A}^{(i+1)}$. 演化 $\hat{U}^{(N-2,N-1)}$后(即最后两个自旋的演化算符，其中 N 为总自旋个数)，

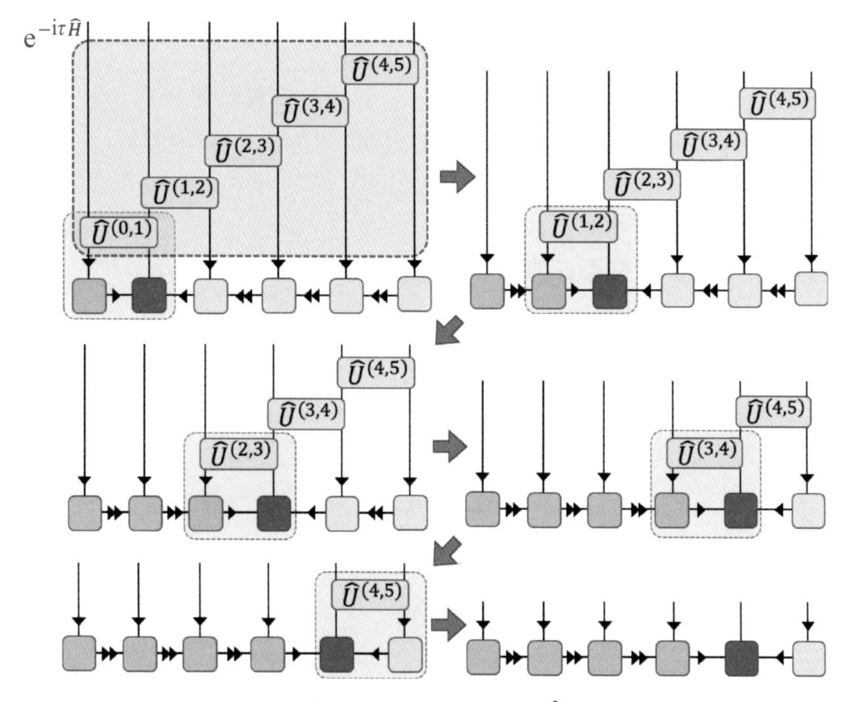

图 4-22　TEBD **算法中一个时间切片** $e^{-i\tau\hat{H}}$ **的演化示意图**

相当于演化了一个时间切片 $e^{-i\tau\hat{H}}$，矩阵乘积态的正交中心被移动至$\boldsymbol{A}^{(N-1)}$. 注意，在演化 $\hat{U}^{(0,1)}$ 前，也可将正则中心放至$\boldsymbol{A}^{(1)}$；在最后演化完 $\hat{U}^{(N-2,N-1)}$ 后，也可将正则中心放至$\boldsymbol{A}^{(N-2)}$. 在按照上述方法完成$e^{-i\tau\hat{H}}$ 的演化后，可从右至左演化下一个时间切片，以减少移动中心正交而进行的变换次数. 循环 K 次时间切片的演化，即可将初态演化到 $t=K\tau$ 时的量子态.

TEBD 算法也可用于计算基态，仅需将时间演化算符替换为无穷长虚时间演化算符 $\hat{U}=\lim\limits_{\beta\to\infty} e^{-\beta\hat{H}}$ 即可，该算符将任意不与基态(记为 $|\varphi_0\rangle$)垂直的量子态投影为基态，有$\lim\limits_{\beta\to\infty} e^{-\beta\hat{H}}|\varphi\rangle\to|\varphi_0\rangle$. 在实际计算过程中，我们可以取初态为随机态，并对其进行多次虚时间切片 $\hat{U}(\tau)=e^{-\tau\hat{H}}$ 的演化，直到被演化态收敛，即满足 $|\varphi\rangle\approx\frac{1}{Z}\hat{U}(\tau)|\varphi\rangle$. 该演化过程与 3.8 节介绍的虚时间演化方法完全一致，唯一不同的是，这里使用矩阵乘积态来表示量子态，并使用图 4-21 的方法来计算每个切片的演化. 为了控制收敛速度与 TS 误差，可以在虚时间演化初始阶段使用较大的切片宽度 τ，保证初始态可以快速地靠近基态. 随着演化的进行，根据被演化态的收敛性，逐渐减小 τ，以减小 TS 误差. TEBD 计算流程可参考附录 A 算法 4.

4.9 无穷长矩阵乘积态的无限时间演化块消减算法

TEBD 算法可被推广于计算 1 维无穷长平移不变系统的时间及虚时间演化，该算法被称为无限时间演化块消减(infinite TEBD，简称 iTEBD)算法[①]. 这里我们考虑使用常见的 2 张量平移不变矩阵乘积态，设其处于正则形式，不等价张量包括张量 $\boldsymbol{A}$ 与 $\boldsymbol{B}$，以及正定对角矩阵 $\boldsymbol{\Lambda}^{AB}$ 与 $\boldsymbol{\Lambda}^{BA}$.

我们仍以无穷长 1 维海森伯模型为例，设哈密顿量为 $\hat{H}=\sum_i \hat{H}_{i,i+1}$， 单个切片的演化算符记为 $\hat{U}(\tau)=\mathrm{e}^{-\mathrm{i}\tau\hat{H}}$. 此时，我们根据不等价张量的分布，将哈密顿量中的耦合也分为两类 $\hat{H}=\hat{H}^{AB}+\hat{H}^{BA}$，分别为奇-偶自旋与偶-奇自旋间的耦合(设张量 $\boldsymbol{A}$ 所在的格点编号为偶数，$\boldsymbol{B}$ 为奇数)，满足

$$\hat{H}^{AB}=\sum_{n=\mathrm{even}} \hat{H}_{n,n+1} \tag{4-76}$$

$$\hat{H}^{BA}=\sum_{n=\mathrm{odd}} \hat{H}_{n,n+1} \tag{4-77}$$

于是有 TS 分解

$$\hat{U}(\tau)\approx \mathrm{e}^{-\mathrm{i}\tau\hat{H}^{AB}}\mathrm{e}^{-\mathrm{i}\tau\hat{H}^{BA}}=\prod_{n=\mathrm{even}}\mathrm{e}^{-\mathrm{i}\tau\hat{H}_{n,n+1}}\prod_{n=\mathrm{odd}}\mathrm{e}^{-\mathrm{i}\tau\hat{H}_{n,n+1}} \tag{4-78}$$

时间演化算符构成砖墙型结构(见 3.8 节). 砖墙结构自身为 2 格点平移不变，因此我们至少需采用 2 张量平移不变的矩阵乘积态.

我们考虑 $\hat{H}^{AB}$ 对应的时间切片演化 $\mathrm{e}^{-\mathrm{i}\tau\hat{H}^{BA}}$ 的计算，首先计算局域演化算符与对应张量的缩并(如图 4-23(a)蓝色虚线圈所示)

$$\boldsymbol{T}=\mathrm{tTr}(\boldsymbol{U},\boldsymbol{A},\boldsymbol{B},\boldsymbol{\Lambda}^{AB},\boldsymbol{\Lambda}^{BA},\boldsymbol{\Lambda}^{AB}) \tag{4-79}$$

注意，这里使用了 tTr 来简写张量收缩表达式，代表对所有共有指标进行求和. 当张量收缩计算变得越来越复杂时，我们更倾向于使用图形表示，因为即使勉强写出收缩公式，对于阅读而言也没有太大的意义. 因此，我们强烈建议读者尽可能熟练掌握张量的图形表示.

设 $\boldsymbol{T}$ 指标的顺序为 A 的左虚拟指标、A 的物理指标、B 的物理指标、B 的右虚拟指标，对 $\boldsymbol{T}$ 的矩阵化作奇异值分解(见图 4-23(b))

$$\boldsymbol{T}_{[0,1]}=\boldsymbol{W}\boldsymbol{\Lambda}^{BA}\boldsymbol{V}^{\dagger} \tag{4-80}$$

与 TEBD 算法类似，我们希望矩阵乘积态的虚拟指标维数不超过我们事先规定的截断维数 χ. 当 $\boldsymbol{T}_{[0,1]}$ 的秩大于 χ 时，则仅保留 $\boldsymbol{\Lambda}^{BA}$ 中前 χ 个奇异值及其对应的奇异向量. 上述过程中得到的奇异谱作为此次更新后的 $\boldsymbol{\Lambda}^{BA}$.

将 $\boldsymbol{W}$ 与 $\boldsymbol{V}^{\dagger}$ 变形为 3 阶张量，调整指标顺序为左虚拟指标、物理指标、右虚

① 参考 G. Vidal, "Classical Simulation of Infinite-Size Quantum Lattice Systems in One Spatial Dimension," *Phys. Rev. Lett.* 98, 070201 (2007).

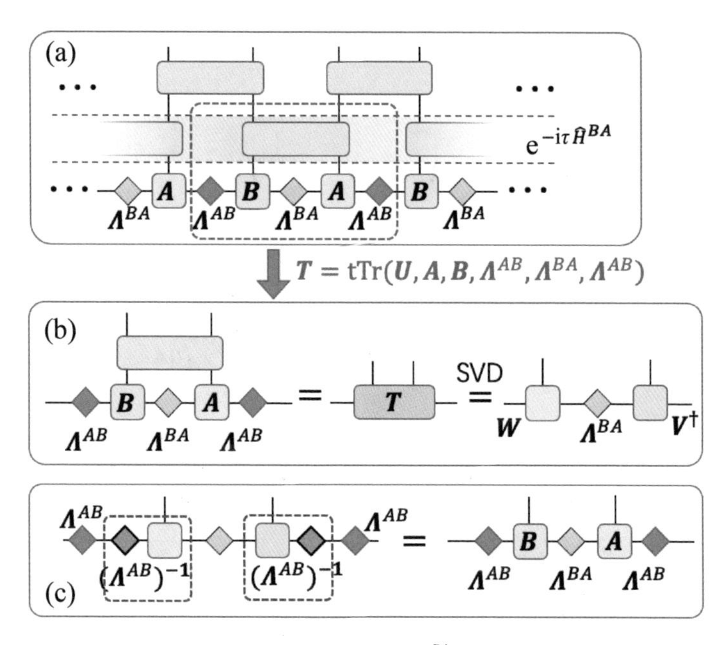

图 4-23　iTEBD 算法中，$e^{-i\tau\hat{H}^{BA}}$ 的演化示意图

拟指标．在 $\boldsymbol{W}$ 的左虚拟指标与 $\boldsymbol{V}^\dagger$ 的右虚拟指标处，分别插入规范变换 $\boldsymbol{\Lambda}^{AB}(\boldsymbol{\Lambda}^{AB})^{-1}$ 与 $(\boldsymbol{\Lambda}^{AB})^{-1}\boldsymbol{\Lambda}^{AB}$，并将 $(\boldsymbol{\Lambda}^{AB})^{-1}$ 分别同 $\boldsymbol{W}$ 和 $\boldsymbol{V}^\dagger$ 进行缩并运算，如图 4-23(c)红色虚线圈所示，按下式更新张量 $\boldsymbol{A}$ 与 $\boldsymbol{B}$

$$A_{\alpha s\beta} = (\Lambda^{AB})^{-1}_{\alpha\alpha} W_{\alpha s\beta} \tag{4-81}$$

$$B_{\alpha s\beta} = V^*_{\alpha s\beta} (\Lambda^{AB})^{-1}_{\beta\beta} \tag{4-82}$$

任意奇数 n 对应的局域演化 $e^{-i\tau\hat{H}_{n,n+1}}$ 都可按上述过程进行计算．利用矩阵乘积态的平移不变性，这些演化的计算完全等同，因此只需计算一次，即更新了所有的张量 $\boldsymbol{A}$ 与 $\boldsymbol{B}$ 以及对角矩阵 $\boldsymbol{\Lambda}^{BA}$，而 $\boldsymbol{\Lambda}^{AB}$ 保持不变．计算完奇数 n 对应的局域演化后，偶数 n 对应演化 $e^{-i\tau\hat{H}^{AB}} = \prod_{n=\mathrm{even}} e^{-i\tau\hat{H}_{n,n+1}}$ 的计算是完全类似的，每次演化后，$\boldsymbol{A}$、$\boldsymbol{B}$ 与 $\boldsymbol{\Lambda}^{AB}$ 被更新，而 $\boldsymbol{\Lambda}^{BA}$ 保持不变．循环计算 $e^{-i\tau\hat{H}^{BA}}$ 与 $e^{-i\tau\hat{H}^{AB}}$ 的演化 K 次，即可将初态演化至 $t = K\tau$ 时刻．在演化过程中，矩阵乘积态的形式不变，由张量 $\boldsymbol{A}$ 与 $\boldsymbol{B}$ 以及正定对角矩阵 $\boldsymbol{\Lambda}^{AB}$ 与 $\boldsymbol{\Lambda}^{BA}$ 作为不等价张量，且通过奇异值分解进行低秩近似，使得虚拟指标维数不超过截断维数 χ．附录 A 算法 5 给出了 iTEBD 算法的计算流程．

为进一步分析 iTEBD 算法，定义

$$\widetilde{\boldsymbol{T}} = \mathrm{tTr}(\boldsymbol{U}, \boldsymbol{A}, \boldsymbol{B}, \boldsymbol{\Lambda}^{BA}) \tag{4-83}$$

所得的矩阵乘积态由 $\widetilde{\boldsymbol{T}}$ 与 $\boldsymbol{\Lambda}^{BA}$ 这两个不等价张量构成，为单张量平移不变的正则 uMPS，见图 4-24.

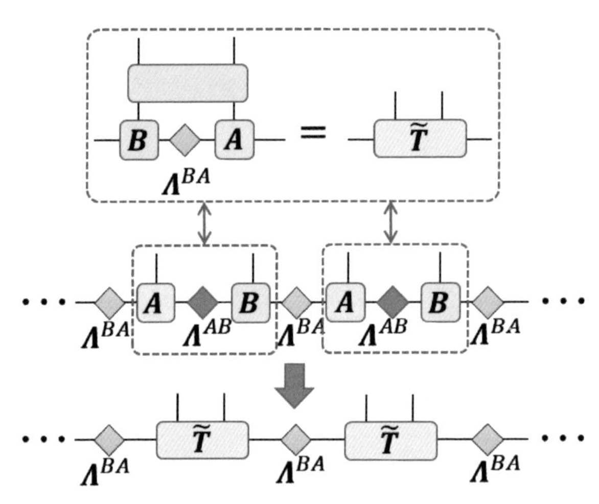

图 4-24　局域演化后矩阵乘积态可看作单张量平移不变的正则 uMPS

若演化前矩阵乘积态处于正则形式，则由 $\widetilde{\boldsymbol{T}}$ 与 $\boldsymbol{\Lambda}^{BA}$ 构成的 uMPS 处于正则形式，左正则条件的证明过程如图 4-25 所示. 证明过程中，我们用到了时间演化算符 $\hat{U}^{(n,n+1)}=\mathrm{e}^{-\mathrm{i}\tau\hat{H}_{n,n+1}}$ 的幺正性，即 $\hat{U}^{(n,n+1)}\hat{U}^{(n,n+1)\dagger}=\hat{I}$. 通过此 uMPS 的正则性，我们可以进一步得到如下重要结论(见本章习题 7)：若演化前矩阵乘积态处于正则形式，当不对 $\boldsymbol{T}$ 的奇异谱进行裁剪时(或裁剪误差为零时)，矩阵乘积态在演化过程中保持为正则形式. 因此，正则形式下基于 $\boldsymbol{\Lambda}^{AB}$ 或 $\boldsymbol{\Lambda}^{BA}$ 进行的虚拟指标维数裁剪，为全局最优.

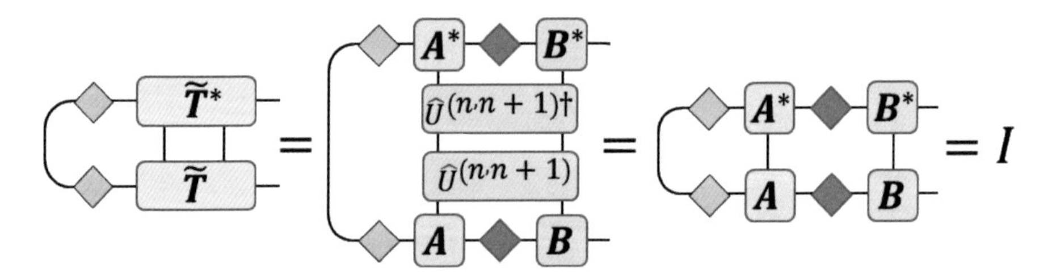

图 4-25　由 $\widetilde{\boldsymbol{T}}$ 与 $\boldsymbol{\Lambda}^{BA}$ 构成的 uMPS 满足左正则条件的证明示意图，其中，第二个等号右侧为演化前矩阵乘积态的左正则条件

在 iTEBD 算法的实际实现过程中，一般需要不断进行虚拟维数的裁剪，因此矩阵乘积态并不能严格地保持在正则形式，裁剪操作变相地破坏了演化的幺正性. 但是由于 τ 为小量，演化算符 $\hat{U}^{(n,n+1)}$ 接近于单位算符，因此矩阵乘积态偏离正则形式的程度很小，对应的裁剪可近似被认为是全局最优的. 一般而言，

iTEBD 算法的主要误差来源是有限大小的截断维数χ导致的裁剪误差本身(从误差的角度讲)，由裁剪误差导致的正则形式偏离就变得不是那么要紧了.

此外，iTEBD 算法可用于计算虚时间演化，来获得无穷大量子系统的基态.由于具体扩展思路与 TEBD 算法完全类似，这里就不再赘述了. 需要注意的是，虚时间演化算符$e^{-\tau\hat{H}_{n,n+1}}$并非幺正算符，会破坏矩阵乘积态的正则性，但是同样地，当τ接近于零时，演化算符接近单位矩阵. 因此在虚时间演化过程中，一般需要不断减小τ. 这一方面可减小 TS 误差，另一方面可减小演化算符对正则性的破坏，控制矩阵乘积态在演化过程中(特别是在接近收敛时)偏离正则形式的程度. 该算法的计算流程可参考附录 A 算法 5.

4.10　密度矩阵重正化群算法

密度矩阵重正化群(density matrix renormalization group，简称 DMRG)算法①在张量网络乃至整个强关联数值领域，占据着举足轻重的地位. 同时，密度矩阵重正化群也是学习张量网络及其在量子物理应用的敲门砖，该算法学起来并不容易，但是在掌握该算法后，其它许多相关的张量网络算法也就变得相对容易理解了. 从历史发展的角度来讲，S. White 于 1992 年在数值重正化群(numerical renormalization group)②的基础上提出了密度矩阵重正化群，用于计算 1 维强关联系统的基态，这远早于矩阵乘积态被普遍应用于量子物理的时间. 在探索密度矩阵重正化群能取得如此成功的原因时，人们发现其得益于矩阵乘积态对量子系统基态强大的表示能力. 在本节中，我们将从矩阵乘积态出发，来介绍单格点(one-site)密度矩阵重正化群算法.

以由 N 个自旋构成的开放边界 1 维海森伯模型为例，记其哈密顿量为 $\hat{H}=\sum_i \hat{H}_{i,i+1}$，可通过求解如下极值问题来求解基态 $|\varphi_0\rangle$(见 3.4 节)

$$|\varphi_0\rangle = \underset{\langle\varphi|\varphi\rangle=1}{\operatorname{argmin}}\langle\varphi|\hat{H}|\varphi\rangle \tag{4-84}$$

设 $|\varphi\rangle$为局域张量$\{\mathbf{A}^{(n)}\}$($n=0,\cdots,N-1$)构成的矩阵乘积态，上述极值的变分参数即为局域张量$\{\mathbf{A}^{(*)}\}$，被极小化的量为矩阵乘积态的能量

$$E=\sum_i\langle\varphi|\hat{H}_{i,i+1}|\varphi\rangle \tag{4-85}$$

以 $N=6$ 为例，其图形表示如图 4-26 所示.

---

① 参考 S. R. White, "Density Matrix Formulation for Quantum Renormalization Groups," *Phys. Rev. Lett.* 69, 2863 (1992).

② 参考 K. G. Willson, "The Renormalization Group: Critical Phenomena and the Kondo Problem," *Rev. Mod. Phys.* 47, 773 (1975).

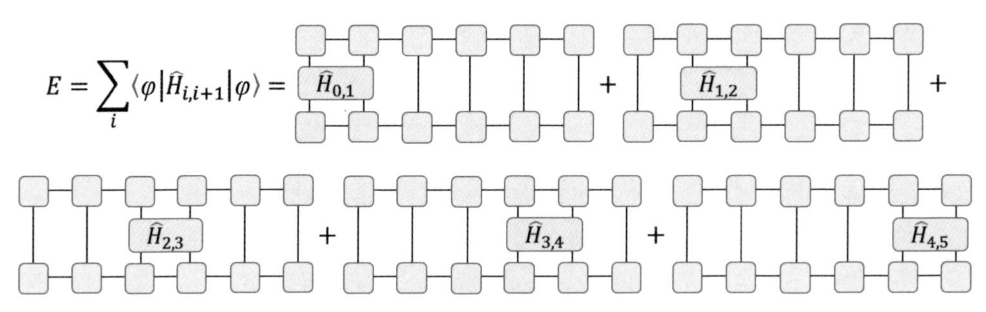

图 4-26　矩阵乘积态能量的图形表示

密度矩阵重正化群算法的核心之一，是让矩阵乘积态处于中心正交形式，这样做的好处之一是能大大简化能量的计算．设正交中心位于第 n_c 个张量，考虑如下两种情况计算$\langle \varphi | \hat{H}_{i,i+1} | \varphi \rangle$．如图 4-27 所示，若局域耦合位于正交中心左侧，即 $i < n_c$ 时，根据左、右正交条件，第 i 个张量左侧的张量收缩等于单位矩阵，正交中心 n_c 右侧的张量收缩也等于单位矩阵，只需计算第 i 到第 n_c 个张量与哈密顿量 $\hat{H}_{i,i+1}$ 系数张量的收缩．当 $i+1 \geqslant n_c$ 时，计算的简化过程完全类似．

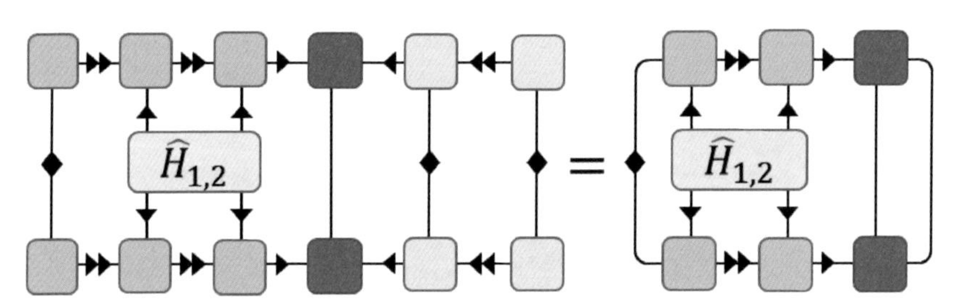

图 4-27　利用正交条件，简化中心正交形式矩阵乘积态$\langle \varphi | \hat{H}_{i,i+1} | \varphi \rangle$的计算

采用中心正交形式的另一个关键原因是，在更新局域张量的时候，每次仅更新处于正交中心的张量，而将其它张量看作已知张量．以$\boldsymbol{A}^{(3)}$的更新为例，具体做法是引入有效哈密顿量(effective Hamiltonian)$\widetilde{\boldsymbol{H}}^{(3)}$，其定义为除待更新张量 $\boldsymbol{A}^{(3)}$ 外，缩并掉 $E = \sum_i \langle \varphi | \hat{H}_{i,i+1} | \varphi \rangle$ 中所有共有指标后的计算结果，如图 4-28 所示，图中我们使用了正交条件来简化计算．$\widetilde{\boldsymbol{H}}^{(3)}$为$(N-1)$项求和所得，从图形表示可以看出，每一项均有 6 个开放的线段，因此为 6 阶张量，那么求和所得的 $\widetilde{\boldsymbol{H}}^{(3)}$ 也为 6 阶张量.

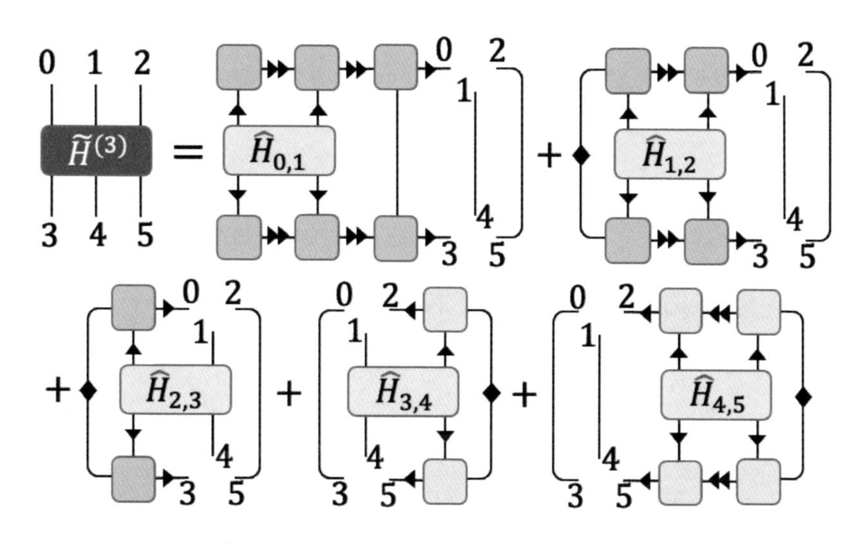

图 4-28　有效哈密顿量$\widetilde{\boldsymbol{H}}^{(3)}$的图形表示，其中，不与任何张量相连的线段代表单位矩阵

交换$\widetilde{\boldsymbol{H}}^{(3)}$的指标，使其顺序如图 4-28 中标记所示，则矩阵乘积态的能量可写为

$$E = \boldsymbol{A}_{[:]}^{(3)\mathrm{T}} \widetilde{\boldsymbol{H}}_{[0,1,2]}^{(3)\mathrm{T}} \boldsymbol{A}_{[:]}^{(3)} \tag{4-86}$$

其中，下标“[:]”代表张量的向量化，即通过将所有指标合成一个指标，将张量变形为一个向量(见 1.2 节)．在上述表达式中，我们仅设$\boldsymbol{A}^{(3)}$为需要优化的张量，其它局域张量均设为已知．由于$\boldsymbol{A}^{(3)}$为正交中心的张量，其满足归一性条件$|\boldsymbol{A}^{(3)}|=1$．根据最大本征问题的定义(见 1.4 节)，能量最小时，$\boldsymbol{A}_{[:]}^{(3)}$应为有效哈密顿量矩阵化$\widetilde{\boldsymbol{H}}_{[0,1,2]}^{(3)\mathrm{T}}$的最小本征向量，$E$ 的最小值应为其最小本征值．通过假设其它局域张量已知并引入有效哈密顿量，能量的极小化问题被化成了局域哈密顿量的本征问题，且对应矩阵的维数不超过$(d\chi^2 \times d\chi^2)$(其中 d 为物理指标的维数，χ 为虚拟指标截断维数)，可通过程序求解该本征问题．

上述方法可用于更新任意一个局域张量$\boldsymbol{A}^{(n)}$，具体而言，可以考虑从最左边的张量开始，将矩阵乘积态的正交中心放置于该张量，并计算有效哈密顿量及其最小本征向量，将所得的本征向量变形为张量后，替换原有局域张量$\boldsymbol{A}^{(n)}$．然后在$\boldsymbol{A}^{(n)}$的右虚拟指标上进行规范变换，将正交中心向右移动至$\boldsymbol{A}^{(n+1)}$(见 4.4 节)，重复上述过程更新$\boldsymbol{A}^{(n+1)}$，直至更新完最右侧的张量$\boldsymbol{A}^{(N-1)}$．之后，可从$\boldsymbol{A}^{(N-1)}$出发，逐个从右向左地更新所有局域张量，每更新一个张量，正交中心左移一次，直到更新完$\boldsymbol{A}^{(0)}$为止．通过上述方式将所有局域张量左右来回更新一次的过程，被称为一次扫描(sweep)．进行多次扫描后，收敛的矩阵乘积态即为密度矩阵重正化群最终给出的基态，算法流程可参考附录 A 算法 6．

需要注意的是，密度矩阵重正化群算法(以及其它许多张量网络算法，例如TEBD)的具体实现过程是灵活多变的，可根据实际问题进行微调．例如，可以同时更新正交中心处的张量及其邻近的张量，该算法被称为双格点(2-site)密度矩阵重正化群算法．我们也可以考虑储存下一些有用的临时计算结果，例如有效算符(见4.11节)，来最大限度地避免重复计算，从而提高效率．这点在许多密度矩阵重正化群的代码里都有体现，在本书就不再具体说明了．

4.11 密度矩阵重正化群中的有效算符

密度矩阵重正化群中的一个核心概念是有效哈密顿量，计算有效哈密顿量也是算法的核心步骤之一．在密度矩阵重正化群的原始文献中，有效哈密顿量由有效算符(effective operator)给出．有效算符又被称为重正化算符(renormalized operator)，下面我们设矩阵乘积态的正交中心位于第3个张量，且仍以$\widetilde{\boldsymbol{H}}^{(3)}$为例来尝试给出图4-28中等号右侧各项的有效算符．这里需要说明的是，有效算符(包括后文的环境算符)并不完全定义在希尔伯特空间中，而是定义在局域希尔伯特空间与虚拟指标空间的联合空间中．因此，有效算符本质上不是物理意义上的量子“算符”．在不引起误解的情况下，我们直接将其写为张量，并使用不加“尖帽”的粗体字母表示，但仍将其称为算符．首先，将局域哈密顿量写成自旋算符求和的形式，对于海森伯模型，有$\hat{H}_{i,i+1}=\hat{S}_i^x\hat{S}_{i+1}^x+\hat{S}_i^y\hat{S}_{i+1}^y+\hat{S}_i^z\hat{S}_{i+1}^z$，其中$\hat{S}_i^\alpha$为定义在第$i$个格点对应的希尔伯特子空间中自旋$\alpha$方向上的自旋算符($\alpha=x,y,z$)．

以$\widetilde{\boldsymbol{H}}^{(3)}$等式中求和的第一项为例，考虑$\hat{S}_0^x\hat{S}_1^x$这一项，对应于哈密顿量中$\hat{H}_{0,1}$自旋$x$方向的耦合项，记其有效算符为$\widetilde{\boldsymbol{H}}_{0,1}^{(3)xx}$．这两个算符均在正交中心左侧．首先我们计算$\hat{S}_0^x$的系数矩阵与$\boldsymbol{A}^{(0)}$及其共轭的收缩，记收缩结果为$\acute{\boldsymbol{S}}_0^{(1)x}$，如图4-29(a)所示．$\acute{\boldsymbol{S}}_0^{(1)x}$被称为算符$\hat{S}_0^x$在格点1左侧虚拟指标空间中的单体有效算符．继续将$\acute{\boldsymbol{S}}_0^{(1)x}$与$\boldsymbol{A}^{(1)}$及其共轭进行收缩，记所得张量为$\acute{\boldsymbol{S}}_{0,1}^{(2)xx}$，如图4-29(b)所示．$\acute{\boldsymbol{S}}_{0,1}^{(2)xx}$被称为$\hat{S}_0^x\hat{S}_1^x$在格点2左侧虚拟指标空间中的二体有效算符．注意，这里的“二体”不是指有效算符本身会被作用到两个自旋上，而是指其为作用到两个自旋的二体算符对应的有效算符．继续将$\acute{\boldsymbol{S}}_{0,1}^{(2)xx}$与$\boldsymbol{A}^{(2)}$及其共轭进行收缩，记所得张量为$\acute{\boldsymbol{S}}_{0,1}^{(3)xx}$，如图4-29(c)所示，其仍为一个二体有效算符．显然，$\widetilde{\boldsymbol{H}}_{0,1}^{(3)xx}$满足

$$\widetilde{\boldsymbol{H}}_{0,1}^{(3)xx}=\acute{\boldsymbol{S}}_{0,1}^{(3)xx}\otimes\boldsymbol{I}\otimes\boldsymbol{I} \tag{4-87}$$

$\acute{\boldsymbol{S}}_{0,1}^{(3)xx}$为$\hat{S}_0^x\hat{S}_1^x$在格点3左侧虚拟指标空间中的二体有效算符，两个单位矩阵的维数分别为(2×2)与$(\chi\times\chi)$，分别对应于正交中心处(格点3)的单位算符，以及

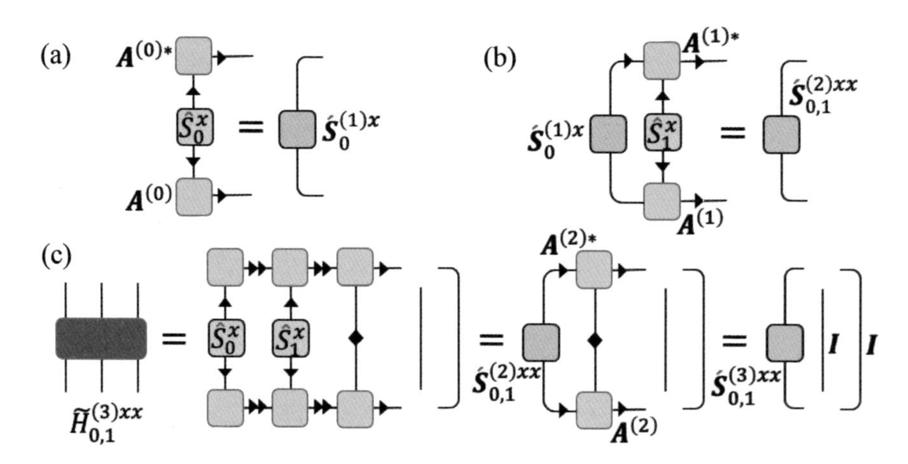

图 4-29　有效算符(a)$\acute{\boldsymbol{S}}_0^{(1)x}$、(b)$\acute{\boldsymbol{S}}_{0,1}^{(2)xx}$ 以及(c)$\acute{\boldsymbol{S}}_{0,1}^{(3)xx}$ 与$\widetilde{\boldsymbol{H}}^{(3)}$的图形表示

正交中心右侧局域张量收缩获得的单位矩阵(回顾中心右侧张量满足的正交条件). 在实际编程计算的过程中，需保持$\widetilde{\boldsymbol{S}}_{0,1}^{(3)xx}$ 与$\widetilde{\boldsymbol{H}}_{0,1}^{(3)xx}$ 指标顺序的一致性(可使用图 4-28 中的指标顺序).

一般而言，设正交中心处于第 n_c 个张量，定义左单体有效算符(left one-body effective operator)$\acute{\boldsymbol{S}}_i^{(n)\alpha}$ $(n \leqslant n_c, i < n_c)$，其表示单体算符 $\hat{S}_i^\alpha$ 在格点 n 左侧虚拟指标空间中的有效算符，其图形表示见图 4-30(a). 定义左二体有效算符(left two-body effective operator)$\acute{\boldsymbol{S}}_{i,j}^{(n)\alpha\alpha'}$ $(n \leqslant n_c$ 且 $i < n_c, j < n_c, i \neq j)$，其表示二体算符 $\hat{S}_i^\alpha \hat{S}_j^{\alpha'}$ 在格点 n 左侧虚拟指标空间中的有效算符，其图形表示见图 4-30(b).

类似地，可以在正交中心右侧$(n \geqslant n_c, i > n_c, j > n_c)$，定义右单体有效算符 $\grave{\boldsymbol{S}}_i^{(n)\alpha}$ 与右二体有效算符 $\grave{\boldsymbol{S}}_{i,j}^{(n)\alpha\alpha'}$，分别表示算符 $\hat{S}_i^\alpha$ 在格点 n 右侧虚拟指标空间中的单体有效算符，与 $\hat{S}_i^\alpha \hat{S}_j^{\alpha'}$ 在格点 n 右侧虚拟指标空间中的二体有效算符，图形表示见图 4-30(c)与(d).

有了左、右有效算符的定义，我们可以将上述 1 维海森伯模型的有效哈密顿量$\widetilde{\boldsymbol{H}}^{(n_c)}$表示为

$$\widetilde{\boldsymbol{H}}^{(n_c)} = \sum_i \widetilde{\boldsymbol{H}}_{i,i+1}^{(n_c)} \tag{4-88}$$

其中，求和的各项满足

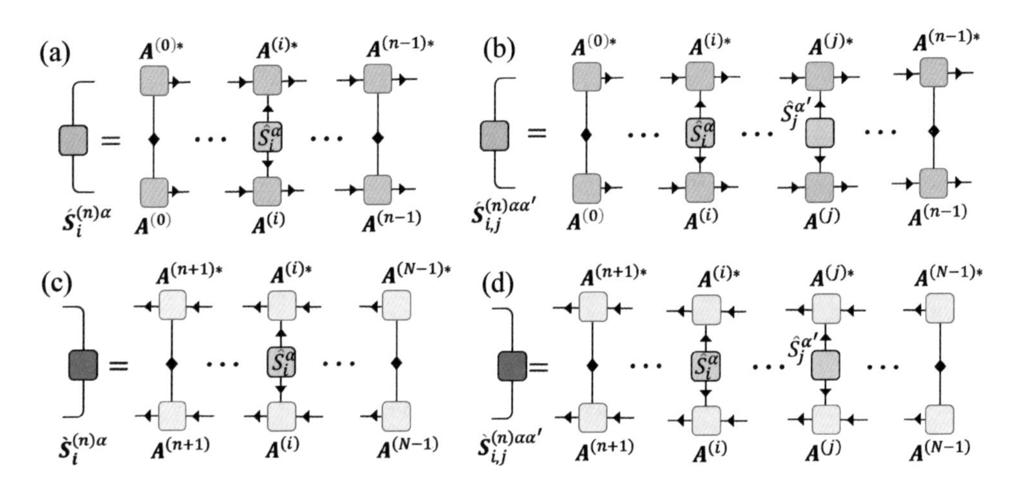

图 4-30 (a)左单体有效算符$\acute{S}_i^{(n)\alpha}$、(b)左二体有效算符$\acute{S}_{i,j}^{(n)\alpha\alpha'}$、(c)右单体有效算符$\grave{S}_i^{(n)\alpha}$与(d)右二体有效算符$\grave{S}_{i,j}^{(n)\alpha\alpha'}$的图形表示

$$\widetilde{\boldsymbol{H}}_{i,i+1}^{(n_c)}=\begin{cases}\sum\limits_{\alpha=x,y,z}\acute{\boldsymbol{S}}_{i,i+1}^{(n_c)\alpha\alpha}\otimes\boldsymbol{I}\otimes\boldsymbol{I}, & \text{当 } i+1<n_c\\ \sum\limits_{\alpha=x,y,z}\acute{\boldsymbol{S}}_{i}^{(n_c)\alpha}\otimes\boldsymbol{S}_{i+1}^{\alpha}\otimes\boldsymbol{I}, & \text{当 } i+1=n_c\\ \sum\limits_{\alpha=x,y,z}\boldsymbol{I}\otimes\boldsymbol{S}_{i}^{\alpha}\otimes\grave{\boldsymbol{S}}_{i+1}^{(n)\alpha}, & \text{当 } i=n_c\\ \sum\limits_{\alpha=x,y,z}\boldsymbol{I}\otimes\boldsymbol{I}\otimes\grave{\boldsymbol{S}}_{i,i+1}^{(n)\alpha\alpha}, & \text{当 } i>n_c\end{cases} \tag{4-89}$$

其中，$\boldsymbol{S}_i^{\alpha}$ 代表算符 $\hat{S}_i^{\alpha}$ 的系数矩阵. 在实际程序编写计算$\widetilde{\boldsymbol{H}}_{i,i+1}^{(n_c)}$ 时，注意保持各个有效算符指标顺序的一致性.

对于 $i+1<n_c$，将上式代入$\widetilde{\boldsymbol{H}}^{(n_c)}$，得

$$\begin{aligned}\widetilde{\boldsymbol{H}}^{(n_c)}=&\Big(\sum_{i=0}^{n_c-2}\sum_{\alpha=x,y,z}\acute{\boldsymbol{S}}_{i,i+1}^{(n_c)\alpha\alpha}\Big)\otimes\boldsymbol{I}\otimes\boldsymbol{I}\\&+\Big(\sum_{\alpha=x,y,z}\acute{\boldsymbol{S}}_{n_c-1}^{(n_c)\alpha}\otimes\boldsymbol{S}_{n_c}^{\alpha}\Big)\otimes\boldsymbol{I}\\&+\boldsymbol{I}\otimes\Big(\sum_{\alpha=x,y,z}\boldsymbol{S}_{n_c}^{\alpha}\otimes\grave{\boldsymbol{S}}_{n_c+1}^{(n)\alpha}\Big)\\&+\boldsymbol{I}\otimes\boldsymbol{I}\otimes\Big(\sum_{i=n_c+1}^{N-1}\sum_{\alpha=x,y,z}\grave{\boldsymbol{S}}_{i,i+1}^{(n)\alpha\alpha}\Big)\end{aligned} \tag{4-90}$$

该式等号后的四项与式(4-89)中的四种情况一一对应. 对于第一项与第四项，我们引入左、右环境算符(environment operator，或称环境张量，environment tensor)$\boldsymbol{S}^{(n_c)\mathrm{L}}$ 与$\boldsymbol{S}^{(n_c)\mathrm{R}}$，分别定义为

$$\boldsymbol{S}^{(n_c)\mathrm{L}}=\sum_{i=0}^{n_c-2}\sum_{\alpha=x,y,z}\acute{\boldsymbol{S}}_{i,i+1}^{(n_c)\alpha\alpha} \tag{4-91}$$

$$\boldsymbol{S}^{(n_c)\mathrm{R}}=\sum_{i=n_c+1}^{N-1}\sum_{\alpha=x,y,z}\grave{\boldsymbol{S}}_{i,i+1}^{(n)\alpha\alpha} \tag{4-92}$$

同$\acute{\boldsymbol{S}}_{i,i+1}^{(n_c)\alpha\alpha}$、$\grave{\boldsymbol{S}}_{i,i+1}^{(n)\alpha\alpha}$一致，$\boldsymbol{S}^{(n_c)\mathrm{L}}$与$\boldsymbol{S}^{(n_c)\mathrm{R}}$为矩阵，指标的维数为相应虚拟指标的维数．我们称正交中心所在的自旋为主体(bulk)，分别称正交中心左侧与右侧的所有自旋为左、右环境，那么可以看出，$\boldsymbol{S}^{(n_c)\mathrm{L}}$包含了左环境内部所有局域耦合项对应的有效算符，$\boldsymbol{S}^{(n_c)\mathrm{R}}$包含了右环境内部所有局域耦合项对应的有效算符．

对于式(4-90)中间两项，我们定义左、右环境-主体(environment-bulk)相互作用算符$\boldsymbol{\mathcal{H}}^{(n_c)\mathrm{L}}$与$\boldsymbol{\mathcal{H}}^{(n_c)\mathrm{R}}$，其满足

$$\boldsymbol{\mathcal{H}}^{(n_c)\mathrm{L}}=\sum_{\alpha=x,y,z}\acute{\boldsymbol{S}}_{n_c-1}^{(n_c)\alpha}\otimes\boldsymbol{S}_{n_c}^{\alpha} \tag{4-93}$$

$$\boldsymbol{\mathcal{H}}^{(n_c)\mathrm{R}}=\sum_{\alpha=x,y,z}\boldsymbol{S}_{n_c}^{\alpha}\otimes\grave{\boldsymbol{S}}_{n_c+1}^{(n)\alpha} \tag{4-94}$$

$\boldsymbol{\mathcal{H}}^{(n_c)\mathrm{L}}$包含了主体最左侧的自旋与左环境内部最右侧自旋的局域耦合，其中左环境内部的自旋对应的算符需转换为有效算符．由于主体内部仅有一个自旋，因此上式给出的$\boldsymbol{\mathcal{H}}^{(n_c)\mathrm{L}}$代表左环境内部最右侧自旋与正交中心处的自旋的局域耦合．类似地，$\boldsymbol{\mathcal{H}}^{(n_c)\mathrm{R}}$包含了主体最右侧的自旋与右环境内部最左侧自旋(有效算符)间的局域耦合．

通过使用类似于哈密顿量对单位矩阵的略写(如$\hat{H}=\sum_i\hat{H}_{i,i+1}$，见 3.6 节或第 3 章习题 9(a))，有效哈密顿量可进一步简写为

$$\widetilde{\boldsymbol{H}}^{(n_c)}=\boldsymbol{S}^{(n_c)\mathrm{L}}+\boldsymbol{\mathcal{H}}^{(n_c)\mathrm{L}}+\boldsymbol{\mathcal{H}}^{(n_c)\mathrm{R}}+\boldsymbol{S}^{(n_c)\mathrm{R}} \tag{4-95}$$

左、右两项形式上为定义在对应虚拟指标空间中的单体算符，中间两项为对应物理空间与虚拟指标空间算符的相互作用二体算符．上式给出的有效哈密顿量表达式就十分接近于密度矩阵重正化群原始文献中给出的表达式了．注意，在计算不同空间中算符的加法时，需补上与单位算符的直积，从而使相加的算法处于同一空间，可参考 3.6 节．

上文着重介绍的是无限密度矩阵重正化群的单格点(one-site)版本，这里的“单格点”指的是主体内部的自旋数量为 1．对于多格点的版本，我们需要考虑主体内部自旋间的相互作用．因此，对于 K 格点无限密度矩阵重正化群算法而言，有效哈密顿量的一般形式为

$$\widetilde{\boldsymbol{H}}^{(n_c)}=\boldsymbol{S}^{(n_c)\mathrm{L}}+\boldsymbol{\mathcal{H}}^{(n_c)\mathrm{L}}+\boldsymbol{H}^{\mathrm{bulk}}+\boldsymbol{\mathcal{H}}^{(n_c)\mathrm{R}}+\boldsymbol{S}^{(n_c)\mathrm{R}} \tag{4-96}$$

其中，$\boldsymbol{H}^{\mathrm{bulk}}$代表主体内部 K 个自旋间的耦合，即为 K 个自旋构成的有限尺寸哈密

顿量. 以1维最近邻相互作用的海森伯模型为例，该哈密顿量为 $\hat{H}^{\text{bulk}}=\sum_{i=0}^{K-1}\hat{S}_i\hat{S}_{i+1}$（见本章习题10）. 注意，在计算上式的加法时，应将$\boldsymbol{H}^{\text{bulk}}$直积上两个对应于左、右虚拟指标空间的 $\chi\times\chi$ 单位矩阵$\boldsymbol{H}^{\text{bulk}}\leftarrow\boldsymbol{I}\otimes\boldsymbol{H}^{\text{bulk}}\otimes\boldsymbol{I}$，以保持加法中所有项的维数相等.

当矩阵乘积态给定时，有效算符之间满足一定的递推关系. 如图 4-31 虚线框内所示，我们参照平移不变矩阵乘积态(见 4.6 节)，定义转移矩阵$\boldsymbol{\mathcal{T}}^{(n)}$与算符 $\hat{O}$ 对应的算符转移矩阵$\boldsymbol{\mathcal{T}}^{(n)O}$，该定义不要求张量的正交性. 于是有

$$\acute{\boldsymbol{S}}_i^{(n+1)\alpha}=\acute{\boldsymbol{S}}_i^{(n)\alpha}\boldsymbol{\mathcal{T}}^{(n)} \tag{4-97}$$

$$\acute{\boldsymbol{S}}_{i,j}^{(n+1)\alpha\alpha'}=\acute{\boldsymbol{S}}_{i,j}^{(n)\alpha\alpha'}\boldsymbol{\mathcal{T}}^{(n)} \tag{4-98}$$

$$\acute{\boldsymbol{S}}_{i,n}^{(n+1)\alpha\alpha'}=\acute{\boldsymbol{S}}_i^{(n)\alpha}\boldsymbol{\mathcal{T}}^{(n)S^{\alpha'}} \tag{4-99}$$

$$\grave{\boldsymbol{S}}_i^{(n)\alpha}=\boldsymbol{\mathcal{T}}^{(n+1)}\grave{\boldsymbol{S}}_i^{(n+1)\alpha} \tag{4-100}$$

$$\grave{\boldsymbol{S}}_{i,j}^{(n)\alpha\alpha'}=\boldsymbol{\mathcal{T}}^{(n+1)}\grave{\boldsymbol{S}}_{i,j}^{(n+1)\alpha\alpha'} \tag{4-101}$$

$$\grave{\boldsymbol{S}}_{i,n+1}^{(n)\alpha\alpha'}=\boldsymbol{\mathcal{T}}^{(n+1)S^{\alpha'}}\grave{\boldsymbol{S}}_i^{(n+1)\alpha} \tag{4-102}$$

上述式子中的右侧应为矩阵化后的张量作矩阵乘，为了不显得过于复杂与混乱，我们省略了矩阵化的下标符号. 图 4-31 给出了上式的图形表示，其中，式(4-97)与式(4-98)的图形表示相同，由图 4-31 的左上图给出，式(4-99)的图形表示见右上图，式(4-100)与式(4-101)对应的图形表示相同，见左下图，式(4-102)的图形

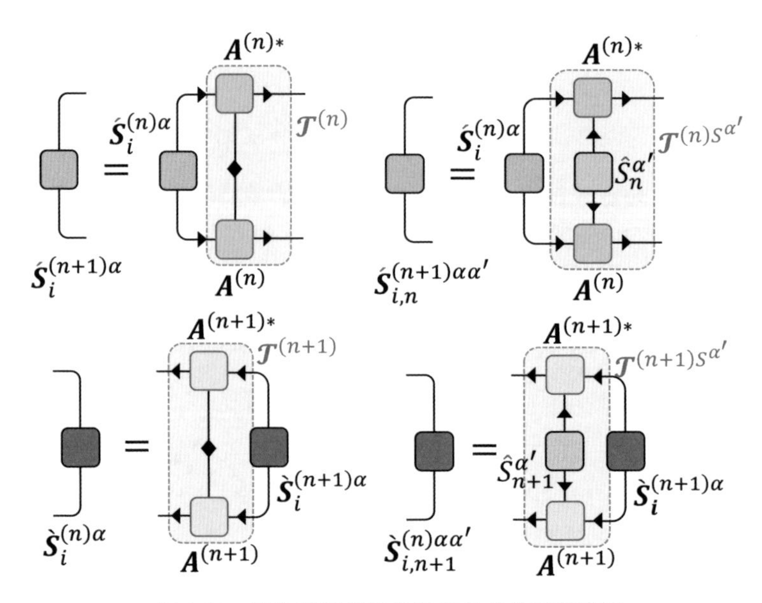

图 4-31　有效算符满足的递推公式的图形表示

表示见右下图. 上述递推公式可通过避免重复计算来提升密度矩阵重正化群算法的效率.

4.12　无限密度矩阵重正化群算法

密度矩阵重正化群也可用于计算无穷长平移不变的 1 维系统，我们称该算法为无限密度矩阵重正化群(infinite DMRG，简称 iDMRG)算法. 下面，我们利用有效算符来给出该算法单格点(one-site)版本的具体计算过程，核心思想是从有限长度的系统出发，通过不断增加自旋个数来逼近无穷大系统.

从 $N=3$ 个自旋构成的 1 维海森伯模型出发，此时矩阵乘积态由 3 个张量构成. 我们可以通过严格对角化算法获得其基态后，通过 TT 分解(见 4.2 节)将其表示为矩阵乘积态，利用中心正交化算法将正交中心放置于位于中心的张量. 为方便起见，在本节中，我们将中心处的张量编号为第 0 个张量，从该张量向左依次将张量编号为 −1、−2、……，向右依次编号为 1、2、……. 考虑到平移不变的系统具备关于中心点处的镜面反射对称性(mirror-reflection symmetry)，我们设

$$A^{(n)}_{\alpha s \alpha'} = A^{(-n)}_{\alpha' s \alpha} \tag{4-103}$$

即将$\boldsymbol{A}^{(-n)}$的两个虚拟指标交换后，所得张量与$\boldsymbol{A}^{(n)}$相等. 如果使用类似于程序命令的表示方法，上述等式可表示为$\boldsymbol{A}^{(n)}=\text{permute}(\boldsymbol{A}^{(-n)}, [2,1,0])$，其中 permute 命令代表将$\boldsymbol{A}^{(-n)}$的三个指标按照[2,1,0]的顺序放置.

在这种情况下，环境-主体相互作用算符$\mathcal{H}^{(n_c)\text{L}}$与$\mathcal{H}^{(n_c)\text{R}}$，以及环境算符$\boldsymbol{S}^{(n_c)\text{L}}$与$\boldsymbol{S}^{(n_c)\text{R}}$也应满足相应的对称性，但需注意指标的顺序，见图 4-32.

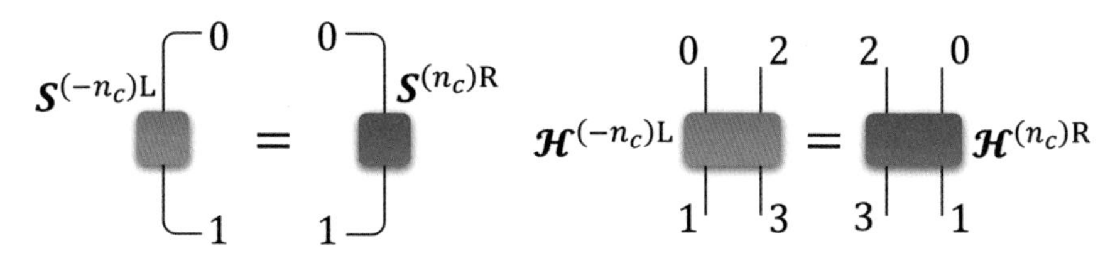

图 4-32　$\boldsymbol{S}^{(n_c)\text{L}}$ 与$\boldsymbol{S}^{(n_c)\text{R}}$、$\mathcal{H}^{(n_c)\text{L}}$ 与$\mathcal{H}^{(n_c)\text{R}}$ 满足的对称性，其中张量旁的数字标记其指标顺序

我们利用镜面反射对称性来增加自旋个数，具体如下. 考虑 iDMRG 的单格点版本，设自旋个数 N 为奇数，正则中心左右分别有$(N-1)/2$个张量. 首先，将正交中心变换至$\boldsymbol{A}^{(1)}$，变换后原中心处张量$\boldsymbol{A}^{(0)}$满足左正交条件. 对张量的编号进行相应的平移，即$\boldsymbol{A}^{(n-1)}\leftarrow\boldsymbol{A}^{(n)}$，使得正交中心处的张量编号仍为 0. 此时，中心左侧的张量个数变为$(N+1)/2$，右侧张量的个数应为$(N-3)/2$. 根据镜面反射对称性，我们假定右侧同有$(N+1)/2$个张量，且满足 $A^{(n)}_{\alpha s\alpha'}=A^{(-n)}_{\alpha' s\alpha}$，这相

当于将张量个数增加至 $N+2$ 个. 上述过程被称为"长点"(site growing)[1].

接下来，我们使用增加张量个数后的矩阵乘积态计算$\boldsymbol{\mathcal{H}}^{(0)\mathrm{L}}$与$\boldsymbol{S}^{(0)\mathrm{L}}$，并使用图 4-32 所示的对称性获得$\boldsymbol{\mathcal{H}}^{(0)\mathrm{R}}$与$\boldsymbol{S}^{(0)\mathrm{R}}$，并计算有效哈密顿量(同见公式(4-95))

$$\widetilde{\boldsymbol{H}}^{(0)}=\boldsymbol{S}^{(0)\mathrm{L}}+\boldsymbol{\mathcal{H}}^{(0)\mathrm{L}}+\boldsymbol{\mathcal{H}}^{(0)\mathrm{R}}+\boldsymbol{S}^{(0)\mathrm{R}} \tag{4-104}$$

通过本征值分解计算其最小本征向量，并将该向量变形为张量后替换掉原有的中心张量$\boldsymbol{A}^{(0)}$. 如果替换前后$\boldsymbol{A}^{(0)}$的差距大于预设的阈值，即$\boldsymbol{A}^{(0)}$未收敛，则继续长点与更新中心张量. 若$\boldsymbol{A}^{(0)}$已收敛，则认为我们获得的无穷长 uMPS 为无穷大 1 维系统的基态，该 uMPS 处于中心正交形式(见 4.7 节及图 4-16)，不等价张量为$\boldsymbol{A}^{(-1)}$与$\boldsymbol{A}^{(1)}$，以及正交中心处的张量$\boldsymbol{A}^{(0)}$.

在上述循环中，当系统自旋个数达到 N 时，我们并不需要储存矩阵乘积态所有的 N 个局域张量来计算$\boldsymbol{\mathcal{H}}^{(0)\mathrm{L}}$与$\boldsymbol{S}^{(0)\mathrm{L}}$，而是对上一次循环中的计算结果进行递推更新. 具体而言，我们仅保留三个张量$\boldsymbol{A}^{(-2)}$、$\boldsymbol{A}^{(-1)}$与$\boldsymbol{A}^{(0)}$，在长点后，我们将上个循环获得的$\boldsymbol{\mathcal{H}}^{(0)\mathrm{L}}$与$\boldsymbol{S}^{(0)\mathrm{L}}$更新为(见图 4-33)

$$\boldsymbol{S}^{(0)\mathrm{L}}\leftarrow\boldsymbol{S}^{(0)\mathrm{L}}\boldsymbol{\mathcal{T}}^{(-1)}+\sum_{\alpha=x,y,z}\acute{\boldsymbol{S}}_{-2,-1}^{(0)\alpha\alpha} \tag{4-105}$$

$$\boldsymbol{\mathcal{H}}^{(0)\mathrm{L}}\leftarrow\sum_{\alpha=x,y,z}\acute{\boldsymbol{S}}_{-1}^{(0)\alpha}\otimes\boldsymbol{S}_{0}^{\alpha} \tag{4-106}$$

其中，计算$\boldsymbol{\mathcal{T}}^{(-1)}$与$\acute{\boldsymbol{S}}_{-1}^{(0)\alpha}$需用到$\boldsymbol{A}^{(-1)}$，计算$\acute{\boldsymbol{S}}_{-2,-1}^{(0)\alpha\alpha}$需用到$\boldsymbol{A}^{(-2)}$与$\boldsymbol{A}^{(-1)}$. 在第一次长点至 $N=5$ 时，由于循环刚刚开始，还不存在"上一步"的$\boldsymbol{S}^{(0)\mathrm{L}}$，此时采用

$$\boldsymbol{S}^{(0)\mathrm{L}}=\sum_{\alpha=x,y,z}\acute{\boldsymbol{S}}_{-2,-1}^{(0)\alpha\alpha} \tag{4-107}$$

作为$\boldsymbol{S}^{(0)\mathrm{L}}$的初始值.

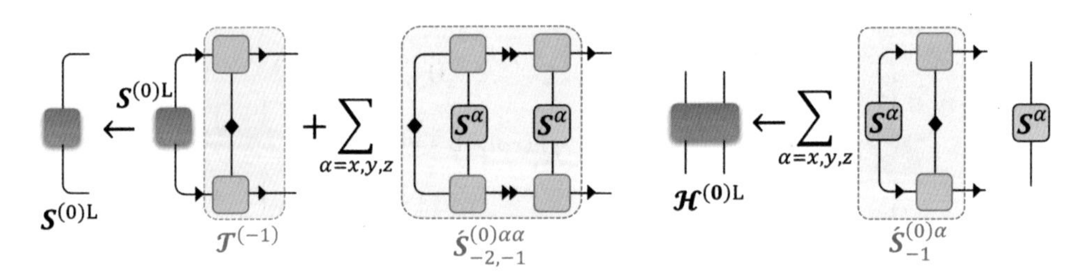

图 4-33 $\boldsymbol{\mathcal{H}}^{(0)\mathrm{L}}$与$\boldsymbol{S}^{(0)\mathrm{L}}$更新公式的图形表示

在上一节的讨论中我们知道，$\boldsymbol{S}^{(0)\mathrm{L}}$需包含左环境内部所有的局域耦合项对应的有效算符. 在$\boldsymbol{S}^{(0)\mathrm{L}}$的更新式中，长点后的正交中心左侧自旋个数增加，因此需在$\boldsymbol{S}^{(0)\mathrm{L}}$加入新增自旋对应的局域耦合项，即编号为$-1$与$-2$两个自旋间的耦合对应的有效算符$\acute{\boldsymbol{S}}_{-2,-1}^{(0)\alpha\alpha}$(见本章习题 8).

---

① "长点"意为格点数变多，其中"长"字为"长大"的"长"(zhǎng)，而非"长短"的"长"(cháng).

设初始自旋个数 $N=3$，并进行 K 次上述的迭代，由于每次格点数增加两个，迭代后总自旋个数应为 $N=3+2K$. 但是若中心张量随着迭代进行而收敛，我们可以近似地认为无论我们再继续迭代多少次，$\boldsymbol{A}^{(-1)}$、$\boldsymbol{A}^{(-0)}$与$\boldsymbol{A}^{(1)}$都不会改变了. 因此，我们将收敛后的三个张量构成的中心正交形式的 uMPS(见图 4-18)作为最终获得的无穷大 1 维系统的基态. iDMRG 算法的具体计算流程可参考附录 A 算法 7.

有效哈密顿量自身也可被看作一种"物理"的哈密顿量，即由主体内部的 N_b 个自旋与主体边界处的两个虚拟自旋构成. 在上述的单格点无限密度矩阵重正化群算法中，对应的自旋个数为 $N_b=1$，因此称其为单格点 iDMRG 算法. 虚拟自旋的维数为虚拟指标的截断维数，该自旋代表主体右侧所有自旋及其相互作用项的有效算符. 根据矩阵乘积态的纠缠性质(见 4.5 节)可知，虚拟自旋的维数决定了右侧所有自旋与其它自旋间二分纠缠熵的上界. 因此，虚拟自旋又被称为纠缠库(entanglement bath)或纠缠浴，其作用是在有限长主体边界提供无穷长系统对应的量子纠缠. 在这种情况下，主体中自旋的物理性质接近无穷大系统中 N_b 个自旋构成的子体系的性质. 因此，有效哈密顿量作为一个有限尺寸系统(格点数 $N=N_b+2$)，可用于构建实现无穷大系统物理性质的小尺寸量子模拟器(quantum simulator)①，更多的相关内容我们放在了下一章对高维量子系统的介绍中.

在 4.9 节介绍的有限尺寸密度矩阵重正化群算法中，我们以随机的方式给出了初始的矩阵乘积态. 一种更合理的初始矩阵乘积态的方法是利用 iDMRG 算法进行初始化. 设待求解的系统包含的自旋个数为 N(假设为奇数)，首先，我们可以使用 iDMRG 算法，进行 $(N-3)/2$ 次迭代，获得一个包含 N 个局域张量的矩阵乘积态. 我们储存在迭代过程中所得的所有局域张量，这 N 个局域张量作为初始的矩阵乘积态，放入有限尺寸密度矩阵重正化群算法中进行扫描迭代，最终获得表示 N 个自旋哈密顿量基态的矩阵乘积态.

4.13　矩阵乘积算符与 1 维量子多体系统热力学的计算

当矩阵乘积态被用于表示(右矢)量子多体态时，其物理指标会与局域希尔伯特空间的基矢进行求和，有

$$|\varphi\rangle=\sum_{s_0\cdots s_{N-1}}\sum_{\alpha_0\cdots\alpha_{N-2}}A^{(0)}_{s_0\alpha_0}A^{(1)}_{\alpha_0 s_1\alpha_1}\cdots A^{(N-1)}_{\alpha_{N-2}s_{N-1}}\prod_{\otimes n=0}^{N-1}|s_n\rangle \tag{4-108}$$

对应的系数为一个 N 阶张量，每个物理指标的维数等于相应局域希尔伯特空间的维数. 矩阵乘积态可被推广为表示多体算符的矩阵乘积算符(matrix product

① 参考 Shi-Ju Ran, Angelo Piga, Cheng Peng, Gang Su, and Maciej Lewenstein, "Few-Body Systems Capture Many-Body Physics: Tensor Network Approach," *Phys. Rev. B* 96, 155120 (2017).

operator，简称 MPO)，其形式为

$$\hat{\rho}=\sum_{s'_0\cdots s'_{N-1}s_0\cdots s_{N-1}}\sum_{\alpha_0\cdots\alpha_{N-2}}A^{(0)}_{s'_0 s_0\alpha_0}A^{(1)}_{\alpha_0 s'_1 s_1\alpha_1}\cdots A^{(N-1)}_{\alpha_{N-2}s'_{N-1}s_{N-1}}\prod_{\otimes m=0}^{N-1}\prod_{\otimes n=0}^{N-1}|s'_m\rangle\langle s_n|$$

$$=\sum_{s'_0\cdots s'_{N-1}s_0\cdots s_{N-1}}A^{(0)}_{s'_0,s_0,:}A^{(1)}_{:,s'_1,s_1:}\cdots A^{(N-1)}_{:,s'_{N-1},s_{N-1}}\prod_{\otimes m=0}^{N-1}\prod_{\otimes n=0}^{N-1}|s'_m\rangle\langle s_n| \tag{4-109}$$

其中，第二行的表达式中用到了切片操作．矩阵乘积算符的图形表示如图 4-34 所示．其中，每个局域张量$\boldsymbol{A}^{(n)}$含有两个物理指标，分别与对应局域希尔伯特空间的左矢、右矢基矢进行求和计算．设每个局域希尔伯特空间的维数为 d，对于一个 N 体算符，其参数复杂度为 $O(d^{2N})$，而对于虚拟指标维数为 χ 的矩阵乘积算符而言，其参数复杂度为 $O(Nd^2\chi^2)$．矩阵乘积算符与矩阵乘积态的结构在本质上是相似的，对每个局域张量进行变形操作，将两个物理指标合成一个 d^2 维的指标后，矩阵乘积算符变为矩阵乘积态，该操作成为矩阵乘积密度算符的纯化(purification)．

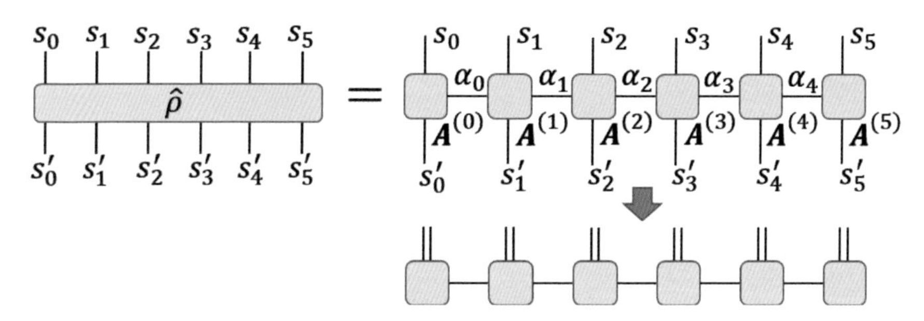

图 4-34 矩阵乘积算符的图形表示

类似于使用 TEBD 算法计算基态，可以结合矩阵乘积算符的纯化与 TS 分解计算目标温度下的有限温密度算符

$$\hat{\rho}=\mathrm{e}^{-\beta\hat{H}}=\left(\prod_{ij}\hat{U}^{(i,j)}(\tau)\right)^K \tag{4-110}$$

其中，哈密顿量为 $\hat{H}=\sum_{i,j}\hat{H}_{i,j}$，局域虚时间演化算符满足 $\hat{U}^{(i,j)}(\tau)=\mathrm{e}^{-\tau\hat{H}_{i,j}}$，演化次数 $K=\beta/\tau$．表示密度算符的矩阵乘积算符又被称为矩阵乘积密度算符(matrix product density operator，简称 MPDO)．下面，我们介绍如何使用基于矩阵乘积态的(虚)时间演化块消减算法，来计算表示有限温密度算符 $\hat{\rho}$ 的矩阵乘积密度算符①．

① 参考 Wei Li, Shi-Ju Ran, Shou-Shu Gong, Yang Zhao, Bin Xi, Fei Ye, and Gang Su, "Linearized Tensor Renormalization Group Algorithm for the Calculation of Thermodynamic Properties of Quantum Lattice Models," *Phys. Rev. Lett.* 106, 127202 (2011).

首先，使用单位矩阵来初始化矩阵乘积算符的局域张量，即取所有虚拟指标的维数为 1，且有

$$\boldsymbol{A}^{(0)}_{:,:,0} = \boldsymbol{I}(n=0) \tag{4-111}$$

$$\boldsymbol{A}^{(n)}_{0,:,:,0} = \boldsymbol{I}(0 < n < N-1) \tag{4-112}$$

$$\boldsymbol{A}^{(N-1)}_{0,:,:} = \boldsymbol{I}(n = N-1) \tag{4-113}$$

可以证明，这种由单位矩阵初始化获得的矩阵乘积算符，实际上为无限高温时($\beta=1/T\to 0$)的矩阵乘积密度算符，即对于任意量子态，该密度算符给出的概率均相等(见本章习题 9).

记目标温度倒数为 $\tilde{\beta}$，为了保证密度算符的正定性，我们考虑通过虚时间演化，将温度倒数$\beta=0$ 的矩阵乘积密度算符演化至 $\beta=\tilde{\beta}/2$，记为 $\hat{\rho}(\tilde{\beta}/2)$，温度倒数为 $\tilde{\beta}$ 的密度矩阵满足 $\hat{\rho}(\tilde{\beta}/2)^\dagger\hat{\rho}(\tilde{\beta}/2)$[①]. 记 $\hat{\rho}(\tilde{\beta}/2)$ 纯化所得矩阵乘积态为 $|\psi(\tilde{\beta}/2)\rangle$，容易看出，配分函数 $Z=\mathrm{Tr}(\hat{\rho}(\tilde{\beta}/2)^\dagger\hat{\rho}(\tilde{\beta}/2))$恰好为 $\hat{\rho}(\tilde{\beta}/2)$纯化后所得的矩阵乘积态及其共轭间的内积$\langle\psi(\tilde{\beta}/2)\mid\psi(\tilde{\beta}/2)\rangle$，密度算符迹的归一变为了矩阵乘积态的 L2 范数归一. 相应地，算符 $\hat{O}$ 的观测量期望值 $\mathrm{Tr}(\hat{O}\,\hat{\rho}(\tilde{\beta}/2)^\dagger\,\hat{\rho}(\tilde{\beta}/2))$变为了算符关于纯化所得矩阵乘积态的期望值$\langle\psi(\tilde{\beta}/2)\mid\hat{O}\mid\psi(\tilde{\beta}/2)\rangle$.

由于物理指标维数被扩大了一倍，我们通过 $\hat{U}^{(i,j)}(\tau)$与单位算符 $\hat{I}$ 的直积来定义两种扩大物理空间中的局域演化算符 $\hat{U}^{(\mathrm{L})}$ 与 $\hat{U}^{(\mathrm{R})}$，其图形表示见图 4-35. 可见 $\hat{U}^{(\mathrm{L})}$ 与 $\hat{U}^{(\mathrm{R})}$ 仅对应于不同的指标顺序.

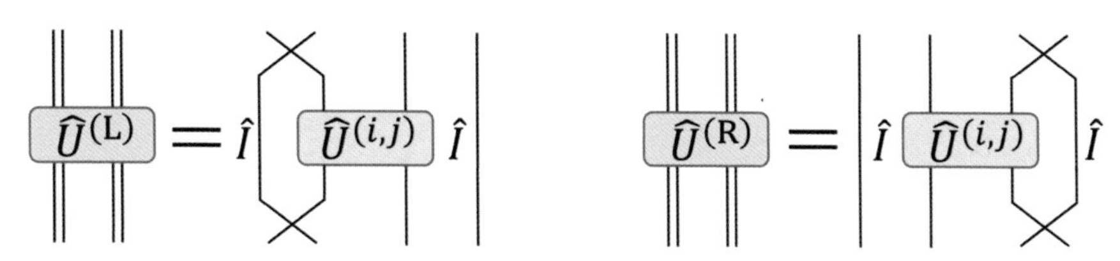

图 4-35 扩大物理空间中两种局域演化算符$\hat{U}^{(\mathrm{L})}$与$\hat{U}^{(\mathrm{R})}$的图形表示

在新的演化算符下，矩阵乘积密度算符的虚时间演化被化为对应矩阵乘积态关于 $\hat{U}^{(\mathrm{L})}$ 的虚时间演化，如图 4-36 所示，关于 $\hat{U}^{(\mathrm{R})}$ 的虚时间演化与之完全类似. 因此，可直接使用 4.8 节介绍的 TEBD 算法来实现矩阵乘积密度算符的虚时间演化. 注意，张量网络算法在细节处理上是非常灵活的. 例如，我们也可不引入扩大物理空间中的局域演化算符，而是直接计算矩阵乘积算符的演化(见图 4-36 左图)，然后再利用变形操作，将矩阵乘积算符化为矩阵乘积态，并利用中心正交形式控制其虚拟指标维数. 例如，我们可以直接将矩阵乘积密度算符演化至目标

① 对于任意矩阵 $\boldsymbol{M}$，可以证明，$\boldsymbol{M}\boldsymbol{M}^\dagger$ 与 $\boldsymbol{M}^\dagger\boldsymbol{M}$ 均为正定矩阵.

温度倒数 $\tilde{\beta}$，并使用 $\mathrm{Tr}(\hat{\rho}(\tilde{\beta}))$ 与 $\mathrm{Tr}(\hat{\rho}(\tilde{\beta})\hat{O})$ 来更加高效地计算配分函数与观测量，但代价是无法严格保证密度算符的正定性. 读者可以根据具体的问题、自己的理解甚至自己的编程习惯与偏好，来调整算法的细节.

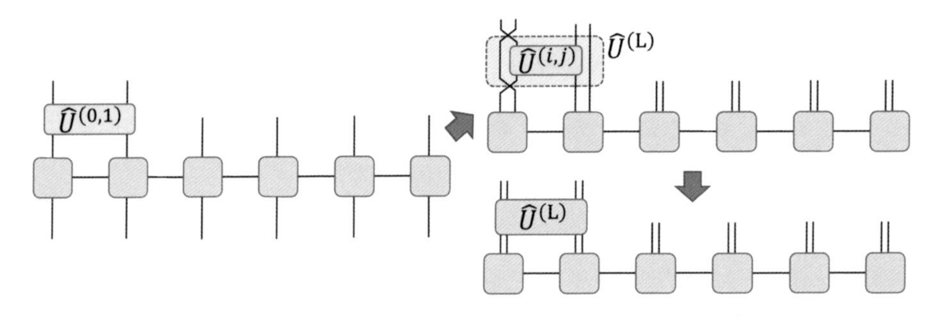

图 4-36　矩阵乘积密度算符的虚时间演化被化为对应矩阵乘积态关于 $\hat{U}^{(\mathrm{L})}$ 的虚时间演化

本章要点及关键概念

1. 高阶张量的 TT 形式、量子态的矩阵乘积态形式；
2. TT 分解、TT 秩、最优 TT 低秩近似；
3. 截断维数、截断误差；
4. 矩阵乘积态的规范自由度与规范变换；
5. 中心正交形式、中心正交化算法；
6. 等距张量及其图形表示；
7. 矩阵乘积态二分纠缠的计算；
8. 多张量平移不变的无限长矩阵乘积态与 uMPS、不等价张量；
9. uMPS 的关联函数与关联长度；
10. 矩阵乘积态的转移矩阵与算符转移矩阵；
11. 平移不变矩阵乘积态的正则形式、uMPS 的正则化算法；
12. 有限与无限时间演化块消减算法；
13. 有限与无限密度矩阵重正化群算法；
14. 有效算符、环境算符、环境-主体相互作用算符、有效哈密顿量；
15. 矩阵乘积算符、矩阵乘积密度算符；
16. 矩阵乘积密度算符的时间演化块消减算法.

习　题

1. 证明题. 给定任意张量 $\boldsymbol{T}$，在进行严格 TT 分解时，试证明在分解过程中获得的矩阵 $\boldsymbol{Q}^{(n)}$ 满足 $\mathrm{rank}(\boldsymbol{Q}^{(n)})=\mathrm{rank}(\boldsymbol{T}_{[0,\cdots,n]})$.
2. 证明题. 给定 N 阶张量 $\boldsymbol{T}$，假设对于任意 n，矩阵化 $\boldsymbol{T}_{[0,\cdots,n]}$ 为满秩，试证明，在使用基于 QR 的严格 TT 分解算法得到的 TT 形式中，满足：

(a)第 n 个虚拟指标的维数满足 $\dim(\alpha_n)=\min\left(\prod_{k=0}^{n}\dim(s_k),\ \prod_{k=n+1}^{N-1}\dim(s_k)\right)$（提示：可尝试从头证明，或利用习题 1 的结论进行证明）；

(b)所得张量 $\{\boldsymbol{A}^{(n)}\}$ 的总参数复杂度等于张量 $\boldsymbol{T}$ 的参数复杂度 $\prod_{k=0}^{N-1}\dim(s_k)$（提示：需要考虑 QR 分解所得的等距张量的参数复杂度）.

3. 证明题. 根据量子态的归一性，试证明中心张量需满足归一性.
4. 模仿中心正交形式的约束条件，试写出键中心正交形式的约束条件.
5. 编程练习. 编写 Python 类，实现如下功能：
   (a)储存任意开放边界的矩阵乘积态；
   (b)获得矩阵乘积态的模，并对其进行归一化；
   (c)将矩阵乘积态转换为中心正交形式，可由使用者自行指定正交中心的位置；
   (d)将矩阵乘积态转换为键中心正交形式，可由使用者自行指定正交中心的位置；
   (e)计算在任意虚拟指标处的二分纠缠谱及二分纠缠熵.
   提示：建立成员函数实现(b)—(e)所描述的功能；实现(c)与(d)时，注意分辨矩阵乘积态是否已经处于中心正交形式，如果是，则注意节省计算量.
6. 证明题. 设构成中心正交形式uMPS 的不等价张量为$\boldsymbol{A}^{\mathrm{L}}$、$\boldsymbol{A}$ 与 $\boldsymbol{A}^{\mathrm{R}}$，其中 $\boldsymbol{A}$ 为中心张量，试证明，矩阵乘积态任意处二分对应的纠缠谱，等于中心张量矩阵化的奇异谱.
7. 证明题. 已知 2 张量平移不变矩阵乘积态处于正则形式，由张量 $\boldsymbol{A}$ 与 $\boldsymbol{B}$ 以及正定对角矩阵 $\boldsymbol{\Lambda}^{AB}$ 与$\boldsymbol{\Lambda}^{BA}$ 构成，使用 iTEBD 算法演化第 n 与 $n+1$ 个自旋，局域时间演化算符为 $\hat{U}^{(n,n+1)}=\mathrm{e}^{-\mathrm{i}\tau\hat{H}_{n,n+1}}$，试证明：当裁剪误差为零时，演化后矩阵乘积态在演化过程中保持为正则形式.
8. 考虑使用密度矩阵重正化群计算 6 个自旋构成的开放边界 1 维海森伯模型，
   (a)试画出更新张量$\boldsymbol{A}^{(0)}$时有效哈密顿量的图形表示；
   (b)设当前矩阵乘积态的正交中心处于$\boldsymbol{A}^{(2)}$，试给出左环境张量$\boldsymbol{S}^{(n_c)\mathrm{L}}$ 中所有项的图形表示；
   (c)将(b)中的矩阵乘积态正交中心变换至$\boldsymbol{A}^{(3)}$（注：仅有$\boldsymbol{A}^{(2)}$与 $\boldsymbol{A}^{(3)}$ 发生改变），试比较正交中心移动前后$\boldsymbol{S}^{(n_c)\mathrm{L}}$ 中所包含的项的变化.
9. 证明题. 定义矩阵乘积算符 $\hat{\rho}$，其局域张量的虚拟指标维数为 1，且满足$\boldsymbol{A}^{(0)}_{:,:,0}=\boldsymbol{I}$、$\boldsymbol{A}^{(N-1)}_{0,:,:}=\boldsymbol{I}$ 以及 $\boldsymbol{A}^{(n)}_{0,:,:,0}=\boldsymbol{I}\,(0<n<N-1)$，其中 $\boldsymbol{I}$ 为 2×2 的单位矩阵，试证明对于任意两个量子态 $|\varphi\rangle$与 $|\psi\rangle$，二者对应的概率相等，有

$$\frac{1}{Z}\langle\varphi|\hat{\rho}|\varphi\rangle=\frac{1}{Z}\langle\psi|\hat{\rho}|\psi\rangle$$

   其中，$Z=\mathrm{Tr}(\hat{\rho})$为与量子态无关的归一化系数(配分函数).
10. 在无限密度矩阵重正化群算法中，将正交中心张量预期左右两侧的张量进行收缩，获得含有三个物理指标的新的中心张量，试使用有效算符给出有效哈密顿量的表示，使得该中心张量对应于有效哈密顿量的最小本征向量.

第 5 章　张量网络算法

5.1　张量网络的定义与基本性质

在第 4 章中，我们介绍了张量网络领域最重要的一种数学形式——矩阵乘积态，及其在量子多体物理中的几个重要的算法．在本章中，我们将介绍张量网络的基本定义及处理张量网络的几种常用的数值算法．我们将尽量使用通用的数学表示，而不是将应用限制于量子物理，以方便读者将张量网络应用到各自感兴趣的领域．

张量网络的定义十分简单，即为多个张量的求和，且规定每个指标至少出现在某一个张量，至多出现在某两个张量中．仅出现在某一个张量的指标被称为物理指标或开放指标，被两个张量所共有的指标称为虚拟指标、几何指标或辅助指标，需要被求和掉．如果计算过程需要用到出现在三个或以上张量的指标，可利用高阶对角张量来满足上述规则(见 1.3 节公式(1-2))．构成张量网络的各个张量被称为局域张量．可以看出，张量网络使用的命名方式与第 4 章介绍的矩阵乘积态一致，矩阵乘积态属于一种特殊的张量网络．张量网络自身的维数(dimension)定义为其图形表示的图(graph)的维数．例如，矩阵乘积态的图形表示为 1 维图，因此，矩阵乘积态属于 1 维张量网络．

从上面定义的规则可以看出，由于虚拟指标需要被缩并，张量网络实际上表示的是一个张量，该张量被称为全局张量(global tensor)．全局张量的指标即为张量网络的物理指标．给定张量网络后，其对应的全局张量唯一被确定．但是，给定的全局张量并不唯一对应于某一个张量网络．首先，类似于矩阵乘积态，张量网络存在规范自由度(见 4.3 节)，在任意虚拟指标上插入一对互逆矩阵，可在不改变全局张量的情况下改变局域张量，如图 5-1 中(a)与(b)所示．此外，不同图的张量网络也可能给出同一个全局张量，例如，对于同一个张量，我们可以利用 TT 分解写出表示该张量的开放边界矩阵乘积态，如图 5-1 中(b)与(c)所示，也可通过 TR 分解写出对应于同一张量的周期边界矩阵乘积态．因此，张量网络的自由度既包括规范自由度，又包括结构自由度(structural degrees of freedom)．

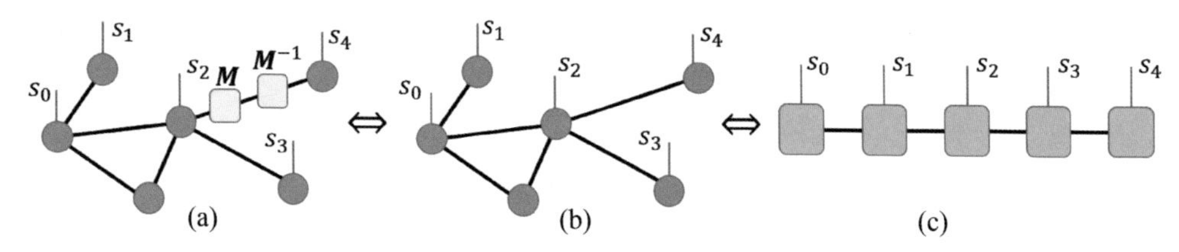

图 5-1　张量网络的规范自由度与结构自由度示意图

对于给定张量而言，由于张量网络表示的不唯一性，除了一些极为特殊的网络结构外(如 TT 形式)，我们不太常研究如何将给定张量分解成张量网络，而更多地考虑如何计算给定张量网络的全局张量．由于全局张量的复杂度随物理指标个数增加而呈指数增加，在实际计算中，一种最常遇见的张量网络是无开放指标的闭合张量网络(closed tensor network)，其全局张量是一个标量．例如，矩阵乘积态的观测量显然给出一个闭合张量网络．闭合张量网络的计算是本章考虑的重点之一．

此外，从第 4 章我们可以发现，在很多较为复杂的情况下，并没有必要写出张量收缩的公式，即使写出公式也并不方便阅读与计算，最好的方式则是画出对应的图形表示．在本章中，我们也将大量采用张量网络的图形表示来进行叙述．在公式上，可以使用“tTr”简要表示对所有共有指标的求和．

在第 4 章我们得到，矩阵乘积态二分纠缠熵的上限满足公式(4-36)

$$0 \leqslant S(\alpha_m) \leqslant \ln(\dim(\alpha_m)) \tag{5-1}$$

其中，α_m 为二分处对应的虚拟指标．下面，我们将该结论推广到一般的张量网络，图 5-2 以一个具体的张量网络为例给出了下述推导过程．设张量网络的 N 个局域张量为 $\{\boldsymbol{T}^{(n)}\}(n=0,\cdots,N-1)$，将张量网络二分成$\mathcal{A}$与$\mathcal{B}$两子部分，分别记两部分中的物理指标为 $\{i_*\}$ 与 $\{j_*\}$，记边界处的虚拟指标为 $\{\alpha_*\}$．分别求和掉$\mathcal{A}$与$\mathcal{B}$两子部分内的所有虚拟指标，得到张量$\boldsymbol{T}^{\mathcal{A}}$与$\boldsymbol{T}^{\mathcal{B}}$，分别满足

$$\boldsymbol{T}^{\mathcal{A}} = \mathrm{tTr}(\prod_{n\in\mathcal{A}} \boldsymbol{T}^{(n)}) \tag{5-2}$$

$$\boldsymbol{T}^{\mathcal{B}} = \mathrm{tTr}(\prod_{m\in\mathcal{B}} \boldsymbol{T}^{(m)}) \tag{5-3}$$

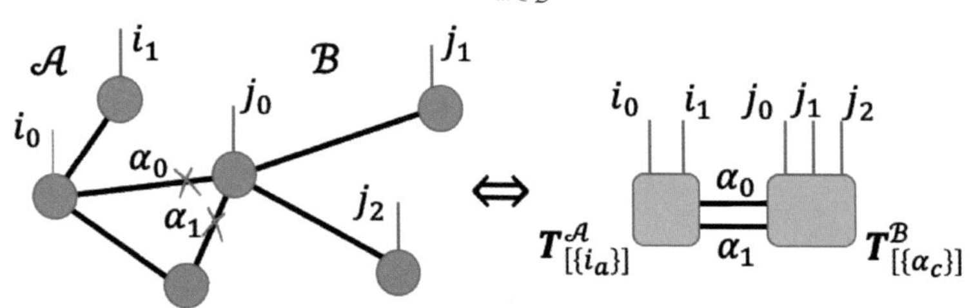

图 5-2　$\mathcal{Z}_{[\{i_*\}]}=\boldsymbol{T}^{\mathcal{A}}_{[\{i_*\}]}\boldsymbol{T}^{\mathcal{B}}_{[\{i_*\}]}$的图形表示

交换$\boldsymbol{T}^{\mathcal{A}}$的指标顺序并进行矩阵化得到$\boldsymbol{T}^{\mathcal{A}}_{[\{i_*\}]}$，使所得矩阵$\boldsymbol{T}^{\mathcal{A}}_{[\{i_*\}]}$的左指标为$\mathcal{A}$中所有物理指标$\{i_*\}$的合并，$\boldsymbol{T}^{\mathcal{A}}_{[\{i_*\}]}$的右指标显然为边界处所有虚拟指标$\{\alpha_*\}$的合并. $\boldsymbol{T}^{\mathcal{A}}_{[\{i_*\}]}$的维数为$\prod_a \dim(i_a)\times\prod_c \dim(\alpha_c)$. 类似地，交换$\boldsymbol{T}^{\mathcal{B}}$的指标顺序并进行矩阵化得到$\boldsymbol{T}^{\mathcal{B}}_{[\{\alpha_*\}]}$，使得$\boldsymbol{T}^{\mathcal{B}}_{[\{\alpha_*\}]}$的左指标为边界处虚拟指标$\{\alpha_*\}$的合并，$\boldsymbol{T}^{\mathcal{B}}_{[\{\alpha_*\}]}$的右指标显然为$\mathcal{B}$中所有物理指标的合并. $\boldsymbol{T}^{\mathcal{B}}_{[\{\alpha_*\}]}$的维数为$\prod_c \dim(\alpha_c)\times\prod_b \dim(j_b)$.

设张量网络的全局张量为$\boldsymbol{\mathcal{Z}}$，对$\boldsymbol{\mathcal{Z}}$进行矩阵化$\boldsymbol{\mathcal{Z}}_{[\{i_*\}]}$，显然$\boldsymbol{\mathcal{Z}}_{[\{i_*\}]}$可写为两个矩阵的乘积，有

$$\boldsymbol{\mathcal{Z}}_{[\{i_*\}]}=\boldsymbol{T}^{\mathcal{A}}_{[\{i_*\}]}\boldsymbol{T}^{\mathcal{B}}_{[\{\alpha_*\}]} \tag{5-4}$$

根据矩阵秩的性质(见 1.5 节)，有

$$\operatorname{rank}(\boldsymbol{\mathcal{Z}}_{[\{i_*\}]})\leqslant\min\left(\prod_a \dim(i_a),\prod_b \dim(j_b),\prod_c \dim(\alpha_c)\right) \tag{5-5}$$

考虑到$\mathcal{A}$或$\mathcal{B}$中物理指标的个数正比于各个子系统的“体积”，而$\{\alpha_*\}$中指标的个数正比于$\mathcal{A}$与$\mathcal{B}$间边界的长度. 因此，物理指标个数关于整个系统尺寸增长的速度要高于边界的增长速度. 可以考虑一个$(L\times L)$的正方形，当从正中央将其二分，各个子系统的大小与L呈平方关系，满足$O(L^2)$，而边界的长度仅与L呈线性关系，满足$O(L)$. 一般而言(例如当张量网络对应的图为阿基米德格子时)，若L足够大时，一定有$\prod_a \dim(i_a)\gg\prod_c \dim(\alpha_c)$及$\prod_b \dim(j_b)\gg\prod_c \dim(\alpha_c)$. 因此，$\boldsymbol{\mathcal{Z}}_{[\{i_*\}]}$的秩由二分边界处各个虚拟指标的维数决定，满足

$$\operatorname{rank}(\boldsymbol{\mathcal{Z}}_{[\{i_*\}]})\leqslant\prod_{\alpha_c} \dim(\alpha_c) \tag{5-6}$$

当上述物理指标代表量子希尔伯特空间的自由度时，张量网络给出的是一个量子态的系数，称系数具备张量网络形式的量子态为张量网络态(tensor network state，简称 TNS). 对于一个张量网络态，由上述秩的上界可得，其二分纠缠熵满足

$$S\leqslant\ln\left(\prod_{\alpha_c} \dim(\alpha_c)\right)=\sum_{\alpha_c}\ln\left(\dim(\alpha_c)\right) \tag{5-7}$$

设虚拟指标维数的上限为截断维数χ，上式化为

$$S\leqslant\#(\{\alpha_*\})\ln\chi \tag{5-8}$$

其中，$\#(\{\alpha_*\})$代表二分边界处虚拟指标$\{\alpha_*\}$的个数，这也被定义为张量网络的边界长度.

这里，我们得到关于张量网络的一个重要结论：当虚拟指标维数的上界为有限值时，张量网络态二分纠缠熵的上界与二分边界的长度成正比. 该结论也被称

为张量网络态的纠缠熵面积定律(area law of entanglement entropy). 判断一个量子态是否可由张量网络态有效地表示，一个初步的标准是看该量子态的二分纠缠熵是否超越面积定律. 随着系统尺寸(也就是张量网络中局域张量个数)的增加，如果二分纠缠熵的增加速度远快于二分边界处虚拟指标个数的增加速度，则说明这种结构下的张量网络不足以容纳该量子态的二分纠缠性质.

在张量网络文献中，除矩阵乘积态外，常用的张量网络态包括投影纠缠对态(projected entangled pair state，简称 PEPS)、树状张量网络态(tree tensor network state，简称 TTNS)、多尺度纠缠重正化假设(multi-scale entanglement renormalization ansatz，简称 MERA)等. 其中，对于投影纠缠对态(见图 5-3 左图)，由于投影纠缠对态对应的张量网络图形一般为阿基米德格子，当我们考虑某一个子系统内局域张量的个数与该子系统边界处虚拟指标的个数时，二者间满足的关系类似于 2 维图形体积与其边长间的关系. 因此，我们称投影纠缠对态满足2 维面积定律.

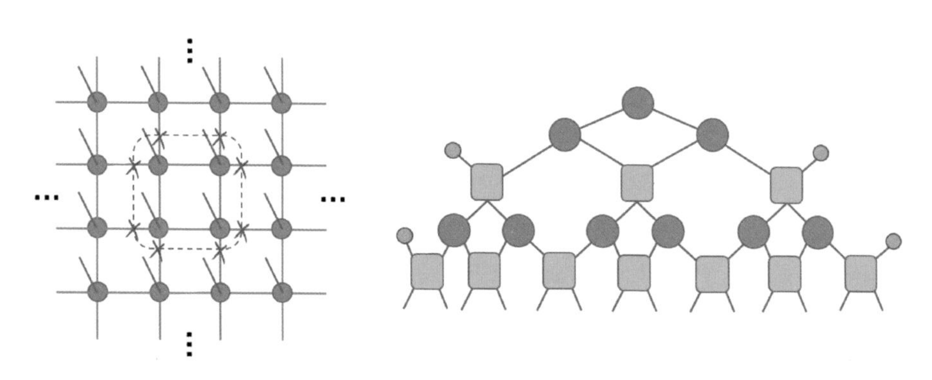

图 5-3　投影纠缠对态与(1 维)多尺度纠缠重正化假设示意图

值得一提的是，当投影纠缠对态的张量网络图形对应于一个 D 维阿基米德格子时，如 2 维正方格子、三角格子，以及 3 维立方体格子等，有

$$\#(\{\alpha_*\}) \sim l^{D-1} \tag{5-9}$$

$$\#(\{i_*\}) \sim l^{D} \tag{5-10}$$

其中，l 代表空间尺度单位，可以看作一个常数. 也就是说，边界虚拟指标个数满足$(D-1)$维标度律(scaling law)，而子系统内部物理指标个数满足 D 维标度律. 因此，在一般情况下，我们认为

$$\#(\{\alpha_*\}) \ll \#(\{i_*\}) \tag{5-11}$$

根据公式(5-5)，投影纠缠对态的纠缠熵的上限由 $\#(\alpha_c)$，也就是二分边界长度决定. 我们称公式(5-9)为 D 维面积定律. 回到矩阵乘积态，其边界虚拟指标个数为常数，这类似于 1 维图形的边界仅为一个或两个端点，显然，矩阵乘积态满

足 1 维面积定律.

将公式(5-9)代入纠缠熵的不等式公式(5-8)可得，D 维面积定律下的纠缠熵满足

$$S \leqslant l^{D-1} \ln \chi \tag{5-12}$$

一个张量网络态满足的面积定律可通过设计其网络结构来控制，例如，多尺度纠缠重正化假设(见图 5-2 右图)通过引入多层结构，来构造满足其它形式面积定律的张量网络态，具体可参考相关文献①.

5.2 无圈张量网络的中心正交形式及其虚拟维数的最优裁剪

如何在不改变张量网络结构的情况下，以误差最小的方式减小虚拟指标的维数，是张量网络算法中的重要课题. 在大多数情况下，我们很难获得张量网络全局最优的裁剪方式，在不同的算法中，近似获得最优裁剪的方式也各不相同. 在本节，我们将考虑两种常见的张量网络最优裁剪问题. 首先，我们考虑最简单的无圈张量网络(loop-free tensor network)，其图形表示为无圈图. 无圈是拓扑学中的定义，即沿着图中的线段朝一个方向行走时，不能回到已经经过的张量. 矩阵乘积态与树状张量网络态均属于无圈张量网络. 树状张量网络(见图 5-4)也是一类常见的用来表示量子态的张量网络. 在文献中，常用的树状张量网络中，每个局域张量均带有一个物理指标，或仅在最外圈的每个局域张量上放置一个物理指标. 原则上，物理指标可定义在任何局域张量上.

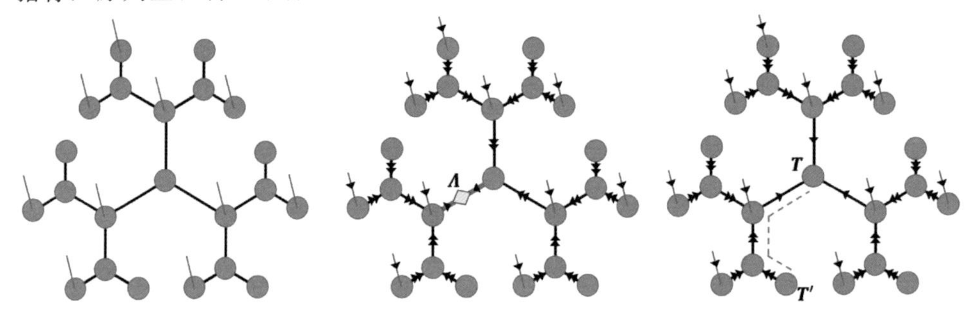

图 5-4 树状张量网络态示例(左)及其键中心正交形式(中)与中心正交形式(右). 其中，局域张量的箭头代指其满足的正交条件，示例中的键正交中心位于 Λ 所在的虚拟指标，正交中心位于中间的张量处

---

① 投影纠缠对态可参考 F. Verstraete and J. I. Cirac, "Valence-Bond States for Quantum Computation," *Phys. Rev. A* 70, 060302 (2004)；树状张量网络态可参考 Y.-Y. Shi, L. M. Duan, and G. Vidal, "Classical Simulation of Quantum Many-Body Systems with a Tree Tensor Network," *Phys. Rev. A* 74, 022320 (2006)；多尺度纠缠重正化假设可参考 G. Vidal, "Entanglement Renormalization," *Phys. Rev. Lett.* 99, 220405 (2007).

类似于矩阵乘积态，最优地裁剪无圈张量网络虚拟维数的方法是将其变换为键中心正交形式. 无圈张量网络键中心正交形式仍由局域张量的正交性来定义. 利用 4.4 节介绍的正交性图形表示，满足正交性的张量的每个指标具有方向性，方向可为指向张量(内向)或指离张量(外向). 在下文，我们将满足正交性的张量指标对应的方向称为正交方向(orthogonal direction). 对张量进行矩阵化，将张量所有的外向指标合在一起作为矩阵的左指标，将所有的内向指标合在一起作为右指标，所得的矩阵(记为$\boldsymbol{T}_{[\mathrm{in}]}$)为等距矩阵，满足$\boldsymbol{T}_{[\mathrm{in}]}\boldsymbol{T}_{[\mathrm{in}]}^{\dagger}=\boldsymbol{I}$，见图 4-8. 对于键中心正交的张量网络而言，我们要求除中心虚拟指标上定义的矩阵外，其余所有张量均需满足正交性，且所有指标的正交方向需指向键正交中心. “指向键正交中心”是指，从某指标出发，沿着“指向”的方向行走可达到键正交中心. 根据无圈图的性质，该定义下指标的方向(即正交方向)是唯一确定的，如果一个方向可到达键正交中心，则另一个方向一定无法到达. 所有物理指标的正交方向被要求为内向. 类似地，我们可以定义无圈张量网络的中心正交形式，即除位于正交中心的局域张量外，其余所有局域张量均需满足正交性，对应的每个指标的正交方向均指向正交中心.

无圈张量网络的正交化可通过逐一对局域张量进行奇异值或 QR 分解来完成，分解的顺序是沿着正交方向从远至近地分解各个张量. 这里的“远近”可用张量网络中的距离衡量，即某个指标(或张量)到给定指标(或张量)间的距离，被定义为连接指标(或张量)的路径所经历的虚拟指标个数. 例如图 5-3 的右图中，正交中心 $\boldsymbol{T}$ 与下方的张量 $\boldsymbol{T}'$间的连线(如绿色虚线所示)经过了 3 个虚拟指标，因此 $\boldsymbol{T}$ 与 $\boldsymbol{T}'$间的距离为 3.

以图 5-5 所示的张量网络为例，假设我们希望将键正交中心放置于红色线段所在的虚拟指标处. 首先，根据键正交中心的位置，确定各个指标的正交方向. 从距离较远的张量开始，对于每一个张量$\boldsymbol{T}^{(n)}$，计算其矩阵化的 QR 分解

$$\boldsymbol{T}_{[\mathrm{out}]}^{(n)}=\boldsymbol{Q}^{(n)}\boldsymbol{R} \tag{5-13}$$

将$\boldsymbol{Q}^{(n)}$变形为张量并用其替换原有的$\boldsymbol{T}^{(n)}$. 由于$\boldsymbol{Q}^{(n)}$为等距矩阵，显然变形所得的$\boldsymbol{T}^{(n)}$满足键中心正交形式所要求的正交性. 同时，将 $\boldsymbol{R}$ 与另一个近邻的张量进行收缩(注意，每个虚拟指标一定连接两个局域张量). 循环上述过程直到达到键正交中心后，该虚拟指标左右张量的 QR 分解会得到两个 $\boldsymbol{R}$ 矩阵，对其进行矩阵乘后得到中心矩阵$\boldsymbol{M}$. 可进一步对 $\boldsymbol{M}$ 进行奇异值分解，所得的奇异谱$\boldsymbol{\Lambda}$ 为在此虚拟指标处进行二分所得的二分纠缠谱. 当 $\boldsymbol{M}$ 的秩大于截断维数 χ 时，可通过保留前 χ 个奇异值及其对应的奇异向量，将该虚拟指标的维数最优地裁减为 χ.

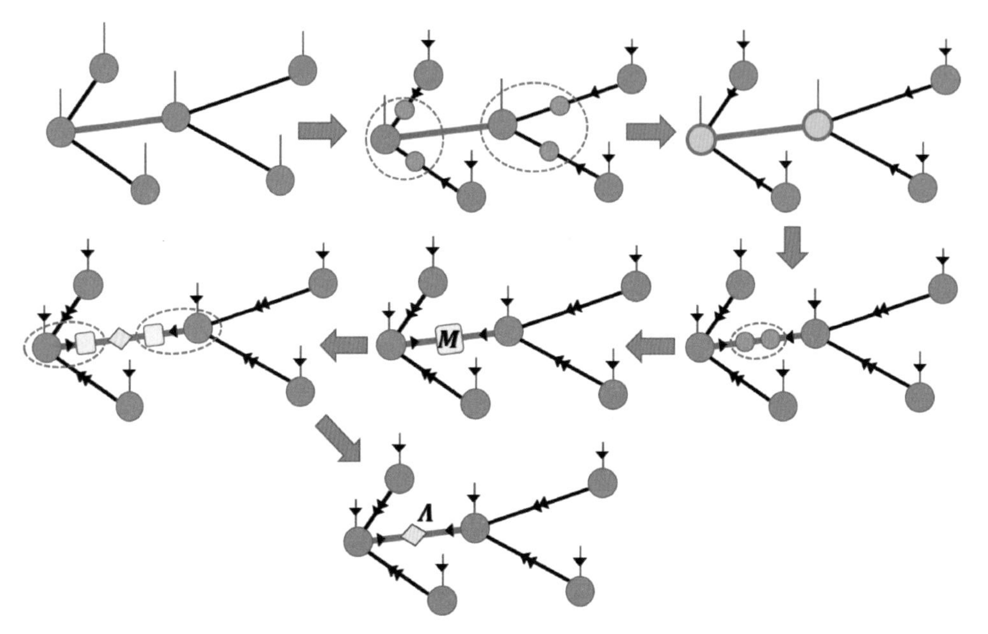

图 5-5　无圈张量网络键中心正交化示意图

5.3　一般张量网络的虚拟维数最优裁剪方法

上一小节介绍的虚拟维数裁剪方法，其背后的基本数学原理实际上是基于奇异值分解的矩阵最优低秩近似. 但是，该方法被局限于无圈张量网络. 对于一般的张量网络而言，最优虚拟维数裁剪对应于如下优化问题：极小化裁剪前后全局张量(分别记为$\mathcal{Z}$与$\mathcal{Z}'$)之间的差，即

$$\min(|\mathcal{Z}-\mathcal{Z}'|^2) \tag{5-14}$$

其中，$\varepsilon_g=|\mathcal{Z}-\mathcal{Z}'|^2$被称为全局裁剪误差(global truncation error)[①].

设待裁剪虚拟指标的维数为χ_0，任意张量网络虚拟维数裁剪的核心任务是，找到一对($\chi_0\times\chi$)的非方阵(其中χ为截断维数，且$\chi_0>\chi$)，记为$\boldsymbol{V}^{\mathrm{L}}$与$\boldsymbol{V}^{\mathrm{R}}$，将其插入至待裁剪的虚拟指标，并分别与相邻的张量进行收缩，从而完成对该指标的裁剪，如图 5-6 所示，我们称$\boldsymbol{V}^{\mathrm{L}}$与$\boldsymbol{V}^{\mathrm{R}}$为裁剪矩阵(truncation matrix). 由于是维数较大的指标与张量收缩，裁剪过程实际对应于在该虚拟指标处插入一个亏秩的矩阵$\boldsymbol{M}=\boldsymbol{V}^{\mathrm{L}}(\boldsymbol{V}^{\mathrm{R}})^{\mathrm{T}}$，且在不裁剪时满足$\boldsymbol{M}=\boldsymbol{I}$. 在这里，我们将最优裁剪问题化为全局裁剪误差极小的裁剪矩阵计算问题.

① 使用 L2 范数的平方而非 L2 范数来定义误差，是为了方便后文的推导.

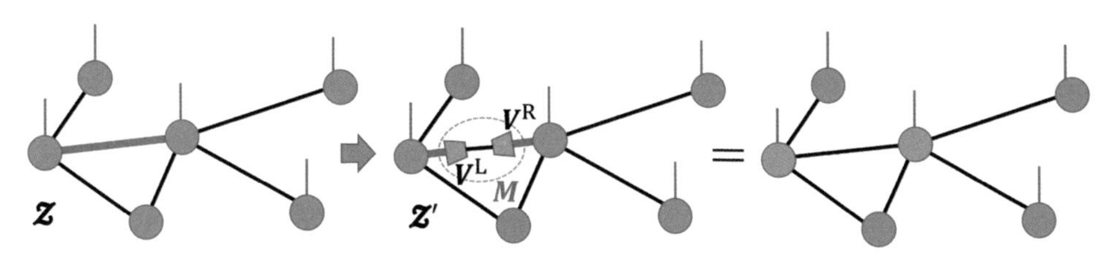

图 5-6　虚拟维数的裁剪的核心步骤是寻找一对非方阵V^{L} 与V^{R}，将其插入待裁剪虚拟指标，使对应的全局裁剪误差极小

我们对全局张量进行向量化，由于张量的变形并不改变其 L2 范数，有

$$\begin{aligned}\varepsilon_g &= |\mathcal{Z}-\mathcal{Z}'|^2 \\ &= |\mathcal{Z}_{[:]}-\mathcal{Z}'_{[:]}|^2 \\ &= |\mathcal{Z}_{[:]}|^2+|\mathcal{Z}'_{[:]}|^2-2\mathcal{Z}^{\mathrm{T}}_{[:]}\mathcal{Z}'_{[:]}\end{aligned} \tag{5-15}$$

其中，$\mathcal{Z}^{\mathrm{T}}_{[:]}\mathcal{Z}'_{[:]}$代表两个向量的内积. 由于裁剪前全局张量的 L2 范数 $|\mathcal{Z}_{[:]}|$ 与裁剪矩阵无关，因此对于一般张量网络而言，ε_g 的极小化对应于 $|\mathcal{Z}'_{[:]}|^2-2\mathcal{Z}^{\mathrm{T}}_{[:]}\mathcal{Z}'_{[:]}$的极小化. 在量子物理的许多文献中，张量网络被用于代表量子态系数. 此时，我们要求裁剪前后的全局张量均满足归一性，有

$$|\mathcal{Z}_{[:]}|^2=|\mathcal{Z}'_{[:]}|^2=1 \tag{5-16}$$

此时，ε_g 的极小化问题化为 $f=\mathcal{Z}^{\mathrm{T}}_{[:]}\mathcal{Z}'_{[:]}$的极大化问题，$f$ 的绝对值实际上给出了裁剪前后对应量子态的保真度(见 2.7 节).

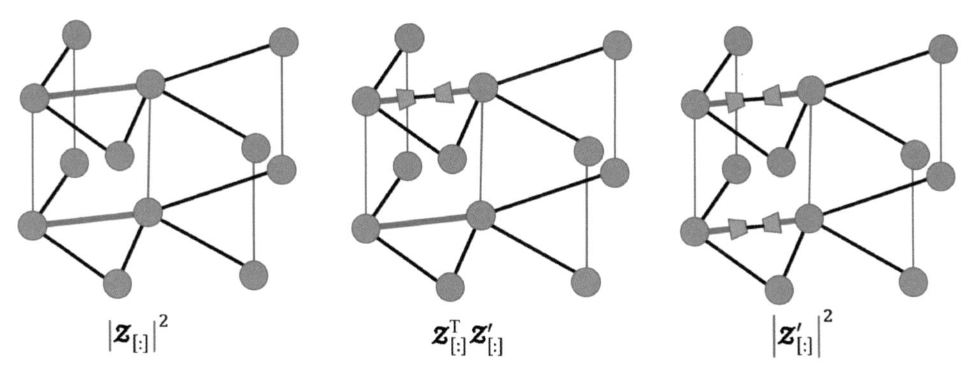

图 5-7　$|\mathcal{Z}_{[:]}|^2$(左)、$\mathcal{Z}^{\mathrm{T}}_{[:]}\mathcal{Z}'_{[:]}$(中)与 $|\mathcal{Z}'_{[:]}|^2$(右)的图形表示，三者都为闭合张量网络

全局误差 ε_g 或内积f 可写为闭合张量网络或多个闭合张量网络的求和，如图 5-7 所示. 因此，无论待裁剪的张量网络闭合或非闭合，最终的问题将归结到闭合张量网络的优化问题. 下面，我们以张量网络态的优化为例，即要求满足 $|\mathcal{Z}_{[:]}|^2=|\mathcal{Z}'_{[:]}|^2=1$，介绍基于键环境矩阵(bond environment matrix)的闭合张量网络最优裁剪方法.

对于一个闭合张量网络，其键环境矩阵定义为断开对应虚拟指标并收缩其余所有指标所得的矩阵，如图 5-8 所示. 形式上，键环境矩阵满足的公式可写为

$$\boldsymbol{M}^{e}=\mathrm{tTr}_{/\alpha}(\{\boldsymbol{T}\}) \tag{5-17}$$

其中，α 代表待裁剪的虚拟指标，$\mathrm{tTr}_{/\alpha}$ 代表对除 α 外的所有共有指标进行求和，$\{\boldsymbol{T}\}$ 代表张量网络中的所有局域张量. 由于考虑的是闭合张量网络，其全局张量(标量)$\mathcal{T}$ 与键环境矩阵 $\boldsymbol{M}^{e}$ 显然满足

$$\mathcal{T}=\mathrm{Tr}(\boldsymbol{M}^{e}\boldsymbol{I}) \tag{5-18}$$

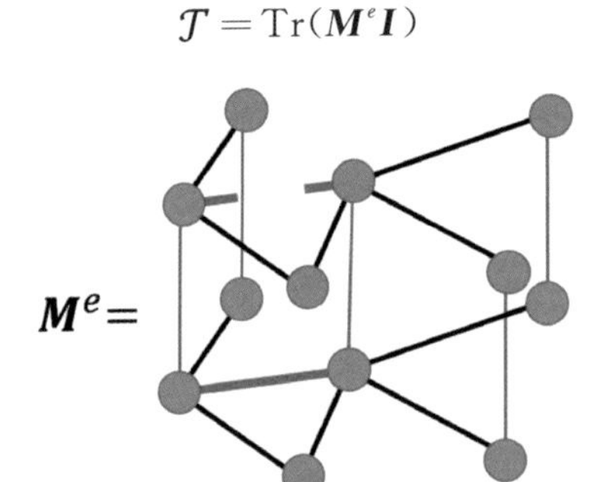

图 5-8 $|\mathcal{Z}_{[:]}|^{2}$ 对应的键环境矩阵 $\boldsymbol{M}^{e}$ 的图形表示

对于张量网络态，我们需要极大化裁剪前后两个态之间的内积 f. 引入键环境矩阵后，内积可表示为

$$f=\mathcal{Z}_{[:]}^{\mathrm{T}}\mathcal{Z}'_{[:]}=\mathrm{Tr}(\boldsymbol{M}^{e}\boldsymbol{M}) \tag{5-19}$$

其中 $\boldsymbol{M}=\boldsymbol{V}^{\mathrm{L}}(\boldsymbol{V}^{\mathrm{R}})^{\mathrm{T}}$ 由待求的裁剪矩阵给出，且满足无裁剪时的约束 $\boldsymbol{M}=\boldsymbol{I}$. 显然，键环境矩阵由张量网络自身决定，与裁剪矩阵无关. 因此，上述优化问题可表述为：给定 $\boldsymbol{M}^{e}$ 求 $\boldsymbol{M}=\boldsymbol{V}^{\mathrm{L}}(\boldsymbol{V}^{\mathrm{R}})^{\mathrm{T}}$，在满足约束下使得 $f=\mathrm{Tr}(\boldsymbol{M}^{e}\boldsymbol{M})$ 极大. 该问题的一个简单的近似最优解由 $\boldsymbol{M}^{e}$ 的奇异值分解给出，设有奇异值分解 $\boldsymbol{M}^{e}=\boldsymbol{U}\boldsymbol{\Gamma}\boldsymbol{V}^{\dagger}$，利用求迹运算的轮转性，得 $\mathrm{Tr}(\boldsymbol{M}^{e})=\mathrm{Tr}(\boldsymbol{\Gamma}^{\frac{1}{2}}\boldsymbol{U}^{\mathrm{T}}\boldsymbol{V}^{*}\boldsymbol{\Gamma}^{\frac{1}{2}})$，引入 $\widetilde{\boldsymbol{M}}=\boldsymbol{\Gamma}^{\frac{1}{2}}\boldsymbol{U}^{\mathrm{T}}\boldsymbol{V}^{*}\boldsymbol{\Gamma}^{\frac{1}{2}}$（显然 $\widetilde{\boldsymbol{M}}$ 和环境矩阵 $\boldsymbol{M}^{e}$ 的迹相等)，并对其进行奇异值分解 $\widetilde{\boldsymbol{M}}=\widetilde{\boldsymbol{U}}\widetilde{\boldsymbol{\Gamma}}\widetilde{\boldsymbol{V}}^{\dagger}$，取

$$\boldsymbol{V}^{\mathrm{L}}=\boldsymbol{U}^{*}\boldsymbol{\Gamma}^{-\frac{1}{2}}\widetilde{\boldsymbol{U}}\widetilde{\boldsymbol{\Gamma}}^{\frac{1}{2}} \tag{5-20}$$

$$\boldsymbol{V}^{\mathrm{R}}=\boldsymbol{V}\boldsymbol{\Gamma}^{-\frac{1}{2}}\widetilde{\boldsymbol{V}}^{*}\widetilde{\boldsymbol{\Gamma}}^{\frac{1}{2}} \tag{5-21}$$

显然，若保留前 χ 个 $\widetilde{\boldsymbol{M}}$ 的左、右奇异向量及奇异值给出裁剪矩阵，则上述裁剪关于 $\mathrm{Tr}(\widetilde{\boldsymbol{M}})$(也就是 $\mathrm{Tr}(\boldsymbol{M}^{e})$)近似最优. 同时，若不进行裁剪时，则有

$$\begin{aligned}\boldsymbol{V}^{\mathrm{L}}(\boldsymbol{V}^{\mathrm{R}})^{\mathrm{T}}&=\boldsymbol{U}^{*}\boldsymbol{\Gamma}^{-\frac{1}{2}}\widetilde{\boldsymbol{U}}\widetilde{\boldsymbol{\Gamma}}^{\frac{1}{2}}(\boldsymbol{V}\boldsymbol{\Gamma}^{-\frac{1}{2}}\widetilde{\boldsymbol{V}}^{*}\widetilde{\boldsymbol{\Gamma}}^{\frac{1}{2}})^{\mathrm{T}}\\&=\boldsymbol{U}^{*}\boldsymbol{\Gamma}^{-\frac{1}{2}}\widetilde{\boldsymbol{M}}\boldsymbol{\Gamma}^{-\frac{1}{2}}\boldsymbol{V}^{\mathrm{T}}\\&=\boldsymbol{I}\end{aligned} \tag{5-22}$$

满足不裁剪时的约束条件. 在大部分情况下, 可简单地取$\boldsymbol{V}^{\mathrm{L}}=\boldsymbol{U}$, $\boldsymbol{V}^{\mathrm{R}}=\boldsymbol{U}^{*}$, 也可近似获得最优裁剪.

5.4　闭合张量网络及其物理意义

对于物理学的相关计算而言, 闭合张量网络有着特殊的意义, 很多我们所关心的物理量(标量), 可表示为闭合张量网络的全局张量. 首先, 经典格点模型的配分函数可表示为闭合张量网络的收缩. 以定义在无穷大正方格子上的最近邻耦合伊辛模型为例, 设其经典哈密顿量为 $H=J\sum_{\langle i,j\rangle}s_i s_j$(见 3.1 节), 配分函数满足

$$Z=\sum_{\{s_n\}}\mathrm{e}^{-\frac{H}{T}}=\sum_{\{s_n\}}\mathrm{e}^{-\frac{J\sum_{\langle i,j\rangle}s_i s_j}{T}}=\sum_{\{s_n\}}\prod_{\langle i,j\rangle}\mathrm{e}^{-\frac{Js_i s_j}{T}} \tag{5-23}$$

对于任意 i 与 j 两个相互耦合的伊辛自旋, 定义矩阵(即公式(3-8))

$$\boldsymbol{M}^{(i,j)}=\boldsymbol{M}=\begin{bmatrix}\mathrm{e}^{-\frac{J}{T}} & \mathrm{e}^{\frac{J}{T}}\\ \mathrm{e}^{\frac{J}{T}} & \mathrm{e}^{-\frac{J}{T}}\end{bmatrix} \tag{5-24}$$

配分函数可写为

$$Z=\mathrm{tTr}\Big(\prod_{\langle i,j\rangle}\boldsymbol{M}^{(i,j)}\Big) \tag{5-25}$$

其中 tTr 即为 $\sum_{\{s_n\}}$, 代表对所有共有指标的求和.

然而, 配分函数Z 还不能写成由无穷多个 $\boldsymbol{M}$ 构成的张量网络, 因为每一个指标会出现在 4 个不同的矩阵中(见本章习题 1). 此时, 我们引入 4 阶超对角张量 $\boldsymbol{\delta}$, 将配分函数写为由 $\boldsymbol{M}$ 与 $\boldsymbol{\delta}$ 构成的张量网络, 如图 5-9 中左图所示, $\boldsymbol{M}$ 与 $\boldsymbol{\delta}$ 为张量网络的不等价张量. 可考虑对 $\boldsymbol{M}$ 进行矩阵分解(例如本征值分解或奇异值分解)$\boldsymbol{M}=\boldsymbol{LR}$, 并定义张量

$$T_{s_a s_b s_c s_d}=\sum_{p_a p_b p_c p_d}\delta_{p_a p_b p_c p_d}L_{p_a s_a}R_{p_b s_b}L_{p_c s_c}R_{p_d s_d} \tag{5-26}$$

如图 5-9 中右图所示, 我们得到了仅由一个不等价张量$\boldsymbol{T}$ 构成的正方张量网络. 当然, 表示伊辛模型配分函数的方法并不唯一(见本章习题 2), 这有些类似于我们在 5.1 节中提到过的张量网络的规范自由度与结构自由度.

对于量子多体系统, 量子态的时间演化(参考 3.5 节)可写成开放张量网络, 而量子态的观测量则可写成闭合张量网络. 考虑 1 维最近邻海森伯模型 $\hat{H}=\sum_i\hat{H}_{i,i+1}$, 其中局域哈密顿量处处相等, 满足 $\hat{H}_{i,i+1}=J(\hat{S}_i^x\hat{S}_{i+1}^x+\hat{S}_i^y\hat{S}_{i+1}^y+\hat{S}_i^z\hat{S}_{i+1}^z)$, 对应的局域演化算符定义为 $\hat{U}_{i,i+1}=\mathrm{e}^{-\mathrm{i}\tau\hat{H}_{i,i+1}}$, 其中, τ 为时间切片.

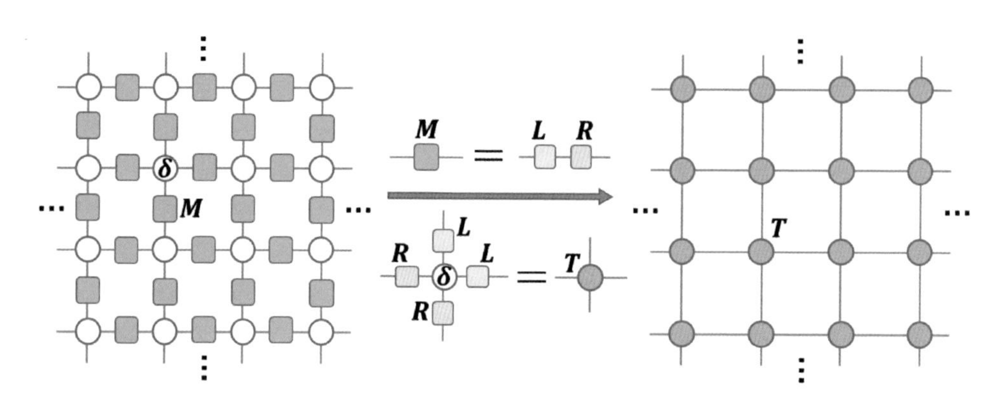

图 5-9　由 M 与 δ 作为不等价张量构成的张量网络，表示无穷大正方格子上伊辛模型的配分函数(左)；通过局域变换将该张量网络的不等价张量变换为 T(右)

设演化初态为 $|\varphi(0)\rangle$，演化到 t 时刻的量子态满足 $|\varphi(t)\rangle=\prod_{k=0}^{K-1}\prod_{\langle ij\rangle}\mathrm{e}^{-\mathrm{i}\tau\hat{H}_{ij}}|\varphi(0)\rangle$，其中 $K\tau=t$. 引入单体算符 $\hat{O}$(例如，作用于图 5-10 中从上往下编号为 2 的自旋)，其在 t 时刻的平均值为 $\langle\hat{O}(t)\rangle=\langle\varphi(t)|\hat{O}|\varphi(t)\rangle$. 选择砖墙型的演化结构且取 $K=2$，$\langle\hat{O}(t)\rangle$ 对应的闭合张量网络表示如图 5-10 所示. 该张量网络表示可直接推广到量子态的虚时间演化.

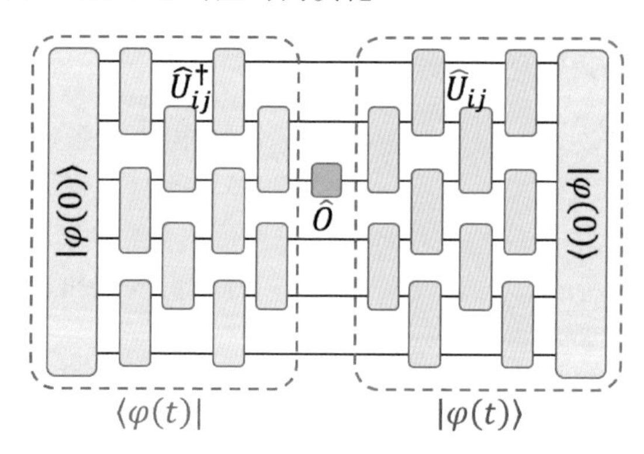

图 5-10　$\langle\hat{O}(t)\rangle=\langle\varphi(t)|\hat{O}|\varphi(t)\rangle$对应的张量网络示意图

考虑 1 维量子系统的热力学，其有限温密度算符定义为 $\hat{\rho}(\beta)=\mathrm{e}^{-\beta\hat{H}}$(可参考 3.3 节、3.4 节). 定义局域虚时间演化算符 $\hat{U}_{ij}=\mathrm{e}^{-\tau\hat{H}_{ij}}$，有限温密度算符可写为 $\hat{\rho}(\beta)=\prod_{k=0}^{K-1}\prod_{\langle ij\rangle}\hat{U}_{ij}$，其中，$K\tau=\beta$. 配分函数 $Z=\mathrm{Tr}(\hat{\rho}(\beta))$ 可表示为由 $\hat{U}_{ij}$ 的系数张量作为不等价张量构成的闭合张量网络，在对应的物理指标上插入算符 $\hat{O}$，即可得到表示 $\langle\hat{O}(\beta)\rangle=\mathrm{Tr}(\hat{\rho}(\beta)\hat{O})/Z$ 的闭合张量网络，如图 5-11 所示.

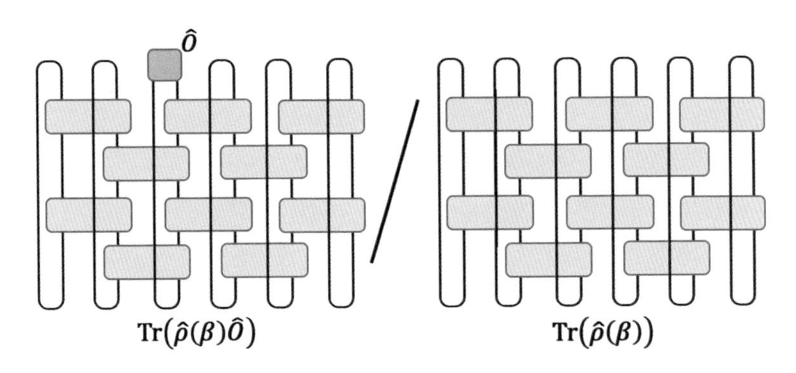

图 5-11　$\langle\hat{O}(\beta)\rangle=\mathrm{Tr}(\hat{\rho}(\beta)\hat{O})/Z$ **对应的张量网络示意图**

闭合张量网络能表示的物理及数学问题显然不限于上述几个例子，对于一个张量网络算法的使用者而言，基本的步骤是将目标问题转换为张量网络，然后选择合适的算法(或必要时发展新的算法)计算张量网络的收缩.

5.5　张量重正化群算法

在本节中，我们以无穷大平移不变的闭合正方张量网络为例，介绍用于计算该张量网络收缩的张量重正化群(tensor renormalization group，简称 TRG)算法[①]. 该张量网络图形表示如图 5-12 中左图所示，图中的每一个节点代表同一个 4 阶张量 $\boldsymbol{T}$，该张量又被称为张量网络的不等价张量. 不等价张量间指标的收缩用连接两个点的线段表示，这些点与线段共同构成的图为一个无穷大正方格子.

要严格收缩该张量网络的计算复杂度是关于张量个数指数发散的. 假想在计算过程中，我们完成了一个子区域内所有张量间共有指标的求和，显然我们会得到一个 X 阶张量，其中 X 为该子区域边界处的指标总数. 类似于面积定律中我们给出的分析(见 5.1 节)，随着子区域的增大，储存收缩所得张量的参数复杂度将随着 X 指数发散掉.

张量重正化群的核心思想是通过对不等价张量的局域变换，让不等价张量等效地代表特定子区域内所有张量的缩并. 在变换过程中，不等价张量所代表的子区域面积随局域变换呈指数增大，因此，我们同时引入合理的近似，保持不等价张量指标维数不超过给定的上限(即截断维数). 当不等价张量关于变换收敛后，可近似认为，单个局域张量的收缩代表了整个张量网络的收缩，从而给出张量网络收缩的结果.

① 参考 M. Levin and C. P. Nave，"Tensor Renormalization Group Approach to Two-Dimensional Classical Lattice Models，" *Phys. Rev. Lett.* 99，120601 (2007).

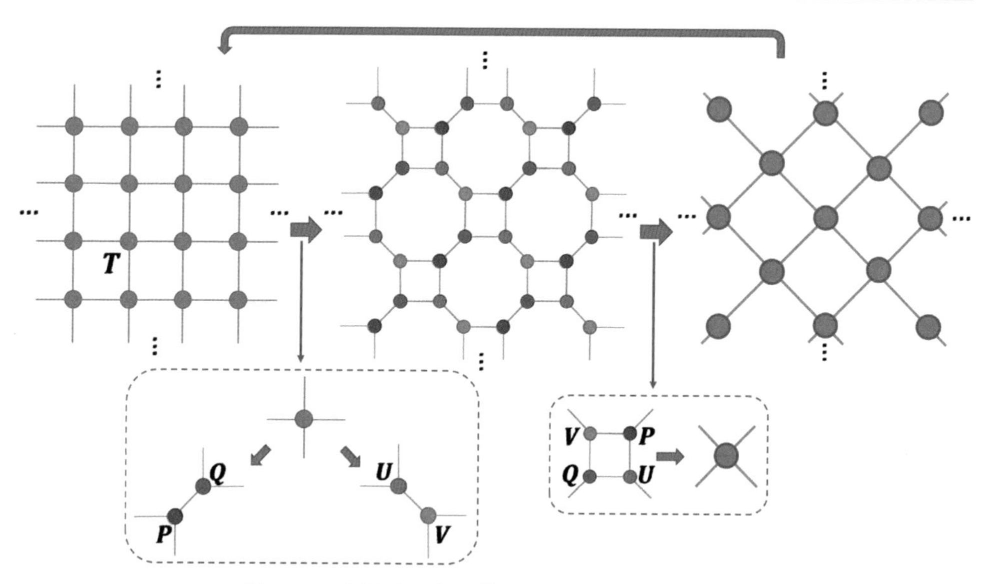

图 5-12　张量重正化群算法及其局域变换示意图

具体而言，记第 t 次局域前不等价张量为$\boldsymbol{T}^{(t)}$，设四个指标的顺序为上、左、下、右. 在计算初始 $t=0$ 时，取$\boldsymbol{T}^{(0)}=\boldsymbol{T}$. 对$\boldsymbol{T}^{(t)}$两种不同的矩阵化进行奇异值分解(见图 5-12 中左虚框子图)

$$\boldsymbol{T}_{[1,2]}^{(t)}=\boldsymbol{P}'\boldsymbol{\Lambda}\boldsymbol{Q}'^{\dagger} \tag{5-27}$$

$$\boldsymbol{T}_{[0,1]}^{(t)}=\boldsymbol{U}'\widetilde{\boldsymbol{\Lambda}}\boldsymbol{V}'^{\dagger} \tag{5-28}$$

将奇异谱开平方根后收缩至左、右奇异向量对应的变换矩阵，即

$$\boldsymbol{P}=\boldsymbol{P}'\sqrt{\boldsymbol{\Lambda}} \tag{5-29}$$

$$\boldsymbol{Q}=\boldsymbol{Q}'\sqrt{\boldsymbol{\Lambda}} \tag{5-30}$$

$$\boldsymbol{U}=\boldsymbol{U}'\sqrt{\widetilde{\boldsymbol{\Lambda}}} \tag{5-31}$$

$$\boldsymbol{V}=\boldsymbol{V}'\sqrt{\widetilde{\boldsymbol{\Lambda}}} \tag{5-32}$$

将上述四个矩阵变形为 3 阶张量，并按图 5-12 中右虚框中的子图所示进行收缩计算，得到变换后的不等价张量

$$\boldsymbol{T}^{(t+1)}=\mathrm{tTr}(\boldsymbol{V},\boldsymbol{P},\boldsymbol{Q},\boldsymbol{U}) \tag{5-33}$$

在上述分解与收缩过程中，对张量网络进行的变换被统称为重正化变换(renormalization transformation)，显然，其属于张量网络的规范变换(见 5.1 节). 假设$\boldsymbol{T}^{(t)}$每个指标的维数为 χ_t，易得，$\boldsymbol{T}_{[0,1]}^{(t)}$与$\boldsymbol{T}_{[1,2]}^{(t)}$均为$(\chi_t^2\times\chi_t^2)$的矩阵. 在不考虑亏秩的情况下，$\boldsymbol{T}^{(t+1)}$每个指标维数为$\boldsymbol{T}_{[0,1]}^{(t)}$或$\boldsymbol{T}_{[1,2]}^{(t)}$的秩，即 χ_t^2. 因此，如果使用严格的奇异值分解进行重正化变换，不等价张量的指标维数将随着变换

次数t 指数增大. 可见，张量重正化群算法并不能降低指数发散的复杂度. 为防止复杂度发散，我们在奇异值分解的时候引入最优低秩近似(见 1.5 节)：若被分解矩阵的秩大于截断维数χ，则保留前 χ 个奇异值及对应的奇异向量来计算 $\boldsymbol{P}$、$\boldsymbol{Q}$、$\boldsymbol{U}$ 与 $\boldsymbol{V}$.

上述低秩近似是通过对局域张量的奇异值分解实现的，因此，我们极小化的并不是整个张量网络收缩所得的全局张量的误差，而是被分解的不等价张量$\boldsymbol{T}^{(t)}$的误差. 因此，我们将上述指标维数的裁剪称为局域裁剪(local truncation)，进行奇异值分解的张量$\boldsymbol{T}^{(t)}$被称为裁剪环境(truncation environment). 显然，第 t 步局域裁剪对应的裁剪环境是不等价张量$\boldsymbol{T}^{(t)}$. 文献中给出的计算结果显示，这种局域裁剪方法可以较为精确、可靠地计算出全局张量.

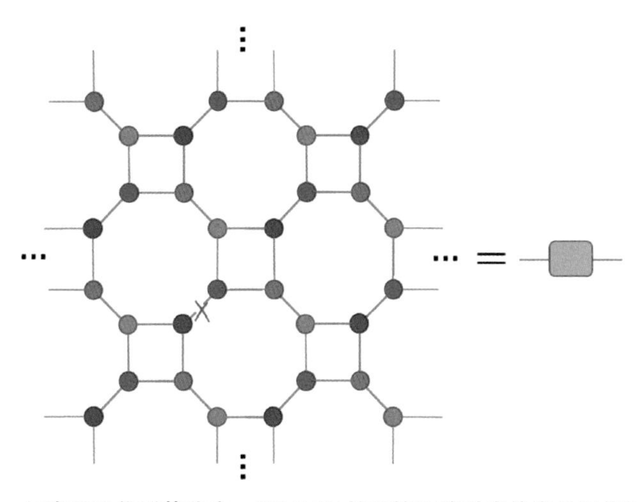

图 5-13　二次重正化群算法中，(红叉处)键环境矩阵对应的张量网络图形表示

与之相对，在 5.2 节介绍的裁剪方法中，被分解的是键环境矩阵，该矩阵为收缩除对应虚拟指标外的所有指标所得. 因此，对应的裁剪环境为整个张量网络，该裁剪方法被称为全局裁剪(global truncation). 在张量重正化群算法中，当我们每次进行奇异值分解后，可以考虑不立刻进行局域裁剪，而是计算该指标对应的键环境矩阵，如图 5-13 所示的红叉处指标对应的键环境矩阵. 该矩阵的计算需要对整个无穷大张量网络进行收缩，此时我们可以采用张量重正化群算法完成该键环境矩阵的计算. 其中，我们使用局域裁剪方法来控制指标的维数. 这相当于在张量重正化群算法的每一个重正化变化中，再次使用了张量重正化群算法来计算指标的全局裁剪，这种方法被称为二次重正化群(second renormalization group)算法①. 读者可以自然地去发展 N 次重正化群算法，目前并没有文献给出相关的研究，主要是因为张量网络算法需注重精度与效率的平衡，N 次重正化群算法所需的计算量过于庞大，但这不失为一种有趣的思考与理论探索的方向(见本章习题 3).

重正化变换的目的是计算指标的收缩，但不改变张量网络的几何结构. 在上述的例子中，变换前后的张量网络均对应于正方格子(虽然前后图形相比倾斜了 45°角). 与此同时，张量网络所包含的局域张量个数随着重正化变换的次数增加而指数减小. 设原张量网络中局域张量个数为 N，由于考虑的是无穷大张量网络，有 $N\to\infty$. 在重正化变换的第一步中，我们对每个张量的矩阵化进行奇异值分解，将其分解成两个张量的缩并. 此时，不等价张量的个数变为 $2N$. 在第二步中，我们将四个张量缩并成一个张量，因此，不等价张量的个数变为 $2N/4=N/2$. 可见，每进行一次重正化变换，不等价张量的个数减小至变换之前的一半，t 次重正化变化后局域张量$\boldsymbol{T}^{(t)}$的数量变为 $2^{-t}N$. 换言之，我们可以认为，每个$\boldsymbol{T}^{(t)}$等效地代表了 2^t 个原张量$\boldsymbol{T}^{(0)}$的收缩. 当$\boldsymbol{T}^{(t)}$关于 t 收敛后，可以认为$\boldsymbol{T}^{(t)}$等效地代表无穷多个$\boldsymbol{T}^{(0)}$构成的张量网络.

在实际计算中，为了避免出现太大的张量元而导致精度溢出，在第 t 步变换完成后，对收缩得到的$\boldsymbol{T}^{(t)}$进行归一化

$$\boldsymbol{T}^{(t)} \leftarrow \frac{\boldsymbol{T}^{(t)}}{|\boldsymbol{T}^{(t)}|} \tag{5-34}$$

并记录归一化系数 $c_t=|\boldsymbol{T}^{(t)}|$. 上述归一化相当于将每一个$\boldsymbol{T}^{(t)}$同时除以 c_t，考虑到第 t 步后不等价张量的个数为 $2^{-t}N$，每一次归一化等效于对全局张量除以了$(c_t)^{2^{-t}N}$. 因此，进行无穷多次重正化变化后，总的归一化系数给出全局张量(标量)Z，满足

$$Z=\prod_{t=1}^{\infty}(c_t)^{2^{-t}N}c_{\infty} \tag{5-35}$$

其中，$c_{\infty}=\sum\limits_{s_1s_2s_3s_4}T^{(\infty)}_{s_1s_2s_3s_4}$ 代表对无穷多次变化后所得的不等价张量的收缩，由于 $T^{(\infty)}_{s_1s_2s_3s_4}$ 也为归一化后的张量，c_{∞}取值为有限大.

但由于原张量网络无穷大，即 $N\to\infty$，上式难以直接被计算出来. 因此，我们引入平均格点的张量网络自由能(tensor network free energy)

$$F=-\frac{1}{N}\ln|Z| \tag{5-36}$$

① 参考 Z. Y. Xie, H. C. Jiang, Q. N. Chen, Z. Y. Weng, and T. Xiang, "Second Renormalization of Tensor Network States," *Phys. Rev. Lett.* 103, 160601 (2009).

张量网络自由能与物理系统统计意义下的自由能有密切的关系(见本章习题 4). 根据全局张量的定义，Z 为对所有共有指标求和的结果. 为简化分析，我们假设每一个求和项为正数，则每个求和项的值可以看作对应虚拟指标构型的概率，该概率分布给出的自由能即为张量网络自由能. 建议读者使用伊辛模型配分函数来理解 F，其中，伊辛模型热力学定义的平均格点自由能(见公式(3-13))与 F 间相差一个温度作为乘法因子. 当然，在一般情况下，我们不必保证每一个求和项为正数，但这也不妨碍我们定义并使用张量网络自由能这个概念.

将 Z 的表达式代入上式得

$$\begin{aligned}F &= -\frac{1}{N}\ln\Big(\prod_{t=1}^{\infty}(c_t)^{2^{-t}N}\ |c_\infty|\Big)\\ &= -\sum_{t=1}^{\infty}\frac{2^{-t}N}{N}\ln c_t - \frac{1}{N}\ln|c_\infty|\\ &= -\sum_{t=1}^{\infty}2^{-t}\ln c_t - \frac{1}{N}\ln|c_\infty| \end{aligned} \tag{5-37}$$

由于 N 代表进行 $t\to\infty$ 时对应的 $\boldsymbol{T}^{(0)}$ 的个数，记总重正化变换次数为 $\tilde{t}$，满足 $N=\lim\limits_{\tilde{t}\to\infty}2^{\tilde{t}}$，上式第二项可写为

$$-\lim_{\tilde{t}\to\infty}\frac{1}{N}\ln|c_{\tilde{t}}| = -\lim_{\tilde{t}\to\infty}2^{-\tilde{t}}\ln|c_{\tilde{t}}|\to 0 \tag{5-38}$$

因此，该项随 $\tilde{t}$ 指数减小到 0，在 $\tilde{t}\to\infty$ 时有

$$F = -\sum_{t=1}^{\infty}2^{-t}\ln c_t \tag{5-39}$$

即平均格点张量网络自由能可由所有的归一化因子计算获得.

上式中的各个求和项随 t 的增加而指数减小. 在实际计算中，我们取总重正化变换次数 $\tilde{t}$ 为有限值，有

$$F(\tilde{t}) \approx -\sum_{t=1}^{\tilde{t}}2^{-t}\ln c_t \tag{5-40}$$

由于 $\tilde{t}$ 有限而产生的 F 的误差随 $\tilde{t}$ 指数减小，满足

$$|F-F(\tilde{t})| = \Big|\sum_{t=\tilde{t}+1}^{\infty}2^{-t}\ln c_t\Big| \sim O(2^{-\tilde{t}}) \tag{5-41}$$

张量重正化群算法的具体计算流程见附录 A 算法 8. 一般而言，取 $\tilde{t}\approx 10$ 时，F 已随 $\tilde{t}$ 的增加而收敛.

5.6 角转移矩阵重正化群算法

角转移矩阵重正化群[①](corner transfer matrix renormalization group)是另一种常用的张量网络收缩算法，该算法可以近似地实现全局裁剪，因此其精度通常高于张量重正化群算法. 仍然考虑收缩由 4 阶不等价张量$\boldsymbol{T}$ 构成的无穷大正方张量网络，记张量总个数为$L\times L$，其中$L\to\infty$为正方张量网络的"边长". 我们将整个张量网络划分成 9 个部分，如图 5-14 所示，红色虚线代表分割边界. 其中，由黄色标记的四个角中，每个角包含$\left(\frac{L-1}{2}\times\frac{L-1}{2}\right)$个不等价张量$\boldsymbol{T}$[②]. 对各个角内部的共有指标进行求和，得到四个角矩阵(corner matrix)，记为$\boldsymbol{C}^{(0)}$、$\boldsymbol{C}^{(1)}$、$\boldsymbol{C}^{(2)}$及$\boldsymbol{C}^{(3)}$. 由黄色标记的四个长条区域中，每个区域包含$\frac{L-1}{2}$个不等价张量，对这些区域内部的共有指标求和，得到四个边张量(side tensor)，记为$\boldsymbol{S}^{(0)}$、$\boldsymbol{S}^{(1)}$、$\boldsymbol{S}^{(2)}$及$\boldsymbol{S}^{(3)}$. 注意，角矩阵和边张量的指标仅存在于红色虚线所示的边界处，对于闭合张量网络，各个区域内部不存在开放指标，如图 5-15 所示. 整个闭合张量网络等价地写成了角矩阵、边张量与一个不等价张量的缩并

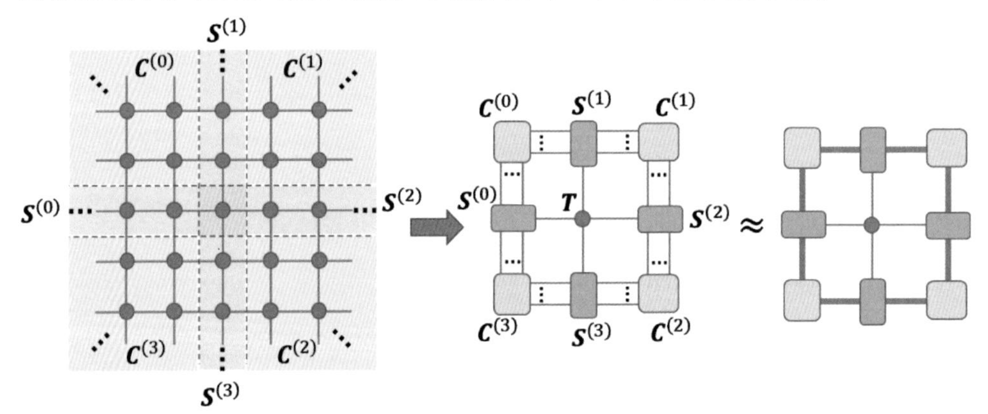

图 5-14　角转移矩阵重正化群算法中，张量网络被划分成 9 个区域，近似计算角矩阵与边张量，从而实现全局张量的计算

---

① 角转移矩阵重正化群原始文献即早期工作见 R. J. Baxter，"Variational Approximations for Square Lattice Models in Statistical Mechanics," *J. Stat. Phys.* 19，461 (1978)；T. Nishino and K. Okunishi，"Corner Transfer Matrix Renormalization Group Method," *Journal of the Physical Society of Japan*，65(4)，891-894 (1996)等. 本文介绍的是其张量网络版本，见 R. Orús and G. Vidal，"Simulation of Two-Dimensional Quantum Systems on an Infinite Lattice Revisited: Corner Transfer Matrix for Tensor Contraction," *Phys. Rev. B* 80，094403 (2009).

② 由于$L\to\infty$，我们可以假设其为奇数，以方便分析.

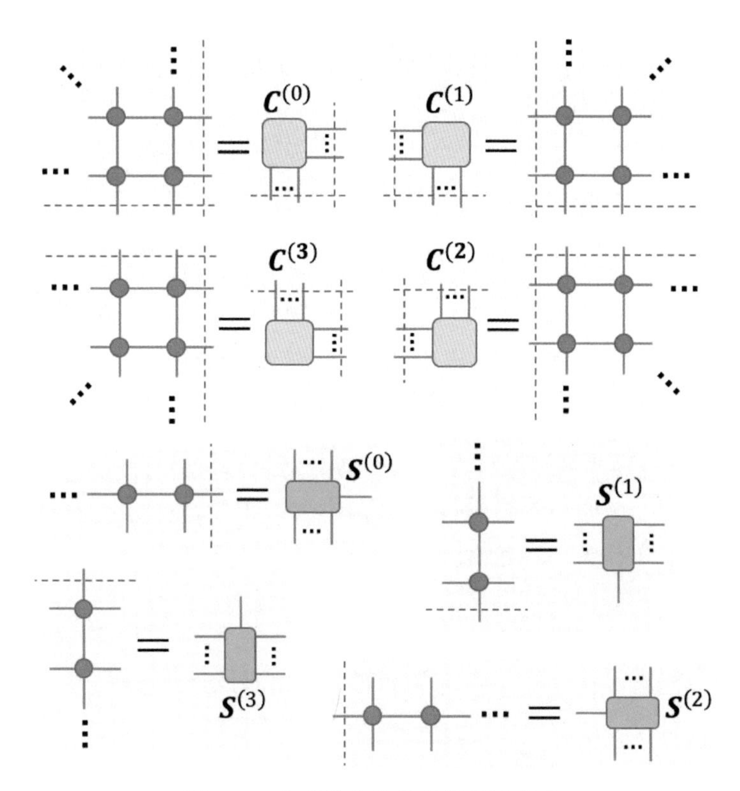

图 5-15　角矩阵与边张量的图形表示

$$Z=\mathrm{tTr}(\boldsymbol{T},\boldsymbol{C}^{(0)},\boldsymbol{C}^{(1)},\boldsymbol{C}^{(2)},\boldsymbol{C}^{(3)},\boldsymbol{S}^{(0)},\boldsymbol{S}^{(1)},\boldsymbol{S}^{(2)},\boldsymbol{S}^{(3)}) \tag{5-42}$$

因此，Z 的计算等效地变为了计算角矩阵与边张量.

显然，无论是角矩阵还是边张量，其复杂度随 L 指数上升. 当 $L\to\infty$时，我们并没有办法严格获得这些张量. 角转移矩阵重正化群的核心思想是，通过引入恰当的裁剪方法，将角矩阵与边张量的指标维数控制在预设的截断维数以内，从而近似地实现全局张量的计算. 每一步近似使用的裁剪环境，由当前步骤下的边张量与角矩阵给出.

具体而言，首先随机初始化边张量与角矩阵，记为$\boldsymbol{C}^{(i,0)}$与$\boldsymbol{S}^{(i,0)}$ $(i=0,1,2,3)$. 对边张量与角矩阵进行迭代运算，考虑第 t 次迭代，边张量$\boldsymbol{S}^{(i,t)}$通过与不等价张量$\boldsymbol{T}$ 的收缩进行迭代更新，计算的图形表示如图 5-16 所示. 角矩阵$\boldsymbol{C}^{(i,t)}$的迭代是通过与 $\boldsymbol{T}$ 以及上一步所得的边张量收缩来进行，如图 5-17 所示. 注意，在计算过程中需要进行变形操作，来保持边张量与角矩阵的阶数不变. 重复上述步骤来更新各个边张量与角矩阵直到收敛，使用收敛后的边张量与角矩阵计算图 5-14 右侧子图对应的张量网络收缩，即可获得整个闭合张量网络的近似收缩

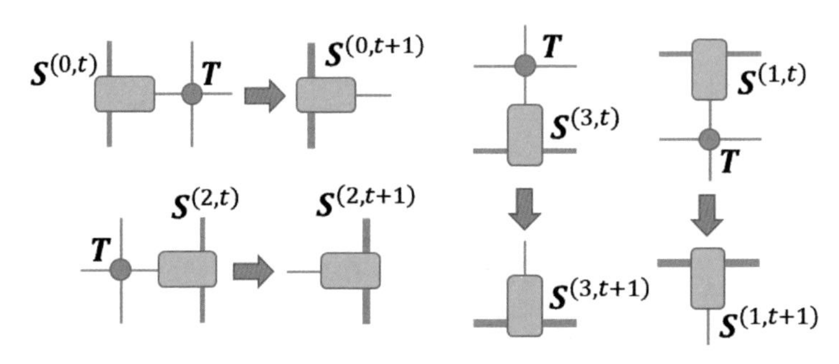

图 5-16　边张量$S^{(i,t)}$迭代方程示意图

结果.

与张量重正化群算法类似，为了防止精度溢出，每一次迭代后，可对边张量与角矩阵进行归一化处理，同时可直接利用归一化系数计算张量网络的全局张量. 归一化方法并不唯一，例如，可以先对边张量进行归一化

$$\boldsymbol{S}^{(i,t)} \leftarrow \frac{\boldsymbol{S}^{(i,t)}}{|\boldsymbol{S}^{(i,t)}|} \tag{5-43}$$

并记录归一化系数 $c_t = |\boldsymbol{S}^{(i,t)}|$. 更新角矩阵后，直接将其除以 c_t，得

$$\boldsymbol{C}^{(i,t)} \leftarrow \frac{\boldsymbol{C}^{(i,t)}}{c_t} \tag{5-44}$$

可以等效地认为，该归一化系数被除到了张量网络的一整行(列)的每一个不等价张量上，当 c_t 收敛后，平均格点的张量网络自由能满足

$$F = -\lim_{t\to\infty}\ln c_t \tag{5-45}$$

设不等价张量维数为$(d\times d\times d\times d)$，在每一次迭代后，边张量与角矩阵部分指标的维数会被指数增大 d 倍. 因此，我们需要预设一个截断维数 χ，当指标维数

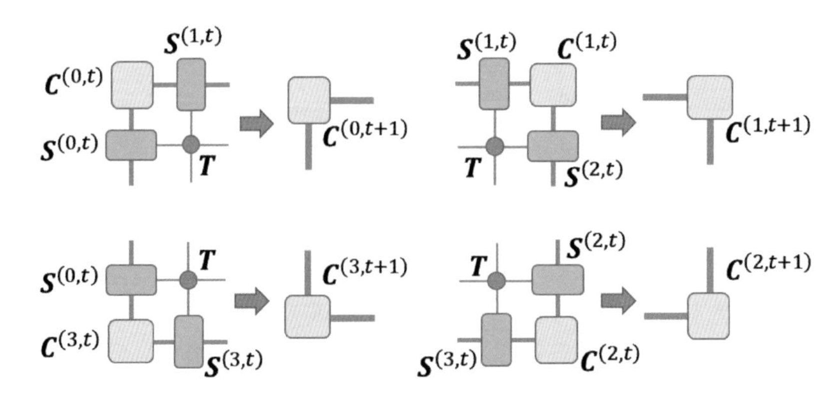

图 5-17　角矩阵$C^{(i,t)}$迭代方程示意图

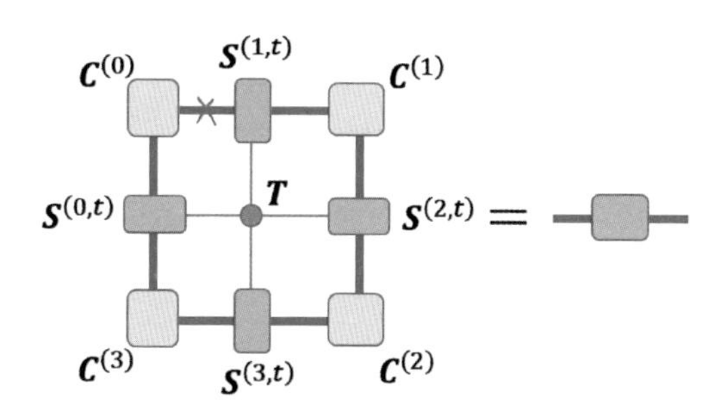

图 5-18　边张量与角矩阵的维数裁剪中，键环境矩阵的图形表示

超过 χ 时，使用键环境矩阵奇异值分解的方法，对指标维数进行裁剪，见 5.3 节．具体而言，在进行 t 次迭代后，我们仍考虑图 5-14 右侧子图对应的张量网络，迭代后维数增加的指标由红色标出．依次计算某一个待裁剪指标对应的键环境矩阵，如图 5-18 所示，对其进行奇异值分解并保留前 χ 个奇异值及其对应的奇异向量，将该指标的维数裁剪至 χ．考虑到第 t 步后所得的边张量与角矩阵近似代表的张量网络大小，图 5-18 相应的裁剪环境可看作一个$(2t+1)\times(2t+1)$的有限大小张量网络．当 t 足够大时，我们可以近似地认为，角转移矩阵重正化群使用的是全局环境进行裁剪．角转移矩阵重正化群的计算流程可参考附录 A 算法 9.

5.7　时间演化块消减算法与张量网络边界矩阵乘积态

在 4.8 节与 4.9 节中，我们介绍了时间演化块消减算法，用于计算量子系统的含时演化．在 5.4 节中，我们说到含时演化的计算可等效为张量网络的收缩运算．相信读者已经可以看出，时间演化块消减算法实际上可被认为是一种张量网络收缩算法．

下面我们从张量网络收缩的角度来介绍无限时间演化块消减算法．仍然考虑由不等价张量$\boldsymbol{T}$ 构成的无穷大正方张量网络，设 $\boldsymbol{T}$ 的维数为$(d\times d\times d\times d)$．将其分割成上下两个无穷大的子区域，每个子区域均包含无穷多个不等价张量．时间演化块消减算法可认为是求两个无穷长矩阵乘积态$\boldsymbol{\varphi}^{\uparrow}$ 与 $\boldsymbol{\varphi}^{\downarrow}$，分别近似表示对上述两个无穷大区域内部共有指标求和后的结果，见图 5-19．整个张量网络的收缩被等效为$\boldsymbol{\varphi}^{\uparrow}$ 与 $\boldsymbol{\varphi}^{\downarrow}$ 间的内积．

在不考虑近似的情况下，矩阵乘积态$\boldsymbol{\varphi}^{\uparrow}$ 与 $\boldsymbol{\varphi}^{\downarrow}$ 可以保持平移不变性，满足 uMPS 的形式．其中，对半个无穷长列中所有张量的共有指标(竖直方向的指标)进行收缩得到 uMPS 的不等价张量，uMPS 的物理指标对应于穿过红色虚线边界的指标，虚拟指标由平行方向的指标构成．显然，uMPS 虚拟指标的维数随 L 指

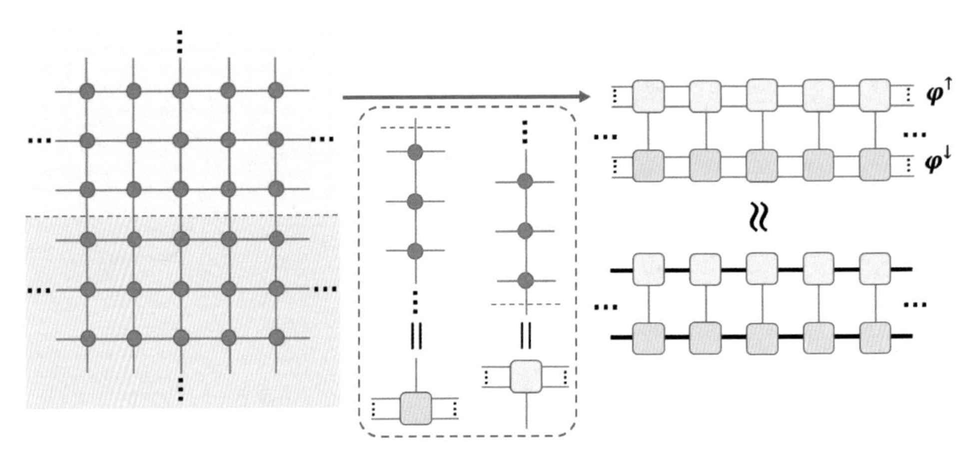

图 5-19　无限时间演化块消减算法中，张量网络被划分成两个区域，每个区域的收缩结果是一个矩阵乘积态，无限正方张量网络的收缩近似为两个矩阵乘积态的内积

数增大$\sim O(d^{L/2})$. 因此，对于$L\to\infty$的无穷大张量网络，我们并不能使用该算法严格计算其收缩，而是需要预设截断维数χ，来控制计算成本.

具体而言，首先随机初始化$\boldsymbol{\varphi}^{\uparrow}$与$\boldsymbol{\varphi}^{\downarrow}$. 考虑到无限时间演化块消减算法的具体过程，我们选择使用包含两个 3 阶的不等价张量$\boldsymbol{A}^{\uparrow}$与$\boldsymbol{B}^{\uparrow}$($\boldsymbol{A}^{\downarrow}$与$\boldsymbol{B}^{\downarrow}$)的无限长平移不变矩阵乘积态来表示$\boldsymbol{\varphi}^{\uparrow}$($\boldsymbol{\varphi}^{\downarrow}$).

定义张量网络的转移矩阵乘积算符(transfer matrix product operator)$\mathcal{T}^{\mathrm{TN}}$为一整行不等价张量构成的矩阵乘积算符，$\mathcal{T}^{\mathrm{TN}}$的左、右矢物理指标分别对应于穿过上、下边界的指标. 在迭代计算中，将$\boldsymbol{\varphi}^{\uparrow}$(或$\boldsymbol{\varphi}^{\downarrow}$)的物理指标与$\mathcal{T}^{\mathrm{TN}}$的左(或右)矢指标进行收缩，得到新的$\boldsymbol{\varphi}^{\uparrow}$(或$\boldsymbol{\varphi}^{\downarrow}$)，如图 5-20 所示. 更新后矩阵乘积态的虚拟指标维数被扩大d倍，若维数超过截断维数χ，则将其裁剪至χ，可使用正则化方法，将矩阵乘积态变换为正则形式后，通过保留前χ个奇异值及其对应的虚拟指标自由度来实现最优维数裁剪，具体实现过程参考 4.7 节. 值得一提的

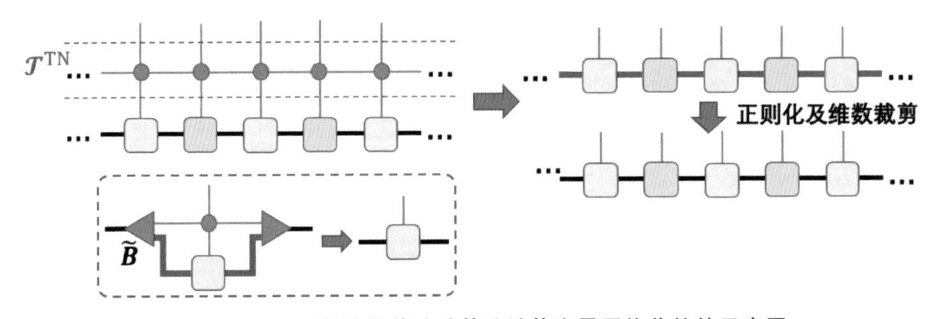

图 5-20　无限时间演化块消减算法计算张量网络收缩的示意图

是，张量指标的裁剪过程等价于引入 3 阶张量 $\widetilde{\boldsymbol{B}}$ 进行收缩，如图 5-20 虚线方框内插图所示. $\widetilde{\boldsymbol{B}}$ 被称为裁剪张量，类似于 5.3 节中裁剪矩阵的变形，可由正则变换给出. 裁剪后，可选择将正则谱与其周围的张量进行收缩，重新获得由两个 3 阶不等价张量构成的矩阵乘积态. 不断进行上述过程直到矩阵乘积态收敛，收敛后的 $\boldsymbol{\varphi}^{\uparrow}$ 与 $\boldsymbol{\varphi}^{\downarrow}$ 的内积给出无穷大张量网络的收缩结果.

为了防止精度溢出，在每次正则化后，可对正则谱进行归一化. 记 $\boldsymbol{\varphi}^{\uparrow}$ ($\boldsymbol{\varphi}^{\downarrow}$) 对应的正则谱为 $\boldsymbol{\Lambda}^{\uparrow AB}$ 与 $\boldsymbol{\Lambda}^{\uparrow BA}$ ($\boldsymbol{\Lambda}^{\downarrow AB}$ 与 $\boldsymbol{\Lambda}^{\downarrow BA}$)，定义归一化因子为各个正则谱的 L2 范数

$$c^{\updownarrow X} = |\boldsymbol{\Lambda}^{\updownarrow X}| \tag{5-46}$$

其中，$\updownarrow$ 取 $\uparrow$ 或 $\downarrow$，X 取 AB 或 BA. 让我们来分析一下归一化因子与全局张量间的关系，记迭代次数为 t，上述归一化操作相当于是将第 t 列张量共同除以了归一化因子

$$c^{(t)} = (c_{\mu}^{\uparrow AB} c_{\mu}^{\uparrow BA} c_{\mu}^{\downarrow AB} c_{\mu}^{\downarrow BA})^{\frac{N_x}{4}} \tag{5-47}$$

其中，N_x 代表一列中不等价张量的个数，指数上的因子$\frac{1}{4}$可看作对四种不等价的归一化因子“作平均”. 上述归一化操作也等价于对列中每个张量除以了归一化因子

$$\bar{c}^{(t)} = ((c_{\mu}^{\uparrow AB} c_{\mu}^{\uparrow BA} c_{\mu}^{\downarrow AB} c_{\mu}^{\downarrow BA})^{\frac{N_x}{4}})^{\frac{1}{N_x}} = (c_{\mu}^{\uparrow AB} c_{\mu}^{\uparrow BA} c_{\mu}^{\downarrow AB} c_{\mu}^{\downarrow BA})^{\frac{1}{4}} \tag{5-48}$$

于是，平均每格点的张量网络自由能满足

$$F = -\frac{1}{t}\sum_{\mu=0}^{t-1} \ln \bar{c}^{(t)} = -\frac{1}{4t}\sum_{\mu=0}^{t-1} \ln (c_{\mu}^{\uparrow AB} c_{\mu}^{\uparrow BA} c_{\mu}^{\downarrow AB} c_{\mu}^{\downarrow BA}) \tag{5-49}$$

当矩阵乘积态随着迭代收敛后，我们可以认为，如果继续上述收缩，我们将获得收敛的归一化因子，无穷大(即 $t\to\infty$)张量网络自由能可由收敛后的归一化因子 $\bar{c}^{(t)}$ 给出，满足

$$F = -\lim_{t\to\infty} \ln \bar{c}^{(t)} \tag{5-50}$$

对转移矩阵乘积算符$\boldsymbol{\mathcal{T}}^{\mathrm{TN}}$ 进行矩阵化，分别将其左、右矢指标变形为一个指标，并假设该矩阵存在本征值分解. 与基于时间演化块消减算法的基态算法(见 4.8 节)一致，收敛后的 $\boldsymbol{\varphi}^{\uparrow}$ 与 $\boldsymbol{\varphi}^{\downarrow}$ 分别给出$\boldsymbol{\mathcal{T}}^{\mathrm{TN}}$ 的左、右最大本征态，对应的本征值为 $\lambda^{\uparrow} = (c_{\infty}^{\uparrow AB} c_{\infty}^{\uparrow AB})^{L/2}$ 与 $\lambda^{\downarrow} = (c_{\infty}^{\downarrow AB} c_{\infty}^{\downarrow AB})^{L/2}$. 但是，并不是所有张量网络对应的转移矩阵乘积算符都能给出收敛的矩阵乘积态. 例如，考虑虚时间演化对应的张量网络，由于量子系统哈密顿量的厄米性，虚时间演化算符为实对称矩阵，$\boldsymbol{\mathcal{T}}^{\mathrm{TN}}$(的矩阵化)也应为实对称矩阵，因此其存在本征值分解，且 $\lambda^{\uparrow} = \lambda^{\downarrow}$，$\boldsymbol{\varphi}^{\uparrow} = \boldsymbol{\varphi}^{\downarrow}$，上述迭代也会使 $\boldsymbol{\varphi}^{\uparrow}$ 与 $\boldsymbol{\varphi}^{\downarrow}$ 收敛到最大本征态上. 若考虑实时间演化，

$\mathcal{T}^{\mathrm{TN}}$ 为幺正矩阵，对应的本征值为 1，但矩阵乘积态一般情况下不会随着收缩计算收敛①.

我们将转移矩阵乘积算符的本征态(一般考虑最大本征态)称为该闭合张量网络的边界态(boundary state). 时间演化块消减算法计算张量网络收缩的核心思想可理解为，利用矩阵乘积态的形式计算张量网络的边界态，该态被称为边界矩阵乘积态(boundary MPS). 定义闭合张量网络转移矩阵乘积算符的方式并不唯一，如图 5-21 所示，除使用水平方向的一行张量(红色)给出定义外，也可使用竖直方向一列张量(绿色)，或 45°倾角的一行张量(黑色)来定义$\mathcal{T}^{\mathrm{TN}}$. 对比图 5-20 可知，时间演化对应的$\mathcal{T}^{\mathrm{TN}}$ 实际上为第三种情况. 不同方法定义的$\mathcal{T}^{\mathrm{TN}}$ 给出不同的边界矩阵乘积态，但会给出相同的张量网络收缩结果，从收缩计算的角度看，这仅对应于不同的指标收缩顺序. 回顾角转移矩阵重正化群算法(见 5.6 节)，根据边张量的定义可以看出，四个边张量分别给出了水平与竖直方向上的边界矩阵乘积态.

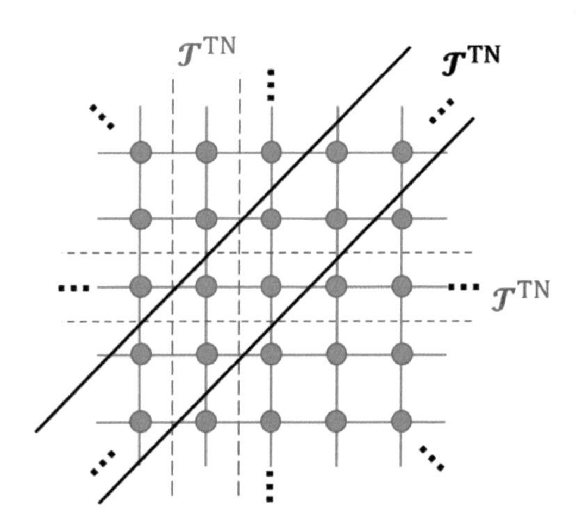

图 5-21　三种不同方式定义的张量网络转移矩阵乘积算符

5.8　密度矩阵重正化群计算张量网络收缩

前面介绍的几种张量网络收缩算法(张量重正化群、角转移矩阵重正化群、时间演化块消减算法)，具备一些重要的共性. 首先，所有算法都涉及张量的局

---

① 幺正矩阵不改变向量的模长，因此幺正转移矩阵乘积算符对应的归一化因子为 1. 同时，如果将一个幺正矩阵不断地作用到某个向量上，一般不会收敛到某个特定的向量，例如，当幺正矩阵代表角度为 θ 的旋转操作时，每作用一次，向量被转动 θ 角，当 θ 不为 2π 的整数倍时，向量一般不会收敛到某一特定向量.

域变化与迭代，使得最终收敛所得的张量代表原张量有限或无限大的子区域，这在物理学中是一种典型的"重正化"思想．其次，张量收缩与维数裁剪为迭代运算中的两个必不可少的过程，利用奇异值分解可得到指标维数的最优裁剪．可见，收缩给定张量网络时，收缩的策略与裁剪环境的计算共同决定了算法的复杂度，其中，截断维数的大小与环境的选择决定了算法的精度与效率．我们可将这一类算法统称为张量网络重正化方法(tensor network renormalization methods)．

同时，我们将通过求边界矩阵乘积态来计算张量网络收缩的方法归类为边界矩阵乘积态方法(boundary MPS methods)．时间演化块消减算法也属于边界矩阵乘积态方法，其相当于是通过张量网络重正化方法来计算边界矩阵乘积态．可见，这两类方法虽然有显著的不同点，但二者并不互斥．下面，我们将使用密度矩阵重正化群算法计算边界矩阵乘积态，从而计算出张量网络的收缩，其属于边界矩阵乘积态方法．

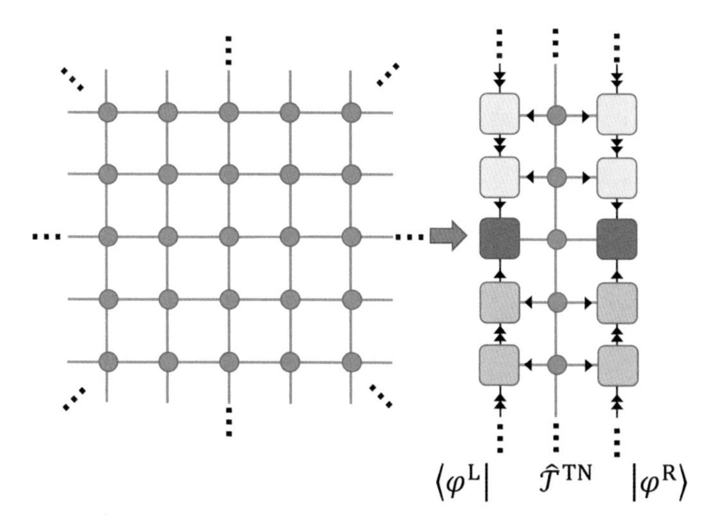

图 5-22　使用无限密度矩阵重正化群算法计算张量网络收缩，相当于用其求解转移矩阵乘积算符的最大本征态及其本征值，其中本征态表示为中心正交 uMPS

仍然以由 $\boldsymbol{T}$ 构成的无穷大闭合正方张量网络为例，我们尝试使用无限密度矩阵重正化群算法求出竖直方向转移矩阵乘积算符的最大本征态及其本征值．根据 4.12 节，边界矩阵乘积态满足 uMPS 的中心正交形式，如图 5-22 所示(中心正交 uMPS 的示意图也可参考图 4-16)．利用狄拉克符号，我们将转移矩阵乘积算符的左、右最大本征态对应的矩阵乘积态形式上记为 $|\varphi^{L}\rangle$与 $|\varphi^{R}\rangle$，将转移矩阵乘积算符记为$\hat{\mathcal{T}}^{TN}$，则图 5-22 右侧子图对应的表达式可形式上写为$\langle\varphi^{L}\mid\hat{\mathcal{T}}^{TN}\mid\varphi^{R}\rangle$．

uMPS 的更新与密度矩阵重正化群中基态计算的更新完全类似，唯一不同点

在于有效哈密顿量的定义. 在表示$\langle \varphi^{L} \mid \hat{\mathcal{T}}^{TN} \mid \varphi^{R} \rangle$的张量网络中，将去掉中心张量后收缩的结果定义为有效哈密顿量$\mathcal{H}$，如图 5-23 所示. $\mathcal{H}$由三个张量的收缩构成，如图 5-23 右上虚线方框所示，在 uMPS 不同正交方向的区域内定义$\langle \varphi^{L} \mid \hat{\mathcal{T}}^{TN} \mid \varphi^{R} \rangle$的转移矩阵，记为$\mathcal{T}^{\uparrow}$与$\mathcal{T}^{\downarrow}$，分别计算其左、右最大本征向量，记为$\boldsymbol{A}^{\uparrow}$与$\boldsymbol{A}^{\downarrow}$. 有效哈密顿量$\mathcal{H}$由$\boldsymbol{A}^{\uparrow}$、$\boldsymbol{A}^{\downarrow}$与不等价张量$\boldsymbol{T}$构成，见图 5-23. 得到$\mathcal{H}$后，将$|\varphi^{L}\rangle$与$|\varphi^{R}\rangle$的中心张量分别更新为$\mathcal{H}$的左、右最大本征态[①]. 随后，根据 4.12 节所述，更新满足正交条件的张量. 重复上述过程直到收敛，收敛后所得的矩阵乘积态即为竖直方向上张量网络的边界矩阵乘积态.

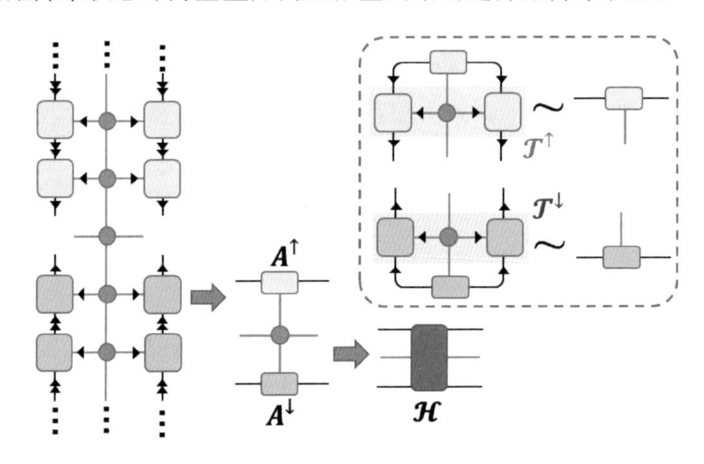

图 5-23　由$\langle \varphi^{L} \mid \hat{\mathcal{T}}^{TN} \mid \varphi^{R} \rangle$对应的张量网络定义有效哈密顿量

5.9　基于自洽本征方程组的张量网络编码方法

如果读者去阅读张量网络算法的原始文献，会发现其中对算法的介绍有一些与本书的介绍存在很大的差别，原因就在于原始文献大多针对的是量子多体的计算问题. 同时，由于在许多算法提出之时，“张量网络”这个数学工具(或称之为新学科也不为过)并没有被系统化地理解与接受，许多文献并没有直接使用张量网络的术语与概念. 以 1992 年被提出的密度矩阵重正化群算法为例，White 使用了重正化变换与有效算符的概念建立了该算法，当时还没有“矩阵乘积态”这个概念，而密度矩阵重正化群与矩阵乘积态的关系，是在近十年之后才被提出的. 类似的情况还有由 Vidal 自 2004 年逐渐建立的时间演化块消减算法，最初该算法被用于计算量子多体态的演化(从算法名字即可看出这点)，在提出时也并没有太多地提及张量网络本身及张量网络的收缩计算问题.

---

① 为简要起见，这里假设$\mathcal{H}$存在本征值分解，且最大本征值为实数.

随着人们对张量网络认识的逐渐加深，许多基于张量网络的量子多体算法可脱离其原本考虑的多体问题，而形成更加宽泛的张量网络算法. 在本书中(特别是本章)，我们尽量采用了这种基于张量网络的描述，这样的好处是，当张量网络被赋予不同的意义时，该算法则可被方便地用于解决相应的问题. 也就是说，研究者只需将感兴趣的问题转换为张量网络的收缩问题，即可使用这些张量网络算法进行计算.

用张量网络的语言表述相关算法的另一个好处是，可以较为显式地看到本来大相径庭的算法间内在的联系，并将其整合到一个更加统一的框架中. 例如，密度矩阵重正化群算法在被用于计算张量网络收缩时，与时间演化块消减算法有许多相通之处，如二者都属于边界矩阵乘积态方法，只不过考虑了不同的转移矩阵乘积算符，并使用了不同的方法来计算其最大本征态. 但是，密度矩阵重正化群又与时间演化块消减算法(以及其它张量网络重正化方法)有着明显的区别，例如，密度矩阵重正化群并没有通过显式地计算局域张量的收缩来计算整个张量网络的收缩，也没有显式的指标裁剪过程，而特定的收缩与裁剪方式属于张量网络重正化方法的核心.

受密度矩阵重正化群与时间演化块消减算法的启发，张量网络的收缩可化为自洽本征方程组的求解，我们称该方法为张量网络编码(tensor network encoding)①. 该方法的核心思想是将无穷大张量网络的收缩等效为求解由局域张量参数化的自洽本征方程组，收缩结果由自洽方程组的稳定不动点给出. 该思想有些类似于自洽方法求解平均场(mean field)或热库(heat bath)等，因此在使用该方法计算量子多体系统基态及热力学时，又将其称之为基于纠缠库的量子纠缠模拟(quantum entanglement simulation)方法，其对强关联效应的考虑显然是超越平均场理论的. 同时，我们在该框架下可以清楚地看到密度矩阵重正化方法与时间演化块消减算法间的等价性，同时又从中发展出了不同于“重正化”的高维张量网络收缩计算方法(见第 6 章).

仍然考虑无穷大 2 维正方张量网络的收缩，见图 5-24，记其不等价张量为 $\boldsymbol{T}$. 首先，我们选择横向一行张量构成的矩阵乘积算符作为张量网络的转移矩阵乘积算符$\boldsymbol{\mathcal{T}}$，由于其维数为无穷大，我们暂且假设其左、右最大本征态为 uMPS 且相等，记为 $|\varphi\rangle$，满足$\boldsymbol{\mathcal{T}} \mid \varphi\rangle \sim \mid \varphi\rangle$. uMPS 的不等价张量为 $\boldsymbol{A}$. 整个张量网络可表示为该矩阵乘积算符与 uMPS 的乘积 $Z \sim \langle\varphi \mid \hat{\rho} \mid \varphi\rangle$，且需满足约束条件 $\langle\varphi \mid \varphi\rangle=1$.

上述问题与时间演化块消减算法考虑的问题完全一致，只不过接下来我们并

① 参考 Shi-Ju Ran, “Ab-Initio Optimization Principle for the Ground States of Translationally Invariant Strongly Correlated Quantum Lattice Models,” *Phys. Rev. E* 93, 053310 (2016).

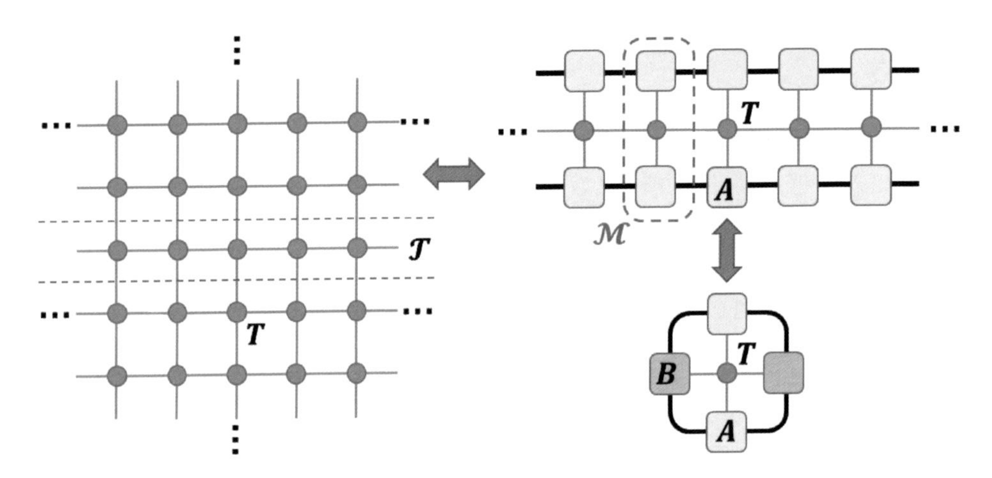

图 5-24　通过两个本征问题，将无穷大张量网络的收缩变换为局域张量 T、A 与 B 的收缩，或从张量 T、A 与 B 的收缩出发，重构出无穷大张量网络

不使用幂级数算法计算 uMPS，而是推导出$\boldsymbol{A}$ 满足的本征方程(组). $\langle\varphi\mid\hat{\rho}\mid\varphi\rangle$ 对应的转移矩阵$\mathcal{M}$，由 $\boldsymbol{A}$ 与 $\boldsymbol{T}$ 构成(见图 5-25)，设其左、右最大本征态相同并记为 $\boldsymbol{B}$，有$\mathcal{M}\boldsymbol{B}\sim\boldsymbol{B}$，且满足 $|\boldsymbol{B}|=1$. 若 $\boldsymbol{A}$ 与 $\boldsymbol{B}$ 均被得到，则整个张量网络的收缩可如图 5-24 所示，最终被约化成了 $\boldsymbol{T}$、$\boldsymbol{A}$ 与 $\boldsymbol{B}$ 的局域收缩. 同时，我们也可以逆向地看待上述过程，即从张量 $\boldsymbol{T}$、$\boldsymbol{A}$ 与 $\boldsymbol{B}$ 的局域收缩出发，通过两个本征方程，重构出无穷大张量网络.

在上述两个本征方程中，$\mathcal{T}\mid\varphi\rangle\sim\mid\varphi\rangle$并不容易求解，因此，张量网络编码方法的思想是，找到 $|\varphi\rangle$的不等价张量$\boldsymbol{A}$ 应满足的局域本征方程，同时自动满足约束条件$\langle\varphi\mid\varphi\rangle=1$. 具体过程如下(见图 5-25)：(1)初始化张量 $\boldsymbol{A}$；(2)通过 $\boldsymbol{A}$ 与 $\boldsymbol{T}$，计算转移矩阵$\mathcal{M}$的最大本征态$\boldsymbol{B}$(见图 5-25(a)，为简要起见，设$\mathcal{M}$的左、右最大本征向量相等)；(3)计算 $\boldsymbol{B}$ 矩阵化的奇异值分解$\boldsymbol{B}=\boldsymbol{U}\boldsymbol{\Lambda}\boldsymbol{V}^{\dagger}$，并计算 $\widetilde{\boldsymbol{B}}=\boldsymbol{U}\boldsymbol{V}^{\dagger}$(见图 5-25(b)—(c))；(4)通过 $\widetilde{\boldsymbol{B}}$ 与 $\boldsymbol{T}$，计算$\mathcal{R}$的左最大本征向量 $\boldsymbol{A}$($\mathcal{R}$的定义见图 5-25(d)). 重复上述过程直到收敛至不动点为止.

上述过程中，得到 $\boldsymbol{A}$ 满足的局域本征方程的关键一步是通过 $\boldsymbol{B}$ 的奇异值分解构建 $\widetilde{\boldsymbol{B}}$，可通过引入广义本征方程的方法证明，由 $\widetilde{\boldsymbol{B}}$ 与 $\boldsymbol{T}$ 构成的$\mathcal{R}$给出$\boldsymbol{A}$ 应满足的局域本征方程.[①]

将上述计算过程同 5.7 节中介绍的时间演化块消减算法以及 5.8 节中的密度

① 具体证明可参考 Shi-Ju Ran, "Ab-Initio Optimization Principle for the Ground States of Translationally Invariant Strongly Correlated Quantum Lattice Models," *Phys. Rev. E* 93, 053310 (2016)附录 B.

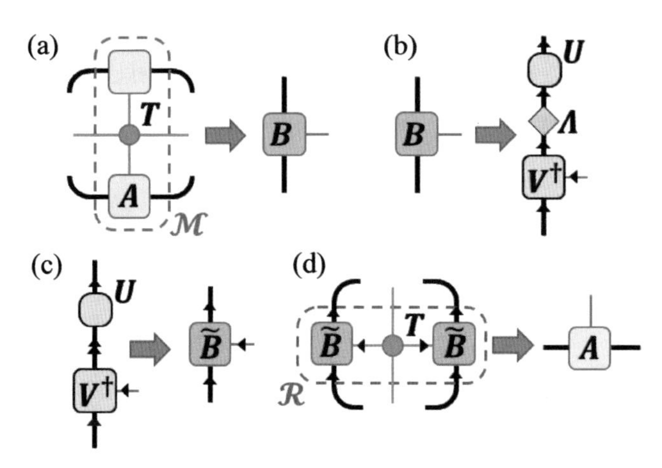

图 5-25　无穷大正方张量网络编码算法的自洽方程组

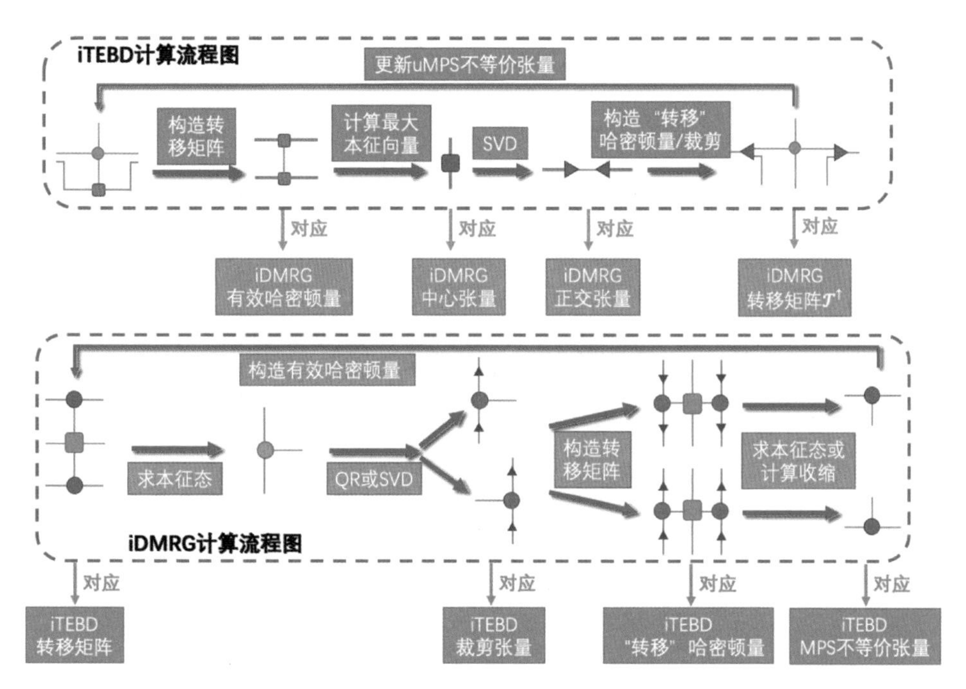

图 5-26　无限时间演化块消减算法(iTEBD)的循环计算流程图，及各步骤与无限密度矩阵重正化群(iDMRG)的对应关系(上)；iDMRG 的循环计算流程图，及各步骤与 iTEBD 的对应关系(下)

矩阵重正化群算法比较，可以看出，$\widetilde{\boldsymbol{B}}$ 可对应于时间演化块消减算法中用于裁剪的等距矩阵，同时对应于密度矩阵重正化群中，通过中心张量的奇异值分解对中心正交 uMPS 的正交张量；**A** 可对应于时间演化块消减算法中 uMPS 的不等价张量，同时对应于密度矩阵重正化群中的环境张量．这些对应关系总结在了图 5-26 中，如果忽略具体计算的细微差别，两种算法的计算流程均可统一到图 5-25 所示的张量网络编码计算流程中．此外，由于局域张量的收缩类似于角转移矩阵重正化群中的收缩(对比图 5-24 最后一张子图与图 5-14)，张量网络编码可被认为是一种"无角"(cornerless)的角转移矩阵重正化群算法．

从边界矩阵乘积态的角度来看，张量网络编码方法同时计算出了两种边界矩阵乘积态(见图 5-27)．水平方向上为由 **A** 构成的单张量平移不变 uMPS，该态对应于 iTEBD 的计算过程；竖直方向上为由 **B** 与 $\widetilde{\boldsymbol{B}}$ 构成的中心正交 uMPS，该态对应于 iDMRG 的计算过程．可以看出，两个矩阵乘积态的几何指标维数与张量 **A**、**B** 与 $\widetilde{\boldsymbol{B}}$ 的指标(见图 5-25 黑线代表的指标)维数一致．在张量网络编码方法中，虽然没有显式的指标维数裁剪过程，但预设的张量指标维数决定了矩阵乘积态的维数，该维数类似于 iTEBD 或 iDMRG 算法中的截断维数．

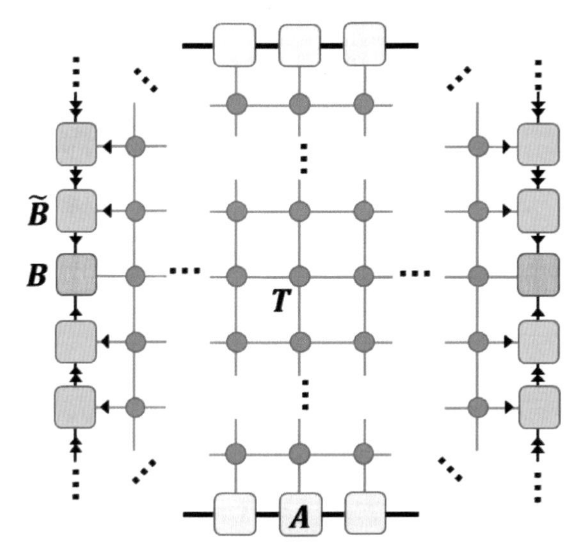

图 5-27　基于自洽方程组的张量网络编码方法中，出现的两种边界矩阵乘积态：由 A 构成的平移不变 uMPS，与由 B 与 $\widetilde{\boldsymbol{B}}$ 构成的中心正交 uMPS

此外，自洽本征方程组的稳定不动点个数并不一定仅有一个，例如，已有工作表明，当张量网络对应于 Z_N 拓扑态时，会存在多个稳定不动点，不动点个数与拓扑简并度存在一定的联系，且不动点的稳定性可用于解释拓扑态的抗噪性[①]. 但是，是否存在非稳定的不动点，以及在什么情况下不存在不动点等问题，目前还尚待进一步的探索与研究.

5.10 张量网络的贝特近似

在张量网络编码计算中，给定不等价张量$\boldsymbol{T}$后可通过自洽计算获得代表整个张量网络收缩的张量$\boldsymbol{A}$与$\boldsymbol{B}$，如图 5-24 所示. 上述过程可被看作是将$\boldsymbol{T}$"分解"来获得表示整个张量网络缩并的局域张量缩并，如图 5-28 所示，$\boldsymbol{A}$ 与 $\boldsymbol{B}$ 的收缩形式类似于由张量构成的环形，因此，在原始文献中，上述自洽计算又被称为张量环分解(tensor ring decompistion). 从时间上看，该名称与 4.3 节中提到的单张量的环分解几乎是在同一时期被提出的. 为了避免混淆，在本书中，我们将张量网络的"环分解"称为张量网络编码.

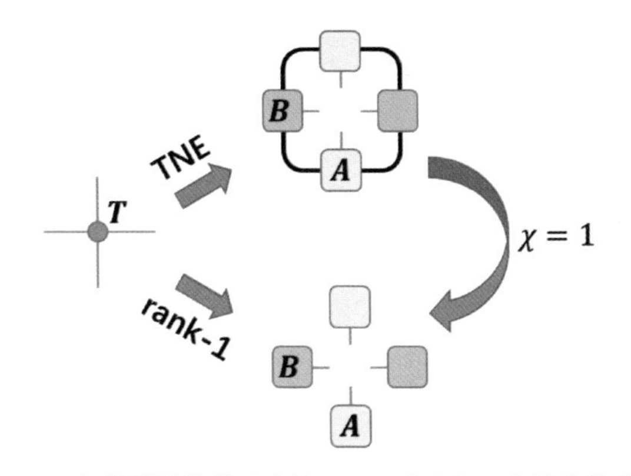

图 5-28 在张量网络编码中取 $\chi=1$ 时对应于张量的单秩分解

从上文的分析可知，黑色实线指标的维数对应于截断维数χ. 可以看出，当取$\chi=1$时，张量网络编码的自洽方程组恰好变为张量单秩分解对应的自洽方程组(见 1.6 节). 因此，张量的单秩分解属于张量网络编码的一种特殊形式(见图 5-28)，此时有(注意：$\chi=1$ 时 $\boldsymbol{A}$ 与 $\boldsymbol{B}$ 可看作向量)

$$\boldsymbol{T} \approx \gamma \boldsymbol{A} \otimes \boldsymbol{B} \otimes \boldsymbol{A} \otimes \boldsymbol{B} \tag{5-51}$$

也就是说，在 $\chi=1$ 的张量网络编码中所得的$\tilde{\boldsymbol{T}}=\gamma\boldsymbol{A}\otimes\boldsymbol{B}\otimes\boldsymbol{A}\otimes\boldsymbol{B}$ 为 $\boldsymbol{T}$ 的最优单秩近似.

单秩分解以一种更加灵活的方式近似"编码"无穷大张量网络的收缩. 如图 5-29 所示，从最初 5 个张量的收缩出发，根据虚线方框中插图所示自洽方程组，

① 参考 Xi Chen, Shi-Ju Ran, Shuo Yang, Maciej Lewenstein, and Gang Su, "Noise-Tolerant Signature of Z_N Topological Orders in Quantum Many-Body States," *Phys. Rev. B* 99, 195101 (2019).

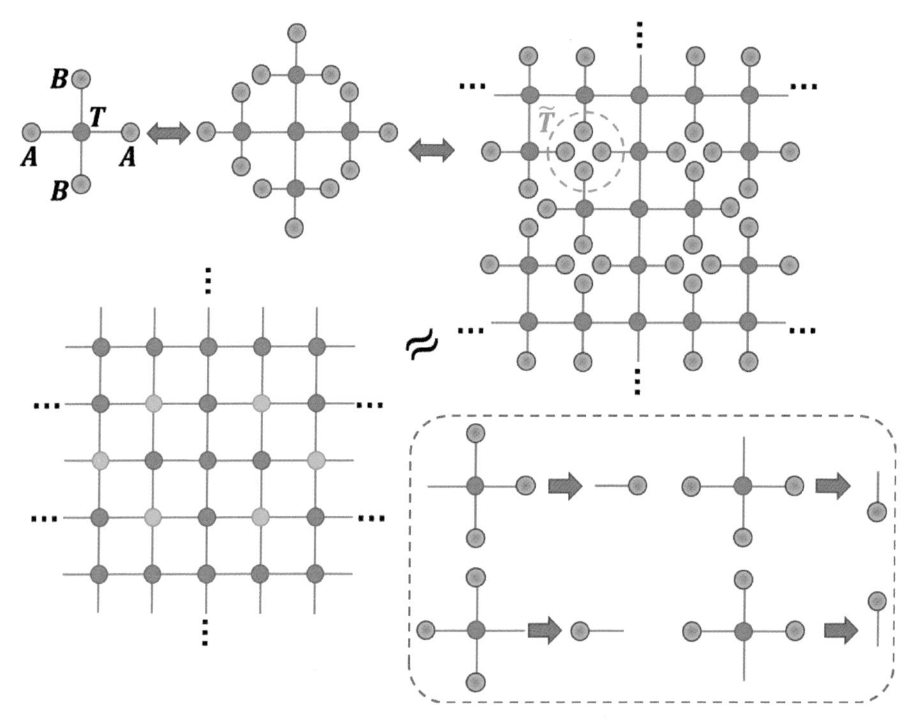

图 5-29　张量的单秩分解重构贝特张量网络，该张量网络为无圈情况下原张量网络的最优近似(贝特近似)，其中绿色标记的张量 T 被替换成单秩张量 $\widetilde{T}$，使得替换后的张量网络中不存在由 T 构成的圈结构；方框中插图为单秩分解满足的自洽方程组

逐步将向量 $\boldsymbol{A}$ 或 $\boldsymbol{B}$ 替换成 $\boldsymbol{T}$ 同 3 个 $\boldsymbol{A}$ 和 $\boldsymbol{B}$ 的收缩，每进行一次替换，收缩式中的不等价张量个数增加．在某些位置，2 个 $\boldsymbol{A}$ 与 2 个 $\boldsymbol{B}$ 出现在同一处格点，这 4 个向量刚好构成了不等价张量 $\boldsymbol{T}$ 的最优单秩近似 $\widetilde{\boldsymbol{T}}$．不断重复上述过程，直到整个无穷大正方格子的每个格点被 $\boldsymbol{T}$ 或 $\widetilde{\boldsymbol{T}}$ 铺满．可以看出，这样重构出来的张量网络中，由 $\boldsymbol{T}$ 构成的部分显然不能出现圈结构．换言之，上述重构过程相当于将原张量网络里部分 $\boldsymbol{T}$ 替换成其最优单秩近似 $\widetilde{\boldsymbol{T}}$，使得张量网络中不存在由 $\boldsymbol{T}$ 构成的圈结构．这个由 $\boldsymbol{T}$ 与 $\widetilde{\boldsymbol{T}}$ 构成的无圈张量网络，实际上形成一种具有特定边界($\boldsymbol{A}$ 和 $\boldsymbol{B}$)的变形贝特格子(Bethe lattice)，因此，我们称其为无穷大正方张量网络的最优贝特近似．从该贝特张量网络的边界(即 $\boldsymbol{A}$ 和 $\boldsymbol{B}$，或其构成的单秩张量 $\widetilde{\boldsymbol{T}}$)出发，通过反复使用自洽方程组，可以严格地将该张量网络收缩，其收缩过程即为图 5-29 所示的从右到左的过程．因此，$\chi=1$ 时的向量 $\boldsymbol{A}$ 和 $\boldsymbol{B}$ 又被称为张量网络收缩子(contractor)[1].

在上述收缩子理论中，有几点值得注意. 首先，在从局域收缩重构无穷大贝特张量网络时，有无穷多种重构的方式. 换言之，无论如何选取 $\boldsymbol{T}$(绿色)来替换成 $\tilde{\boldsymbol{T}}$，只要 $\boldsymbol{T}$ 构成部分的圈结构全部被破坏即可，那么根据自洽方程组，最终的收缩结果总是等于图 5-29 左上角子图给出的 $\boldsymbol{T}$、$\boldsymbol{A}$ 与 $\boldsymbol{B}$ 的局域收缩，具体选择的方式不影响收缩结果. 其次，上述重构方式并不需要引入边界态这个概念，与 $\chi>1$ 的张量网络编码有所区别. 再次，对不等价张量 $\boldsymbol{T}$ 进行单秩分解的误差 $|\boldsymbol{T}-\tilde{\boldsymbol{T}}|$，并不能用于准确刻画张量网络收缩误差. 虽然目前还没有严格的证明，但从相对误差的角度讲，后者往往远小于前者. 最后，我们可以通过将部分 $\tilde{\boldsymbol{T}}$ 替换回 $\boldsymbol{T}$ 来提升精度，例如在图 5-30 中，将红色箭头所示的 $\tilde{\boldsymbol{T}}$ 替换回 $\boldsymbol{T}$，对应的张量网络会形成圈结构，如黄色阴影所示，原张量网络收缩被近似为边界为收缩子的有圈部分的局域张量收缩. 换言之，原张量网络可近似为围绕着收缩子的局域张量网络收缩，局域张量网络又被称为张量团簇(tensor cluster). 近似误差取决于张量团簇中圈的大小，而非 $\boldsymbol{T}$ 的个数. 从自洽方程组可以看出，如果仅增加 $\boldsymbol{T}$ 的个数而不产生新的圈结构，最终的收缩结果是不会被改变的. 因此，圈结构是张量网络贝特近似的一个核心要素.

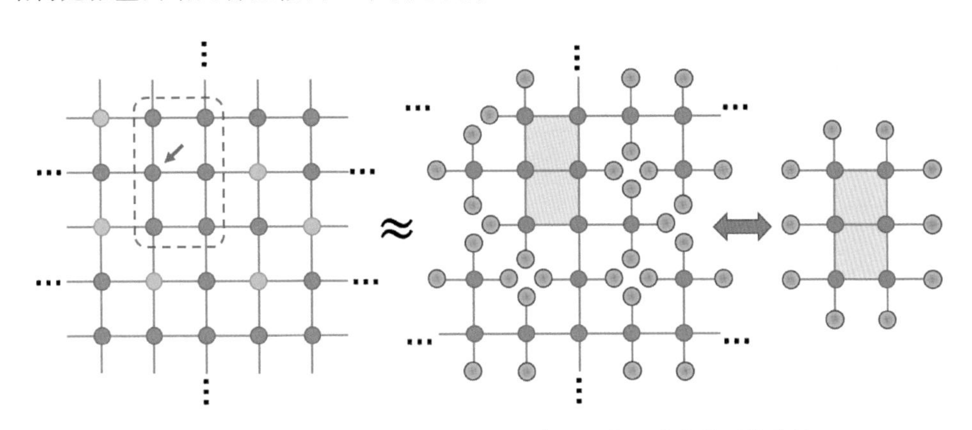

图 5-30 原张量网络可近似为围绕着收缩子的局域张量网络收缩

[1] 参考 Shi-Ju Ran, Bin Xi, Tao Liu, and Gang Su, "Theory of Network Contractor Dynamics for Exploring Thermodynamic Properties of Two-Dimensional Quantum Lattice Models," *Phys. Rev. B* 88, 064407 (2013).

5.11 2维投影纠缠对态的时间演化与更新算法

类似于利用矩阵乘积态的虚时间演化计算1维格点模型基态(见4.8节、4.9节)，时间演化块消减算法可推广到计算2维投影纠缠对态(见5.1节)的虚时间演化. 同样，每进行一次局域耦合的演化操作，对应的虚拟指标维数就会被扩大. 下面，我们以仅存在最近邻耦合的哈密顿量$\hat{H}=\sum_{\langle i,j\rangle}\hat{H}_{i,j}$为例，并假设各处的局域耦合相同，即系统具有平移不变性. 为了更好地展示虚拟指标维数的变化，我们首先对局域演化算符$\hat{U}=\mathrm{e}^{-\tau\hat{H}_{i,i+1}}$的系数张量进行分解

$$U_{s_1s_2s_1's_2'}=\sum_{\alpha}U^{\mathrm{L}}_{s_1s_1'\alpha}U^{\mathrm{R}}_{s_2s_2'\alpha} \tag{5-52}$$

其中，$U_{s_1s_2s_1's_2'}=\langle s_1s_2\mid\hat{U}\mid s_1's_2'\rangle$，$\dim(\alpha)=\dim(s_1)\dim(s_1')$. 如图5-31所示，演化后，对应的虚拟指标与上式中α指标合并，所得的虚拟指标维数增大了$\dim(\alpha)$倍.

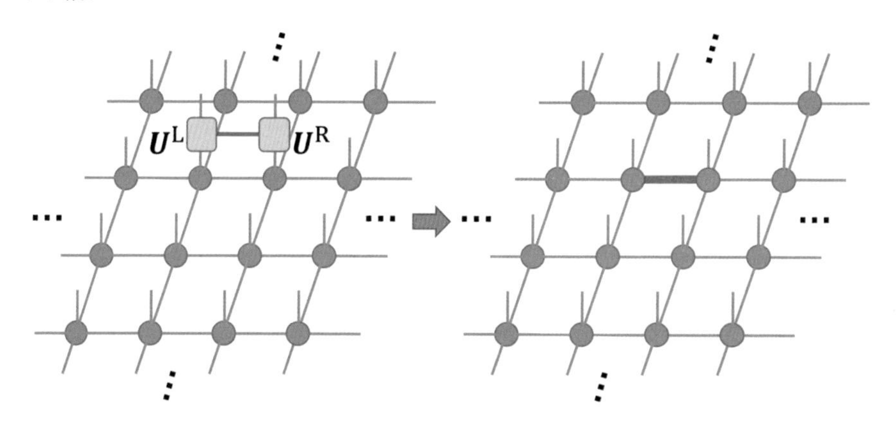

图5-31 局域演化会使得投影纠缠对态的虚拟指标维数增加

将投影纠缠对态演化到基态需要进行的虚时间演化次数数量很大，因此当虚拟指标维数大于预设的截断维数χ后，需进行维数裁剪来控制计算成本. 从$|\varphi\rangle$出发，设演化一步后的态为$|\varphi'\rangle$，该态中某虚拟指标维数被扩大，需对其进行裁剪，设裁剪后的态为$|\tilde{\varphi}\rangle$，最优裁剪对应的极值问题为

$$\min\left(|\varphi'\rangle-|\tilde{\varphi}\rangle\right)^2 \tag{5-53}$$

使得裁剪前后量子态的距离极小，也就是裁剪误差极小. 当$|\varphi'\rangle$与$|\tilde{\varphi}\rangle$满足归一化条件时，上述极小化问题等效为极大化问题

$$\max(\langle\tilde{\varphi}\mid\varphi'\rangle) \tag{5-54}$$

显然，当$|\varphi'\rangle$与$|\tilde{\varphi}\rangle$同为张量网络态时，$\langle\tilde{\varphi}\mid\varphi'\rangle$对应于一个闭合张量网络. 根据5.3节的内容，可通过计算键环境矩阵及其奇异值分解，获得满足极大化问题

下的裁剪矩阵. 由于 $|\varphi'\rangle$实际上未知，这里有几种处理方式来计算键环境矩阵. 例如，考虑到裁剪前后量子态的差异性很小，可使用 $|\tilde{\varphi}\rangle$代替 $|\varphi'\rangle$，即计算$\langle\tilde{\varphi}\mid\tilde{\varphi}\rangle$对应的键环境矩阵，如图 5-32 左图所示. 又如，考虑到每一步局域演化的时间切片为小量，演化算符接近单位矩阵，且最终收敛至不动点附近后有 $|\varphi\rangle\approx|\varphi'\rangle$，可使用 $|\varphi\rangle$代替 $|\varphi'\rangle$，计算$\langle\tilde{\varphi}\mid\varphi\rangle$来获得键环境矩阵，见图 5-32 右图，后者的计算成本更低.

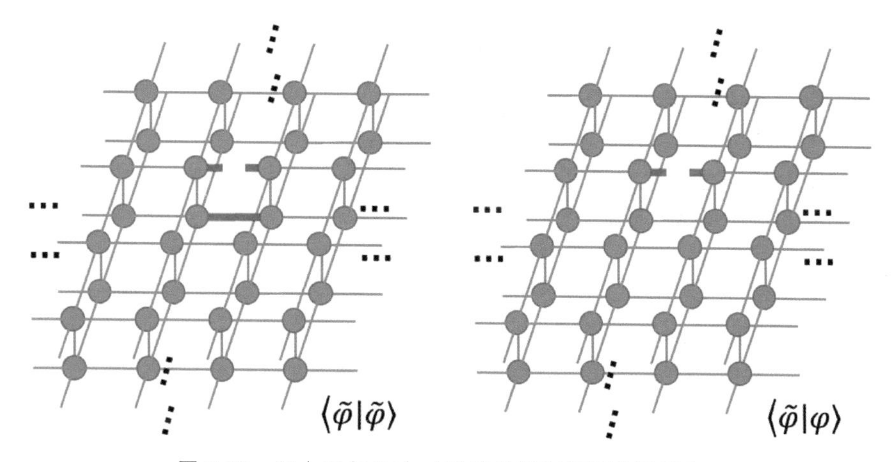

图 5-32　$\langle\tilde{\varphi}\mid\tilde{\varphi}\rangle$与$\langle\tilde{\varphi}\mid\varphi\rangle$对应的键环境矩阵图形表示

具体如图 5-33 所示，对于 $|\varphi\rangle$中的张量及其共轭，收缩物理指标后得到指标增大后的张量(记为 $\boldsymbol{T}$)，则$\langle\tilde{\varphi}\mid\varphi\rangle$对应的张量网络由双层变为单层，除待裁剪指标外，该张量网络其余部分由 $\boldsymbol{T}$ 构成. 计算该张量网络的收缩几乎等同于计算由 $\boldsymbol{T}$ 构成的张量网络$\langle\varphi\mid\varphi\rangle$，可使用上文介绍的张量网络算法来完成计算.

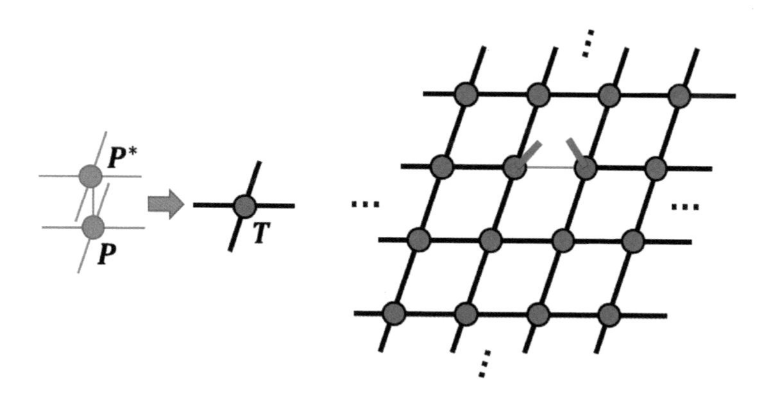

图 5-33　$\langle\tilde{\varphi}\mid\varphi\rangle$中收缩物理指标后得到的张量网络及其局域张量，断开待裁剪指标得到键环境矩阵

例如，当采用张量重正化群(见 5.5 节)计算$\langle\tilde{\varphi}\mid\varphi\rangle$的键环境矩阵时，需带着断开后的指标进行重正变换，如图 5-34 所示，首次进行重正变换时，有两个局域张量带有断开的待裁剪指标. 进行变换后，两个指标会被收缩到同一个张量中. 在之后的变换过程中，仅需处理一个带着断开指标的张量进行重正变换即可. 张量网络其余部分的重正变换与 5.5 节的介绍完全一致. 二次重正化群算法[①]中，也会遇到这种带着开放指标进行张量重正化群的计算.

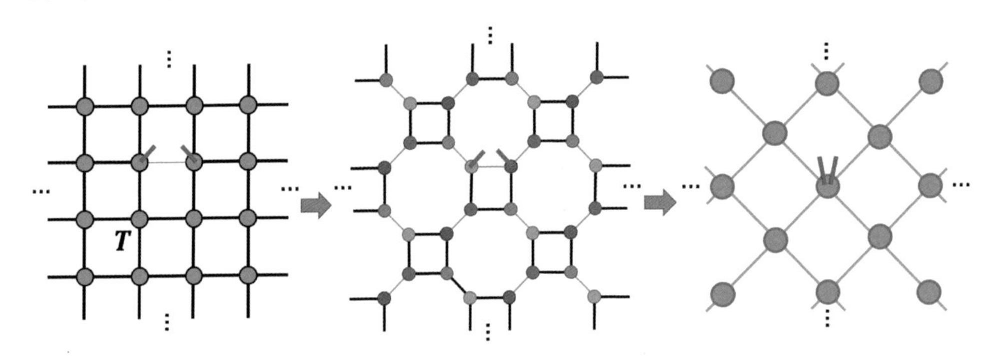

图 5-34　计算$\langle\tilde{\varphi}\mid\varphi\rangle$的键环境矩阵首次重正化群变换示意图

我们也可以使用无限时间演化块消减算法[②]、角转移矩阵重正化群算法[③]、张量网络编码方法(包括贝特近似[④])计算$\langle\tilde{\varphi}\mid\varphi\rangle$及其键环境矩阵. 在这些方法中，我们并不需要一开始就带着断开的指标进行迭代计算，而可以通过计算 $\boldsymbol{T}$ 构成的张量网络$\langle\varphi\mid\varphi\rangle$得到收敛的解后，再引入断开指标的张量计算键环境矩阵，如图 5-35 所示. 例如，可先由角转移矩阵重正化群计算$\langle\varphi\mid\varphi\rangle$对应的边张量与角矩阵后，通过计算图 5-35(a)所示的张量收缩计算键环境矩阵. 也可首先利用无限时间演化块消减算法获得边界矩阵乘积态后，通过计算图 5-35(b)对应的收缩获得键环境矩阵. 或使用张量网络编码方法获得自洽本征方程的不动点张量后，计算图 5-35(c)来获得键环境矩阵. 对于张量网络贝特近似方法，我们可以首先计算张量网络收缩子，再将其放置到包含断开指标的张量团簇边界处，再进行收缩计算获得键环境矩阵，如图 5-35(d)与(e)所示.

---

① 参考 Z. Y. Xie, H. C. Jiang, Q. N. Chen, Z. Y. Weng, and T. Xiang, "Second Renormalization of Tensor Network States," *Phys. Rev. Lett.* 103, 160601 (2009).

② 参考 J. Jordan, R. Orús, Guifré Vidal, F. Verstraete, and J. I. Cirac, "Classical Simulation of Infinite-Size Quantum Lattice Systems in Two Spatial Dimensions," *Phys. Rev. Lett.* 101, 250602 (2008).

③ 参考 R. Orús and G. Vidal, "Simulation of Two-Dimensional Quantum Systems on an Infinite Lattice Revisited: Corner Transfer Matrix for Tensor Contraction," *Phys. Rev. B* 80, 094403 (2009).

④ 参考 Shi-Ju Ran, Bin Xi, Tao Liu, and Gang Su, "Theory of Network Contractor Dynamics for Exploring Thermodynamic Properties of Two-Dimensional Quantum Lattice Models," *Phys. Rev. B* 88, 064407 (2013).

对于图 5-34 以及图 5-35(a)—(c)，虽然在计算键环境矩阵的过程中会不可避免地引入误差，且该误差并不一定是全局极小的(例如张量重正化群算法中采取了局域 SVD 进行裁剪)，我们仍称通过收缩整个张量网络来计算虚拟指标维数裁剪的算法为全局更新(full update)算法. 对于图 5-35(d)中我们使用了贝特近似，将该类方法称为简单更新(simple update)算法①，5.12 节会给出更详细的分析. 如图 5-35(e)所示，在贝特近似的边界下，由有限尺寸的张量团簇来计算裁剪的方法，被称为团簇更新(cluster update)算法②. 若通过张量网络收缩算法(例如时间演化块消减算法)来近似计算无穷大尺寸的张量团簇，则相当于实现了全局更新.

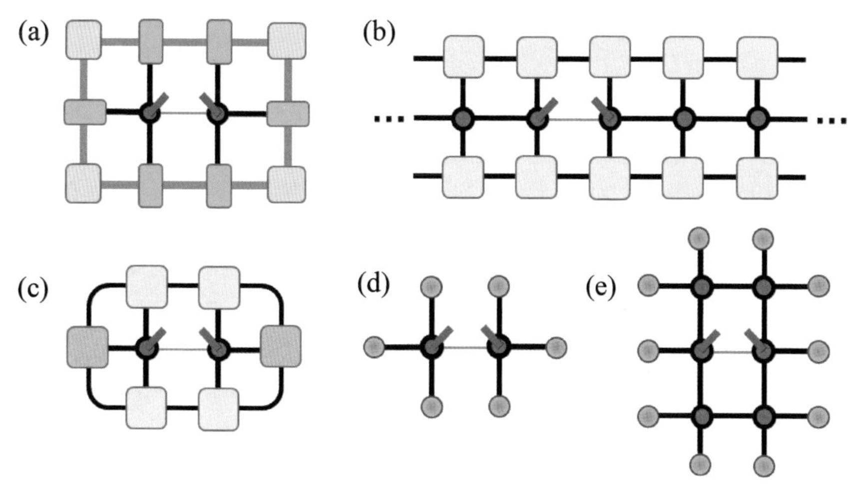

图 5-35　(a)角转移矩阵重正化群；(b)无限时间块消减算法；(c)张量网络编码方法($\chi>1$)；(d)贝特近似($\chi=1$)；(e)贝特边界下的团簇近似中，键环境矩阵的图形表示

就如同前文介绍的张量网络算法一样，投影纠缠对态的演化计算在细节上可以很灵活. 对于没有平移对称性的有限尺寸 2 维系统，可以考虑逐个计算各个局域耦合对应的演化. 每当有虚拟指标维数超过截断维数时，则按照上述方法进行维数裁剪.

① 简单更新算法的原始文献见 H. C. Jiang, Z. Y. Weng, and T. Xiang, "Accurate Determination of Tensor Network State of Quantum Lattice Models in Two Dimensions," *Phys. Rev. Lett.* 101, 090603 (2008).

② 最早提出"团簇更新"这个概念的文献为 Ling Wang and Frank Verstraete, *Cluster Update for Tensor Network States*, arXiv: 1110.4362; 贝特近似边界下的"团簇更新"见 Shi-Ju Ran, Bin Xi, Tao Liu, and Gang Su, "Theory of Network Contractor Dynamics for Exploring Thermodynamic Properties of Two-Dimensional Quantum Lattice Models," *Phys. Rev. B* 88, 064407(2013).

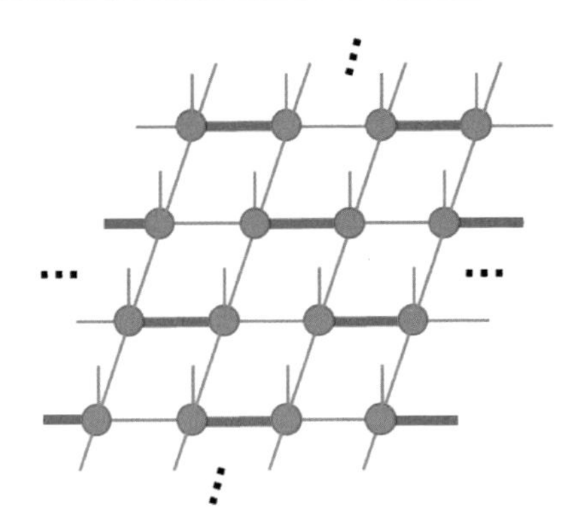

图 5-36　当系统具备平移不变性时，可同时进行红色标记处局域耦合对应的时间演化

如果系统具备平移不变性，则可一次性对所有不等价的耦合进行演化，如图 5-36 红线所示，这相当于对投影纠缠对态的两个不等价张量间其中一个共有虚拟指标进行了相应的演化．对于虚拟指标维数裁剪的计算，仍可假设仅有一处虚拟指标进行了演化，计算得到用于裁剪的等距矩阵后，根据平移不变性，直接将其用于裁剪所有待裁剪的虚拟指标．又如，在处理被断开的指标来计算键环境矩阵时，各个算法使用的具体计算也可以不尽相同，这是由于张量网络算法的主要误差来源于裁剪误差，其余算法细节上的变动对结果的影响一般而言是次要的．因此，在实际使用张量网络算法时，可在各种结果相近的方法中，先选取稳定性与效率最高的方法进行计算，再以此为基准对算法进行细节上的调整与优化，做到效率与精度的平衡．

5.12　投影纠缠对态的贝特近似与超正交形式

类似于矩阵乘积态的正则形式，我们假设在无穷大平移不变的投影纠缠对态 $|\varphi\rangle$ 的每个虚拟指标上定义正定的对角矩阵，如图 5-37(a)所示，并设对于每个局域张量及定义在其周围的对角矩阵满足如图 5-37(b)所示的自洽方程组．以定义在正方格子上的投影纠缠对态为例，将每个局域张量周围四个对角矩阵中的任意三个与该张量进行收缩，要求所得的张量满足如图 5-37(c)所示的正交条件．那么，我们称该投影纠缠对态处于超正交形式(super-orthogonal form)，将其局域张量满足的条件称为超正交条件(super-orthogonal condition)，称各个对角矩阵为超正交谱(super-orthogonal spectrum)[①].

① 参考 Shi-Ju Ran, Wei Li, Bin Xi, Zhe Zhang, and Gang Su, "Optimized Decimation of Tensor Networks with Super-Orthogonalization for Two-Dimensional Quantum Lattice Models," *Phys. Rev. B* 86, 134429 (2012).

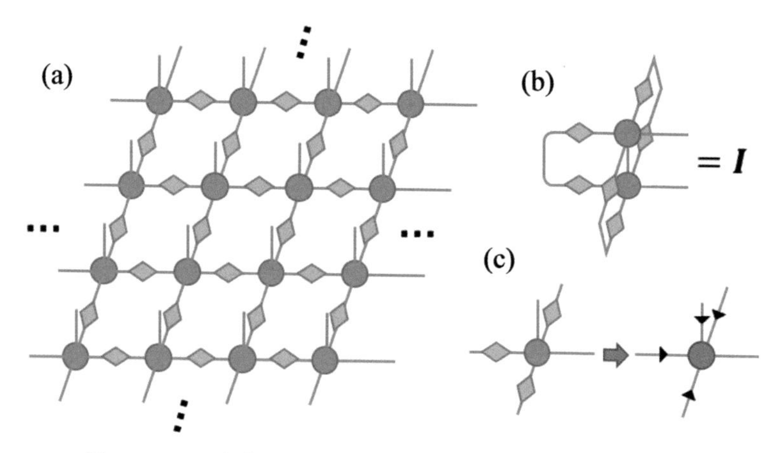

图 5-37　(a)在虚拟指标上定义有对角矩阵的投影纠缠对态；(b)对于满足超正交形式的投影纠缠对态，选择任意一个局域张量与周围任意三个近邻的超正交谱，将这些张量与其共轭进行收缩得到单位矩阵；(c)超正交条件的另一种表示为，将每个局域张量周围四个超正交谱中的任意三个与该张量进行收缩，所得的张量满足如箭头所示的正交条件

超正交形式可用于裁剪投影纠缠对态的虚拟指标维数．特别地，当投影纠缠对态不构成圈结构时，其属于 5.2 节介绍的无圈张量网络，超正交谱给出对应位置处的二分纠缠谱．因此，与矩阵乘积态类似，超正交谱给出了最优维数裁剪，我们可以直接保留该指标上超正交谱的前 χ 个对角元来裁剪该虚拟指标的维数．以图 5-38 给出的超正交无圈纠缠对态为例，按照红色箭头所示方式将对应的超正交谱与其近邻的张量进行收缩．根据图 5-37(c)所示的正交形式，我们可以得到中心正交的无圈纠缠对态(central-orthogonal loop-free projected-entangled pair state)，正交中心可变换到任意一处的超正交谱，正交中心两侧的所有张量满足方向为指向正交中心的正交条件．

对于有圈结构的投影纠缠对态而言，当其处于超正交形式时，显然超正交谱不能给出该态的二分纠缠熵，但是我们也可使用超正交谱进行虚拟指标的维数裁剪．下面我们来证明，这种裁剪对应于 5.10 节介绍的贝特近似或 5.11 节介绍的简单更新算法．设投影纠缠对态 $|\varphi\rangle$处于超正交形式，如图 5-39 所示，将超正交谱开平方根后与相邻的局域张量进行收缩，获得由一个不等价张量构成的均匀投影纠缠对态(uniform projected-entangled pair state)，则$\langle\varphi \mid \varphi\rangle$对应的由一个不等价张量 $\boldsymbol{T}$ 构成的张量网络，如图 5-39(c)所示．根据超正交条件，容易证明，$\boldsymbol{T}$ 的单秩分解由超正交谱给出，换言之，超正交谱的向量化满足单秩分解的自洽方程，证明过程见图 5-39(e)．

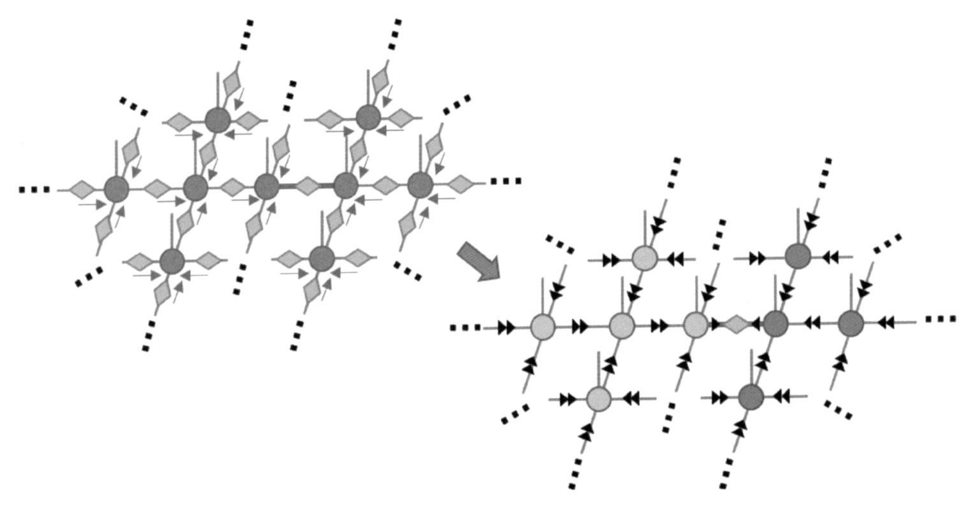

图 5-38　通过将超正交谱与其近邻张量进行一定方式的收缩，可将超正交无圈投影纠缠对态变换为中心正交形式

利用收缩子与超正交谱的关系，我们可以证明，贝特近似下的键环境矩阵等于超正交谱的平方．以图 5-35(d)给出的键环境矩阵为例，证明过程见图 5-40．换言之，基于超正交谱的虚拟维数裁剪属于简单更新算法，对应于张量网络的贝特近似．

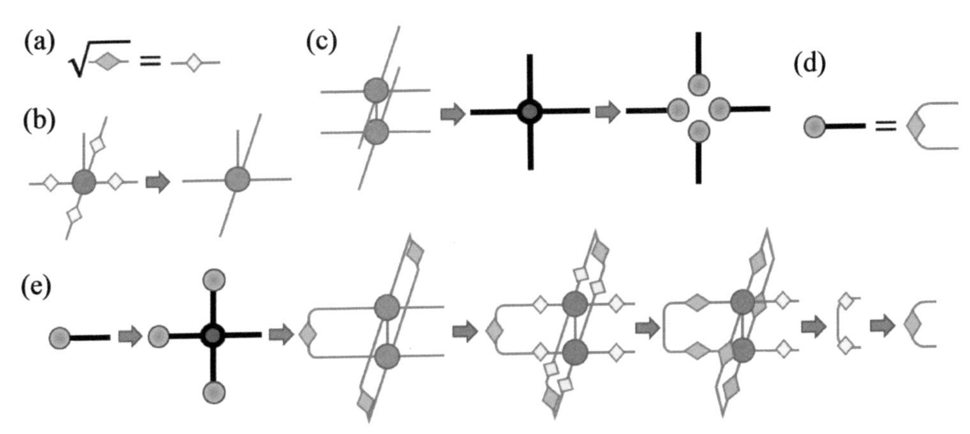

图 5-39　(a)求正交谱的平方根；(b)平方根后的超正交谱与局域张量收缩；(c)$\langle\varphi\mid\varphi\rangle$构成的张量网络由单个不等价张量构成，根据贝特近似方法，对其进行单秩分解得到收缩子；(d)收缩子为超正交谱的变形；(e)给出其证明过程，倒数第二个箭头处利用了超正交条件

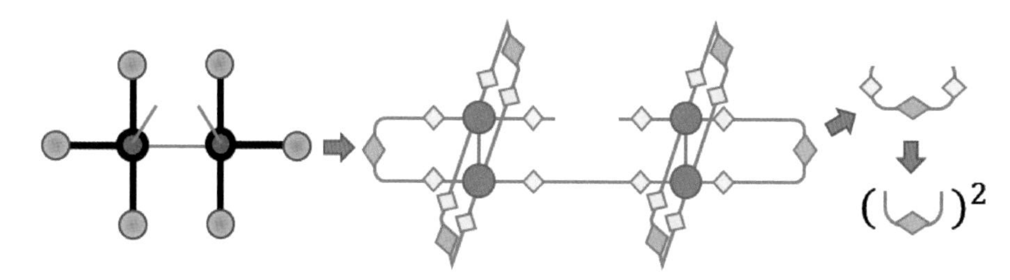

图 5-40　对于处于超正交形式的投影纠缠对态，本图给出了贝特近似下其键环境矩阵等于超正交谱平方的证明过程，在第二个箭头处用到了超正交条件

研究高维张量网络态的正则形式属于当前的一个前沿问题. 从矩阵乘积态可以看出，正则形式对于研究具有平移不变性的无穷大 1 维量子系统具有重要的理论与数值意义. 例如，无穷大系统的二分纠缠谱可由正则谱给出，正则形式可变换为中心正交形式，从而定义重正变换，实现有效算符的定义及维数最优裁剪等. 从本节的内容我们看到，超正交形式提供了一种在贝特近似下的投影纠缠对态"正则"形式，该形式在无圈的情况下可给出二分纠缠谱、重正变换等，从而近似地给出 2 维量子多体态的最优裁剪与有效算符(见 5.13 节)等. 如何针对有圈的情况改进超正交化(super-orthogonalization)中的相关定义，从而更好地实现维数裁剪等，目前仍处于探索阶段.

给定任意投影纠缠对态，我们可以通过超正交化将其变换为超正交形式，具体变换方法类似于矩阵乘积态的正则化. 有趣的是，与超正交形式紧密相关的不仅有基于张量单秩分解的贝特近似，超正交化过程还可被看作一种推广的张量网络版本的 Tucker 分解(见 1.8 节). ①

5.13　多体哈密顿量的贝特近似与量子纠缠模拟器

在上文中，我们考虑了计算投影纠缠对态最优裁剪的几种方法，下面，我们从能量极小的角度，考虑基于投影纠缠对态的 2 维模型基态计算. 仍以正方格子上 $\hat{H}=\sum_{\langle i,j\rangle}\hat{H}_{i,j}$ 为例，基态的计算可化为如下极小化问题的求解

$$E_g=\min\langle\varphi\mid\hat{H}\mid\varphi\rangle \tag{5-55}$$

在极值点处得到基态能 E_g. 为了方便计算，我们利用 e 指数函数的单调性，将上述极小化问题转换为如下极大化问题

① 参考 Shi-Ju Ran, Wei Li, Bin Xi, Zhe Zhang, and Gang Su, "Optimized Decimation of Tensor Networks with Super-Orthogonalization for Two-Dimensional Quantum Lattice Models," *Phys. Rev. B* 86, 134429 (2012).

$$e^{-\tau E_g} = \max\langle\varphi|e^{-\tau\hat{H}}|\varphi\rangle \approx \max\langle\varphi|\prod_{\langle i,j\rangle} e^{-\tau\hat{H}_{i,j}}|\varphi\rangle \tag{5-56}$$

其中，$\tau \to 0$ 为虚时间切片.

作上述变换的好处是，虚时间演化算符$e^{-\tau\hat{H}}$可以较为容易地写成投影纠缠对算符(projected entangled pair operator)，如图 5-41 所示. 对局域演化算符$e^{-\tau\hat{H}_{i,j}}$的系数张量$\boldsymbol{U}$进行分解

$$U_{s_1 s_2 s_1' s_2'} = \sum_{\alpha} U^{\mathrm{L}}_{s_1 s_1' \alpha} U^{\mathrm{R}}_{s_2 s_2' \alpha} \tag{5-57}$$

一般情况下，$\boldsymbol{U}^{\mathrm{L}} \neq \boldsymbol{U}^{\mathrm{R}}$，因此需要引入两个不等价张量来构成表示$\prod_{\langle i,j\rangle} e^{-\tau\hat{H}_{i,j}}$的投影纠缠对算符，分别记为$\boldsymbol{P}^{\mathrm{L}}$与$\boldsymbol{P}^{\mathrm{R}}$.

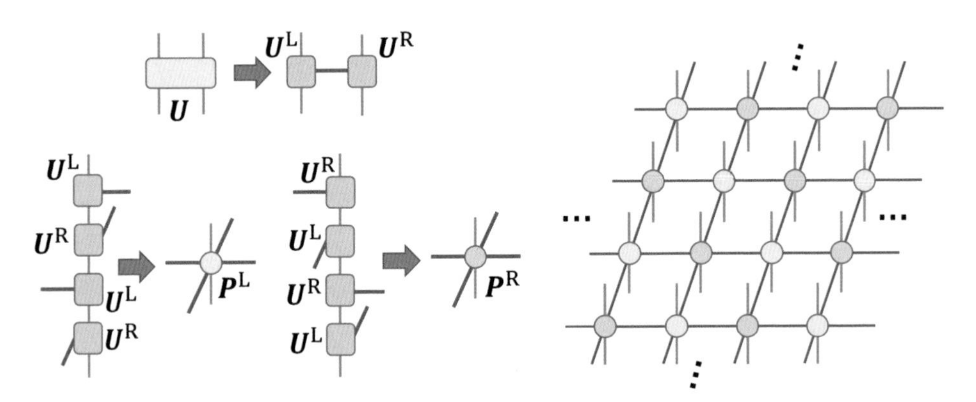

图 5-41　将$e^{-\tau\hat{H}} = \prod_{\langle i,j\rangle} e^{-\tau\hat{H}_{i,j}}$变换成投影纠缠对算符

利用投影纠缠对算符，$\langle\varphi|e^{-\tau\hat{H}}|\varphi\rangle$可表示为具有三层结构的张量网络，如图 5-42 所示. 收缩所有物理指标后，得到闭合正方张量网络，记其不等价张量为$\boldsymbol{T}^{\mathrm{L}}$与$\boldsymbol{T}^{\mathrm{R}}$，类似于 5.10 节，我们可以通过计算$\boldsymbol{T}^{\mathrm{L}}$与$\boldsymbol{T}^{\mathrm{R}}$的单秩分解来使用贝特近似计算该张量网络的收缩.

与 5.12 节中$\langle\varphi|\varphi\rangle$张量网络的贝特近似相比不太一样的是，张量网络$\langle\varphi|e^{-\tau\hat{H}}|\varphi\rangle$的贝特近似实际上是对模型哈密顿量的贝特近似. 具体而言，我们可以考虑定义在贝特格子上的量子多体模型，设其哈密顿量为

$$\hat{H}_{\mathrm{Bethe}} = \sum_{\langle i,j\rangle} \hat{H}_{i,j} \tag{5-58}$$

其中，所有求和项构成一个无圈的无穷大树状格子，即贝特格子. 我们可以使用定义在贝特格子上的投影纠缠对态(记为$|\varphi_B\rangle$)来表示其基态. 由单秩分解的自洽方程组可以看出，$\langle\varphi_B|e^{-\tau\hat{H}_{\mathrm{Bethe}}}|\varphi_B\rangle$对应的张量网络收缩结果，正是$\langle\varphi|e^{-\tau\hat{H}}|\varphi\rangle$在贝特近似下的收缩结果.

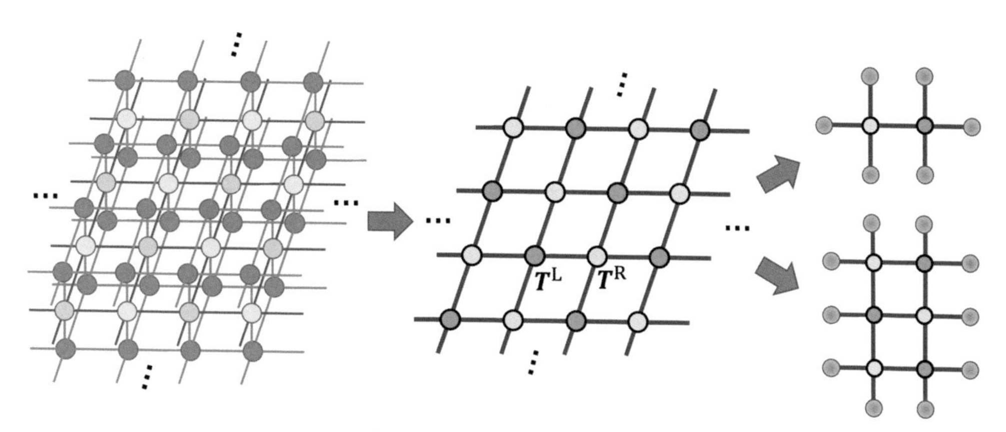

图 5-42　$\langle\varphi|\mathrm{e}^{-\tau\hat{H}}|\varphi\rangle$对应的张量网络及其贝特近似示意图

为了更清楚地看到这点，我们考虑$\boldsymbol{T}^{\mathrm{L}}$与$\boldsymbol{T}^{\mathrm{R}}$间的收缩. 利用$\boldsymbol{P}^{\mathrm{L}}$与$\boldsymbol{P}^{\mathrm{R}}$(见图 5-41)，我们可以看到，在这两个张量的共有指标间会存在一个局域演化算符$\mathrm{e}^{-\tau\hat{H}_{i,j}}$，如图 5-43 所示. 因此，我们可以直观地认为$\boldsymbol{T}^{\mathrm{L}}$与$\boldsymbol{T}^{\mathrm{R}}$（或$\boldsymbol{P}^{\mathrm{L}}$与$\boldsymbol{P}^{\mathrm{R}}$）连接构成的网络，即为$\langle\varphi|\mathrm{e}^{-\tau\hat{H}}|\varphi\rangle$中$\hat{H}$对应的格子的几何，即在$\hat{H}=\sum_{\langle i,j\rangle}\hat{H}_{i,j}$中，对所有$\boldsymbol{T}^{\mathrm{L}}$与$\boldsymbol{T}^{\mathrm{R}}$共有指标所在的位置进行求和. 如果$\langle\varphi|\mathrm{e}^{-\tau\hat{H}}|\varphi\rangle$中$\boldsymbol{T}^{\mathrm{L}}$与$\boldsymbol{T}^{\mathrm{R}}$构成一个正方张量网络，则$\hat{H}$对应于正方格子上的量子多体模型，当$\langle\varphi|\mathrm{e}^{-\tau\hat{H}}|\varphi\rangle$极大化时，$|\varphi\rangle$给出$\hat{H}$的基态；如果$\boldsymbol{T}^{\mathrm{L}}$与$\boldsymbol{T}^{\mathrm{R}}$构成一个无圈的树状张量网络，则$\hat{H}$对应于定义在无圈树状格子上的量子多体模型，即$\hat{H}_{\mathrm{Bethe}}$. 当$\langle\varphi|\mathrm{e}^{-\tau\hat{H}_{\mathrm{Bethe}}}|\varphi\rangle$极大化时，$|\varphi\rangle$即为$|\varphi_B\rangle$. 也就是说，当我们对正方格子给出的$\langle\varphi|\mathrm{e}^{-\tau\hat{H}}|\varphi\rangle$张量网络采用贝特近似时，我们实际上是将其哈密顿量近似为定义在贝特格子上的哈密顿量$\hat{H}_{\mathrm{Bethe}}$，这给出了哈密顿量自身的贝特近似.

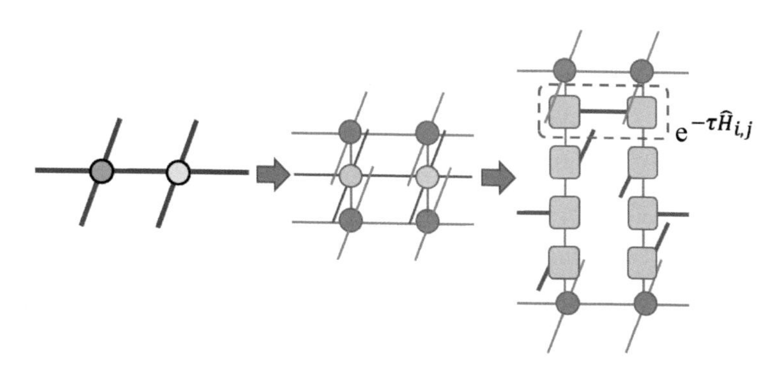

图 5-43　$\boldsymbol{T}^{\mathrm{L}}$与$\boldsymbol{T}^{\mathrm{R}}$间的共有指标对应于该处的一个局域演化算符$\mathrm{e}^{-\tau\hat{H}_{i,j}}$

从上文可知，当我们采用贝特近似获得收缩子后，无穷大的张量网络$\langle \varphi | e^{-\tau \hat{H}} | \varphi \rangle$首先被近似为无穷大的无圈张量网络，再根据收缩子满足的自洽方程组，无圈张量网络等价于边界为收缩子的局域张量团簇的收缩，其中不但包含了$\boldsymbol{T}^{L}$与$\boldsymbol{T}^{R}$的收缩，也包含了$\boldsymbol{T}^{L}$或$\boldsymbol{T}^{R}$与收缩子间的收缩．我们已经知道，团簇中$\boldsymbol{T}^{L}$与$\boldsymbol{T}^{R}$间每个共有指标对应于一个局域演化算符，而如图 5-44 所示，$\boldsymbol{T}^{L}$或$\boldsymbol{T}^{R}$与收缩子的收缩也对应于一个局域哈密顿量的虚时间演化算符，写为$\hat{u}=e^{-\tau \hat{\mathcal{H}}_n}$，其中$\hat{\mathcal{H}}_n$被称为物理-纠缠库相互作用(physical-bath interaction)[①]，代表该哈密顿量来源于第n个收缩子．

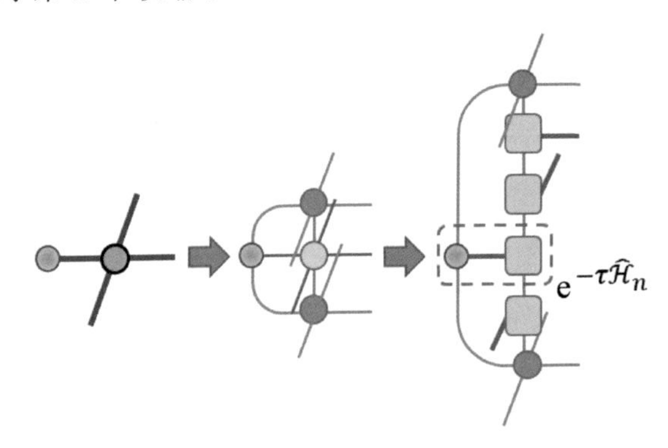

图 5-44　$\boldsymbol{T}^{L}$（或$\boldsymbol{T}^{R}$）与收缩子间的收缩，对应于该处一个物理-纠缠库相互作用$\hat{\mathcal{H}}_n$的局域演化算符$\hat{u}=e^{-\tau \hat{\mathcal{H}}_n}$

因此，对于边界为收缩子的局域张量团簇，可以看作一个有限尺寸哈密顿量对应的演化算符与其基态的收缩，即$\langle \varphi_{\mathrm{QES}} | e^{-\tau \hat{H}_{\mathrm{QES}}} | \varphi_{\mathrm{QES}} \rangle$，其中，$\hat{H}_{\mathrm{QES}}$被称为量子纠缠模拟器(quantum entanglement simulator)，满足

$$\hat{H}_{\mathrm{QES}} = \sum_{\langle i,j \rangle \in \mathrm{cluster}} \hat{H}_{i,j} + \sum_{n \in \mathrm{boundary}} \hat{\mathcal{H}}_n \tag{5-59}$$

该哈密顿量由团簇内部$\hat{\mathcal{H}}_{i,j}$与处于团簇边界的$\hat{\mathcal{H}}_n$构成．通过计算$\hat{H}_{\mathrm{QES}}$的基态，求迹掉纠缠库对应的自由度，所得的约化密度矩阵与团簇更新算法获得的约化密度矩阵一致．因此可以说，量子纠缠模拟器在体内实现了近似无穷大系统的基态性质．显然，$\hat{H}_{\mathrm{QES}}$的尺寸(即包含的自旋与纠缠库格点总数)与团簇更新中团簇的大小一致．因此，即使$\hat{H}_{\mathrm{QES}}$的尺寸很小，其模拟无穷大系统的精度也可至少达到简单更新算法的精度．对于尺寸较大的$\hat{H}_{\mathrm{QES}}$，可以使用密度矩阵重正化群等算法进行高效的基态计算，达到团簇更新的精度．

① 参考 Shi-Ju Ran, Angelo Piga, Cheng Peng, Gang Su, and Maciej Lewenstein, "Few-Body Systems Capture Many-Body Physics: Tensor Network Approach," *Phys. Rev. B* 96, 155120 (2017).

5.14　任意有限尺寸张量网络的收缩算法

在上面的章节中，我们重点考虑了传统几何格子(例如正方格子)上的张量网络及其计算方法，这类张量网络对于理解和计算物理系统具有重要意义，因为我们所考虑的物理系统往往定义在具有规则几何形状的格子上，且具有一定的对称性，包括平移对称性等. 随着张量网络的应用范围不断扩大，具备不规则连接的有限尺寸张量网络的计算变得越来越重要. 例如，使用经典计算机计算一个有限尺寸的随机量子线路，就对应于计算一个无规则张量网络的收缩. 在本节中，我们将介绍一种基于奇异值分解的任意有限尺寸闭合张量网络收缩算法①.

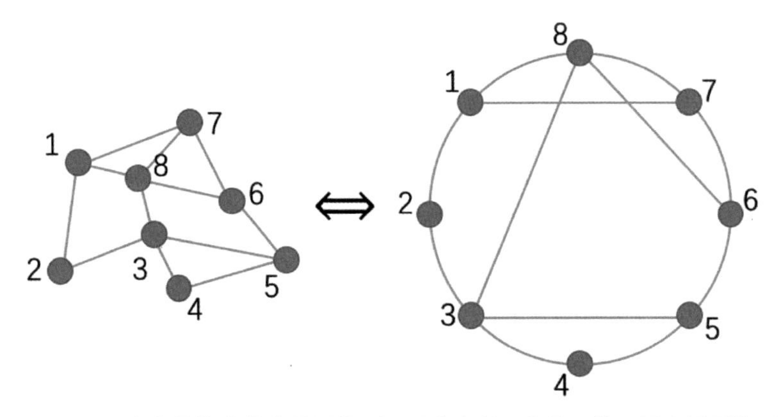

图 5-45　由 8 个张量构成的张量网络(左)及其在所示编号下的环图张量网络(右)

考虑如图 5-45 左图所示的闭合张量网络收缩，第一步，我们对所有张量进行编号，并按照编号的顺序将张量围成一圈放置形成一个环形图，如图 5-45 右图所示. 在该图中，张量间的相互连接(共有指标)与左图完全一致，因此计算结果也完全一致. 在这里，我们将右图称为环图张量网络. 注意，张量编号的方式并不唯一，且任意张量网络均可化为环图张量网络.

环图张量网络每一次的迭代收缩分为两个子步骤，第一步是对网络中的 2 阶张量(矩阵)进行收缩，例如图 5-46 中，将编号为 2 和 4 的 2 阶张量分别与编号为 3 和 5 的张量进行收缩. 容易看出，完成这一类收缩后所得张量的阶数不会超过被收缩张量，因此，收缩后张量网络中的张量总个数与参数复杂度都会被降低. 与之相对的，如果对 3 阶或更高阶的张量进行收缩，会获得更高阶的张量，这一般会导致张量网络的总参数复杂度上升.

① 参考 Feng Pan, Pengfei Zhou, Sujie Li, and Pan Zhang, "Contracting Arbitrary Tensor Networks: General Approximate Algorithm and Applications in Graphical Models and Quantum Circuit Simulations," *Phys. Rev. Lett*. 125, 060503 (2020).

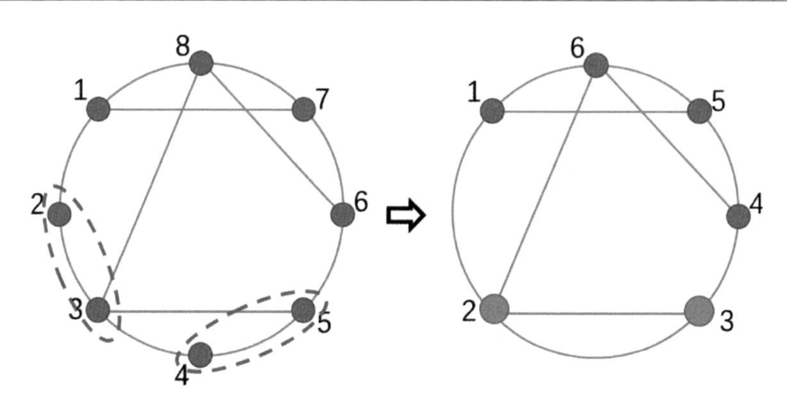

图 5-46　对环图张量网络中的 2 阶张量进行收缩计算

完成所有 2 阶张量的收缩后，检查两个张量间是否存在多个共有指标，例如图 5-47 左图中 2 号与 3 号张量．注意，为了方便描述，我们规定每进行一步收缩后，都重新对张量进行编号．将这些共有指标合并成一个指标后，检查张量网络中是否存在 2 阶张量．若存在，则按照上文规则，将其与近邻的张量进行收缩，从而减小张量的数量．如有必要，可重复上述过程，直到张量网络中既不存在 2 阶张量，又保证任意两个张量间最多存在一个共有指标．

第二步，对其中两个张量进行局域变换，使得一部分指标所连接的两个张量具有更加相近的编号．例如，收缩图 5-48 左图中的 4 号与 5 号间的共有指标后，会得到一个 5 阶张量．一般而言，该 5 阶张量包含的参数个数要超过原 4 号与 5 号张量参数个数之和．因此，我们可以考虑引入截断阶数$\mathcal{O}$，以$\mathcal{O}=4$ 为例，当张量网络中出现 5 阶或更高阶张量时，对该张量进行矩阵化，将其分解为两个阶数小于$\mathcal{O}$的张量，如图 5-48 右图所示．

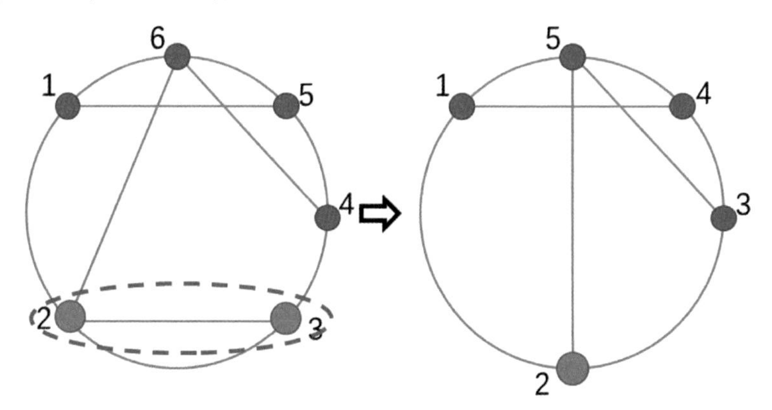

图 5-47　若某两个张量间存在超过一个的共有指标，则将这些指标合并为单个指标，并检查是否存在 2 阶张量．若存在，则将 2 阶张量与相邻张量进行收缩

在进行矩阵化时，我们可以选择性地将指标分成两部分，从而使得分解后，相关指标连接的张量编号相差尽可能地小. 例如，在图 5-48 右图中，通过上述变换，原本连接着 1 号与 4 号张量的指标，变为连接 1 号与 5 号这两个近邻张量. 同时，原本连接着 3 号与 5 号张量的指标，变为连接 3 号与 4 号. 此时，我们可以再次进行第一步，将同一对张量所共有的多个指标合并为一个指标，并计算所有 2 阶张量的收缩. 迭代进行上述两个步骤，可完成整个张量网络的收缩计算，如图 5-49 所示，且在过程中，最高的张量阶数得到了控制. 当然，我们也可在张量分解前再进行第一步的操作，即合并共有指标与收缩 2 阶张量，以获得更高的计算效率.

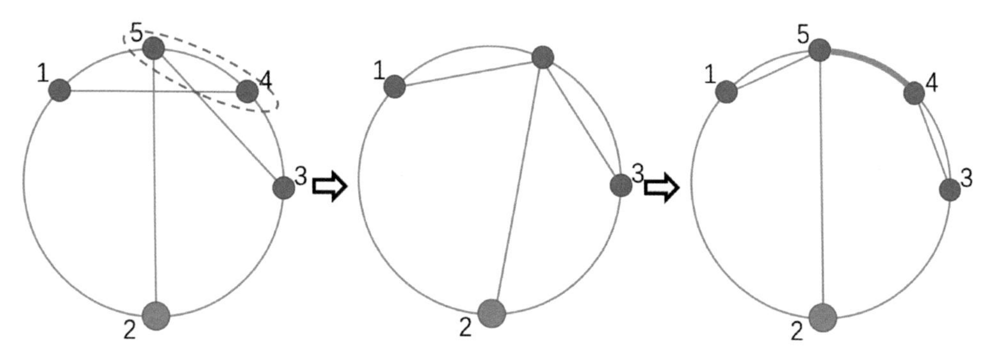

图 5-48　收缩 4 号与 5 号张量间的共有指标，并对所得的张量进行矩阵分解运算，从而使一部分指标所连接的张量具有更加相近的编号

在分解的过程中，会不可避免地导致指标维数的上升，此时，可在分解后(例如获得图 5-49 第一张子图对应的张量网络后)，引入指标维数的裁剪，这实际上就是前文讨论过的闭合张量网络的指标维数最优裁剪问题. 我们可直接使用奇异值分解进行裁剪，若分解后所得的指标维数超过规定的截断维数χ，则仅保留分解中前 χ 个奇异值与奇异向量. 通过分解与裁剪，我们同时控制住了计算过

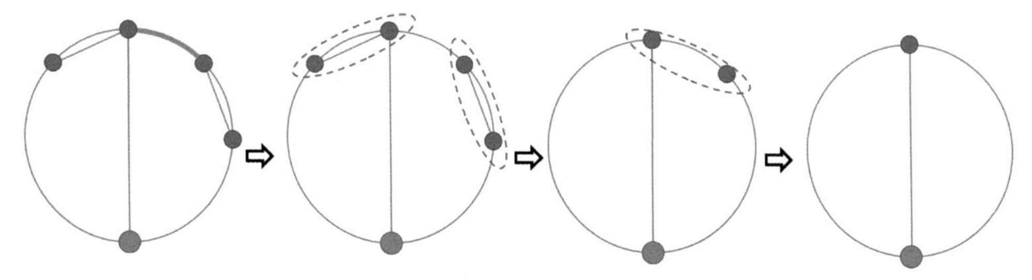

图 5-49　通过迭代进行正文所述的两个步骤，可完成整个张量网络的收缩计算. 其中，当分解后指标超过截断维数时，需进行指标维数最优裁剪

程中出现的张量的最高阶数与每个指标的最高维数，从而很好地控制了整个计算过程的成本.

5.15 张量网络的微分原理

考虑两个向量 $\boldsymbol{x}$ 与 $\boldsymbol{y}$，设各个向量的元素为独立变量，即 $\frac{\partial x_{a'}}{\partial x_a}=\delta_{aa'}$，$\frac{\partial y_{a'}}{\partial x_a}=\frac{\partial x_{a'}}{\partial y_a}=0$. 考虑变量为 $\boldsymbol{x}$ 与 $\boldsymbol{y}$ 的标量函数 Z，定义对向量 $\boldsymbol{x}$ 的偏导为

$$\boldsymbol{v}=\frac{\partial Z}{\partial \boldsymbol{x}} \stackrel{\text{def}}{=\!=} [\frac{\partial Z}{\partial x_0},\frac{\partial Z}{\partial x_1},\cdots] \tag{5-60}$$

同理可定义对 $\boldsymbol{y}$ 的偏导.

例如，考虑函数 Z 为向量的内积 $Z=\sum_a x_a y_a$，根据上式计算可得

$$\frac{\partial Z}{\partial x_a}=\sum_{a'}\frac{\partial(x_{a'}y_{a'})}{\partial x_a}=y_a \tag{5-61}$$

$$\frac{\partial Z}{\partial y_a}=\sum_{a'}\frac{\partial(x_{a'}y_{a'})}{\partial y_a}=x_a \tag{5-62}$$

使用向量表示上述偏导，即有

$$\frac{\partial Z}{\partial \boldsymbol{x}}=\boldsymbol{y} \tag{5-63}$$

$$\frac{\partial Z}{\partial \boldsymbol{y}}=\boldsymbol{x} \tag{5-64}$$

对于矢量函数，例如 $\boldsymbol{f}=\boldsymbol{M}\boldsymbol{x}$，其中 $\boldsymbol{M}$ 为矩阵，易得

$$\frac{\partial \boldsymbol{f}}{\partial \boldsymbol{x}}=\hat{M} \tag{5-65}$$

考虑由 N 个张量 $\{\boldsymbol{T}^{(n)}\}(n=0,\cdots,N-1)$ 构成的张量网络，其全局张量记为 $\boldsymbol{Z}$，假设 $\{\boldsymbol{T}^{(*)}\}$ 的各个张量元为独立变量，那么 $\boldsymbol{Z}$ 关于某个张量 $\boldsymbol{T}^{(n)}$ 的偏微分 $\boldsymbol{G}^{(n)}=\frac{\partial \boldsymbol{Z}}{\partial \boldsymbol{T}^{(n)}}$ 也为一个张量. 直观地讲，可通过将 $\boldsymbol{T}^{(n)}$ 从该张量网络中移除后，对所得张量网络进行收缩来获得. 可证，$\boldsymbol{G}^{(n)}$ 的指标个数(阶数)为 $\boldsymbol{Z}$ 的指标个数加上 $\boldsymbol{T}^{(n)}$ 的指标个数，$\boldsymbol{G}^{(n)}$ 的各个指标的维数与对应的 $\boldsymbol{Z}$ 或 $\boldsymbol{T}^{(n)}$ 的指标维数相等. 图 5-50 给出了一个简单闭合张量作为例子，其全局张量的阶数为 0(标量)，该张量网络关于某个 3 阶张量的微分，所得的结果也为一个 3 阶张量. 图中的证明过程用到了向量内积的微分公式(5-61) $\frac{\partial Z}{\partial x_a}=\sum_{a'}\frac{\partial(x_{a'}y_{a'})}{\partial x_a}=y_a$.

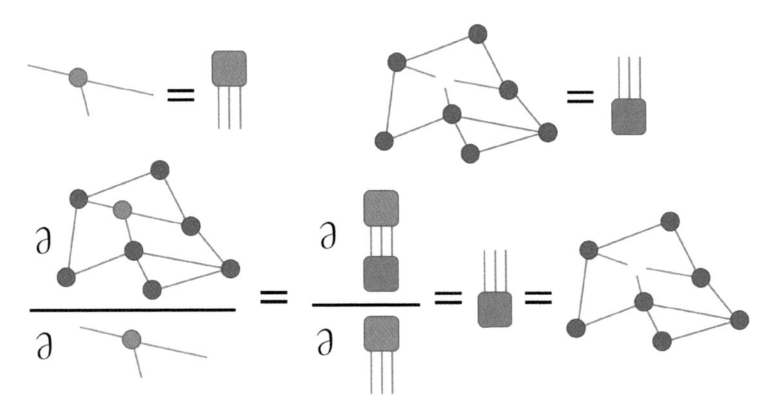

图 5-50　张量网络关于某个局域张量(绿色)的微分，可通过收缩去掉被微分张量的张量网络获得，本图给出了一个简单的证明

考虑含有开放指标的张量网络，其全局张量的阶数大于 0. 如果被微分的局域张量并不带有张量网络的任何开放指标，则相关的微分计算与闭合张量网络时是完全一致的，只需从张量网络中去掉被微分的张量，计算剩余部分张量网络的收缩即可，如图 5-51 上图所示. 如果被微分张量带有开放指标，则需要通过引入单位矩阵，将开放指标从形式上变换为虚拟指标，再利用上文介绍的方法计算微分，如图 5-51 下图所示. 从图中可以看出，在实际计算时，我们可以先计算

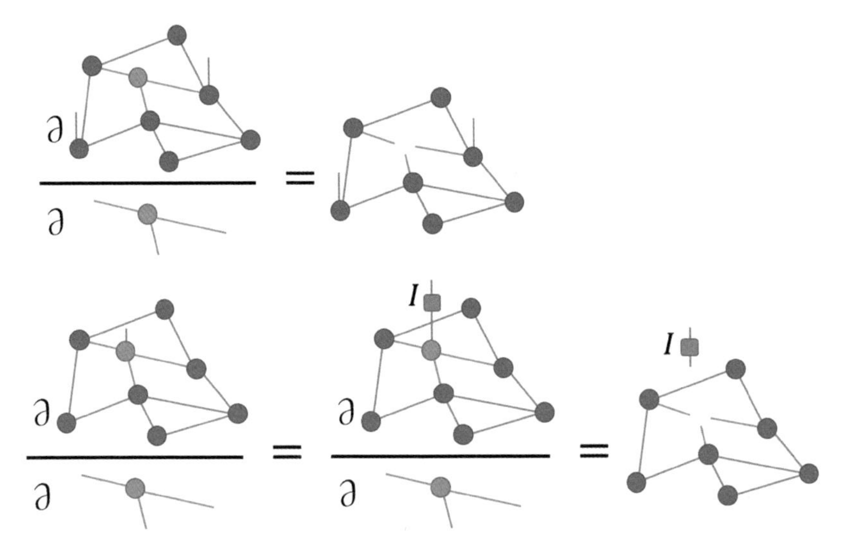

图 5-51　含有开放指标的张量网络关于局域张量的微分计算方法，其中，上图所举的张量网络中，被微分的张量(绿色)自身并不携带开放指标，下图中，被微分的局域张量含有开放指标，此时需引入单位矩阵来辅助计算微分

拿掉被微分张量后张量网络的收缩，再将收缩结果与单位矩阵进行直积运算，获得最终的微分结果. 可以看出，无论是哪种情况，都满足“微分所得张量的阶数等于张量网络全局张量的阶数加上被微分局域张量的阶数”这一规律.

上述张量网络微分法则与前文介绍的算法是相容的，下面我们以张量的最优单秩近似(见 1.6 节)为例来展示这点. 以 3 阶实数张量 $\boldsymbol{T}$ 为例，单秩近似需要找到向量 $\boldsymbol{u}$、$\boldsymbol{v}$ 与 $\boldsymbol{w}$，使得如下量极大化

$$\gamma = \sum_{abc} T_{abc} u_a v_b w_c \tag{5-66}$$

且同时各个向量满足归一性 $|\boldsymbol{u}| = |\boldsymbol{v}| = |\boldsymbol{w}| = 1$. 为了在极大化问题中显式地包含归一性条件，我们在 γ 中引入拉格朗日乘子

$$\gamma = \sum_{abc} T_{abc} u_a v_b w_c - \frac{\lambda_u}{2}|\boldsymbol{u}|^2 - \frac{\lambda_v}{2}|\boldsymbol{v}|^2 - \frac{\lambda_w}{2}|\boldsymbol{w}|^2 \tag{5-67}$$

其中，λ_u、λ_v 与 λ_w 为待定常数(注：$|\boldsymbol{u}|^2 = \sum_a u_a u_a$).

当 γ 到达极值点时，应有 γ 关于 $\boldsymbol{u}$、$\boldsymbol{v}$ 或 $\boldsymbol{w}$ 的微分为 0. 以 $\boldsymbol{u}$ 为例，有

$$\frac{\partial \gamma}{\partial u_a} = \sum_{bc} T_{abc} v_b w_c - \lambda_u u_a = 0 \tag{5-68}$$

微分计算的第一项就是利用张量网络微分规则获得，即将 $\boldsymbol{u}$ 从 $\sum_{abc} T_{abc} u_a v_b w_c$ 拿出后进行指标收缩来计算微分. 由于 $\boldsymbol{u}$、$\boldsymbol{v}$ 与 $\boldsymbol{w}$ 为独立变量，因此对最后两项的微分结果为 0. 对上式进行变形，有

$$\lambda_u u_a = \sum_{bc} T_{abc} v_b w_c \tag{5-69}$$

这刚好是向量 $\boldsymbol{u}$ 满足的自洽方程. 对等式两端同时内积上向量 $\boldsymbol{u}$，可得拉格朗日乘子满足

$$\lambda_u = \sum_{abc} T_{abc} u_a v_b w_c \tag{5-70}$$

该式也与 1.6 节所得的等式完全一致.

当张量网络中同一个张量出现在多个位置时，则需要多次计算微分. 注意，这里“同一个张量”是指张量里的变量对应相同，而非独立变量. 例如，在图 5-52

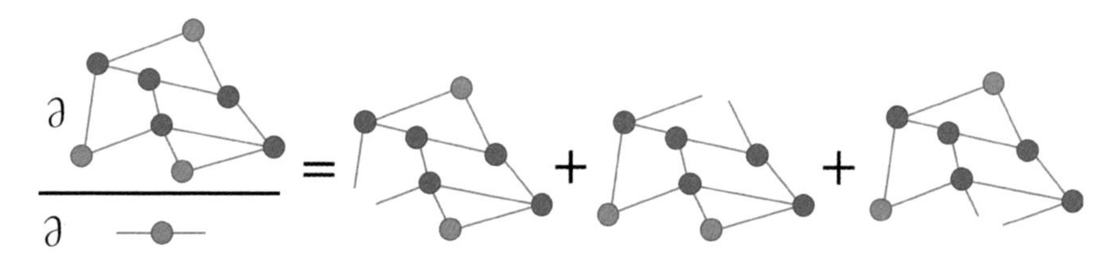

图 5-52 当同一个张量(绿色)多次出现在张量网络中时的微分计算示意图

中，我们设绿色表示的 2 阶张量为同一个张量，则该张量网络关于绿色张量的微分为三项的求和，每一项仅对某一处的绿色张量进行和上文一致的微分运算．例如，我们可以首先将所有张量当作独立变量，并单独对左下角的绿色张量进行微分运算，便得到了等式右端的第一项．按照上述规则遍历所有绿色张量，并将结果相加，即得到图中所示的微分结果．

本章要点及关键概念

1. 张量网络的一般定义、闭合张量网络；
2. 全局张量、局域张量；
3. 规范自由度、结构自由度；
4. 张量网络态、投影纠缠对态；
5. 纠缠熵面积定律；
6. 无圈张量网络及其中心正交形式；
7. 张量网络的虚拟维数最优裁剪；
8. 局域及全局裁剪误差；
9. 裁剪环境、键环境矩阵；
10. 伊辛模型配分函数、量子态观测量的闭合张量网络表示；
11. 张量重正化群算法；
12. 张量网络自由能；
13. 角转移矩阵重正化群算法；
14. 转移矩阵乘积算符及其最大本征态问题、边界矩阵乘积态；
15. 张量网络收缩中的有效哈密顿量；
16. 张量网络编码方法及其自洽本征方程组；
17. 局域张量的单秩分解、张量网络的贝特近似；
18. 投影纠缠对态的时间演化与简单更新、团簇更新、全局更新；
19. 投影纠缠对态的超正交形式与超正交化；
20. 张量网络收缩子、张量网络团簇；
21. 2 维哈密顿量的比特近似、量子纠缠模拟方法、量子纠缠模拟器；
22. 投影纠缠对算符；
23. 张量网络的微分规则．

习　题

1. 考虑定义在(3×3)正方格子上的最近邻耦合伊辛模型，耦合常数为 J，记代表第 i 行 j 列的伊辛自旋指标为 s_{ij}，定义矩阵

$$\boldsymbol{M}=\begin{bmatrix} \mathrm{e}^{-\frac{J}{T}} & \mathrm{e}^{\frac{J}{T}} \\ \mathrm{e}^{\frac{J}{T}} & \mathrm{e}^{-\frac{J}{T}} \end{bmatrix}$$

其中，T 代表温度，试写出该模型在温度 T 下配分函数的求和表达式.

(例：对于长度为 3 的 1 维伊辛模型，配分函数为 $Z=\sum_{s_0s_1s_2}M_{s_0s_1}M_{s_1s_2}$，其中 s_i 代表 1 维链上的第 i 个伊辛自旋)

2. 定义(2×2×2×2)维的张量 $\boldsymbol{T}$，使其满足

$$T_{s_as_bs_cs_d}=\mathrm{e}^{-\beta(s_as_b+s_bs_c+s_cs_d+s_as_d)}$$

其中，每个指标的取值为±1，试说明将上述张量作为无穷大正方闭合张量网络的不等价张量，该张量网络代表定义在无穷大正方格子上最近邻伊辛模型在温度倒数为 β 时的配分函数，并与正文 5.4 节中定义的张量网络比较，分析二者间的异同.

3. 思考题. 如何将二次重正化群算法扩展为 N 次重正化群算法？如何讨论其计算复杂度与关于 N 的收敛性？

4. 利用图 5-9 给出张量网络，表示无穷大正方格子上伊辛模型的配分函数，试给出伊辛模型平均每格点的自由能与张量网络自由能间的关系.

5. 画出(3×3)的正方格子上的张量网络对应的环图张量网络.

6. 考虑带有开放指标的张量网络，试利用图形证明其关于某个局域张量的微分运算方法(见图 5-51).

7. 设下图中绿色圆圈代表的矩阵为同一个矩阵 $\boldsymbol{M}$，试证明下图中所示的等式，即

$$\frac{\partial\,\mathrm{Tr}(\boldsymbol{M}^3)}{\partial\boldsymbol{M}}=3\boldsymbol{M}^2$$

(建议不要直接使用 5.15 节给出的结论，尝试使用代数式给出证明).

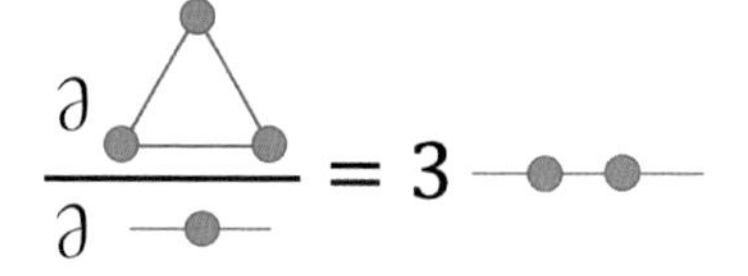

第6章　张量网络机器学习

6.1　机器学习的基本思想与概念

什么是机器学习(machine learning)？其实这个概念的界定并不类似于物理概念，目前并没有(或许也没有必要)给出严格的数学定义．对于理解张量网络在机器学习中的应用而言，我们可以给机器学习模型下一个较为笼统的定义：机器学习模型可以看作一种输入为数据、输出为目标信息的数学映射．这里需要强调的是，机器学习本身是一门庞大的学科，在本章中，我们将尝试仅使用一节的内容来介绍机器学习最基本的概念，以便使读者能够理解张量网络机器学习的相关内容，而并不会对机器学习进行系统性的介绍．

下面举几个机器学习常见的例子．例如，图形识别，我们可以取映射的输入为图片，具体而言为构成图片的像素值．对于灰度图而言，每个像素值为一个数，数的大小代表像素的灰度值．对于RGB彩图而言，每个像素用三个数来表示，分别代表三个颜色通道的取值．我们称输入数据中包含的各个数字为特征(feature)，输入的一组数据(例如一张图片)称为一个样本(sample)．

映射的输出可以是对应输入图片的分类预测．例如，当我们在处理信件的邮政编码时，可以考虑建立机器学习模型，去一个一个地识别邮政编码中的数字．那么，我们已知输入的图片一定是“0”到“9”这10个数字中的某一个数字的手写体或打印体，这相当于是将图片分成了10个类别(class)，各个图片所属的类别被称为该样本的标签(label)．我们需要对标签进行编码(encoding)，即将每个类别与某种数学形式相对应．例如，一种常用的编码手段被称为独热编码(one-hot encoding)，以上述10分类问题为例，我们将各个类别信息做如下对应：

$$
\text{“0”}\rightarrow\begin{bmatrix}1\\0\\0\\0\\0\\0\\0\\0\\0\\0\end{bmatrix},\ \text{“1”}\rightarrow\begin{bmatrix}0\\1\\0\\0\\0\\0\\0\\0\\0\\0\end{bmatrix},\ \text{“2”}\rightarrow\begin{bmatrix}0\\0\\1\\0\\0\\0\\0\\0\\0\\0\end{bmatrix},\ \cdots\cdots,\ \text{“7”}\rightarrow\begin{bmatrix}0\\0\\0\\0\\0\\0\\0\\1\\0\\0\end{bmatrix},\ \text{“8”}\rightarrow\begin{bmatrix}0\\0\\0\\0\\0\\0\\0\\0\\1\\0\end{bmatrix},\ \text{“9”}\rightarrow\begin{bmatrix}0\\0\\0\\0\\0\\0\\0\\0\\0\\1\end{bmatrix} \tag{6-1}
$$

箭头右方所得的 10 维向量被称为标签向量(label vector). 例如，当输入为一张“0”的手写体图片时，我们希望映射的输出尽量接近于“0”对应的那个标签向量. 至少，输出向量与该标签向量的相似度，是所有 10 个标签向量中最大的. 换言之，如果机器学习模型已经被优化好，即我们信任其对分类的预测结果，则可以找到与输出向量相似度最大的标签向量，从而获得对分类的预测结果.

下面，我们来给出一些必要的数学描述. 设一个样本由 N 维向量 $\boldsymbol{x}$ 表示，其中 N 为样本中特征的个数，则映射形式上可写为

$$\boldsymbol{z}=f(\boldsymbol{x}) \tag{6-2}$$

其中，对于上文 10 分类的例子，如果使用独热编码，则输出 $\boldsymbol{z}$ 为一个 10 维向量.

为了获得输出向量对应的分类结果，我们需要量化输出与各个标签向量间的相似度或距离. 刻画两个向量间距离最简单、直接的选择是欧几里得距离(Euclidean distance)

$$L_c=|\boldsymbol{z}-\tilde{\boldsymbol{z}}^{(c)}| \tag{6-3}$$

其中，$\tilde{\boldsymbol{z}}^{(c)}$ 代表第 c 个分类对应的标签向量. 那么，该样本分类的预测 $\check{c}$ 由欧几里得距离最短的标签向量给出，即

$$\check{c}=\operatorname{argmin}_c(L_c) \tag{6-4}$$

与欧几里得距离类似的另一种常见的距离函数为均方误差(mean square error，简称MSE)，其定义为

$$L_c=\sqrt{\frac{\sum_i(z_i-\tilde{z}_i^{(c)})^2}{\dim(\boldsymbol{z})}} \tag{6-5}$$

欧几里得距离与均方误差在本质上是等价的.

我们也可以从概率的角度来理解独热编码，即将标签向量(以及输出向量)的第 i 个元素，看作该样本属于第 i 类的概率. 仍然以 10 分类问题为例，独热编

码将“样本属于第 i 类”这个信息编码成一个 10 维的概率分布，在该分布中，属于正确分类的概率是 100%，属于其余类的概率是 0. 相应地，对于映射 f 的输出向量，我们也可以使用这样的概率诠释，即模型预测样本属于第 i 类的概率由输出向量的第 i 个元素 z_i 给出.

当然，如果要将输出向量 $\boldsymbol{z}$ 理解为概率分布，则须让其满足如下两个条件

$$|\boldsymbol{z}|_1 = \sum_i z_i = 1 \tag{6-6}$$

$$z_i \geqslant 0 \tag{6-7}$$

其中 $|\boldsymbol{z}|_1$ 代表 $\boldsymbol{z}$ 的 L1 范数，上两式意味着各个类对应的概率为非负数，且所有概率之和为 1. 该条件可以通过使用 Softmax 映射来满足，即进一步对输出向量作如下映射

$$z_i \leftarrow \frac{\mathrm{e}^{z_i}}{\sum_j \mathrm{e}^{z_j}} \tag{6-8}$$

当然，Softmax 并不是唯一的选择，但是为目前最常见的选择.

在概率意义下，我们可以使用度量概率分布间距离的量来定义标签与输出间的距离，一个常见的选择为交叉熵(cross entropy)，两个分布 $\tilde{\boldsymbol{z}}^{(c)}$ 与 $\boldsymbol{z}$ 间的交叉熵定义为

$$S(\tilde{\boldsymbol{z}}^{(c)};\boldsymbol{z}) = -\sum_i \tilde{z}_i^{(c)} \ln z_i \tag{6-9}$$

可以证明，当且仅当 $\tilde{\boldsymbol{z}}^{(c)} = \boldsymbol{z}$ 时，$S(\tilde{\boldsymbol{z}}^{(c)};\boldsymbol{z})$ 达到极小值. 当我们使用独热编码时，交叉熵简化为

$$S(\tilde{\boldsymbol{z}}^{(c)};\boldsymbol{z}) = -\ln z_c \tag{6-10}$$

当然，分类的结果仍由 $\tilde{c} = \mathrm{argmin}_c(S(\tilde{\boldsymbol{z}}^{(c)};\boldsymbol{z}))$ 给出.

关于对标签的编码，独热编码并非唯一的编码方式，编码也并非仅限于标签，也可被用于特征自身. 由于编码这个问题涉及的范围非常广，属于信息科学的基本问题之一，我们就不在本书进一步展开讨论了.

除输入与输出外，机器学习最核心的部分就是映射 f 本身了. f 的形式可以是多种多样的，它可以是一个带有变分参数的数学函数，最常见的例子就是大家耳熟能详的神经网络. 神经网络一般由多层映射函数嵌套构成，形式上可记为

$$f = f^{(k)}(f^{(k-1)}(\cdots)) \tag{6-11}$$

以全连接(fully connected)神经网络为例，第 k 层的映射可由一个线性变化与非线性激活函数构成，满足

$$f^{(k)}(x) = \sigma(\boldsymbol{W}^{(k)}\boldsymbol{x} + \boldsymbol{b}^{(k)}) \tag{6-12}$$

其中，$\boldsymbol{W}^{(k)}$ 为一个$(d_1 \times d_2)$的矩阵，被称为该层的权重矩阵(weight matrix)[①]，其中，d_1 为输入向量的维数(输入特征的个数)，d_2 为输出向量的维数(输出特征的个数)；$\boldsymbol{b}$ 为 d_2 维向量，被称为偏置(bias)；$\sigma(\cdots)$为非线性激活函数，常用的函数包括上文提到过的 Softmax，以及 ReLU 函数

$$\sigma(x): x_i \rightarrow \begin{cases} x_i, & \text{当} x_i \geqslant 0 \\ 0, & \text{当} x_i < 0 \end{cases} \tag{6-13}$$

对于 10 分类问题且对标签采用独热编码时，我们需要 f 输出 10 维向量，因此，神经网络的最后一层权重矩阵的输出维数(即权重矩阵右指标的维数)需取为 10. 如果要采用概率解释，则可取最后一层的激活函数(activation function)为 Softmax.

构成神经网络各层的映射函数形式也是非常灵活的，如卷积层、池化层、注意力层等. 不同的层对应于不同的映射函数，由不同层构成的不同结构的神经网络往往善于处理不同的机器学习问题，这需要模型的使用者具备一定的经验，或进行多次尝试，以获得相对合理的模型结构. 神经网络就如同一个黑盒子，目前，并不存在统一的理论框架来指导我们构造这个黑盒子.

构建好带有变分参数的机器学习模型后，我们需要对变分参数进行优化，以便模型能够提供精确的输出. 对于全连接神经网络而言，其变分参数为各层的权重矩阵与偏置$\{\boldsymbol{W}^{(*)}, \boldsymbol{b}^{(*)}\}$. 我们需要定义一个数学量来衡量模型的表现，通过极大或极小化该量，来进行参数优化. 我们将优化的过程称为机器学习模型的训练(training).

对于不同的问题，训练的算法往往也有很大的区别. 在这里，我们以监督性机器学习(supervised machine learning)下的 10 分类问题为例. 监督性机器学习是指我们拥有一定数量的样本，并且知道这部分样本对应的正确标签(文献里常用“ground truth”这个术语)，通过提升机器学习模型预测这些样本的精确度，来实现模型的训练. 这些已知标签且用于模型训练的样本，被称为训练集(training set).

具体而言，首先计算训练集各个样本的输出，并选择度量输出与标签间距离的量，并计算这个量在训练集中的平均值. 例如，我们可以选择独热编码并使用交叉熵作为度量，有

$$L = -\frac{1}{N}\sum_{n=0}^{N-1} \ln \boldsymbol{z}(\boldsymbol{x}^{(n)})_c \tag{6-14}$$

其中，$\boldsymbol{x}^{(n)}$ 代表训练集中第 n 个样本，N 代表总的训练样本数，$\boldsymbol{z}(\boldsymbol{x}^{(n)})_c$ 代表该样本输出向量的第 c 个分量，c 取该样本的正确分类. 在优化过程中，我们需要更新模型的变分参数来极小化 L，因此，L 被称为损失函数或成本函数(cost

① 在一些文献或程序中，权重矩阵的定义与本文相差一个矩阵转置.

function).

最常用的参数更新方法为梯度下降法，以权重矩阵为例，其更新公式为

$$\boldsymbol{W}^{(k)} \leftarrow \boldsymbol{W}^{(k)} - \eta \frac{\partial L}{\partial \boldsymbol{W}^{(k)}} \tag{6-15}$$

其中，η 被称为梯度步长(gradient step)或学习率. 梯度项$\frac{\partial L}{\partial \boldsymbol{W}^{(k)}}$为标量 L 关于矩阵$\boldsymbol{W}^{(k)}$的偏导数. 学习率可以取为一个小的正实数，可调用优化器(optimizer)自动控制其取值大小，例如 Adam 优化器.

对于神经网络而言，$\frac{\partial L}{\partial \boldsymbol{W}^{(k)}}$的计算公式可以根据偏导数的链式法则直接给出，这种由损失函数(即输出)获得模型参数梯度的过程，被称为反向传播(back propagation). 在实际计算时，我们并不需要自己去推导各项的微分公式，这得益于所谓的“自动微分”(automatic differentiation)技术. 例如，我们在使用 PyTorch 建立神经网络时，其中的变分参数会被自动设置为可微分变量. 我们只需要按公式计算出需要被微分的损失函数 L，随后调用 backward 函数，程序便可自动计算出 L 关于各个可微分变量的梯度. 这项技术大大降低了机器学习编程的复杂度.

此外，由于训练样本的数量可能会十分庞大，在每次梯度下降的计算中，我们没有必要一次性放入所有的训练集样本. 一个常见的做法是将样本分为多个批次(batch)，分批地输入样本来训练机器学习模型. 大量计算表明，分批训练既能提高效率，又能提升模型的泛化性能(关于泛化，我们会在后文简要提及)，减小过拟合(overfitting). 例如，考虑著名的手写体数字数据集 MNIST①，其中共有约 5 万张图片作为训练集，可以将这些图片随机分为 500 个批次，每次计算约 100 张图片的损失函数，然后根据该损失函数计算各个变分参数的梯度，并更新变分参数. 循环 500 次，使得每个训练集样本都被用于梯度更新计算，则称完成了模型的一次迭代(epoch)训练. 一般而言，我们须循环进行多次迭代来训练模型，直到计算结果收敛达到预设的跳出标准，该标准可以由精度、损失函数等的收敛性来确定.

机器学习模型在训练集上的精度，被称为训练精度，该精度可由训练集样本给出的平均损失函数来量化，(对于分类问题)也可以直接计算训练集的分类精度

$$\gamma_{\text{train}} = \frac{\text{正确预测分类的训练样本个数}}{\text{总训练样本个数}} \tag{6-16}$$

① 关于 MNIST 的详细信息可参考 http://yann.lecun.com/exdb/mnist/.

训练精度刻画的是模型的学习能力(learnability / learning power)或表示能力(representation power). 笼统地讲，该能力刻画了模型能容纳的信息量的大小.

机器学习模型另一种更加重要的能力是泛化能力(generalization power)，指模型处理“未学习过”的样本的能力. “未学习过”的样本是指没有参与模型参数优化的样本，可被认为是训练集之外的那些样本. 为了度量模型的泛化能力，我们可以引入测试集(testing set). 测试集中的样本可以在任何时间被放入机器学习模型进行预测，来计算损失函数、分类精度等，例如，我们可以在每一次迭代训练完成后计算测试集精度. 但是，我们不允许通过测试集获得损失函数进行反向传播，来更新模型参数.

因此，测试集精度刻画的是机器学习模型对于“未见过”的样本的处理能力，该精度比训练精度更加重要，因为对于机器学习模型处理的现实世界的数据而言，我们不可能穷举所有相关数据并用于模型训练. 一个较为理想的情况是，机器学习模型通过学习少量的带标签样本(训练集)，来获得处理一类数据的能力. 例如，我们希望利用 MNIST 数据集中的 5 万个训练集样本来训练神经网络，使其能够准确识别我们随意写出的一个数字图案. 注意，在一般情况下，我们要求训练集与测试集样本满足独立同分布(independent identical distribution，简称 IID)假设，从而尽可能地减小机器学习模型可能出现的偏差(bias). 例如，在训练猫与狗图片的分类器时，我们一般要求训练集和测试集中两类图片的数量大致相等，这是由于我们假设现实世界中(现实世界一般为机器学习的终极应用场景)我们需要识别的猫和狗的数量大致相等.

除训练与测试集外，我们还可考虑引入验证集(validation set). 验证集与测试集类似，其中的样本并不用于反向传播过程中的梯度更新，而是以一种间接的方式参与模型训练，例如进行模型选择(model selection). 在前文我们提到过，目前并没有统一的理论指导模型的构建. 为了得到一个结构较为合理的模型，方法之一就是建立多个结构相异的模型，在训练的过程中，选择出验证集精度最高的模型. 从优化的角度来看，训练集与验证集间的区别可理解为：训练集用于优化可微分参数，例如权重矩阵、偏置等，方式主要是梯度下降；验证集可用于优化一些不可微分变量，例如权重矩阵维数(即所谓的神经元个数)、全连接层数等超参数(hyper-parameter)、激活函数，等等，优化方式是模型选择等.

综上，建议对机器学习不熟悉的读者着力理解如下几点：(1)机器学习的核心之一是建立输入到输出的映射，输入为数据本身，输出为目标信息(例如分类). (2)映射可以是带有参数的数学函数，例如神经网络(因此当然也可以是张量网络)，也可以是不带参数的模型，甚至可以是一种抽象的算法. 对于后两种情况，这里就不展开叙述了. (3)对于带有变分参数的模型，我们需要定量刻画模型的表现，例如引入损失函数，以便通过处理极大或极小问题来对参数进行优化.

6.2　张量机器学习模型与张量分解

我们在前文提到，用于实现机器学习映射函数的模型具备一定的任意性，而张量本身就给出的是一种多线性映射. 因此，一个十分自然的想法是直接利用单个张量建立机器学习模型.

下面我们考虑以一个简单的监督性机器学习作为例子：对包含 4 个像素的 RGB 图进行 2 分类. 每个像素为一个 3 维向量，向量的各个分量代表三个颜色通道的值. 因此，每一张图片(样本)包含 4 个 3 维向量，其构成一个(4×3)的矩阵.

对于第 n 个训练集样本$\boldsymbol{x}^{(n)}$，我们考虑建立如下映射

$$z_c^{(n)} = f(\boldsymbol{x}^{(n)};\boldsymbol{T}) = \sum_{s_0,s_1,s_2,s_3=0}^{2} T_{cs_0s_1s_2s_3} x_{0,s_0}^{(n)} x_{1,s_1}^{(n)} x_{2,s_2}^{(n)} x_{3,s_3}^{(n)} \tag{6-17}$$

其中，指标 c 的维数等于类别的个数，即对于 2 分类问题有 $\dim(c)=2$，$\boldsymbol{z}^{(n)}$为一个 2 维向量，$\boldsymbol{T}$ 为变分参数，$\boldsymbol{z}^{(n)}$为样本$\boldsymbol{x}^{(n)}$对应的输出，该映射的图形表示见图 6-1. 进一步，我们对分类信息进行独热编码，即分别用$\tilde{\boldsymbol{z}}=[0,1]$与$[1,0]$代表两个类别的标签向量. 我们可以计算$\boldsymbol{z}^{(n)}$与标签向量的欧几里得距离，最小距离对应的标签即为$\boldsymbol{x}^{(n)}$的分类预测结果. 上述过程实际上是定义了一个简单的、以张量 $\boldsymbol{T}$ 为变分参数的机器学习模型.

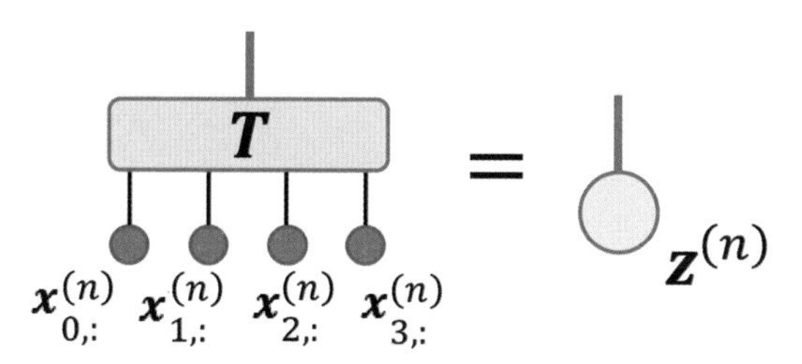

图 6-1　张量 $\boldsymbol{T}$ 定义的映射示意图

为了对 $\boldsymbol{T}$ 进行优化，我们可以定义损失函数

$$L = \frac{1}{N}\sum_{n=0}^{N-1} |\boldsymbol{z}^{(n)} - \tilde{\boldsymbol{z}}^{(n)}|^2 \tag{6-18}$$

其中，N 为训练集样本总数，$\tilde{\boldsymbol{z}}^{(n)}$为$\boldsymbol{x}^{(n)}$的正确标签对应的标签向量. 将$\boldsymbol{z}^{(n)}$的定义代入损失函数并将括号打开得

$$L = \frac{1}{N}\sum_{n=0}^{N-1}\left(|\boldsymbol{z}^{(n)}|^2 + |\tilde{\boldsymbol{z}}^{(n)}|^2 - 2\sum_{cs_0s_1s_2s_3} \tilde{z}_c^{(n)} x_{0,s_0}^{(n)} x_{1,s_1}^{(n)} x_{2,s_2}^{(n)} x_{3,s_3}^{(n)} T_{cs_0s_1s_2s_3}\right) \tag{6-19}$$

利用 5.15 节介绍的微分法则，有

$$\frac{\partial L}{\partial \boldsymbol{T}}=\frac{1}{N}\sum_{n=0}^{N-1}(2\boldsymbol{z}^{(n)}-2\tilde{\boldsymbol{z}}^{(n)})\otimes\boldsymbol{x}_{0,:}^{(n)}\otimes\boldsymbol{x}_{1,:}^{(n)}\otimes\boldsymbol{x}_{2,:}^{(n)}\otimes\boldsymbol{x}_{3,:}^{(n)} \tag{6-20}$$

上式的证明过程如图 6-2 所示(为简要起见，这里设所有张量元为实数). 我们可以根据上式来计算梯度并更新 $\boldsymbol{T}$，当然也可以直接使用自动微分来计算梯度.

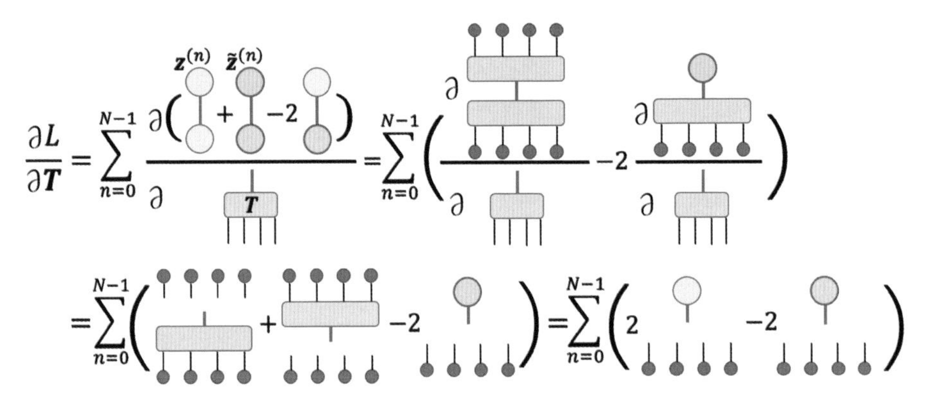

图 6-2　损失函数关于张量 $\boldsymbol{T}$ 的微分计算示意图(这里假设所有张量元为实数；注意使各个求和项的指标顺序保持一致)

严格来说，上述机器学习模型隐藏了一个对样本的编码过程，与张量 $\boldsymbol{T}$ 进行缩并运算的并不是矩阵 $\boldsymbol{x}^{(n)}$，而是一个直积而成的 3^4 维向量

$$\boldsymbol{V}^{(n)}=\boldsymbol{x}_{0,:}^{(n)}\otimes\boldsymbol{x}_{1,:}^{(n)}\otimes\boldsymbol{x}_{2,:}^{(n)}\otimes\boldsymbol{x}_{3,:}^{(n)} \tag{6-21}$$

映射函数可等价地写为

$$z_c^{(n)}=\sum_{s_0,s_1,s_2,s_3=0}^{2}T_{cs_0s_1s_2s_3}V_{s_0s_1s_2s_3}^{(n)} \tag{6-22}$$

即 $\boldsymbol{z}^{(n)}=\boldsymbol{T}_{[0]}\boldsymbol{V}^{(n)}$.

下面，我们假设编码后任意不同样本$\boldsymbol{V}^{(n)}$正交，即

$$\sum_{s_0s_1s_2s_3}V_{s_0s_1s_2s_3}^{(n)}V_{s_0s_1s_2s_3}^{(n')}=\delta_{nn'} \tag{6-23}$$

虽然这种情况不太可能出现在图片样本中，但是这种假设会在数学上给予我们一些有意义的启示. 在该正交假设下，我们取张量 $\boldsymbol{T}$ 满足如下关系

$$\boldsymbol{T}=\sum_{n=0}^{N-1}\tilde{\boldsymbol{z}}^{(n)}\otimes\boldsymbol{x}_{0,:}^{(n)}\otimes\boldsymbol{x}_{1,:}^{(n)}\otimes\boldsymbol{x}_{2,:}^{(n)}\otimes\boldsymbol{x}_{3,:}^{(n)}=\sum_{n=0}^{N-1}\tilde{\boldsymbol{z}}^{(n)}\otimes\boldsymbol{V}^{(n)} \tag{6-24}$$

等价地，其各个分量满足

$$T_{cs_0s_1s_2s_3}=\sum_{n=0}^{N-1}\tilde{z}_c^{(n)}V_{s_0s_1s_2s_3}^{(n)} \tag{6-25}$$

换言之，$\boldsymbol{T}$ 由 $\{\tilde{\boldsymbol{z}}^{(n)},\boldsymbol{x}_{0,:}^{(n)},\boldsymbol{x}_{1,:}^{(n)},\boldsymbol{x}_{2,:}^{(n)},\boldsymbol{x}_{3,:}^{(n)}\}(n=0,\cdots,N-1)$这 5 组向量的 CP 形式

给出(见 1.7 节).

将上述 $\boldsymbol{T}$ 代入式(6-17)的映射函数来计算样本$\boldsymbol{x}^{(n')}$对应的输出，得

$$f(\boldsymbol{x}^{(n')};\boldsymbol{T})=\sum_{s_0,s_1,s_2,s_3=0}^{2}\sum_{n=0}^{N-1}\widetilde{\boldsymbol{z}}_c^{(n)}V_{s_0s_1s_2s_3}^{(n)}V_{s_0s_1s_2s_3}^{(n')}$$
$$=\sum_{n=0}^{N-1}\widetilde{\boldsymbol{z}}_c^{(n)}\delta_{nn'}=\widetilde{\boldsymbol{z}}_c^{(n')} \tag{6-26}$$

该映射严格给出$\boldsymbol{x}^{(n')}$对应的正确标签向量$\widetilde{\boldsymbol{z}}^{(n')}$. 综上，当编码后样本$\{\boldsymbol{V}^{(n)}\}$满足正交性时，由$\{\widetilde{\boldsymbol{z}}^{(n)},\boldsymbol{x}_{0,:}^{(n)},\boldsymbol{x}_{1,:}^{(n)},\boldsymbol{x}_{2,:}^{(n)},\boldsymbol{x}_{3,:}^{(n)}\}$的 CP 形式给出的张量$\boldsymbol{T}$将获得100%的训练集准确率. 在这种情况下，我们甚至不需要对模型进行训练，而是直接通过解析的方式构造出分类模型. 需要注意的是，在这里，我们对测试集精度无法给出任何保证(测试集样本不允许出现在求和项中).

上述方法虽然从形式上来看十分优美，但是却有严重的限制与不足. 除了正交性在一般情况下得不到满足外，模型给出的映射仅限于多线性形式，并不能像神经网络一样，实现任意函数的“万能逼近器”. 此外，模型的参数复杂度随着 $\boldsymbol{T}$ 的阶数指数上升. 对于处理 RGB 图片而言，$\boldsymbol{T}$ 的阶数为像素点的个数，这使得上述方法几乎无法直接应用于实际的图片识别问题.

为了解决指数上升的复杂度，一个自然的想法是引入 TT 形式或矩阵乘积态(见 4.1 节)来表示 $\boldsymbol{T}$，而 TT 形式的复杂度仅随 $\boldsymbol{T}$ 的阶数线性上升. 基于矩阵乘积态的机器学习也是本章的重点.

6.3　多体特征映射与量子概率诠释

采用矩阵乘积态进行机器学习的方式是多种多样的，在本节中，我们将着重介绍满足量子概率诠释的张量网络机器学习. 考虑由多个自旋构成的任意量子态$|\varphi\rangle=\sum_{s_0s_1\cdots}\varphi_{s_0s_1\cdots}\prod_{\otimes m=0}|s_m\rangle$，根据量子态的概率诠释(见第 2 章的相关内容)，对于一个给定构型$|\Phi\rangle=\prod_{\otimes m=0}|\tilde{s}_m\rangle$，我们通过测量得到该构型的概率满足为对应投影算符 $\hat{P}=|\Phi\rangle\langle\Phi|$ 的均值，有

$$P(\tilde{s}_0,\tilde{s}_1,\cdots)=\langle\hat{P}\rangle=|\langle\Phi|\varphi\rangle|^2 \tag{6-27}$$

本节考虑的张量网络机器学习核心思想是：训练量子态，使其能够给出各个样本处于不同类别的概率分布. 考虑含有 M 个特征的样本 $\boldsymbol{x}$，首先通过规范化(regularization)或归一化，使得每个特征的取值范围在 0 到 1 之间，即 $0\leqslant x_m\leqslant 1$. 为了通过量子态定义每个样本出现的概率，我们的做法是将每个样本映射成一个多体直积态$|\Phi\rangle=\prod_{\otimes m=0}^{M-1}|\varphi^{(m)}\rangle$，其中将第 m 个特征映射成单个自旋的量子态

$$|\varphi^{(m)}\rangle = \cos\left(\frac{\pi}{2}x_m\right)|0_m\rangle + \sin\left(\frac{\pi}{2}x_m\right)|1_m\rangle \tag{6-28}$$

$|0_m\rangle$与$|1_m\rangle$分别代表第 m 个自旋关于$\hat{s}^z$算符的两个本征态，即自旋朝上、朝下态. 上式又被称为多体特征映射(many-body feature mapping)，该映射将处于 M 维向量空间的样本 $\boldsymbol{x}$ 编码到处于 2^M 维希尔伯特空间的多体直积态 $|\Phi\rangle$(其中 M 为特征个数)，在直积基底下，系数由正、余弦函数给出. 特征映射对应的自旋又被称为特征自旋(feature spin)或特征量子比特(feature qubit). 以灰度图为例，可以认为，不同灰度值的像素被编码到了不同(自旋)倾角的特征自旋态上(见图 6-3)，而一张图片则被编码成了这些自旋的直积态.

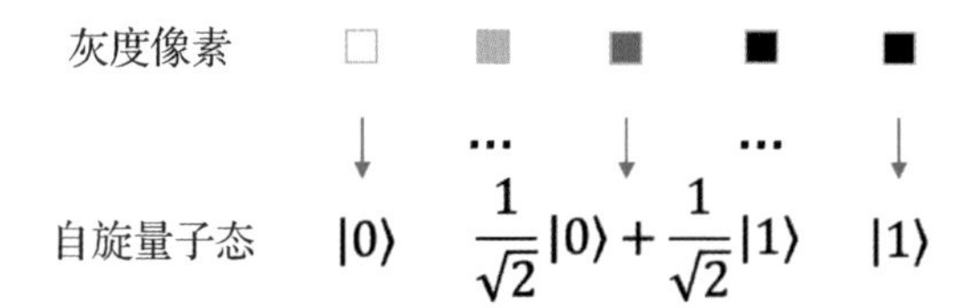

图 6-3　不同灰度值的像素被编码到了不同倾角的自旋态上

上述映射具备一个非常好的数学性质：不同样本对应的直积态是近似正交的！这个性质在部分文献中被称为正交灾难(catastrophe of orthogonality). 但根据 6.2 节的内容我们知道，正交灾难并不完全带来“灾难”，反而为我们建立张量网络机器学习提供一个良好的数学切入点.

首先，让我们来证明正交灾难. 对于像黑白图这样的数据而言，每一个特征只有 $x_m=0$(白)或 $x_m=1$(黑)两种取值，有

$$x_m \to |\varphi^{(m)}\rangle = |x_m\rangle \tag{6-29}$$

考虑两张不同的黑白图 $\boldsymbol{x}$ 与$\boldsymbol{x}'$，记其对应的直积态分别为 $|\Phi\rangle$与 $|\Phi'\rangle$，显然，我们有

$$\langle\Phi|\Phi'\rangle = \prod_m \delta_{x_m x'_m} \tag{6-30}$$

也就是说，除非两张黑白图所有的像素完全对应相等，否则 $|\Phi\rangle$与 $|\Phi'\rangle$正交.

对于一般的情况而言，我们将多体特征映射代入内积公式中，得

$$\begin{aligned}\langle\Phi|\Phi'\rangle &= \prod_m \left(\cos\left(\frac{\pi}{2}x_m\right)\cos\left(\frac{\pi}{2}x'_m\right) + \sin\left(\frac{\pi}{2}x_m\right)\sin\left(\frac{\pi}{2}x'_m\right)\right) \\ &= \prod_m \cos\frac{\pi}{2}(x_m - x'_m)\end{aligned} \tag{6-31}$$

上式即为 $|\Phi\rangle$与 $|\Phi'\rangle$间的保真度. 考虑到保真度衡量的是量子态间的相似度，我们可以采用保真度衡量样本 $\boldsymbol{x}$ 与$\boldsymbol{x}'$间的相似度，因此

$$D(\boldsymbol{x},\boldsymbol{x}') = \prod_m \cos\frac{\pi}{2}(x_m - x'_m) \tag{6-32}$$

为多体特征映射对应的核函数(kernel function)[①]. 与(经典)机器学习中常用的核函数相比，多体特征映射对应的核函数为各个特征余弦相似度(cosine similarity)的连乘.

由上式可见，$|\Phi\rangle$与$|\Phi'\rangle$的内积为 M 个数的连乘，且 $0\leqslant\cos\frac{\pi}{2}(x_m-x'_m)\leqslant 1$. 当且仅当两个特征量相等时，有 $\cos\frac{\pi}{2}(x_m-x'_m)=\cos 0=1$. 因此，$\langle\Phi\mid\Phi'\rangle$会随着 $\boldsymbol{x}$ 与$\boldsymbol{x}'$间不对应相等特征的数量而指数减小. 对于真实图片而言，特征的总数量往往有数百个或更多，例如 MNIST 数据集中，每个图片的特征数量就为 $M=784$. 当存在一小部分不相等的像素时，那几乎就可以认为$\langle\Phi\mid\Phi'\rangle\approx 0$，即$|\Phi\rangle$与$|\Phi'\rangle$近似相互正交了，而 MNIST 数据集以及绝大部分数据集确实属于这种情况.

当我们认为不同样本对应的特征向量相互正交时，利用 6.2 节中给出的结论，我们可以直接建立波函数

$$|\Psi\rangle=\frac{1}{\sqrt{N}}\sum_{n=0}^{N-1}|\tilde{\boldsymbol{z}}^{(n)}\rangle|\Phi^{(n)}\rangle \tag{6-33}$$

其中，$|\Phi^{(n)}\rangle$为第 n 个训练集样本经过多体特征映射所得的直积态，见公式(6-28)，$|\tilde{\boldsymbol{z}}^{(n)}\rangle$满足

$$|\tilde{\boldsymbol{z}}^{(n)}\rangle=\sum_{c=0}^{\dim(\tilde{\boldsymbol{z}}^{(n)})-1}\tilde{z}_c^{(n)}|c\rangle \tag{6-34}$$

其中，$\tilde{\boldsymbol{z}}^{(n)}$为第 n 个训练集样本的正确标签向量. 当采取独热编码时，$\dim(\tilde{\boldsymbol{z}}^{(n)})$等于总的类别数. 从量子态的角度讲，$|\tilde{\boldsymbol{z}}^{(n)}\rangle$代表一个具有 $\dim(\tilde{\boldsymbol{z}}^{(n)})$个自由度的高自旋量子态，被称为标签自旋(label spin)或标签量子比特(label qudit[②]). 显然，$|\Psi\rangle$满足量子态的归一性，即$\langle\Psi\mid\Psi\rangle=1$(见本章习题 1). 可见，当正交条件严格满足时，分类器等于所有训练集样本对应的直积态$|\tilde{\boldsymbol{z}}^{(n)}\rangle|\Phi^{(n)}\rangle$的等权叠加.

$|\Psi\rangle$被定义在一个复合希尔伯特空间$\mathcal{H}=\mathcal{H}^c\otimes\mathcal{H}^f$中，二者的维数分别满足$\dim(\mathcal{H}^f)=2^M$，$\dim(\mathcal{H}^c)=\dim(\tilde{\boldsymbol{z}}^{(n)})$. 我们选$\mathcal{H}$中的正交完备基矢为

① 核函数被定义为高维空间中样本间的距离关于样本特征的函数. 在这里，高维空间指 2^M 维希尔伯特空间.

② 对于希尔伯特空间维数为 2 的量子比特，英文为“qubit”；维数为 3 时，英文为“qutrit”，其中“tri”源于“triple”；对于更高维的情况，英文统称为“qudit”. 在维数不确定的情况下，一般也使用“qudit”泛指. 在本书中，我们统一使用“量子比特”泛指.

$$\left\{\prod_{\otimes m=0}^{M-1} |c\rangle\ |s_m\rangle\right\} \tag{6-35}$$

在该基底下展开 $|\Psi\rangle$，有

$$|\Psi\rangle = \sum_{cs_0\cdots s_{M-1}} \Psi_{cs_0\cdots s_{M-1}} \prod_{\otimes m=0}^{M-1} |c\rangle\ |s_m\rangle \tag{6-36}$$

显然，$|\Psi\rangle$的展开系数 $\Psi_{cs_0\cdots s_{M-1}}$ 满足 CP 形式，即

$$\Psi_{cs_0\cdots s_{M-1}} = \frac{1}{\sqrt{N}}\sum_{n=0}^{N-1}\tilde{z}_c^{(n)}\left(\prod_{\otimes m=0}^{M-1}\varphi_{s_m}^{(n,m)}\right) \tag{6-37}$$

其中，$\varphi^{(n,m)}$表示第 n 个训练集样本的第 m 个特征对应的特征自旋态系数，满足 $\varphi_0^{(n,m)}=\cos\left(\frac{\pi}{2}x_m^{(n)}\right)$与 $\varphi_1^{(m)}=\sin\left(\frac{\pi}{2}x_m^{(n)}\right)$，$x_m^{(n)}$ 表示第 n 个训练集样本的第 m 个特征.

下面，我们基于 $|\Psi\rangle$来定义映射函数 f，使其能够用于完成分类任务，我们称 $|\Psi\rangle$为量子概率分类模型(quantum-probabilistic classifier)或量子态分类器(quantum-state classifier). 对于任意一个样本$\boldsymbol{x}^{(n')}$，映射 f 可定义为

$$\boldsymbol{z}_c^{(n')} = f(\boldsymbol{x}^{(n')}) = \sum_{s_0\cdots s_{M-1}} \Psi_{cs_0\cdots s_{M-1}} \prod_{\otimes m'=0}^{M-1}\varphi_{s_{m'}}^{(n',m')} \tag{6-38}$$

当不同样本给出的直积态间的正交性严格满足时，设$\boldsymbol{x}^{(n')}$为训练集中第 n'个样本，有

$$\begin{aligned}
\boldsymbol{z}_c^{(n')} &= \sum_{s_0\cdots s_{M-1}} \frac{1}{\sqrt{N}}\sum_{n=0}^{N-1}\left(\prod_{\otimes m=0}^{M-1}\varphi_{s_m}^{(n,m)}\prod_{\otimes m'=0}^{M-1}\varphi_{s_{m'}}^{(n',m')}\right)\tilde{\boldsymbol{z}}_c^{(n)} \\
&= \frac{1}{\sqrt{N}}\sum_{n=0}^{N-1}\tilde{\boldsymbol{z}}_c^{(n)}\delta_{nn'} \\
&= \tilde{\boldsymbol{z}}_c^{(n)}
\end{aligned} \tag{6-39}$$

即映射输出的向量$\boldsymbol{z}^{(n')}$等于我们期待的正确标签$\tilde{\boldsymbol{z}}^{(n)}$. 当然，对于真实数据，正交性并不严格被满足. 并且，考虑到我们真正关心的测试集精度，其实我们需要避免严格的正交性，否则对于不属于训练集的样本，会有$z_c^{(n')}\approx 0$. 虽然我们对正交性的依赖存在一定的“矛盾”，但上述推导为我们通过 CP 形式构造量子态分类器提供了一个合理的数学依据. 至于我们需要何种程度的正交性，来获得最佳的泛化性能，则需要进一步的研究探索.

从量子概率的角度讲，上述分类模型具备一定的物理意义. 对于任意样本$\boldsymbol{x}^{(n')}$，定义投影算符(见第 2 章)

$$\hat{P}(\boldsymbol{x}^{(n')}) = |\Phi^{(n')}\rangle\langle\Phi^{(n')}| \tag{6-40}$$

其中，$|\Phi^{(n')}\rangle$代表$\boldsymbol{x}^{(n')}$经过多体特征映射获得的直积态. 将上述测量算符作用到

量子态分类器 $|\Psi\rangle$，有

$$\hat{P}(\boldsymbol{x}^{(n')})|\Psi\rangle = |z^{(n')}\rangle|\Phi^{(n')}\rangle \tag{6-41}$$

其中，$|z^{(n)}\rangle$为投影测量后标签自旋所处的未归一化状态，满足

$$|z^{(n')}\rangle = \langle\Phi^{(n')}|\Psi\rangle \tag{6-42}$$

易得，$|z^{(n')}\rangle$ 的展开系数正是由公式(6-38) 给出.

进一步，我们定义作用在标签自旋上的投影算符

$$\tilde{P}(c') = |z'\rangle\langle z'| \tag{6-43}$$

设 $|z'\rangle$为类别 c'对应的标签自旋的状态，根据投影算符的意义，样本属于 c'类的概率(或标签自旋处于 $|z'\rangle$态的概率)由 $\tilde{P}(c')$的期望值给出(见 2.2 节)，满足

$$\langle\tilde{P}(c')\rangle = \frac{\langle z^{(n')}|\tilde{P}(c')|z^{(n')}\rangle}{\langle z^{(n')}|z^{(n')}\rangle} \tag{6-44}$$

注意，须对 $|z^{(n')}\rangle$进行归一化后再计算 $\tilde{P}(c')$的均值. 通过计算易得(见本章习题 2)

$$\langle\tilde{P}(c')\rangle = \left(\frac{z_{c'}^{(n')}}{|z^{(n')}|}\right)^2 \tag{6-45}$$

换言之，归一化后的输出向量$\boldsymbol{z}^{(n')}$的第 c'个分量，给出投影算符的均值$\langle\tilde{P}(c')\rangle$.

同理，我们也可以直接计算特征自旋与标签自旋共同处于某个构型的概率. 考虑属于 c'类的样本$\boldsymbol{x}^{(n')}$，定义联合投影算符

$$\check{P}(\boldsymbol{x}^{(n')};c') = \hat{P}(\boldsymbol{x}^{(n')}) \otimes \hat{P}(\boldsymbol{x}^{(n')}) \tag{6-46}$$

该投影算符关于量子态分类器 $|\Psi\rangle$的均值等于归一化前量子态 $|z^{(n')}\rangle$第 c'个系数的模方，满足

$$\begin{aligned}\langle\check{P}(\boldsymbol{x}^{(n')};c')\rangle &= \langle\Psi|\check{P}(\boldsymbol{x}^{(n')};c')|\Psi\rangle \\ &= |\langle\Psi|(|\tilde{z}^{(n)}\rangle|\Phi^{(n)}\rangle)|^2 \\ &= |z_{c'}^{(n')}|^2\end{aligned} \tag{6-47}$$

$\langle\tilde{P}(c')\rangle$与$\langle\check{P}(\boldsymbol{x}^{(n')};c')\rangle$间仅相差一个归一化系数. 对于$\boldsymbol{x}^{(n')}$的分类，我们可以选择这两种概率中的一种，计算不同 c'时的概率大小，最大概率对应的 c'即为量子态分类器预测的$\boldsymbol{x}^{(n')}$的分类. 当不同样本间直积态间严格正交时，易得，对于任意训练集样本有

$$\langle\check{P}(\boldsymbol{x}^{(n')};c')\rangle = \frac{1}{N} \tag{6-48}$$

这与上文提到的“分类器等于所有训练集样本对应的直积态 $|\tilde{z}^{(n)}\rangle|\Phi^{(n)}\rangle$的等权叠加”一致，“等权”即每个样本对应的联合构型出现的概率均为$\frac{1}{N}$，我们将这种等

概率量子态叠加构造量子态分类器的假设称为等概率先验假设.

有了上述与量子概率的关系，我们可以在理论上计算出量子态分类器后，利用量子态制备方法，在真实的量子平台上制备出该量子态，并通过实验测量相应投影算符的均值，从而在真实的量子体系上完成给定样本的分类.

上述方法中，我们首先在理论上得到了量子态分类器，并利用量子平台实现对应的量子态及分类计算，这属于量子机器学习的一种. 在文献中，另一种量子机器学习包含量子机器学习模型(例如量子态分类器)的训练过程，即我们一开始并没有已经构造好的模型，而是需要在量子平台上一步步地对其进行优化. 量子机器学习属于一门非常年轻的学科，这些概念会随着学科的发展而不断地被修正与丰富. 因此，一种比较好的选择是，在尊重已有研究工作的前提下，对量子机器学习的相关概念保持着灵活的思维态度.

6.4 矩阵乘积态机器学习算法

根据 6.3 节的内容可知，我们可以利用多体特征映射与 CP 形式，直接通过训练集构造出量子态分类器. 然而，量子态所处的希尔伯特空间维数(即量子态系数的张量元个数)会随着样本特征数的增加而指数增加. 自然而然，我们会想到使用矩阵乘积态(见第 4 章)来表示量子态分类器，从而将复杂度从“指数级”降低至“线性级”. 其中的好处与代价，与使用矩阵乘积态近似计算量子多体系统基态的思想是完全一致的.

考虑对由 M 个特征构成的样本进行监督性的 K 分类，建立如下矩阵乘积态

$$\Psi_{cs_0 s_2 \cdots s_{M-1}} = \sum_{\alpha_0 \alpha_1 \cdots \alpha_{M-2}} A^{(0)}_{cs_0 \alpha_0} A^{(1)}_{\alpha_0 s_1 \alpha_1} \cdots A^{(M-2)}_{\alpha_{M-3} s_{M-2} \alpha_{M-2}} A^{(M-1)}_{\alpha_{M-2} s_{M-1}} \tag{6-49}$$

其中，指标的维数满足 $\dim(s_m)=2$，且当使用独热编码时有 $\dim(c)=K$. 可以看出，与第 4 章的矩阵乘积态相比，这里多出一个指标 c，其对应的是标签信息. 为方便起见，我们仍然称 $\{s_m\}$ 为物理指标，称 c 为标签指标(label index). 标签指标不一定被定义在最左边的张量上，可以通过张量分解与收缩移动标签指标. 该分类模型被称为矩阵乘积态分类器(MPS classifier)，图 6-4 以特征数 $M=6$ 为

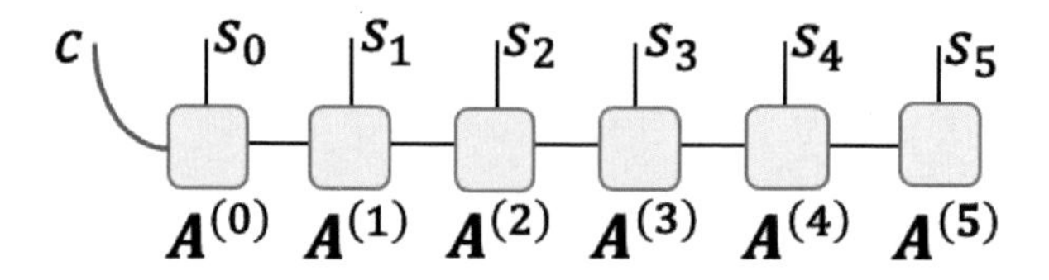

图 6-4　特征数 $M=6$ 的矩阵乘积态分类器示意图，其中红色代表标签指标

例，展示了该模型的图形表示.

对于矩阵乘积态而言，我们没有办法通过直接构造的方式得到各个张量. 因此，这里需要定义损失函数，并通过梯度下降法对矩阵乘积态的各个局域张量进行更新. 我们可以选择交叉熵作为损失函数，有

$$L=-\frac{1}{N}\sum_{n=0}^{N-1}\ln\langle\check{P}(\boldsymbol{x}^{(n)};c^{(n)})\rangle \tag{6-50}$$

其中，第 n 个训练集样本$\boldsymbol{x}^{(n)}$的正确标签记为 $c^{(n)}$，联合概率为$\langle\check{P}(\boldsymbol{x}^{(n')};c')\rangle=|\langle\Psi|(|\tilde{z}^{(n)}\rangle|\Phi^{(n)}\rangle)|^2$. 该损失函数给出了等概率分布与矩阵乘积态分类器给出的各样本概率分布间的交叉熵.

我们首先假设标签指标位于最左侧，并随机初始化矩阵乘积态中的各个局域张量，随后利用梯度下降法更新局域张量[①]. 更新过程与密度矩阵重正化群算法相似，我们假设矩阵乘积态具备中心正交形式(见 4.4 节)，且每一次迭代仅更新处于正交中心的张量. 同时，我们让标签指标位于中心张量上，并随正交中心一起移动. 完成一次迭代后，我们通过移动正交中心的位置，来依次完成所有局域张量的更新. 由于处于中心正交形式的矩阵乘积态的模等于中心张量的模，而梯度更新可能改变中心张量的模，因此，我们需要修正联合概率为

$$\langle\check{P}(\boldsymbol{x}^{(n)};c^{(n)})\rangle=\frac{|\langle\Psi|(|\tilde{z}^{(n)}\rangle|\Phi^{(n)}\rangle)|^2}{\langle\Psi|\Psi\rangle}=\frac{|\langle\Psi|(|\tilde{z}^{(n)}\rangle|\Phi^{(n)}\rangle)|^2}{|A^{(\tilde{m})}|^2} \tag{6-51}$$

来保证由矩阵乘积态给出的概率是归一的，其中$\mathbf{A}^{(\tilde{m})}$代表中心张量.

设我们需要更新第 m 个张量$\mathbf{A}^{(m)}$，此时，正交中心位于该张量，且该张量拥有标签指标. 以 $m=2$ 为例，损失函数的图形表示见图 6-5，其中，黄色方块代表满足从左至右正交性的张量；浅蓝色方块代表满足从右至左正交性的张量；深蓝色方块代表处于正交中心的张量；蓝色圆圈代表各个特征自旋态，其共同构成第 n 个训练集样本对应的直积态，如蓝色虚线框所示；红色圆圈代表该样本的正确标签向量.

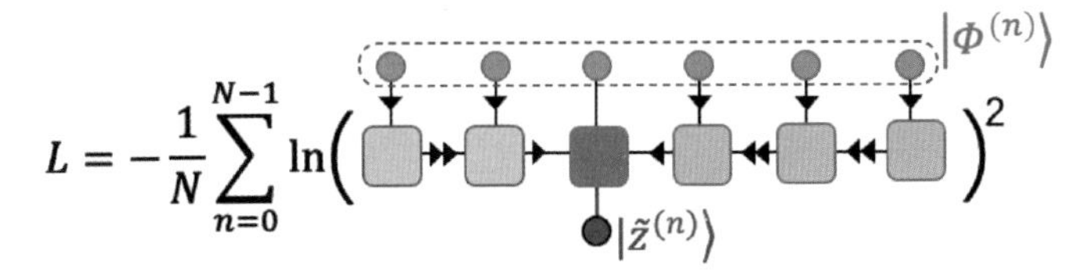

图 6-5　更新张量$\mathbf{A}^{(2)}$时，损失函数的图形表示

① 该算法的原始文献见 E. Stoudenmire and D. J. Schwab，"Supervised Learning with Tensor Networks，"*in Advances in Neural Information Processing Systems* 29，New York，Curran Associates，2017，pp. 4799-4807.

张量$\boldsymbol{A}^{(m)}$的更新公式为

$$\boldsymbol{A}^{(m)} \leftarrow \boldsymbol{A}^{(m)} - \eta \frac{\partial L}{\partial \boldsymbol{A}^{(m)}} \tag{6-52}$$

其中，梯度项满足

$$\begin{aligned}
\frac{\partial L}{\partial \boldsymbol{A}^{(m)}} &= -\frac{1}{N} \frac{\partial \sum_{n=0}^{N-1} \ln \langle \check{P}(\boldsymbol{x}^{(n')}; c') \rangle}{\partial \boldsymbol{A}^{(m)}} \\
&= -\frac{1}{N} \sum_{n=0}^{N-1} \left(\frac{\partial \ln |\langle \Psi \mid (|\tilde{z}^{(n)}\rangle \, |\Phi^{(n)}\rangle)|^2}{\partial \boldsymbol{A}^{(m)}} - \frac{\partial \ln |\boldsymbol{A}^{(m)}|^2}{\partial \boldsymbol{A}^{(m)}} \right) \\
&= -\frac{2}{N} \sum_{n=0}^{N-1} \frac{1}{\langle \Psi \mid (|\tilde{z}^{(n)}\rangle \, |\Phi^{(n)}\rangle)} \frac{\partial \langle \Psi \mid (|\tilde{z}^{(n)}\rangle \, |\Phi^{(n)}\rangle)}{\partial \boldsymbol{A}^{(m)}} + \frac{2\boldsymbol{A}^{(m)}}{|\boldsymbol{A}^{(m)}|^2} \\
&= 2\boldsymbol{A}^{(m)} - \frac{2}{N} \sum_{n=0}^{N-1} \frac{1}{\langle \Psi \mid (|\tilde{z}^{(n)}\rangle \, |\Phi^{(n)}\rangle)} \frac{\partial \langle \Psi \mid (|\tilde{z}^{(n)}\rangle \, |\Phi^{(n)}\rangle)}{\partial \boldsymbol{A}^{(m)}}
\end{aligned} \tag{6-53}$$

在得到最后一行的表达式前，我们可以通过手动归一化，保证在每一步更新前，中心张量满足归一性 $|\boldsymbol{A}^{(m)}|=1$，因此有

$$\frac{2\boldsymbol{A}^{(m)}}{|\boldsymbol{A}^{(m)}|^2} = 2\boldsymbol{A}^{(m)} \tag{6-54}$$

根据张量网络微分原理(见 5.15 节)，梯度的图形表示如图 6-6 所示(以$\boldsymbol{A}^{(2)}$为例).

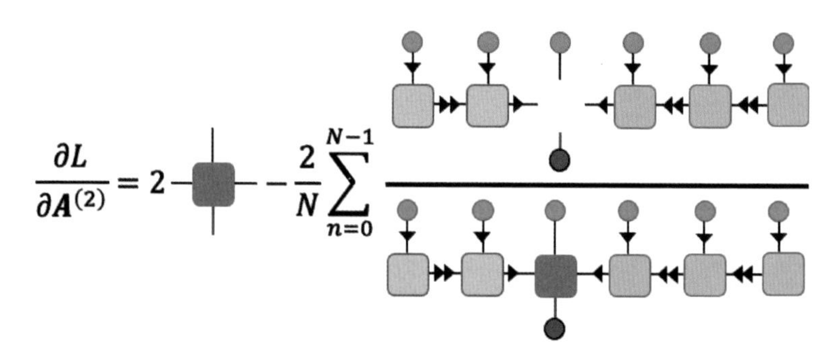

图 6-6　梯度项$\frac{\partial L}{\partial \boldsymbol{A}^{(2)}}$的图形表示

对$\boldsymbol{A}^{(m)}$的更新完成后，我们可以通过规范变换，将正交中心左移或右移一个张量(见 4.4 节)，来更新其它位置的张量. 类似于密度矩阵重正化群算法，我们可以将正交中心从最左侧依次移动到最右侧，再从最右侧移动到最左侧，从而对矩阵乘积态中的每个局域张量进行两次更新. 像这样进行一次从左至右再从右至左的更新，被称为一次扫描(见 4.10 节).

一般而言，学习率的大小会在很大程度上影响机器学习算法的稳定性与最终的收敛结果. 上述矩阵乘积态机器学习算法的优势之一是具有非常好的稳定性，改变学习率造成的影响并不大，这是由于该算法满足所谓的切空间梯度优化(tangent-space gradient optimization)原则①，被更新张量与梯度相互正交，有

$$\begin{aligned}\mathrm{tTr}\left(\frac{\partial L}{\partial \boldsymbol{A}^{(m)}}, \boldsymbol{A}^{(m)}\right) &= 2|\boldsymbol{A}^{(m)}|^2 - \frac{2}{N}\sum_{n=0}^{N-1}\frac{\langle \Psi \mid (|\tilde{z}^{(n)}\rangle\ |\Phi^{(n)}\rangle)}{\langle \Psi \mid (|\tilde{z}^{(n)}\rangle\ |\Phi^{(n)}\rangle)} \\ &= 2 - \frac{2}{N}\sum_{n=0}^{N-1} 1 \\ &= 0\end{aligned} \tag{6-55}$$

其中，tTr 表示对两个张量所有对应指标进行收缩，相当于对两个张量先进行向量化，再计算内积. 二者向量化的内积为 0，代表相互正交. 同时考虑到 $|\boldsymbol{A}^{(m)}| = 1$，即$\boldsymbol{A}_{:}^{(m)}$为单位向量，且我们希望更新后的$\boldsymbol{A}_{:}^{(m)}$仍满足归一性，以保持矩阵乘积态的归一性. 因此，上述梯度更新相当于是在$\boldsymbol{A}_{:}^{(m)}$的切空间方向对$\boldsymbol{A}_{:}^{(m)}$进行旋转操作(旋转不改变向量模长)，而学习率可以被认为是转角. 我们很容易控制转角的大小及不同转角对$\boldsymbol{A}^{(m)}$的改变量，因此可以在最大限度上避免梯度的爆炸与消失问题(gradient explosion or vanishing problems).

6.5　生成性矩阵乘积态算法与概率分类方法

让我们来考虑另外一个问题：能否建立量子态，使得在该态观测到某个样本对应构型的概率，能够正确给出该样本本身出现在数据集中的概率呢？更准确地说，能否让量子态表示特征的联合概率分布呢？注意，在这里我们不关心各个样本属于哪一类，而是希望量子态能够正确给出概率. 我们可以对上述问题作如下描述，设训练集包含 N 个各不相同的样本$\{\boldsymbol{x}^{(n)}\}$，由于样本没有重复出现，一个自然的假设是，每个样本出现的概率相等，对任意 n 满足 $P(\boldsymbol{x}^{(n)}) = 1/N$，即 6.3 节提到的等先验概率假设. 记$\boldsymbol{x}^{(n)}$经过多体特征映射后的直积态为 $|\Phi^{(n)}\rangle$，对应的投影算符为 $\hat{P}^{(n)} = |\Phi^{(n)}\rangle\langle\Phi^{(n)}|$，我们的目标是寻找量子态 $|\Psi\rangle$，使其对于任意 n，观测到 $|\Phi^{(n)}\rangle$的概率等于 $P(\boldsymbol{x}^{(n)})$，即 $\hat{P}^{(n)}$对于 $|\Psi\rangle$的均值满足

$$\langle \hat{P}^{(n)}\rangle = \langle \Psi | \hat{P}^{(n)} | \Psi\rangle = |\langle \Psi | \Phi^{(n)}\rangle|^2 = \frac{1}{N} = P(\boldsymbol{x}^{(n)}) \tag{6-56}$$

在“正交灾难”近似成立的情况下，一种简单的构造 $|\Psi\rangle$的方式为

$$|\Psi\rangle = \frac{1}{\sqrt{N}}\sum_{n=0}^{N-1} |\Phi^{(n)}\rangle \tag{6-57}$$

① 参考 Zheng-Zhi Sun, Shi-Ju Ran, and Gang Su, “Tangent-Space Gradient Optimization of Tensor Network for Machine Learning,” *Phys. Rev. E* 102, 012152 (2020).

容易验证

$$\langle \hat{P}^{(n)} \rangle = \left| \frac{1}{\sqrt{N}} \sum_{n'=0}^{N-1} \langle \Phi^{(n')} | \Phi^{(n)} \rangle \right|^2 \approx \left| \frac{1}{\sqrt{N}} \sum_{n'=0}^{N-1} \delta_{nn'} \right|^2 = \left| \frac{1}{\sqrt{N}} \right|^2 = \frac{1}{N} \tag{6-58}$$

注意，上述求和仅包含训练集样本，但显然，在利用训练集获得 $|\Psi\rangle$后，存在更多训练集之外的态，能给出非零的观测概率. 一个合理的猜测是，这些训练集之外的、观测概率非零甚至大于 $1/N$ 的直积态，将可用于生成与训练集具备一定相似性的新的样本，即 $|\Psi\rangle$可被用作基于量子概率的生成性模型(generative model)①，我们称之为量子概率生成性模型(quantum-probabilistic generative model).

与分类问题类似，当特征数量较大时，可以使用张量网络来表示 $|\Psi\rangle$，以减小复杂度，下文仍以矩阵乘积态为例，我们称之为生成性矩阵乘积态(generative MPS). 损失函数定义为均匀概率分布 $P(\boldsymbol{x}^{(n)})=1/N$ 与矩阵乘积态给出的概率 $\langle \hat{P}^{(n)} \rangle$间的交叉熵，满足

$$L = -\frac{1}{N} \sum_{n=0}^{N-1} \ln \langle \hat{P}^{(n)} \rangle \tag{6-59}$$

其图形表示见图 6-7. 除了不存在标签指标与标签向量外，该损失函数与上文矩阵乘积态分类器对应的损失函数一致. 生成性矩阵乘积态的更新也与上文一致，即采用类似于密度矩阵重正化群的中心正交矩阵乘积态与扫描更新方法，具体过程就不再赘述了. 显然，该更新方法同样满足切空间梯度优化原则. 可以看出，当损失函数被降低到一定程度时，按照上述方法更新所得的矩阵乘积态能够以一定的精度满足训练集样本的等先验概率假设.

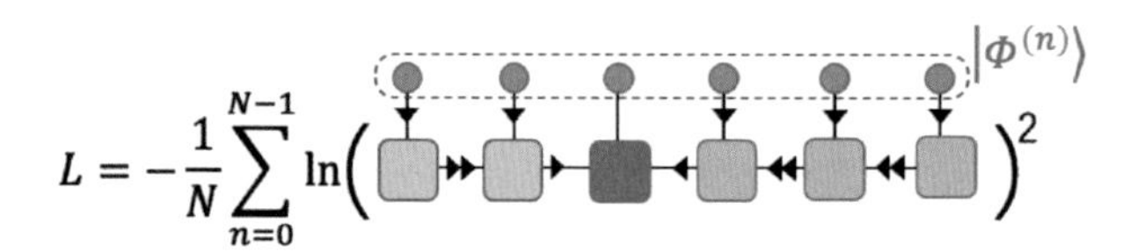

图 6-7 生成性矩阵乘积态对应的损失函数的图形表示

与其它生成性机器学习模型一致，生成性矩阵乘积态可用于生成新的样本，或修复已损坏的样本(见 6.7 节、6.8 节). 除此之外，一个自然的想法是将其用于构造分类模型，我们称之为量子概率生成性分类模型(quantum-probabilistic generative classifier)②. 考虑 10 分类的监督性机器学习问题，模型构造的思想

① 参考 Zhao-Yu Han, Jun Wang, Heng Fan, Lei Wang, and Pan Zhang, "Unsupervised Generative Modeling Using Matrix Product States," *Phys. Rev. X* 8, 031012 (2018).

② 参考 Zheng-Zhi Sun, Cheng Peng, Ding Liu, Shi-Ju Ran, and Gang Su, "Generative Tensor Network Classification Model for Supervised Machine Learning," *Phys. Rev. B* 101, 075135 (2020).

是，训练 10 个量子概率生成性模型(例如矩阵乘积态)，给出待分类样本属于各个类的概率，则最终的分类为最大的概率对应的类别. 我们称上述分类模型为生成性矩阵乘积态分类模型(generative MPS classifier).

这里我们简单地使用贝叶斯学派的思想，来给出上述分类方法相对严谨的解释. 对于某个待分类样本 $\boldsymbol{y}$，在该样本各个特征值已知的情况下，其属于不同类别的概率应由条件概率给出，记为 $P(c \mid \boldsymbol{y})$，代表在特征值给定为 $\boldsymbol{y}$ 的条件下，属于不同类别 c 的概率.

我们的目的是判断样本 $\boldsymbol{y}$ 的类别，应为最概然的那一类，满足

$$\tilde{c} = \mathrm{argmax}_c(P(c \mid \boldsymbol{y})) \tag{6-60}$$

当然，我们可以通过建立概率模型来直接建模条件概率 $P(c \mid \boldsymbol{y})$，也可以利用贝叶斯理论(Bayes' theorem)

$$P(c \mid \boldsymbol{y}) = \frac{P(c)P(\boldsymbol{y} \mid c)}{\sum_{c=0}^{9} P(c)P(\boldsymbol{y} \mid c)} \tag{6-61}$$

在 $P(c \mid \boldsymbol{y})$表达式中，分母与类别无关，因此在预测分类时，我们只需计算出分子即可，有

$$\tilde{c} = \mathrm{argmax}_c(P(c)P(\boldsymbol{y} \mid c)) \tag{6-62}$$

其中，$P(c)$被称为先验概率(prior probability)，$P(\boldsymbol{y} \mid c)$被称为似然函数(likelihood function). 对于 $P(c)$，它代表在没有任何关于特征的信息时，样本属于不同类别的概率分布. 一般而言，我们假设 $P(c)$是一个与 c 无关的常数. 例如，考虑建立一个分类器，来识别信封上的邮政编码数字，在不知道收发地及其它任何信息的前提下，我们可以假设“0”到“9”这 10 个数字出现的概率是相等的，并在实际应用时检验假设的合理性. 此时，分类的预测被进一步简化为

$$\tilde{c} = \mathrm{argmax}_c(P(\boldsymbol{y} \mid c)) \tag{6-63}$$

即给出给定分类c 下，样本$\boldsymbol{y}$ 出现的概率(或似然)大小. 那么，下一步我们的主要任务则是使用量子概率生成性模型(如生成性矩阵乘积态)给出 $P(\boldsymbol{y} \mid c)$.

设训练集样本为$\{\boldsymbol{x}^{(n)}\}$，对于 10 分类问题，我们建立 10 个量子概率生成性模型$\{|\Psi^{(c)}\rangle\}(c=0,\cdots,9)$，满足

$$|\Psi^{(c)}\rangle = \frac{1}{\sqrt{N^{(c)}}} \sum_{n \in \text{第}c\text{类训练集}} |\Phi^{(n)}\rangle \tag{6-64}$$

其中，$N^{(c)}$代表第 c 个类别中训练集样本的个数，$|\Phi^{(n)}\rangle$为样本$\boldsymbol{x}^{(n)}$经过多体特征映射获得的直积态. 根据量子概率理论，有

$$P(\boldsymbol{y} \mid c) = |\langle \Psi^{(c)} \mid \Phi \rangle|^2 \tag{6-65}$$

其中，$|\Phi\rangle$为样本 $\boldsymbol{y}$ 对应的直积态.

综上，利用量子概率生成性模型建立分类器的主要步骤是利用各个类的训练

集样本，分别训练出各类对应的量子概率生成性模型 $|\Psi^{(c)}\rangle$，任意样本的分类预测由下式给出

$$\tilde{c}=\operatorname{argmax}_c(|\langle\Psi^{(c)}|\Phi\rangle|^2) \tag{6-66}$$

其中，$|\langle\Psi^{(c)}|\Phi\rangle|$ 即为 $|\Psi^{(c)}\rangle$ 与 $|\Phi\rangle$ 之间的保真度，由于该量一般会随着自旋数量的增减而指数减小(类似于上文提到的正交灾难)，在实际计算中，为了避免概率值过小，上式可等效地写为

$$\tilde{c}=\operatorname{argmax}_c(\ln|\langle\Psi^{(c)}|\Phi\rangle|^2) \tag{6-67}$$

$\ln|\langle\Psi^{(c)}|\Phi\rangle|^2$ 被称为 $|\Psi^{(c)}\rangle$ 与 $|\Phi\rangle$ 之间的对数保真度(logarithmic fidelity).

需要注意的是，当每个特征可能的取值个数大于 2 时(例如，黑白图每个像素取 0 或 1 两个值，灰度图一般则有 256 个可能的取值，这取决于像素的数据类型)，如果采用上文用到的特征映射，将每个像素映射为希尔伯特空间维数为 2 的自旋态，此时，由量子态给出的联合概率分布的归一条件难以得到满足，即几乎无法保证 $\sum_x\langle\hat{P}(\boldsymbol{x})\rangle=1$，其中 $\langle\hat{P}(\boldsymbol{x})\rangle$ 代表量子态给出的样本 $\boldsymbol{x}$ 出现的概率，满足公式(6-56)，且我们对所有特征的所有可能取值进行求和(概率的全空间求和). 在概率归一性无法保证的情况下，量子概率生成性分类模型仍然成立的原因，是分类结果由出现在不同类的概率的相对大小关系决定(见公式(6-67))，因此，归一化系数不会改变分类预测的结果. 当然，也可从下一节介绍的核方法这个角度，来尝试理解这一问题.

6.6 量子多体核与无参数学习

量子概率生成性分类模型在本质上为一种核方法(kernel method). 一般而言，核方法的核心思想是定义核函数来量化样本间相似度或距离，从而实现分类或聚类. 常用的核函数包括欧几里得距离，两个样本 $\boldsymbol{x}^{(n)}$ 与 $\boldsymbol{x}^{(n')}$ 间的距离定义为二者相减后向量的 L2 范数

$$D^E(\boldsymbol{x}^{(n)},\boldsymbol{x}^{(n')})=|\boldsymbol{x}^{(n)}-\boldsymbol{x}^{(n')}| \tag{6-68}$$

另一个常用的核函数为高斯核(Gaussian kernel)，样本间距离定义为

$$D^G(\boldsymbol{x}^{(n)},\boldsymbol{x}^{(n')})=\mathrm{e}^{-\frac{D^E(\boldsymbol{x}^{(n)},\boldsymbol{x}^{(n')})^2}{2\sigma^2}} \tag{6-69}$$

核方法可认为是基于样本间距离的机器学习方法，这是机器学习中的一个重要领域，我们就不在本书过多介绍了，下面我们仅介绍一个简单的例子：k 最近邻(k-nearest neighbor，简称 KNN)算法. 考虑利用训练集 $\{\boldsymbol{x}^{(*)}\}$ 来对任一给定样本 $\boldsymbol{y}$ 进行分类，k 最近邻算法的思想十分直接，即计算 $\boldsymbol{y}$ 与所有训练集样本 $\{\boldsymbol{x}^{(*)}\}$ 间的距离 $D(\boldsymbol{x}^{(n)},\boldsymbol{y})$，找出距离最小的 k 个样本，$\boldsymbol{y}$ 的类别由这 k 个样本中出现次数最多的那个类别给出.

在6.3节中，实际上我们已经给出了多体特征映射下，保真度对应的核函数，见公式(6-32)

$$D(\boldsymbol{x},\boldsymbol{x}')=\prod_{m}\cos\frac{\pi}{2}(x_m-x'_m) \tag{6-70}$$

我们这里将其称为量子多体核(quantum many-body kernel)，该函数实际上由各个特征量间的余弦相似度的连乘给出. 在生成性矩阵乘积态分类模型中，我们并不直接计算样本 $\boldsymbol{y}$ 与其它样本间的距离来给出分类，而是计算由 $\boldsymbol{y}$ 对应的直积态 $|\Phi\rangle$ 与各个生成性矩阵乘积态 $|\Psi^{(c)}\rangle$ 间的保真度. 将严格满足等概率先验假设的 $|\Psi^{(c)}\rangle$ 代入保真度公式，得该保真度与量子多体核间的关系满足

$$\begin{aligned}|\langle\Psi^{(c)}\mid\Phi\rangle|&=\frac{1}{\sqrt{N^{(c)}}}\left|\sum_{n\in\text{第}c\text{类训练集}}\langle\Phi^{(n)}\mid\Phi\rangle\right|\\&=\frac{1}{\sqrt{N^{(c)}}}\sum_{n\in\text{第}c\text{类训练集}}\prod_{m}\cos\frac{\pi}{2}(x_m-y_m)\\&=\frac{1}{\sqrt{N^{(c)}}}\sum_{n\in\text{第}c\text{类训练集}}D(x^{(n)},y)\end{aligned} \tag{6-71}$$

换言之，我们并不需要真正去计算各个量子概率生成性模型 $|\Psi^{(c)}\rangle$ 来实现分类，而仅需要利用量子多体核，计算出待分类样本与各类中训练集样本的相似度即可. 上述计算不包含任何变分参数，因此属于非参数学习(non-parametric learning)或懒惰学习(lazy learning).

需要说明的是，由矩阵乘积态算法优化获得的 $|\Psi\rangle$ 显然并不严格满足等概率先验假设 $\frac{1}{\sqrt{N}}\sum_{n=0}^{N-1}|\Phi^{(n)}\rangle$，但有意思的是，上述算法获得的近似满足等概率先验的 $|\Psi\rangle$，在泛化性能上要明显优于严格满足等概率先验的量子态 $\frac{1}{\sqrt{N}}\sum_{n=0}^{N-1}|\Phi^{(n)}\rangle$，对此目前还没有严格的数学解释. 从数据上分析，懒惰学习在训练集上的精度几乎可以保证为100%，这显然是出现了过拟合现象，即测试集精度明显低于训练集精度. 当通过矩阵乘积态获得 $|\Psi\rangle$ 时，一个合理的猜测是，矩阵乘积态自身的各种限制(如纠缠熵与关联长度的上限)在某种程度上压制了过拟合现象，从而获得了更好的泛化能力.

6.7　基于矩阵乘积态的样本生成

生成性模型可用于生成新的样本或样本中的部分特征. 考虑样本 $\boldsymbol{y}$(例如一张猫的图片)，其对应的直积态记为 $|\Phi\rangle=\prod_{\otimes m}|\varphi^{(m)}\rangle$，其中 $|\varphi^{(m)}\rangle$ 为 $\boldsymbol{y}$ 的第 m 个特征经过多体特征映射得到的单自旋量子态. 设量子概率生成性模型 $|\Psi\rangle$ 已

知，若样本 $\bar{y}$ 为所有样本中 $|\Psi\rangle$ 给出的概率最大的样本，即对应直积态的投影算符关于 $|\Psi\rangle$ 的均值最大，满足

$$\bar{y}=\operatorname{argmax}_y(|\langle\Psi \mid \Phi\rangle|^2) \tag{6-72}$$

则我们称 $\bar{y}$ 为量子最概然样本. 容易看出，可通过单秩分解来求解上述极值问题.

$|\Psi\rangle$ 能够生成的不仅仅是量子最概然样本，且由 $|\Psi\rangle$ 生成新样本的算法并不唯一. 下面，为简要起见，我们考虑二值(binary)样本(即每个特征可能的取值为 0 或 1，如黑白图)，介绍符合量子测量原理的生成算法. 考虑从 y_0 开始逐个生成特征的取值. 对于 y_0 而言，根据量子信息，其概率分布 $P(y_0)$ 由对应自旋的约化密度矩阵给出，有

$$\hat{\rho}^{(0)}=\operatorname{Tr}_{/0}|\Psi\rangle\langle\Psi| \tag{6-73}$$

其中，$\operatorname{Tr}_{/0}$ 代表对除第 0 个自旋外的所有自由度进行求迹. $\hat{\rho}^{(0)}$ 的图形表示见图 6-8. y_0 取 0 或 1 的概率由量子平均值给出，满足

$$P(y_0)=\operatorname{Tr}(|y_0\rangle\langle y_0|\hat{\rho}^{(0)})=\langle y_0|\hat{\rho}^{(0)}|y_0\rangle \tag{6-74}$$

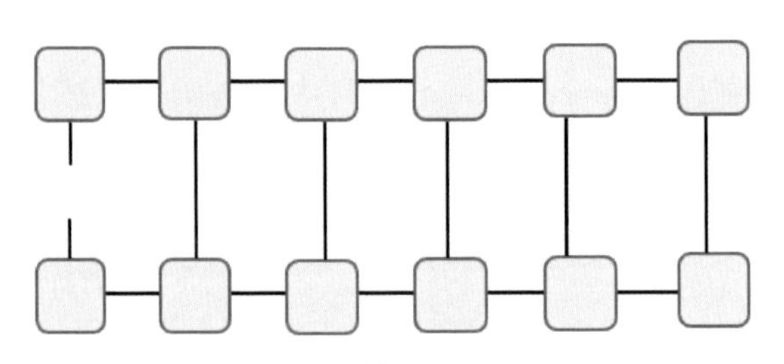

图 6-8　$\hat{\rho}^{(0)}$ 的图形表示

其中，$|y_0\rangle\langle y_0|$ 为投影算符.

由于 $|\Psi\rangle$ 满足归一性，显然有

$$P(y_0=0)+P(y_0=1)=\sum_{y_0=0,1}\langle y_0|\hat{\rho}^{(0)}|y_0\rangle=\operatorname{Tr}\hat{\rho}^{(0)}=\operatorname{Tr}|\Psi\rangle\langle\Psi|=1 \tag{6-75}$$

$P(y_0)$满足概率分布的归一性条件. 得到 $P(y_0)$，我们可以根据该概率分布随机将 y_0 赋值为 0 或 1. 得到 y_0 的确切取值后，将 $|\Psi\rangle$作如下映射

$$|\Psi\rangle\rightarrow|y_0\rangle\langle y_0|\Psi\rangle=|y_0\rangle|\Psi^{(1)}\rangle \tag{6-76}$$

映射的图形表示见图 6-9. 对所得的 $|\Psi^{(1)}\rangle$进行归一化

$$\frac{|\Psi^{(1)}\rangle}{\langle\Psi^{(1)}|\Psi^{(1)}\rangle}\rightarrow|\Psi^{(1)}\rangle \tag{6-77}$$

从量子测量的角度来讲，上述操作相当于是对 $|\Psi\rangle$中编号为 0 的自旋进行了投影

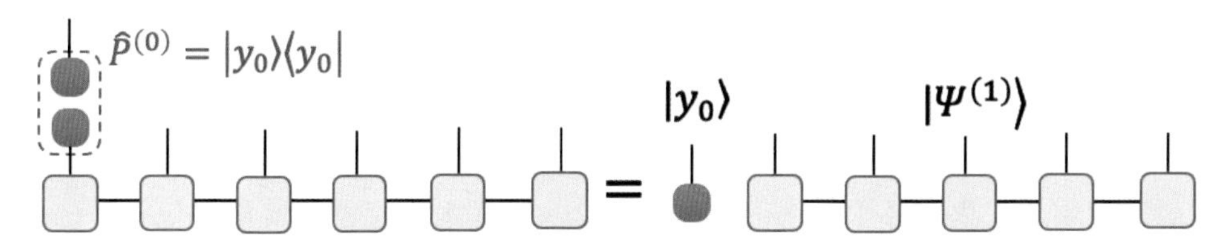

图 6-9　映射 $|\Psi\rangle \to |y_0\rangle\langle y_0|\Psi\rangle = |y_0\rangle|\Psi^{(1)}\rangle$ 的图形表示

测量(见 2.2 节)，测量基底为 $\hat{P}^{(0)} = |y_0\rangle\langle y_0|$ $(y_0 = 0, 1)$. 测量后，该自旋以概率 $P(y_0) = \langle y_0 | \hat{\rho}^{(0)} | y_0\rangle$ 坍缩到 $|0\rangle$ 或 $|1\rangle$ 其中一个状态. 与此同时，剩余 $(M-1)$ 个自旋态坍缩为归一化后的 $|\Psi^{(1)}\rangle$.

按照上述方法，我们可以依次生成所有像素. 从 $|\Psi^{(m)}\rangle$ 出发，对编号为 m 的自旋进行投影测量，该自旋坍缩到 $|y_m\rangle$ 态的概率满足

$$P(y_m) = \langle y_m | \hat{\rho}^{(m)} | y_m\rangle \tag{6-78}$$

上式中，约化密度矩阵满足 $\hat{\rho}^{(m)} = \mathrm{Tr}_{/m} |\Psi^{(m)}\rangle\langle\Psi^{(m)}|$. 坍缩后整个系统的状态可写为

$$\prod_{\otimes j=0}^{m} |y_j\rangle \otimes |\Psi^{(m+1)}\rangle \tag{6-79}$$

后 $(M-m-1)$ 个自旋所处的量子态满足

$$|\Psi^{(m+1)}\rangle = \frac{1}{Z}\langle y_m | \Psi^{(m)}\rangle = \frac{1}{Z'}\left(\prod_{\otimes j=0}^{m} \langle y_m|\right) |\Psi\rangle \tag{6-80}$$

其中，Z 与 Z' 代表相应的归一化系数. 重复上述过程，直至所有的自旋均被测量，此时，量子态在整体上坍缩为直积态

$$|\Phi\rangle = \prod_{\otimes m=0}^{M-1} |y_m\rangle \tag{6-81}$$

而 $\boldsymbol{y} = (y_0, \cdots, y_{M-1})$ 则为生成出的新样本.

我们对上述生成算法做几点简要的分析. 首先，各个特征的生成顺序可以是任意的，且并不影响生成结果. 换言之，无论以什么样的顺序生成，所生成样本 $\boldsymbol{y}$ 对应的概率总是满足 $P(\boldsymbol{y}) = |\langle\Psi | \Phi\rangle|^2$. 其次，重复相同的生成过程，得到的样本一般是不相同的. 这是由于每个特征的概率分布实际上可以写成条件概率，有

$$P(y_m) = P(y_m | y_1, \cdots, y_{m-1}) \tag{6-82}$$

即已生成特征的取值会影响后续特征的生成结果. 因此，多次重复上述生成过程，我们会得到多个不同的样本，而不用担心每次生成的样本是相同的，这相当于是依据概率分布 $P(\boldsymbol{y}) = |\langle\Psi | \Phi\rangle|^2$ 进行多次采样，即我们有

$$P(\boldsymbol{y}) = P(y_0)P(y_1 | y_0)P(y_2 | y_0, y_1)\cdots P(y_{M-1} | y_1, \cdots, y_{M-2}) \tag{6-83}$$

上式的成立与测量顺序无关. 如果生成足够多的样本，并对它们的特征进行统计，所得概率分布会逼近理论值 $P(\boldsymbol{y}) = |\langle \Psi \mid \Phi \rangle|^2$.

当我们使用训练集样本对应的直积态进行等权叠加获得 $|\Psi\rangle$ 后，对于 $|\Psi\rangle$ 而言，具备一定概率的直积态构型的数量一般远远大于训练集样本的个数. 因此，我们不用担心生成的样本会是训练集中的某一个样本，这也是模型泛化能力的体现. 此外，我们在 6.5 节末尾简要讨论过，当特征具有超过两个的可能取值时，如果仍采用空间维数为 2 的自旋来构建量子态，则概率分布的归一性会出现问题. 对于生成问题，模型在归一化条件无法保证的情况下，仍然可以给出较好的表现，其原因是在我们所采取的生成策略中，每个像素的概率分布 $P(y_m)$（见公式(6-82)）被保证满足归一性.

上述方法可直接用于特征取值的修复问题，如修复部分损坏的图片. 考虑样本 $\boldsymbol{y}$（如一张猫的图片），其中部分特征（像素）$\acute{\boldsymbol{y}}$ 已知，另一部分 $\grave{\boldsymbol{y}}$ 未知，有 $\boldsymbol{y} = \acute{\boldsymbol{y}} \cup \grave{\boldsymbol{y}}$（"$\cup$"指求并集，在这里也可认为是将 $\acute{\boldsymbol{y}}$ 与 $\grave{\boldsymbol{y}}$ 这两个向量拼接成一个向量）. 设 $|\Psi\rangle$ 为由多张猫的图片训练好的量子概率生成性模型，与纯粹的生成问题不同的是，这里我们并不太在意样本生成的多样性，而是希望生成（修复）的样本在某种意义上是"准确"的. 因此，考虑样本 $\boldsymbol{y}$ 本身也为猫的图片，我们希望该样本经过多体特征映射获得的直积态 $|\Phi\rangle$ 在 $|\Psi\rangle$ 中被观测到的概率尽可能大，即在给定部分像素 $\acute{\boldsymbol{y}}$ 的情况下，$\grave{\boldsymbol{y}}$ 满足

$$\grave{\boldsymbol{y}} = \operatorname{argmax}(|\langle \Psi \mid \Phi \rangle|^2) \tag{6-84}$$

记 $\acute{\boldsymbol{y}}$ 与 $\grave{\boldsymbol{y}}$ 对应的直积态为 $|\acute{\Phi}\rangle$ 与 $|\grave{\Phi}\rangle$，显然有 $|\Phi\rangle = |\acute{\Phi}\rangle \otimes |\grave{\Phi}\rangle$. 假设我们对 $|\Psi\rangle$ 进行投影测量，通过后选择（post-selection），使得对应于已知特征的自旋坍缩到 $\acute{\boldsymbol{y}}$ 对应的态上，则坍缩后的量子态（记为 $|\grave{\Psi}\rangle$）满足

$$|\Psi'\rangle = \frac{1}{Z} |\grave{\Phi}\rangle\langle \acute{\Phi} \mid \Psi\rangle = \frac{1}{Z'} |\grave{\Phi}\rangle\, |\acute{\Psi}\rangle \tag{6-85}$$

我们可以计算 $|\acute{\Psi}\rangle$ 对应的量子最概然样本，来获得丢失特征的取值. 当然，当我们希望模型能给出多种修复方案时，也可以通过生成算法采样获得特征的取值.

量子测量中的后选择

以两个自旋构成的量子态为例，设 $|\Psi\rangle = \sum_{s_0 s_1} \Psi_{s_0 s_1} |s_0\rangle |s_1\rangle$，当我们对该量子态进行测量时，具体的坍缩结果是随机的. 例如，以直积基底下的投影测量为例，投影算符为 $\hat{P} = \hat{P}^{(0)} \otimes \hat{P}^{(1)}$，其中 $\hat{P}^{(0)} = |s_0\rangle\langle s_0|$，$\hat{P}^{(1)} = |s_1\rangle\langle s_1|$. 测量得到某种自旋构型 $(\tilde{s}_0, \tilde{s}_1)$ 的概率为

$$P(\tilde{s}_0, \tilde{s}_1) = \langle \Psi | \tilde{s}_0 \tilde{s}_1 \rangle \langle \tilde{s}_0 \tilde{s}_1 | \Psi \rangle = |\langle \Psi | \tilde{s}_0 \tilde{s}_1 \rangle|^2$$

但在许多情况下，我们需要获得条件概率，例如 $P(s_0 \mid s_1 = 0)$，即已知 $|s_1\rangle$

处于 $|0\rangle$ 的条件下，$|s_0\rangle$ 各个构型的概率分布. 在理论上，我们当然可以将 $|s_1\rangle$ 直接投影到 $|0\rangle$ 态，投影之后的量子态满足

$$|\Psi'\rangle = |s_1\rangle\langle s_1|\Psi\rangle = \sum_{s_0} \Psi''_{s_0}|s_0\rangle \otimes |s_1\rangle$$

然后计算关于 $|s_0\rangle$ 的约化密度矩阵，并进行手动归一化，保证其迹为 1，然后计算对应投影算符的均值，从而获得 $P(s_0|s_1=0)$.

在实际的实验中，我们是有可能直接实现投影操作的，例如对于光量子态，可以通过偏振片实现到某一种偏振态的投影. 但如果仅允许幺正操作，则需要通过后选择的方式计算 $P(s_0|s_1=0)$. 具体而言，我们使用 $\hat{P}$ 对足够多的 $|\Psi\rangle$ 的复制态进行测量，在测量的结果中人为挑选出 $|s_1\rangle=|0\rangle$ 的结果并对其进行统计来获得 $P(s_0|s_1=0)$. 值得一提的是，投影算符为非幺正算符，在光量子系统中会造成光子数的损耗，这相当于是利用偏振片实现了后选择. 虽然后选择看起来比较简单、直接，但是它确实体现了量子与经典系统在测量上的一些本质区别. 对于经典体系而言，“后选择”这个概念似乎并无必要.

最后，我们来探讨一下上述方法在量子平台上的应用. 假设我们已知或利用算法得到了某一类样本对应的生成性矩阵乘积态 $|\Psi\rangle$，该态包含 M 个自旋，且假设我们拥有足够强大的量子平台，能够实现 M 个自旋构成的量子态的制备与操控. 首先，我们可以利用矩阵乘积态的中心正交形式，或通过优化算法，获得制备 $|\Psi\rangle$ 的量子线路[①]，该线路通过幺正变换将直积态变化成 $|\Psi\rangle$. 在量子平台获得 $|\Psi\rangle$ 后，上述样本的生成实际上就是简单地对 $|\Psi\rangle$ 进行投影测量，测量的结果即为生成的样本. 注意，这里所指的生成过程并不是算法中的数值模拟，在数值模拟时，我们需要利用经典算法生成随机数，以使得采样的结果在统计上满足所要求的概率分布. 而在量子平台进行测量时，我们不需要借助经典计算机进行随机数生成，而是直接在量子平台进行测量即可.

6.8 基于矩阵乘积态的压缩采样

在这一节中，我们来尝试将量子概率生成性模型应用到压缩采样(compressive sampling)问题. 压缩采样又称压缩感知(compressed sensing)，其基本思想是在获得相近精度的情况下降低采样次数，从而提升效率. 在采样具备较高成本

① 参考 Shi-Ju Ran, “Efficient Encoding of Matrix Product States into Quantum Circuits of One- and Two-Qubit Gates,” *Phys. Rev. A* 101, 032310 (2020); Peng-Fei Zhou, Rui Hong, and Shi-Ju Ran, “Automatically Differentiable Quantum Circuit for Many-Qubit State Preparation,” *Phys. Rev. A* 104, 052413(2021).

的情况下，压缩采样带来的效率提升变得尤为重要，例如核磁共振扫描、量子态层析等.

压缩感知的本质是信息的重构，对于压缩感知的基本理论与方法，我们就不在本书赘述了[①]，而是直接尝试从量子概率的角度进行讨论. 既然量子态可以描述数据的概率分布，一个很自然的想法则是利用量子概率生成性模型来实现压缩采样. 一般情况下，对于压缩采样处理的问题而言，特征的数量是较多的，因此我们需要借助张量网络来表示量子态，我们称其为张量网络压缩感知(tensor network compressed sensing)[②].

假设 Alice 要传递一个具备 M 个特征的样本给远方的 Bob，但是由于某种原因，Alice 每次仅能通过信道传输 $\acute{M}$ 个特征的取值($\acute{M}<M$). 为了解决这一问题，Alice 与 Bob 想到了张量网络态，希望 Bob 能够通过 Alice 传输的 $\acute{M}$ 个特征的值，通过张量网络态较为精确地估算出剩余 $\grave{M}=M-\acute{M}$ 个特征的值.

具体而言，首先，Alice 与 Bob 先确定需要传输样本的种类，例如火车、公文包、上衣等的图片，或是交响音乐会的一段音乐. 对于每一类样本，Alice 使用成熟的训练集数据，获得每一类对应的生成性矩阵乘积态，并在某一次见面时，将矩阵乘积态传输给 Bob. 在之后的传输中，Alice 每次通过经典信道传输 $\acute{M}$ 个特征的取值即其在样本中对应的位置，并告知对方该样本属于的类别. Bob 接收到这些信号后，对相应矩阵乘积态进行投影测量，并生成测量后矩阵乘积态的最概然特征值，从而重构出完整的样本.

在上述过程中，Alice 会遇到一个问题：有没有可能通过某种方式，人为地选择被传输的 $\acute{M}$ 个特征量，从而极大化 Bob 图像重构的精度呢？答案是肯定的. 为了更好地进行叙述，我们下面使用更加数学化的语言来定义相关问题. 考虑一类特征数为 M 的样本，记其生成性量子概率模型为 $|\Psi\rangle$，限定已知取值的特征数量为 $\acute{M}$，则我们需要解决的问题是，如何选取这 $\acute{M}$ 个特征(记为 $\acute{\boldsymbol{y}}$)，使得剩余($M-\acute{M}$)个特征(记为 $\grave{\boldsymbol{y}}$)的生成精度最高. $\acute{\boldsymbol{y}}$ 的选择过程类比于压缩感知中的降采样(down-sampling).

根据 $\acute{\boldsymbol{y}}$ 对 $|\Psi\rangle$ 进行测量后，设特征 $\grave{\boldsymbol{y}}$ 对应的自旋所处的状态为 $|\grave{\Psi}\rangle$. 在一般情况下，正确的 $\grave{\boldsymbol{y}}$ 并不严格对应于 $|\grave{\Psi}\rangle$ 的量子最概然样本. 并且，对于该类

① 参考 Yonina C. Eldar and Gitta Kutyniok, *Compressed Sensing: Theory and Applications*, Cambridge, Cambridge University Press, 2012.

② 参考 Shi-Ju Ran, Zheng-Zhi Sun, Shao-Ming Fei, Gang Su, and Maciej Lewenstein, "Quantum Compressed Sensing with Unsupervised Tensor Network Machine Learning," *Phys. Rev. Research* 2, 033293 (2020).

别中任意样本的传输，我们要求采样 $\grave{\mathbf{y}}$ 的方法不会随着具体样本的改变而改变，这样才能保证方法的实用性.

我们注意到，当生成具备高精度时，生成 $\grave{\mathbf{y}}$ 的各个概率分布 $\{P(\acute{y}_m)\}$ 一定具有较小的冯・诺依曼熵. 如果 $P(\acute{y}_m)$ 具有较大的冯・诺依曼熵，则说明生成的特征值 $\acute{\mathbf{y}}_m$ 会有较大的涨落. 基于此，我们引入最小熵假设：优化 $\acute{\mathbf{y}}$ 的选择，使得对 $|\grave{\Psi}\rangle$ 测量过程中，$\grave{\mathbf{y}}$ 的平均冯・诺依曼熵

$$E(\grave{\mathbf{y}}) = -\frac{1}{\grave{M}} \sum_{m=0}^{\grave{M}-1} \sum_{\grave{y}_m} \ln P(\grave{y}_m) \tag{6-86}$$

达到极小. 特别地，当 $E(\acute{\mathbf{y}})=0$ 时，$|\grave{\Psi}\rangle$ 为直积态，此时将生成特定的 $\grave{\mathbf{y}}$. 显然有，$\grave{\mathbf{y}}$ 对应于 $|\grave{\Psi}\rangle$ 的最概然样本. 因此，“平均冯・诺依曼熵极小”是“使得 $\grave{\mathbf{y}}$ 生成精度极高的最优 $\grave{\mathbf{y}}$ 选择”的必要条件(非充要条件). 若使用 6.7 节介绍的算法逐个生成未知像素，则平均冯・诺依曼熵由条件概率给出

$$E(\grave{\mathbf{y}}) = -\frac{1}{\grave{M}} \sum_{m=0}^{\grave{M}-1} \sum_{\grave{y}_m} \ln P(\grave{y}_m \mid \grave{y}_0, \cdots, \grave{y}_{m-1}) \tag{6-87}$$

下面，我们介绍纠缠排序采样协议(entanglement-ordered sampling protocol)实现对 $\acute{\mathbf{y}}$ 的采样，从而选择出 $\acute{\mathbf{y}}$ 来获得极小化的 $E(\grave{\mathbf{y}})$. 核心思想是，每次选择熵减小量最大的特征进行采样，从而最大限度地将量子态投影到直积态. 在第 m 次测量前，设由 $(M-m)$ 个未被测量的自旋给出的量子概率生成性模型为 $|\grave{\Psi}^{(m)}\rangle$. 第一步，通过 $|\grave{\Psi}^{(m)}\rangle$ 计算出每个未被测量自旋对应的单自旋约化密度矩阵，以第 l 个自旋为例，有

$$\hat{\rho}^{(l)} = \mathrm{Tr}_{/l}\, |\grave{\Psi}^{(m)}\rangle\langle\grave{\Psi}^{(m)}| \tag{6-88}$$

计算该自旋的纠缠熵

$$S^{(l)} = -\mathrm{Tr}(\hat{\rho}^{(l)} \ln \hat{\rho}^{(l)}) \tag{6-89}$$

容易看出，该纠缠熵刻画的是 $|\grave{\Psi}^{(m)}\rangle$ 中第 l 个自旋与其它自旋间二分纠缠的大小，同时它也给出概率分布 $P(y_l)$ 的冯・诺依曼熵.

第二步，选出 $|\grave{\Psi}^{(m)}\rangle$ 中纠缠最大的自旋，即

$$\widetilde{m} = \mathrm{argmax}_l S^{(l)} \tag{6-90}$$

作为待测量的自旋，计算 $\hat{\rho}^{(l)}$ 的最大本征态 $|\acute{y}_{\widetilde{m}}\rangle$，并将该自旋投影到 $|\acute{y}_{\widetilde{m}}\rangle$. 这里，选择对纠缠熵最大的自旋进行测量，是希望测量者通过单次测量能获得最大的信息增量，也就是最大限度地减小未测量态的不确定性(熵). 在选择好测量的自旋后，选择将其投影到 $\hat{\rho}^{(l)}$ 的最大本征态的原因，是希望尽可能降低在实际重

构过程中对具体测量结果的依赖性. 也就是说，在将选定自旋投影到某个态的前提下，极大化测量前后量子态间的保真度

$$|\langle \grave{\Psi}^{(m)} | (|\acute{y}_{\tilde{m}}\rangle \otimes |\grave{\Psi}^{(m+1)}\rangle)| \tag{6-91}$$

从 $|\grave{\Psi}^{(0)}\rangle = |\Psi\rangle$ 开始，重复上述步骤 $\acute{M}$ 次，所选出的 $\acute{M}$ 个被测量的自旋，即对应于 Alice 需要传输给 Bob 的特征值 $\acute{\boldsymbol{y}}$. 容易看出，特征的选择仅由生成模型 $|\Psi\rangle$ 决定，与具体待传输的样本无关. Alice 只需要训练获得该类样本对应的量子概率生成性模型即可，而不用事先知道需要传输的具体样本，当然也不用针对具体的待传输样本训练模型或更改采样策略. 张量网络压缩感知既可作为经典数值算法实现压缩采样，也可在量子平台上用于实现基于量子多体态的量子密钥分发(quantum key distribution)等.

本章要点及关键概念

1. 样本、特征、标签；
2. 独热编码；
3. 核函数、欧几里得距离、高斯核；
4. 均方误差；
5. 交叉熵；
6. 神经网络；
7. 权重矩阵、偏置；
8. 激活函数；
9. 损失函数；
10. 训练集、验证集、测试集；
11. 监督性学习；
12. 自动微分、反向传播；
13. 迭代、批次、扫描；
14. 学习能力、泛化能力；
15. 张量机器学习模型；
16. 多体特征映射；
17. 特征自旋、特征量子比特；
18. 标签自旋、标签量子比特；
19. 正交灾难；
20. 等概率先验假设；
21. 量子多体核；
22. 量子概率分类模型；
23. 矩阵乘积态分类模型及优化算法；
24. 切空间梯度优化原则；

25. 量子概率生成性模型、生成性矩阵乘积态；
26. 量子概率生成性分类器、生成性矩阵乘积态分类模型；
27. 贝叶斯理论、先验概率、似然函数；
28. k 最近邻算法；
29. 非参数学习、懒惰学习；
30. 过拟合；
31. 量子最概然样本；
32. 基于量子概率生成性模型的样本生成与修复；
33. 量子测量中的后选择；
34. 压缩感知、张量网络压缩感知；
35. 最小熵假设；
36. 纠缠排序采样协议.

习　题

1. 假设不同训练集样本对应的直积态严格正交，试证明等概率叠加获得的量子态分类器的满足归一化条件.
2. 试证明公式$\langle \widetilde{P}(c') \rangle = \left(\frac{\boldsymbol{Z}_{c'}^{(n')}}{|\boldsymbol{Z}^{(n')}|} \right)^2$. 即公式(6-45).
3. 考虑 MNIST 数据集中数字"0"与"1"的样本，则整个数据构成一个($N\times28\times28$)的 3 阶张量，其中 N 为样本个数：
   (a)利用 HOOI 算法，将样本的维数由(28×28)压缩为(8×8)，对应的 3 阶张量维数压缩为($N\times8\times8$)；
   (b)将(a)中所得($N\times8\times8$)张量变形为($N\times2\times32$)，利用公式(6-17)建立张量分类器，张量分类器的维数为($2\times32\times32$)，并进行梯度优化，获得训练集与测试集精度；
   (c)将(a)中所得($N\times8\times8$)张量变形为($N\times4\times16$)，利用公式(6-17)建立张量分类器，张量分类器的维数为($2\times16\times16\times16\times16$)，并进行梯度优化，与(b)所得精度进行对比.

附录 A　算法示例

算法 1：最优 rank-1 近似的自洽迭代

给定 $\boldsymbol{T}$，求解 γ 与单位向量 $\{\boldsymbol{v}^{(n)}\}(n=0,\cdots,N-1)$，使得 $f=|\boldsymbol{T}-\gamma\prod_{\otimes n=0}^{N-1}\boldsymbol{v}^{(n)}|$ 极小.

1. 随机初始化单位向量 $\{\boldsymbol{v}^{(n)}\}$；
2. 依次更新所有向量：计算 $\boldsymbol{v}^{(n)}\leftarrow \mathrm{tTr}(T_{i_0 i_1\cdots i_{N-1}}\prod_{m\neq n}v_{i_m}^{(m)})$，并归一化 $\boldsymbol{v}^{(n)}\leftarrow \boldsymbol{v}^{(n)}/|\boldsymbol{v}^{(n)}|$；
3. 计算 $\gamma=\mathrm{tTr}(T_{i_0 i_1\cdots i_{N-1}}\prod_{n=0}^{N-1}v_{i_n}^{(n)})$；
4. 判断 γ 与 $\{\boldsymbol{v}^{(n)}\}$ 是否收敛，如果收敛，返回 γ 与 $\{\boldsymbol{v}^{(n)}\}$；如果未收敛，回到第 2 步.

算法 2：最优 Tucker 低秩近似的 HOOI

给定 $\boldsymbol{T}$，求解维数为 $(R_0,R_1,\cdots,R_n)$ 的核张量 $\boldsymbol{G}$ 与变换矩阵 $\{\boldsymbol{U}^{(n)}\}(n=0,\cdots,N-1)$，使得 Tucker 低秩近似误差极小.

1. 使用高阶奇异值算法，计算维数为 $(R_0,R_1,\cdots,R_n)$ 的 $\boldsymbol{G}$ 与相应的 $\{\boldsymbol{U}^{(n)}\}$；
2. 遍历 $n=0,\cdots,N-1$，计算 $\widetilde{G}_{\cdots j_{n-1}i_n j_{n+1}\cdots}=\sum_{/i_n}T_{i_0 i_1\cdots i_{N-1}}\prod_{n'\neq n}U_{i_n j_n}^{(n)*}$，其中 $\sum_{/i_n}$ 表示对除 i_n 以外的所有指标进行求和，$\prod_{n'\neq n}$ 代表对 $n'\neq n$ 时 n' 的所有可能的取值进行连乘；
3. 对其矩阵化 $\widetilde{\boldsymbol{G}}_{[i_n]}$ 进行奇异值分解计算变换矩阵 $\boldsymbol{U}^{(n)}$，满足 $\widetilde{\boldsymbol{G}}_{[i_n]}=\boldsymbol{U}^{(n)}\widetilde{\boldsymbol{\Lambda}}^{(n)}\boldsymbol{V}^{(n)\dagger}$；
4. 遍历 n 一遍后，检查是否收敛，如果收敛，则返回 $\boldsymbol{G}$ 与 $\{\boldsymbol{U}^{(n)}\}$；如果未收敛，则回到步骤 2.

算法 3：基于 eco-QR 分解的严格 TT 分解

给定 N 阶张量 $\boldsymbol{T}$，求解$\{\boldsymbol{A}^{(n)}\}(n=0,\cdots,N-1)$，使得

$$T_{s_0 s_2 \cdots s_{N-1}} = \boldsymbol{A}^{(0)}_{s_1,:}\ \boldsymbol{A}^{(2)}_{:,s_2,:} \cdots \boldsymbol{A}^{(N-2)}_{:,s_{N-2},:}\ \boldsymbol{A}^{(N-1)}_{:,s_{N-1}}$$

1. 矩阵化 $\boldsymbol{T}$ 并计算 QR 分解 $\boldsymbol{Q}^{(0)} \stackrel{\text{def}}{=\!=} \boldsymbol{T}_{[0]} = \boldsymbol{A}^{(0)}\boldsymbol{Q}^{(1)}$，将 $\boldsymbol{Q}^{(1)}$ 变形成 $\dim(s_0)\times\dim(s_1)\times\prod_{k=2}^{N-1}\dim(s_k)$ 维的 3 阶张量；
2. 遍历 $n=1,\cdots,N-3$，设 $\boldsymbol{Q}^{(n)}$ 三个指标的维数分别为 d_{L}、d_n 与 d_{R}，易得 $d_n=\dim(s_n)$，进行如下计算：
   (a)计算 $\boldsymbol{Q}^{(n)}$ 矩阵化的 QR 分解 $\boldsymbol{Q}^{(n)}_{[0,1]}=\boldsymbol{A}^{(n)}\ \boldsymbol{Q}^{(n+1)}$；
   (b)将 $\boldsymbol{A}^{(n)}$ 变形为 $d_{\mathrm{L}}\times d_n\times\min(d_{\mathrm{L}}\,d_n,d_{\mathrm{R}})$的 3 阶张量；
   (c) 将 $\boldsymbol{Q}^{(n+1)}$ 变形成 $\min(d_{\mathrm{L}}\,d_{n+1},d_{\mathrm{R}})\times\dim(s_{n+2})\times\prod_{k=n+3}^{N-1}\dim(s_k)$ 维的 3 阶张量；
3. 计算 $\boldsymbol{Q}^{(N-2)}_{[0,1]}=\boldsymbol{A}^{(N-2)}\ \boldsymbol{A}^{(N-1)}$，将 $\boldsymbol{A}^{(N-2)}$ 变形为 $\dim(s_{N-2})\dim(s_{N-1})\times\dim(s_{N-2})\times\dim(s_{N-1})$维的 3 阶张量，返回所有张量$\{\boldsymbol{A}^{(n)}\}$.

算法 4：TEBD

给定哈密顿量 $\hat{H}=\sum_i \hat{H}_{i,i+1}$ 与表示初态的矩阵乘积态，求演化 t 时间后的乘积态.

1. 随机初始化矩阵乘积态，并将其变换为中心正交形式，将正交中心放至最左边第 $n_c=0$ 个的张量，并归一化 $\boldsymbol{A}^{(0)}$；
2. 将局域演化算符的系数张量 $\boldsymbol{U}$ 与正交中心处的张量 $\boldsymbol{A}^{(n_c)}$ 及其右侧的张量 $\boldsymbol{A}^{(n_c+1)}$ 进行缩并，计算张量 $\boldsymbol{B}$；
3. 对 $\boldsymbol{B}$ 进行奇异值分解，若秩大于截断维数 χ，则仅保留前 χ 个奇异值及对应的奇异向量；
4. 将左奇异向量构成的变换矩阵变形成张量后，用其替换 $\boldsymbol{A}^{(n_c)}$，将奇异谱与右奇异向量相乘获得的矩阵变形为张量后，用其替换 $\boldsymbol{A}^{(n_c+1)}$（注：此时正交中心位于 $\boldsymbol{A}^{(n_c+1)}$）；
5. 若 $n_c+1<N-1$，则返回步骤 2；若 $n_c+1=N-1$，则进入步骤 6；
6. 若演化时间长度达到 t，则返回矩阵乘积态；否则，将正交中心变换至 $\boldsymbol{A}^{(0)}$ 后返回步骤 2.

算法 5：iTEBD

给定哈密顿量 $\hat{H}=\sum_i \hat{H}_{i,i+1}$ 与表示初态的平移不变矩阵乘积态，求演化 t 时间后的矩阵乘积态.

1. 随机初始化平移不变矩阵乘积态的不等价张量 $\boldsymbol{A}$ 与 $\boldsymbol{B}$，初始化正定对角矩阵 $\boldsymbol{\Lambda}^{AB}$ 与 $\boldsymbol{\Lambda}^{BA}$ 为单位矩阵，并将其变换为正则形式，对正则化后的 $\boldsymbol{\Lambda}^{AB}$ 与 $\boldsymbol{\Lambda}^{BA}$ 进行归一化；
2. 按正文所述，将局域演化算符的系数张量 $\boldsymbol{U}$ 放至 $\boldsymbol{B}$ 与 $\boldsymbol{A}$ 之间，计算张量 $\boldsymbol{T}=\mathrm{tTr}(\boldsymbol{U},\boldsymbol{A},\boldsymbol{B},\boldsymbol{\Lambda}^{AB},\boldsymbol{\Lambda}^{BA},\boldsymbol{\Lambda}^{AB})$，并计算 $\boldsymbol{T}$ 矩阵化的奇异值分解，若秩大于截断维数 χ，则仅保留前 χ 个奇异值及对应的奇异向量；
3. 将 $\boldsymbol{\Lambda}^{BA}$ 更新为所得的奇异谱构成的对角矩阵，将 $(\boldsymbol{\Lambda}^{AB})^{-1}$ 作用于左、右奇异向量构成的变换矩阵后，将其变形为张量，更新 $\boldsymbol{B}$ 与 $\boldsymbol{A}$；
4. 将局域演化算符的系数张量 $\boldsymbol{U}$ 放至 $\boldsymbol{A}$ 与 $\boldsymbol{B}$ 之间，计算张量 $\boldsymbol{T}$ 及其矩阵化的奇异值分解，若秩大于截断维数 χ，则仅保留前 χ 个奇异值及对应的奇异向量；
5. 将 $\boldsymbol{\Lambda}^{AB}$ 更新为所得的奇异谱构成的对角矩阵，将 $(\boldsymbol{\Lambda}^{BA})^{-1}$ 作用于左、右奇异向量构成的变换矩阵后，将其变形为张量，更新 $\boldsymbol{A}$ 与 $\boldsymbol{B}$；
6. 检查不等价张量（或 $\boldsymbol{\Lambda}^{AB}$ 与 $\boldsymbol{\Lambda}^{BA}$）是否收敛，若是，则返回 $\boldsymbol{A}$、$\boldsymbol{B}$、$\boldsymbol{\Lambda}^{AB}$ 与 $\boldsymbol{\Lambda}^{BA}$，若未收敛，则回到步骤 2.

算法 6：单格点密度矩阵重正化群

给定哈密顿量 $\hat{H}=\sum_i \hat{H}_{i,i+1}$，利用矩阵乘积态求解系统基态.

1. 随机初始化矩阵乘积态，并将其变换为中心正交形式，正交中心放置于第 $n_c=0$ 个张量；
2. 计算正交中心对应的有效哈密顿量 $\widetilde{\boldsymbol{H}}^{(n_c)}$ 及其矩阵化的最小本征向量，并将所得本征向量变形为张量，替换正交中心处的张量；
3. 当 $n_c<N-1$ 时，将正交中心右移一步（$n_c\leftarrow n_c+1$），回到步骤 2；当 $n_c=N-1$ 时，将正交中心左移一步（$n_c\leftarrow n_c-1$），进入步骤 4；
4. 计算正交中心对应的有效哈密顿量 $\widetilde{\boldsymbol{H}}^{(n_c)}$ 及其矩阵化的最小本征向量，并将所得本征向量变形为张量，替换正交中心处的张量；
5. 当 $n_c>0$ 时，将正交中心左移一步（$n_c\leftarrow n_c-1$），回到步骤 4；当 $n_c=0$ 时，进入步骤 6；
6. 检查矩阵乘积态是否收敛，若是，返回矩阵乘积态及有效哈密顿量的最小本征值；若未收敛，将正交中心右移一步（$n_c\leftarrow n_c+1$），回到步骤 2.

算法 7：单格点无限密度矩阵重正化群

给定无限长 1 维哈密顿量 $\hat{H}=\sum_i \hat{H}_{i,i+1}$，求解表示系统基态的 uMPS.

1. 初始化：计算 $N=3$ 个自旋构成的系统的基态，通过严格的 TT 分解以及中心正交变换，获得 $\boldsymbol{A}^{(-1)}$ 与 $\boldsymbol{A}^{(0)}$，其中 $\boldsymbol{A}^{(0)}$ 为正交中心，利用镜面反射对称性($A^{(n)}_{\alpha_{n-1}s_n\alpha_n}=A^{(-n)}_{\alpha_{-n}s_{-n}\alpha_{-n-1}}$)通过 $\boldsymbol{A}^{(-1)}$ 获得 $\boldsymbol{A}^{(1)}$；
2. 进行长点：使用中心正交变换，将正交中心从 $\boldsymbol{A}^{(0)}$ 移动至 $\boldsymbol{A}^{(1)}$，重新编号张量为 $\boldsymbol{A}^{(0)}\leftarrow\boldsymbol{A}^{(1)}$、$\boldsymbol{A}^{(-1)}\leftarrow\boldsymbol{A}^{(0)}$、$\boldsymbol{A}^{(-2)}\leftarrow\boldsymbol{A}^{(-1)}$，并利用镜面反射对称性更新 $\boldsymbol{A}^{(1)}$ 与 $\boldsymbol{A}^{(2)}$；
3. 计算环境-主体相互作用算符：$\boldsymbol{\mathcal{H}}^{(0)\mathrm{L}}\leftarrow\sum_{\alpha=x,y,z}\acute{\boldsymbol{S}}^{(0)\alpha}_{-1}\boldsymbol{S}^{\alpha}_{0}$，按照图 4-32 所示对称性获得$\boldsymbol{\mathcal{H}}^{(0)\mathrm{R}}$；
4. 更新环境算符：当 $N=5$ 时，计算 $\boldsymbol{S}^{(0)\mathrm{L}}=\sum_{\alpha=x,y,z}\acute{\boldsymbol{S}}^{(0)\alpha\alpha}_{-2,-1}$；当 $N>5$ 时，更新 $\boldsymbol{S}^{(0)\mathrm{L}}\leftarrow\boldsymbol{S}^{(0)\mathrm{L}}\boldsymbol{\mathcal{T}}^{(-1)}+\sum_{\alpha=x,y,z}\acute{\boldsymbol{S}}^{(0)\alpha\alpha}_{-2,-1}$，按照图 4-32 所示对称性获得 $\boldsymbol{S}^{(0)\mathrm{R}}$；
5. 计算有效哈密顿量 $\widetilde{\boldsymbol{H}}^{(n_c)}=\boldsymbol{S}^{(n_c)\mathrm{L}}+\boldsymbol{\mathcal{H}}^{(n_c)\mathrm{L}}+\boldsymbol{\mathcal{H}}^{(n_c)\mathrm{R}}+\boldsymbol{S}^{(n_c)\mathrm{R}}$ 及其最小本征向量，将该向量变形为 3 阶张量，替换原有 $\boldsymbol{A}^{(0)}$；
6. 检查 $\boldsymbol{A}^{(0)}$ 是否收敛，若是，返回当前 $\boldsymbol{A}^{(-2)}$、$\boldsymbol{A}^{(-1)}$ 与 $\boldsymbol{A}^{(0)}$；若未收敛，返回至步骤 2.

算法 8：张量重正化群

给定不等价张量 $\boldsymbol{T}$，计算由 $\boldsymbol{T}$ 构成的无穷大闭合张量网络的收缩.

1. 在第 $t=0$ 步，初始化张量 $\boldsymbol{T}^{(0)}=\boldsymbol{T}$，计算归一化系数 $c_0=|\boldsymbol{T}^{(0)}|$，进行归一化 $\boldsymbol{T}^{(0)}\leftarrow\boldsymbol{T}^{(0)}/c_0$；
2. 计算奇异值分解 $\boldsymbol{T}^{(t)}_{[1,2]}=\boldsymbol{P}'\boldsymbol{\Lambda}\boldsymbol{Q}'^{\dagger}$，$\boldsymbol{T}^{(t)}_{[0,1]}=\boldsymbol{U}'\widetilde{\boldsymbol{\Lambda}}\boldsymbol{V}'^{\dagger}$；若奇异值个数超过截断维数 χ，则仅保留前 χ 个奇异值及对应的奇异向量；
3. 计算 $\boldsymbol{P}=\boldsymbol{P}'\sqrt{\boldsymbol{\Lambda}}$，$\boldsymbol{Q}=\boldsymbol{Q}'\sqrt{\boldsymbol{\Lambda}}$，$\boldsymbol{U}=\boldsymbol{U}'\sqrt{\widetilde{\boldsymbol{\Lambda}}}$，$\boldsymbol{V}=\boldsymbol{V}'\sqrt{\widetilde{\boldsymbol{\Lambda}}}$；
4. 计算 $\boldsymbol{T}^{(t+1)}=\mathrm{tTr}(\boldsymbol{V},\boldsymbol{P},\boldsymbol{Q},\boldsymbol{U})$，计算归一化系数 $c_{t+1}=|\boldsymbol{T}^{(t+1)}|$，进行归一化 $\boldsymbol{T}^{(t+1)}\leftarrow\boldsymbol{T}^{(t+1)}/c_{t+1}$；
5. 简称 $\boldsymbol{T}^{(t+1)}$ 是否收敛，若是，则返回 $\boldsymbol{T}^{(t+1)}$ 及其它需要的数据；若未收敛，则返回到步骤 2.

算法 9：角转移矩阵重正化群

给定不等价张量 $\boldsymbol{T}$，计算由 $\boldsymbol{T}$ 构成的无穷大闭合张量网络的收缩.

1. 在第 $t=0$ 步，随机初始化角矩阵 $\boldsymbol{C}^{(i,t)}$ 与边张量 $\boldsymbol{S}^{(i,t)}$；
2. 使用 $\boldsymbol{T}$ 与 $\boldsymbol{S}^{(i,t)}$，按照图 5-13 计算 $\boldsymbol{S}^{(i,t+1)}$；
3. 使用 $\boldsymbol{T}$、$\boldsymbol{S}^{(i,t)}$ 与 $\boldsymbol{C}^{(i,t)}$，按照图 5-14 计算 $\boldsymbol{C}^{(i,t+1)}$，若角矩阵或边张量的指标维数超过预设的截断维数 χ，进入步骤 4，否则进入步骤 5；
4. 依次计算每个维数大于 χ 的指标的键环境矩阵，按照 5.3 节介绍的方法将其维数裁剪至 χ；
5. 检查计算是否收敛，若是，则返回相关的计算结果；若未收敛，则返回至步骤 2.

附录 B　基础代码示例

1. 建立不同阶数的张量

```
import numpy as np
```

```
# 标量
x = 1.4
print(x)
y = x + 1j*2.1
print(y)
print(y ** 2)  # y的平方
print(y + 34 -2)
print(np.sqrt(x))
```

```
1.4
(1.4+2.1j)
(-2.45+5.88j)
(33.4+2.1j)
1.1832159566199232
```

```
# 向量
v = np.random.randn(4, )  # 生成长度为4的随机向量
print(v)
print(v.shape)  # v的形状
print(v.size)  # v中包含的元素的个数
print(v.dot(v))  # v和v的内积
v[3] = 10.21  # 修改v的某个元素
print(v)

# ---------------------------------------------
# 练习：生成长度为8的全零向量
```

```
[ 0.42829534 -0.25110337  1.43681836 -0.76799038]
(4,)
4
2.9007460183649645
[ 0.42829534 -0.25110337  1.43681836 10.21      ]
```

```
# 矩阵
# 生成2*2的随机复矩阵
m = np.random.randn(2, 2) + np.random.randn(2, 2) * 1j
print(m)
m[1, 0] = 6.6666 + 1j # 修改m的第1行第0列的值
print('')
print(m)

print('\n Conjugate of the matrix:')
print(m.conj())
print('\n Conjugate transpose of the matrix:')
print(m.conj().T)

print('\n Identity: ')
print(np.eye(5))  # 打印单位阵
print(np.zeros((2, 4)))
```

```
[[ 0.26435305+0.39204004j  0.07478882+0.2754621j ]
 [-0.80829255+1.01991506j -0.38032197-0.08017878j]]

[[ 0.26435305+0.39204004j  0.07478882+0.2754621j ]
 [ 6.6666    +1.j         -0.38032197-0.08017878j]]

 Conjugate of the matrix:
[[ 0.26435305-0.39204004j  0.07478882-0.2754621j ]
 [ 6.6666    -1.j         -0.38032197+0.08017878j]]

 Conjugate transpose of the matrix:
[[ 0.26435305-0.39204004j  6.6666    -1.j        ]
 [ 0.07478882-0.2754621j  -0.38032197+0.08017878j]]

 Identity:
[[1. 0. 0. 0. 0.]
 [0. 1. 0. 0. 0.]
 [0. 0. 1. 0. 0.]
 [0. 0. 0. 1. 0.]
 [0. 0. 0. 0. 1.]]
[[0. 0. 0. 0.]
 [0. 0. 0. 0.]]
```

```
# 张量
x = np.random.randn(2, 2, 3)  # 随机生成一个2*2*2的三阶张量
print(x)
print(x.ndim)  # 张量的阶数
print(np.ones((2, 3, 2)))
print(x[0, 0, 1])
```

```
[[[ 0.0413567    1.01910361   2.0167135 ]
  [ 0.26342306 -0.11418739   0.9407725 ]]

 [[-0.36256143   0.65817331   0.48920496]
  [ 0.43323773   0.26265088   2.11837773]]]
3
[[[1.  1.]
  [1.  1.]
  [1.  1.]]

 [[1.  1.]
  [1.  1.]
  [1.  1.]]]
1.0191036135330003
```

2. 张量的变形(reshape)与指标交换(transpose)

```
# 例：向量的reshape与transpose

print('-' * 30)
v = np.arange(0, 6, 1)
print(v)
print(v[4])
print('-' * 30)
mat = v.reshape(2, 3)
print(mat)
print(mat[1, 1])
print('-' * 30)
mat1 = v.reshape(3, 2)
print(mat1)
print(mat1[2, 0])
```

```
------------------------------
[0 1 2 3 4 5]
4
------------------------------
[[0 1 2]
 [3 4 5]]
4
------------------------------
[[0 1]
 [2 3]
 [4 5]]
4
```

```
# 例：矩阵的reshape和transpose

print('-' * 30)
m = np.array([[11, 12, 13], [21, 22, 23]])
print(m)
print(m[0, 2])
print('-' * 30)
mat1 = m.transpose(1, 0)
print(mat1)
print(mat1[2, 0])
print('-' * 30)
print(m.T)
print('-' * 30)
print(m.reshape(3, 2))
print('-' * 30)
print(m.reshape(6, ))
```

```
------------------------------
[[11 12 13]
 [21 22 23]]
13
------------------------------
[[11 21]
 [12 22]
 [13 23]]
13
------------------------------
[[11 21]
 [12 22]
 [13 23]]
------------------------------
[[11 12]
 [13 21]
 [22 23]]
------------------------------
[11 12 13 21 22 23]
```

```
# 张量的reshape与transpose操作

x = np.random.randn(2, 3, 4)
print('原张量x的维数：')
print(x.shape)
y1 = x.reshape(6, 4)
print('变形之后张量y1的维数：')
```

```
print(y1.shape)
y2 = x.transpose(2, 0, 1)
print('指标交换之后张量y2的维数：')
print(y2.shape)
```

```
原张量x的维数：
(2, 3, 4)
变形之后张量y1的维数：
(6, 4)
指标交换之后张量y2的维数：
(4, 2, 3)
```

3. 张量的切片操作

```
# 向量与矩阵的切片

print('-' * 30)
v = np.arange(6)
print(v)
print('-' * 30)
print(v[:3])
print(v[2:])
print(v[1:3])

print('=' * 30)
m = np.random.randn(4, 4)
print(m)
print('-' * 30)
print(m[1:3, :2])
```

```
------------------------------
[0 1 2 3 4 5]
------------------------------
[0 1 2]
[2 3 4 5]
[1 2]
==============================
[[-0.08403364 -0.71220022 -0.81402674 -1.06666906]
 [-0.37025006 -0.53991908 -0.7733347   0.92002044]
 [ 1.10968641  0.80350333  0.4214455   0.65191792]
 [ 0.53044496  1.44690487 -0.16626888  1.43527411]]
------------------------------
[[-0.37025006 -0.53991908]
 [ 1.10968641  0.80350333]]
```

```
# 张量的切片

x = np.random.randn(4, 4, 4)
y = x[:3, 1:3, 1:]
print(y.shape)
```

(3, 2, 3)

4. 3 阶张量与 RGB 图片

```
# 彩色RGB图对应的数据为3维张量
import cv2
import matplotlib.pyplot as plt

img = cv2.imread('./Imgs/example1.jpg')  # 读取RGB图片
print("储存图片的张量的维数 = " + str(img.shape))  # 显示图片尺寸
plt.imshow(img)
plt.show()
print('R通道中的部分切片:')
print(img[80:90, 80:90, 0])
```

储存图片的张量的维数 = (200, 200, 3)

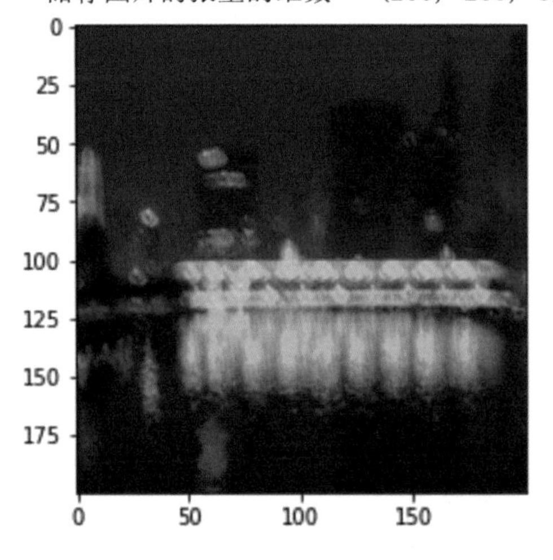


```
R通道中的部分切片:
[[ 66  81  82  85  89  87  87  86  87  90]
 [ 68  77  82  84  89  91  98  91  85  85]
 [ 76  76  79  84  86  95 104  95  86  70]
 [ 86  80  79  83  85  91  92  88  90  76]
 [ 91  84  85  83  87  85  81  85  83  81]
```

```
[100  86  87  86  86  83  78  81  78  77]
[107  85  90  93  83  85  80  78  74  61]
[112  88  93  91  80  82  81  74  76  65]
[120  95  85  78  77  78  73  73  74  74]
[108  90  83  78  76  72  76  70  69  67]]
```

5. 张量的指标收缩运算

```
# 向量内积、外积与克罗内克积

np.random.seed(0)
dim = 3
x = np.random.randn(dim, )
y = np.random.randn(dim, )
print('x = ')
print(x)
print('y = ')
print(y)

print('\n Inner product of vectors: ')
print(np.inner(x, y))
print(np.dot(x, y))
print(x.dot(y))
```

```
x =
[1.76405235 0.40015721 0.97873798]
y =
[ 2.2408932    1.86755799 -0.97727788]

 Inner product of vectors:
3.7438707148552592
3.7438707148552592
3.7438707148552592
```

```
# 矩阵相关计算

m = np.random.randn(dim, dim)
print('m = ')
print(m)
print('x = ')
print(x)
print('\n m matrix-multiply x = ')
print(m.dot(x))  # 矩阵与向量相乘
```

```
print('\n m matrix-multiply m = ')
print(m.dot(m))  # 向量与向量相乘

print('\n trace of m = ')
print(m.trace())  # 矩阵求迹
```

```
m =
[[ 0.95008842 -0.15135721 -0.10321885]
 [ 0.4105985   0.14404357  1.45427351]
 [ 0.76103773  0.12167502  0.44386323]]
x =
[1.76405235 0.40015721 0.97873798]

 m matrix-multiply x =
[1.51441481 2.20531004 1.82562532]

 m matrix-multiply m =
[[ 0.76196752 -0.17816392 -0.36399687]
 [ 1.55600596  0.13555026  0.81259578]
 [ 1.11080937 -0.04365498  0.29540988]]

 trace of m =
1.537995221431893
```

```
# 张量相关计算: tensordot

A = np.random.randn(5, 3, 2)
B = np.random.randn(3, 6, 4)
C1 = np.tensordot(A, B, [[1], [0]])
print('The shape of C = ')
print(C1.shape)
```

```
The shape of C =
(5, 2, 6, 4)
```

```
# 张量相关计算: einsum

A = np.random.randn(5, 3, 3)
B = np.random.randn(6, 3, 3)
C = np.random.randn(4, 3, 3)
T = np.einsum('iab,jbc,kca->ijk', A, B, C)

print('The shape of the resulting tensor = ')
print(T.shape)
print('\n The illustration of the tensor-network contraction:')
```

```
import PlotFun as pf
pf.im_read_and_show('./Imgs/contract.png')
```

```
The shape of the resulting tensor =
(5, 6, 4)

The illustration of the tensor-network contraction:
```

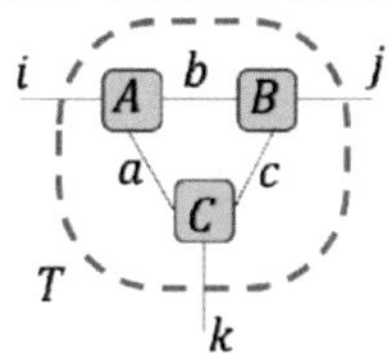

6. 矩阵的本征值分解

```
dim = 4
M = np.random.randn(dim, dim)
M = M + M.T  # 对称化以保证本征值分解存在; .T等价于.transpose(1, 0)
print(M)

lm, u = np.linalg.eig(M)
print('\n Eigenvalues:')
print(lm)

print('\n Eigenvectors:')
print(u)
```

```
[[-1.27769334  1.11414703  0.56194405 -0.91706935]
 [ 1.11414703 -2.6444184   0.74454762 -0.65349964]
 [ 0.56194405  0.74454762  0.04997731 -1.03090405]
 [-0.91706935 -0.65349964 -1.03090405  3.94811025]]

 Eigenvalues:
[ 4.53597758 -3.31389346  0.09266001 -1.23876832]

 Eigenvectors:
[[ 0.20003974  0.44893232 -0.33364643 -0.80444014]
 [ 0.14323051 -0.88556564 -0.27847394 -0.34309004]
 [ 0.26320184  0.11914803 -0.83042381  0.47636629]
 [-0.93284185 -0.00608435 -0.34860956 -0.09077689]]
```

```
print('\n Check the orthogonality of U: UU^T=I')
print(u.dot(u.T))
```

```
 Check the orthogonality of U: UU^T=I
[[1.00000000e+00 6.77300782e-16 3.09600249e-16 3.64967507e-17]
 [6.77300782e-16 1.00000000e+00 1.69289442e-16 1.22523024e-16]
 [3.09600249e-16 1.69289442e-16 1.00000000e+00 1.66641325e-16]
 [3.64967507e-17 1.22523024e-16 1.66641325e-16 1.00000000e+00]]
```

```
print('\n The error of the eigenvalue decomposition = ')
M1 = u.dot(np.diag(lm)).dot(u.T)
err = np.linalg.norm(M - M1)
print(err)

# 练习：编写程序完成如下任务
# 1. 验证u的每一列都是矩阵M的本征向量
# 2. 验证U第n列给出的向量对应的本征值为lm的第n个元素
```

```
 The error of the eigenvalue decomposition =
2.8037596640948706e-15
```

7. 最大本征值问题与相应的优化问题

```
# Randomly check the equivalence between the maximal eigenvalue
#  problem and the optimization problem

dim = 4
M = np.random.randn(dim, dim)
M = M + M.T  # 对称化以保证本征值分解存在
print(M)

lm, u = np.linalg.eig(M)
print('\n Eigenvalues:')
print(lm)

print('\n Eigenvectors:')
print(u)

n_max = np.argmax(abs(lm))
lm_max = lm[n_max]
v_max = u[:, n_max]
print('\n The ' + str(n_max) + '-th eigenvalue is the maximal one')
print('Dominant eigenvalue = ' + str(lm_max))
print('Dominant eigenvector = ')
print(v_max)
```

```
[[ 1.85068276 -1.96208229  0.50702043 -2.15640413]
 [-1.96208229 -0.08564957 -1.0910219  -0.58215345]
 [ 0.50702043 -1.0910219   1.48520929  2.69444844]
 [-2.15640413 -0.58215345  2.69444844  0.16361596]]

 Eigenvalues:
[-3.05504986 -1.24150689  3.57462105  4.13579414]
 Eigenvectors:
[[-0.47962185 -0.25844144 -0.69593416 -0.46781038]
 [-0.30876685 -0.79299624  0.52455652 -0.02569925]
 [ 0.40382201 -0.49988575 -0.48910705  0.58975954]
 [-0.71522983  0.23340784 -0.0359222   0.65778163]]

 The 3-th eigenvalue is the maximal one
 Dominant eigenvalue = 4.135794138034508
 Dominant eigenvector =
 [-0.46781038 -0.02569925  0.58975954  0.65778163]
```

```
f_max = abs(v_max.dot(M).dot(v_max))
print('f from the product of M and v_max = ' + str(f_max))
print('The largest (absolute value) eigenvalue = ' + str(lm_max))

num_v = 500
# 随机建立多个归一化向量
vecs = np.random.randn(num_v, dim)
vecs = np.einsum('na,n->na', vecs, 1/np.linalg.norm(vecs, axis=1))
# 计算每个向量的f
f = abs(np.einsum('na,ab,nb->n', vecs, M, vecs.conj()))

# 画图展示由最大本征值给出的
x = np.arange(num_v)
y = np.ones(num_v, ) * f_max
plt.plot(x, y, '--')
plt.plot(x, f)
plt.show()
```

```
f from the product of M and v_max = 4.135794138034508
The largest (absolute value) eigenvalue = 4.135794138034508
```

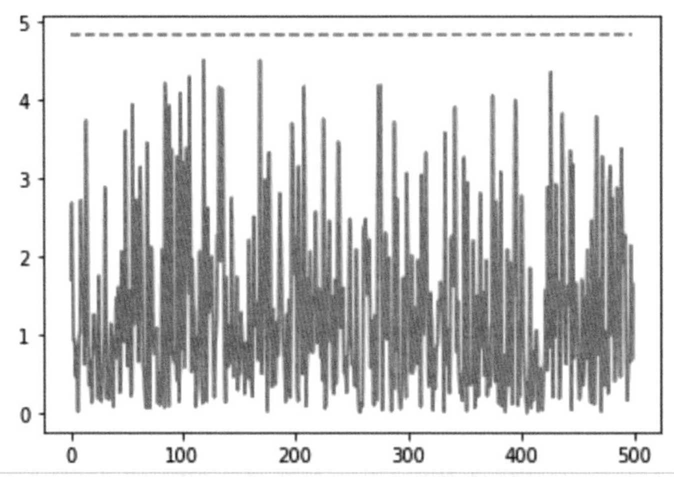


```
# 使用scipy中的eigs仅求最大几个本征值与本征向量，节省计算量
import scipy.sparse.linalg as la

lm1, v1 = la.eigs(M, k=1, which='LM')
print('The dominant eigenvalue and eigenvector by eigs:')
print(lm1)
print(v1.reshape(-1, ))

print('\nThe dominant eigenvalue and eigenvector by eig:')
print(lm_max)
print(v_max.reshape(-1, ))
```

```
The dominant eigenvalue and eigenvector by eigs:
[4.13579414+0.j]
[-0.46781038+0.j -0.02569925+0.j  0.58975954+0.j  0.65778163+0.j]

The dominant eigenvalue and eigenvector by eig:
4.135794138034508
[-0.46781038 -0.02569925  0.58975954  0.65778163]
```

```
# 基于幂级数算法的最大本征值算法
def eig0(mat, it_time=100, tol=1e-15):
    """

    :param mat: 输入矩阵（实对称阵）
    :param it_time: 最大迭代步数
    :param tol: 收敛阈值
    :return lm: （绝对值）最大本征值
    :return v1: 最大本征向量
    """
```

```
    # 初始化向量
    v1 = np.random.randn(mat.shape[0],)
    v0 = copy.deepcopy(v1)
    lm = 1
    for n in range(it_time):  # 开始循环迭代
        v1 = mat.dot(v0)  # 计算v1 = M V0
        lm = np.linalg.norm(v1)  # 求本征值
        v1 /= lm  # 归一化v1
        # 判断收敛
        conv = np.linalg.norm(v1 - v0)
        if conv < tol:
            break
        else:
            v0 = copy.deepcopy(v1)
    return lm, v1
```

```
# 调用基于幂级数算法的最大本征值求解
lm2, v2 = eig0(M)

print('\nThe dominant eigenvalue and eigenvector by '+
      'the iterative method:')
print(lm2)
print(v2.reshape(-1, ))
```

```
The dominant eigenvalue and eigenvector by the iterative method:
4.135794138034414
[ 0.46781013  0.02569945 -0.58975972 -0.65778164]
```

8. 基于 SVD 的图像压缩

```
import numpy as np
import cv2
import matplotlib.pyplot as plt
```

```
img = cv2.imread('./Imgs/example2.jpg')  # 读取RGB图片
img = np.sum(img, axis=2) / 3
print("Shape of the image data = " + str(img.shape))  # 显示图片尺寸

plt.imshow(img)
plt.show()
```

```
Shape of the image data = (833, 832)
```

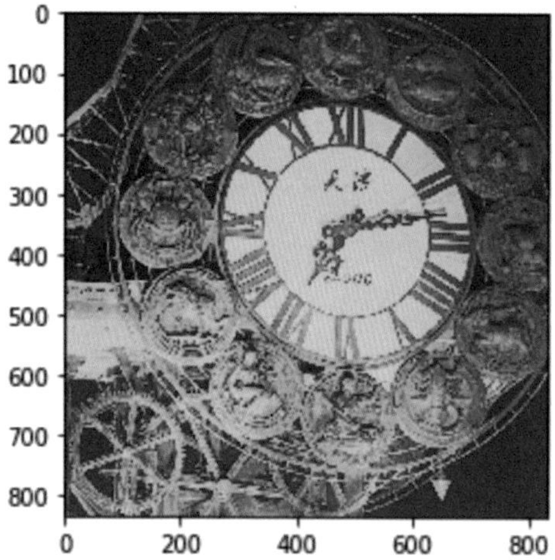

```
import scipy.sparse.linalg as la

def img_compress(img, k):
    u, lm, v = la.svds(img, k=k)
    img1 = u.dot(np.diag(lm)).dot(v)
    num_para = 2*k*u.shape[0]
    return img1, num_para

k=10
img1, num_para = img_compress(img, k)
print('By keeping ' + str(k) +
      ' singular values, data size \n is compressed from '
     + str(img.size) + ' to ' + str(num_para))
print('error = ' + str(np.linalg.norm(img-img1) / np.linalg.norm(img)))
plt.imshow(img1)
plt.show()
```

```
By keeping 10 singular values, data size
 is compressed from 693056 to 16660
error = 0.32487611859540055
```

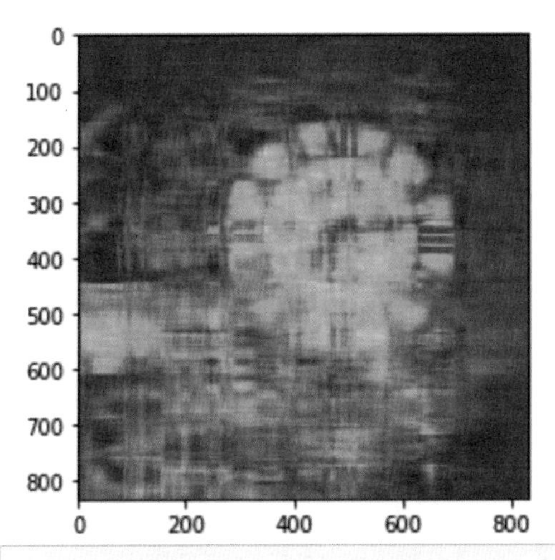

```
k=20
img1, num_para = img_compress(img, k)
print('By keeping ' + str(k) +
      ' singular values, data size \n is compressed from ' +
      str(img.size) + ' to ' + str(num_para))
print('error = ' + str(np.linalg.norm(img-img1) / np.linalg.norm(img)))
plt.imshow(img1)
plt.show()
```

```
By keeping 20 singular values, data size
 is compressed from 693056 to 33320
error = 0.28548751629885194
```

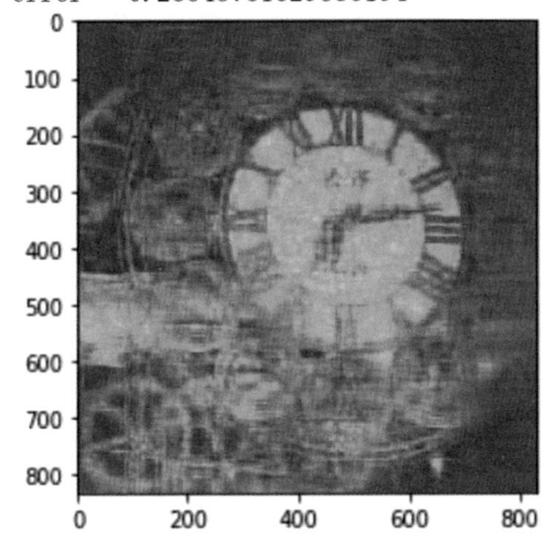

```
k=50
img1, num_para = img_compress(img, k)
print('By keeping ' + str(k) +
      ' singular values, data size is compressed from ' +
      str(img.size) + ' to ' + str(num_para))
print('error = ' + str(np.linalg.norm(img-img1) / np.linalg.norm(img)))
plt.imshow(img1)
plt.show()
```

```
By keeping 50 singular values, data size is compressed from 693056 to 8
3300
error = 0.21806884831274959
```

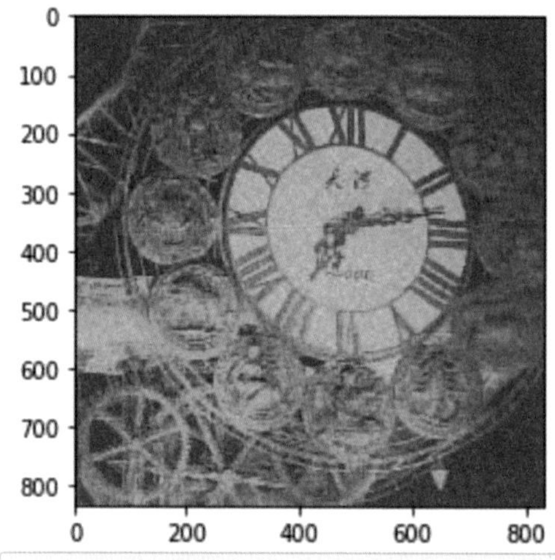


```
k=200
img1, num_para = img_compress(img, k)
print('By keeping ' + str(k) +
      ' singular values, data size \n is compressed from ' +
      str(img.size) + ' to ' + str(num_para))
print('error = ' + str(np.linalg.norm(img-img1) / np.linalg.norm(img)))
plt.imshow(img1)
plt.show()
```

```
By keeping 200 singular values, data size
 is compressed from 693056 to 333200
error = 0.08610562730464816
```

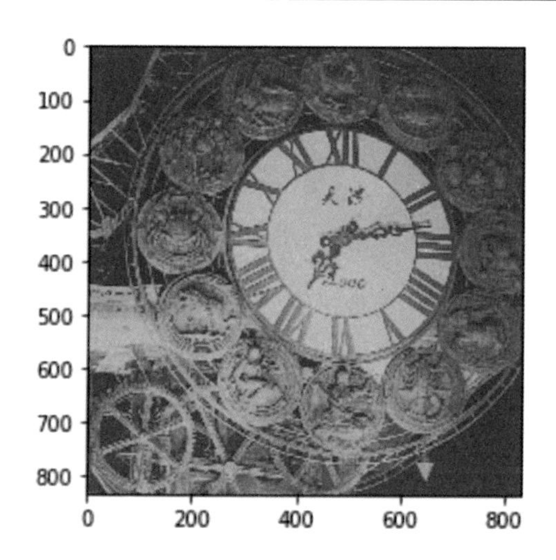

9. 张量 rank-1 分解

```
def rank1decomp(x, it_time=100, tol=1e-15):
    """
    :param x: 待分解的张量
    :param it_time: 最大迭代步数
    :param tol: 迭代终止的阈值
    :return vs: 储存rank-1分解各个向量的list
    :return k: rank-1系数
    """
    ndim = x.ndim  # 读取张量x的阶数
    dims = x.shape   # 读取张量x各个指标的维数

    # 初始化vs中的各个向量并归一化
    vs = list()  # vs用以储存rank-1分解得到的各个向量
    for n in range(ndim):
        _v = np.random.randn(dims[n])
        vs.append(_v / np.linalg.norm(_v))
    k = 1

    for t in range(it_time):
        vs0 = copy.deepcopy(vs)  # 暂存各个向量以计算收敛情况
        for _ in range(ndim):
            # 收缩前(ndim-1)个向量，更新最后一个向量
            x1 = copy.deepcopy(x)
            for n in range(ndim-1):
                x1 = np.tensordot(x1, vs[n], [[0], [0]])
            # 归一化得到的向量，并更新常数k
            k = np.linalg.norm(x1)
            x1 /= k
```

```
            # 将最后一个向量放置到第0位置
            vs.pop()
            vs.insert(0, x1)
            # 将张量最后一个指标放置到第0位置
            x = x.transpose([ndim-1] + list(range(ndim-1)))
        # 计算收敛情况
        conv = np.linalg.norm(np.hstack(vs0) - np.hstack(vs))
        if conv < tol:
            break
    return vs, k
```

```
# 测试rank-1分解程序

tensor = np.random.randn(2, 2, 2, 3, 4)
vecs, coeff = rank1decomp(tensor)
print('The vectors by rank-1 decomposition = ')
for x in vecs:
    print(x)
print('\nThe rank-1 coefficient = ' + str(coeff))
```

```
The vectors by rank-1 decomposition =
[-0.76151649  0.64814553]
[-0.85191678  0.52367719]
[-0.94806533 -0.31807567]
[ 0.28278109 -0.10074216 -0.95387938]
[ 0.60972931 -0.32183711  0.10287833 -0.71698473]

The rank-1 coefficient = 3.7831923158779848
```

10. 数值验证最大奇异向量满足矩阵单秩分解的自洽方程

```
# 验证第n组左右奇异向量与奇异值满足自洽方程

dim = 4
M = np.random.randn(dim, dim)
U, S, V = np.linalg.svd(M)

n = 2  # 检查第n个组左右奇异向量

u = U[:, n]
s = S[n]
v = V[n, :]

print('For the ' + str(n) + '-th left ' +
      'and right singular vectors and singular values, ')
print('s * v = ')
print(s * v)
```

```
print('u * M = ')
print(u.dot(M))
```

```
For the 2-th left and right singular vectors and singular values,
s * v =
[-0.13491279  0.00735695  0.23851439  0.29752861]
u * M =
[-0.13491279  0.00735695  0.23851439  0.29752861]
```

```
# 最大奇异值及对应的左右奇异向量的单秩近似算法
# 假设矩阵M为实矩阵

def svd0(mat, it_time=100, tol=1e-15):
    """
    :param mat: input matrix (assume to be real)
    :param it_time: max iteration time
    :param tol: tolerance of error
    :return u: the dominant left singular vector
    :return s: the dominant singular value
    :return v: the dominant right singular vector
    """
    dim0, dim1 = mat.shape
    # 随机初始化奇异向量
    u, v = np.random.randn(dim0, ), np.random.randn(dim1, )
    # 归一化初始向量
    u, v = u/np.linalg.norm(u), v/np.linalg.norm(v)
    s = 1
    for t in range(it_time):
        # 更新v和s
        v1 = u.dot(mat)
        s1 = np.linalg.norm(v1)
        v1 /= s1
        # 更新u和s
        u1 = mat.dot(v1)
        s1 = np.linalg.norm(u1)
        u1 /= s1
        # 计算收敛程度
        conv = np.linalg.norm(u - u1) / dim0 +
               np.linalg.norm(v - v1) / dim1
        u, s, v = u1, s1, v1
        # 判断是否跳出循环
        if conv < tol:
            break
    return u, s, v
```

```
# 验证上面算法的正确性
# 利用numpy库中的svd函数计算最大奇异值及对应的奇异向量
M = np.random.randn(3, 5)
U, S, V = np.linalg.svd(M)
u0, s0, v0 = U[:, 0], S[0], V[0, :]

# 利用上述算法计算最大奇异值及对应的奇异向量
u1, s1, v1 = svd0(M)
print('The dominant left singular vector by svd = ')
print(u0)
print('The dominant left singular vector by the iterative '+
      'algorithm = ')
print(u1)

print('\n The dominant right singular vector by svd = ')
print(v0)
print('The dominant right singular vector by the iterative '+
      'algorithm = ')
print(v1)

print('\n The dominant singular value by svd = ')
print(s0)
print('The dominant singular value by the iterative algorithm = ')
print(s1)
```

```
The dominant left singular vector by svd =
[-0.20401265 -0.35018626  0.91419277]
The dominant left singular vector by the iterative algorithm =
[ 0.20401265  0.35018626 -0.91419277]

 The dominant right singular vector by svd =
[ 0.03966432 -0.09903221  0.97139136 -0.00925571 -0.21197294]
The dominant right singular vector by the iterative algorithm =
[-0.03966432  0.09903221 -0.97139136  0.00925571  0.21197294]

 The dominant singular value by svd =
2.51012165731717
The dominant singular value by the iterative algorithm =
2.5101216573171703
```

11. HOSVD 算法

```
import numpy as np
import torch as tc
import copy
```

```
def hosvd(x):
    """
    使用torch实现HOSVD算法
    :param x: 待分解的张量
    :return G: 核张量
    :return U: 变换矩阵
    :return lm: 各个键约化矩阵的本征谱
    """
    if type(x) is not tc.Tensor:
        x = tc.from_numpy(x)
    ndim = x.ndimension()
    U = list()  # 用于存取各个变换矩阵
    lm = list()  # 用于存取各个键约化矩阵的本征谱
    for n in range(ndim):
        index = list(range(ndim))
        index.pop(n)
        _mat = tc.tensordot(x, x, [index, index])
        _lm, _U = tc.symeig(_mat, eigenvectors=True)
        lm.append(_lm)
        U.append(_U)
    # 计算核张量
    G = tucker_product(x, U, dim=0)
    return G, U, lm
```

```
def tucker_product(x, U, dim=1):
    """
    :param x: 张量
    :param U: 变换矩阵
    :param dim: 收缩各个矩阵的第几个指标
    """
    if type(x) is not tc.Tensor:
        x = tc.from_numpy(x)
    ndim = x.ndimension()
    U1 = list()
    for n in range(len(U)):
        if type(U[n]) is not tc.Tensor:
            U1.append(tc.from_numpy(U[n]))
        else:
            U1.append(U[n])
```

```
    for n in range(ndim):
        x = tc.tensordot(U1[n], x, [[dim], [0]])
        x = x.permute(list(range(1, ndim)) + [0])
    return x
```

```
tensor = tc.randn((3, 4, 2), dtype=tc.float64)
Core, V, LM = hosvd(tensor)

print('检查Tucker分解等式是否成立：')
tensor1 = tucker_product(Core, V, dim=0)
error = tc.norm(tensor - tensor1)
print('Tucker分解误差 = ' + str(error))

print('\n检查各个变换矩阵为正交阵：')
for n, v in enumerate(V):
    print('\n对于第' + str(n) +'个变换矩阵，VV.T = ')
    print(v.mm(v.t()))
```

```
检查Tucker分解等式是否成立：
Tucker分解误差 = tensor(8.0326, dtype=torch.float64)

检查各个变换矩阵为正交阵：

对于第0个变换矩阵，VV.T =
tensor([[ 1.0000e+00, -1.3833e-16, -1.4891e-16],
        [-1.3833e-16,  1.0000e+00, -1.4531e-16],
        [-1.4891e-16, -1.4531e-16,  1.0000e+00]], dtype=torch.float6
4)
对于第1个变换矩阵，VV.T =
tensor([[ 1.0000e+00,  1.1102e-16,  2.2204e-16,  7.8063e-18],
        [ 1.1102e-16,  1.0000e+00,  1.3878e-17, -1.1102e-16],
        [ 2.2204e-16,  1.3878e-17,  1.0000e+00, -8.3267e-17],
        [ 7.8063e-18, -1.1102e-16, -8.3267e-17,  1.0000e+00]],
       dtype=torch.float64)

对于第2个变换矩阵，VV.T =
tensor([[1.0000, 0.0000],
        [0.0000, 1.0000]], dtype=torch.float64)
```

12. HOOI 算法

```
def hooi(x, ranks, it_time):
    if type(x) is not tc.Tensor:
        x = tc.from_numpy(x)
    ndim = x.ndim
    # 用HOSVD作初始化
    Core, V, _ = hosvd(x)
    ind = '['
    for n in range(ndim):
        V[n] = V[n][:, :ranks[n]]
        ind += ':ranks[' + str(n) + '],'
    ind = ind[:-1] + ']'

    Core = eval('Core' + ind)
    x_ = tucker_product(Core, V, dim=1)  # 用HOSVD近似后的张量
    norm = x.norm()
    err_hosvd = (x - x_).norm() / norm
    print('Relative error of HOSVD = %.9g' % err_hosvd)

    for t in range(it_time):  # HOOI算法主循环
        for n in range(ndim):  # 循环不同指标
            V[n] = tc.eye(x.shape[n], dtype=x.dtype)
            x_ = tucker_product(x, V, dim=0)
            ind = list(range(ndim))
            ind.pop(n)
            ind = [n] + ind
            mat = x_.permute(ind).reshape(x.shape[n], -1)
            _U = tc.svd(mat)[0][:, :ranks[n]]
            V[n] = _U
        if t % 1 == 0:
            Core = tucker_product(x, V, dim=0)
            x_ = tucker_product(Core, V, dim=1)
            err = (x - x_).norm() / norm
            print('Relative error of HOOI at step %i = %.9g'
                  % (t, err))
```

```
# 测试HOOI: 将(6, 6, 6)降秩为(2, 2, 2)
tensor = tc.randn((6, 6, 6), dtype=tc.float64)
hooi(tensor, [2, 2, 2], 10)
```

```
Relative error of HOSVD = 0.990985495
Relative error of HOOI at step 0 = 0.94931059
Relative error of HOOI at step 1 = 0.920486788
Relative error of HOOI at step 2 = 0.904132373
Relative error of HOOI at step 3 = 0.893053385
Relative error of HOOI at step 4 = 0.881872611
Relative error of HOOI at step 5 = 0.874992398
Relative error of HOOI at step 6 = 0.871407876
Relative error of HOOI at step 7 = 0.870095283
Relative error of HOOI at step 8 = 0.869634575
Relative error of HOOI at step 9 = 0.86941983
```

索　引